U0851249

高等院校教材同步辅导及考研复习系列

线性代数

同步辅导及教材习题精解

文旌课堂　编

教·学
资　源

航空工业出版社
北　京

内 容 提 要

本书是同济大学数学科学学院编写的《工程数学 线性代数》（第七版）教材的同步辅导用书，旨在帮助学生梳理和总结知识，掌握解题方法。

全书包括行列式、矩阵及其运算、矩阵的初等变换与线性方程组、向量组的线性相关性、相似矩阵及二次型、线性空间与线性变换六章内容，涵盖了线性代数课程要求掌握的基础知识。全书层次分明、重点突出，解题方法灵活易懂，能帮助学生快速回顾知识、掌握重点。

本书可作为高等学校学生学习线性代数课程的同步辅导用书，也可作为参加全国硕士研究生招生考试的学生的备考用书。

图书在版编目（CIP）数据

线性代数同步辅导及教材习题精解 / 文旌课堂编
. -- 北京 : 航空工业出版社, 2024.2
ISBN 978-7-5165-3615-5

Ⅰ. ①线… Ⅱ. ①文… Ⅲ. ①线性代数－高等学校－教学参考资料 Ⅳ. ①O151.2

中国国家版本馆 CIP 数据核字(2023)第 248946 号

线性代数同步辅导及教材习题精解
Xianxing Daishu Tongbu Fudao Ji Jiaocai Xiti Jingjie

航空工业出版社出版发行
（北京市朝阳区京顺路 5 号曙光大厦 C 座四层 100028）
发行部电话：010-85672666 010-85672683

北京鑫益晖印刷有限公司印刷 全国各地新华书店经售
2024 年 2 月第 1 版 2024 年 2 月第 1 次印刷
开本：787×1092 1/16 字数：344 千字
印张：14.5 定价：49.80 元

线性代数思维导图

第1章 行列式

- **定义**：不同行不同列的 n 个元素乘积的代数和
- **展开定理**
  - $A_{ij}=(-1)^{i+j}M_{ij}$　余子式与代数余子式
  - $D=a_{i1}A_{i1}+a_{i2}A_{i2}+\cdots+a_{in}A_{in}\ (i=1,2,\cdots,n)$　行展开
  - $D=a_{1j}A_{1j}+a_{2j}A_{2j}+\cdots+a_{nj}A_{nj}\ (j=1,2,\cdots,n)$　列展开
- **计算**
  - 利用行列式性质化上（下）三角形行列式
  - 利用行列式性质化 0，降阶展开
- **性质**
  - 互换行列式的某两行（列），行列式变号
  - 行列式中某一行（列）有公因子 k，则可以把 k 提到行列式外
  - 若行列式的某一行（列）的每个元素都是两项之和，则行列式可以沿着第 i 行（j 列）拆成两个行列式之和
  - 将行列式的某行（列）的每个元素乘以数 k 后，加到另一行（列）的对应元素上，行列式的值不变

第2章 矩阵及其运算

- **定义**：m 行 n 列的数表
- **特殊矩阵**
  - 零矩阵 $\boldsymbol{O}$，单位阵 $\boldsymbol{E}$，上[◥]（下[◣]）三角形矩阵，对角矩阵[⋰][⋱]
  - 伴随矩阵 $\boldsymbol{A}^*$ 是 $\boldsymbol{A}$ 所有元素代数余子式的矩阵的转置矩阵
- **矩阵的运算**
  - 加减法与数乘　$\boldsymbol{A}\pm\boldsymbol{B}$、$\lambda\boldsymbol{A}$
  - 乘法　两个矩阵必须满足前一个矩阵的列数与后一个矩阵的行数相同，才能相乘
  - 运算律
    - 结合律：$(\boldsymbol{AB})\boldsymbol{C}=\boldsymbol{A}(\boldsymbol{BC})$，
    - 左分配律：$\boldsymbol{A}(\boldsymbol{B}+\boldsymbol{C})=\boldsymbol{AB}+\boldsymbol{AC}$，
    - 右分配律：$(\boldsymbol{B}+\boldsymbol{C})\boldsymbol{A}=\boldsymbol{BA}+\boldsymbol{CA}$，
    - 不满足交换律：$\boldsymbol{AB}\neq\boldsymbol{BA}$，
    - 不满足消去律：$\boldsymbol{AB}=\boldsymbol{O}$，不能得到 $\boldsymbol{A}=\boldsymbol{O}$ 或 $\boldsymbol{B}=\boldsymbol{O}$
  - 方阵的行列式　$|k\boldsymbol{A}|=k^n|\boldsymbol{A}|$；$|\boldsymbol{AB}|=|\boldsymbol{A}||\boldsymbol{B}|$；$|\boldsymbol{A}^{-1}|=\dfrac{1}{|\boldsymbol{A}|}$；$|\boldsymbol{A}^*|=|\boldsymbol{A}|^{n-1}$
- **逆矩阵**
  - 定义　$\boldsymbol{A}$，$\boldsymbol{B}$ 均为 n 阶方阵，$\boldsymbol{AB}=\boldsymbol{BA}=\boldsymbol{E}$，则称 $\boldsymbol{A}$ 是可逆的，$\boldsymbol{B}=\boldsymbol{A}^{-1}$
  - 求逆矩阵
    - 定义法：$\boldsymbol{A}$，$\boldsymbol{B}$ 均为阶方阵，$\boldsymbol{AB}=\boldsymbol{E}$ 或 $\boldsymbol{BA}=\boldsymbol{E}$，则 $\boldsymbol{A}$ 可逆，$\boldsymbol{A}^{-1}=\boldsymbol{B}$，
    - 公式法：若 $|\boldsymbol{A}|\neq 0$，则矩阵 $\boldsymbol{A}$ 可逆，且 $\boldsymbol{A}^{-1}=\dfrac{1}{|\boldsymbol{A}|}\boldsymbol{A}^*$，
    - 初等变换法：$(\boldsymbol{A},\boldsymbol{E})\xrightarrow{\text{初等行变换}}(\boldsymbol{E},\boldsymbol{A}^{-1})$，
    - 分块矩阵：$\begin{pmatrix}\boldsymbol{A}&\boldsymbol{O}\\\boldsymbol{O}&\boldsymbol{B}\end{pmatrix}^{-1}=\begin{pmatrix}\boldsymbol{A}^{-1}&\boldsymbol{O}\\\boldsymbol{O}&\boldsymbol{B}^{-1}\end{pmatrix}$，$\begin{pmatrix}\boldsymbol{O}&\boldsymbol{A}\\\boldsymbol{B}&\boldsymbol{O}\end{pmatrix}^{-1}=\begin{pmatrix}\boldsymbol{O}&\boldsymbol{B}^{-1}\\\boldsymbol{A}^{-1}&\boldsymbol{O}\end{pmatrix}$，$\begin{pmatrix}\boldsymbol{A}&\boldsymbol{C}\\\boldsymbol{O}&\boldsymbol{B}\end{pmatrix}^{-1}=\begin{pmatrix}\boldsymbol{A}^{-1}&-\boldsymbol{A}^{-1}\boldsymbol{CB}^{-1}\\\boldsymbol{O}&\boldsymbol{B}^{-1}\end{pmatrix}$

第 3 章 矩阵的初等变换与线性方程组

初等变换

- 矩阵的两行互换，记为 $r_i \leftrightarrow r_j$
- 用非零数 k 乘以矩阵的某一行，记为 $k r_i$
- 将矩阵某一行的所有元素乘非零数 k 加到另一行，记为 $r_j + k r_i$

矩阵的秩

定义 非零子式的最高阶数

性质

① $r(\boldsymbol{A}) = r \Leftrightarrow$ 矩阵中非零子式的最高阶数是 r，

② $r(\boldsymbol{A}) = n \Leftrightarrow |\boldsymbol{A}| \neq 0 \Leftrightarrow$ 矩阵 $\boldsymbol{A}$ 可逆，

$r(\boldsymbol{A}) < n \Leftrightarrow |\boldsymbol{A}| = 0 \Leftrightarrow$ 矩阵 $\boldsymbol{A}$ 不可逆，

③ $\boldsymbol{A}_{m\times n}$，则 $r(\boldsymbol{A}) \leqslant \min\{m, n\}$，

④ $r(\boldsymbol{A}+\boldsymbol{B}) \leqslant r(\boldsymbol{A}) + r(\boldsymbol{B})$，

⑤ $r(\boldsymbol{AB}) \leqslant \min\{r(\boldsymbol{A}), r(\boldsymbol{B})\}$，

⑥ $\max\{r(\boldsymbol{A}), r(\boldsymbol{B})\} \leqslant r(\boldsymbol{A}, \boldsymbol{B}) \leqslant r(\boldsymbol{A}) + r(\boldsymbol{B})$，

⑦ 若 $\boldsymbol{A}$ 可逆，则 $r(\boldsymbol{AB}) = r(\boldsymbol{B})$，$r(\boldsymbol{BA}) = r(\boldsymbol{B})$，

⑧ $\boldsymbol{A}_{m\times n}$，$\boldsymbol{B}_{n\times s}$，$\boldsymbol{AB} = \boldsymbol{O}$，则 $r(\boldsymbol{A}) + r(\boldsymbol{B}) \leqslant n$，

⑨ $r(\boldsymbol{A}^*) = \begin{cases} n, & r(\boldsymbol{A}) = n, \\ 1, & r(\boldsymbol{A}) = n-1, \\ 0, & r(\boldsymbol{A}) < n-1, \end{cases}$

⑩ $\boldsymbol{A}_{m\times n}\boldsymbol{x} = \boldsymbol{0}$，则 $r(\boldsymbol{A})$ + 线性无关解向量个数 $= n$（n 是未知数个数）

线性方程组解的判定

齐次线性方程组

- $\boldsymbol{Ax} = \boldsymbol{0} \Leftrightarrow$ 只有零解 $\Leftrightarrow r(\boldsymbol{A}) = n \Leftrightarrow |\boldsymbol{A}| \neq 0$，
- $\boldsymbol{Ax} = \boldsymbol{0} \Leftrightarrow$ 有非零解 $\Leftrightarrow r(\boldsymbol{A}) < n \Leftrightarrow |\boldsymbol{A}| = 0$

非齐次线性方程组

- $\boldsymbol{Ax} = \boldsymbol{b}$ 有唯一解 $\Leftrightarrow r(\overline{\boldsymbol{A}}) = r(\boldsymbol{A}) = n$，
- $\boldsymbol{Ax} = \boldsymbol{b}$ 有无穷多解 $\Leftrightarrow r(\overline{\boldsymbol{A}}) = r(\boldsymbol{A}) < n$，
- $\boldsymbol{Ax} = \boldsymbol{b}$ 无解 $\Leftrightarrow r(\overline{\boldsymbol{A}}) \neq r(\boldsymbol{A})$

第4章 向量组的线性相关性

线性相关

定义 若存在不全为零的数 $\lambda_1, \lambda_2, \cdots, \lambda_m$，能使得 $\lambda_1\boldsymbol{\alpha}_1 + \lambda_2\boldsymbol{\alpha}_2 + \cdots + \lambda_m\boldsymbol{\alpha}_m = \mathbf{0}$，则称向量组 $\boldsymbol{\alpha}_1, \boldsymbol{\alpha}_2, \cdots, \boldsymbol{\alpha}_m$ 线性相关

判定 $\boldsymbol{A}$ 不可逆 $\Leftrightarrow |\boldsymbol{A}| = 0 \Leftrightarrow r(\boldsymbol{A}) < n \Leftrightarrow \boldsymbol{Ax} = \mathbf{0}$ 有非零解 $\Leftrightarrow \boldsymbol{A}$ 向量组线性相关

线性无关

定义 若只有全为零的数 $\lambda_1, \lambda_2, \cdots, \lambda_m$，才使得 $\lambda_1\boldsymbol{\alpha}_1 + \lambda_2\boldsymbol{\alpha}_2 + \cdots + \lambda_m\boldsymbol{\alpha}_m = \mathbf{0}$，则称向量组 $\boldsymbol{\alpha}_1, \boldsymbol{\alpha}_2, \cdots, \boldsymbol{\alpha}_m$ 线性无关

判定 $\boldsymbol{A}$ 可逆 $\Leftrightarrow |\boldsymbol{A}| \neq 0 \Leftrightarrow r(\boldsymbol{A}) = n \Leftrightarrow \boldsymbol{Ax} = \mathbf{0}$ 只有零解 $\Leftrightarrow \boldsymbol{A}$ 向量组线性相关

极大线性无关组

定义 设有向量组 $\boldsymbol{A}$，若它的一个部分组满足：

（1）$\boldsymbol{\alpha}_1, \boldsymbol{\alpha}_2, \cdots, \boldsymbol{\alpha}_r$ 线性无关；

（2）$\boldsymbol{A}$ 中任意 $r+1$ 个向量都线性相关，

则称部分组 $\boldsymbol{\alpha}_1, \boldsymbol{\alpha}_2, \cdots, \boldsymbol{\alpha}_r$ 为向量组 $\boldsymbol{A}$ 的一个极大线性无关组，而 r 称为向量组 $\boldsymbol{A}$ 的秩

求解 用初等行、列及行列混合变将矩阵换化为阶梯形矩阵，每个阶梯挑一个，组成的向量组，即为极大无关组

向量组的秩

定义 极大线性无关组所含向量的个数

求解 用初等行、列及行列混合变将矩阵换化为阶梯形矩阵，阶梯形矩阵的阶梯数即为矩阵的秩

线性方程组的解

齐次线性方程组 通解：$k_1\xi_1 + k_2\xi_2 + \cdots + k_{n-r}\xi_{n-r}$，其中 $\xi_1, \xi_2, \cdots, \xi_{n-r}$ 是 $\boldsymbol{Ax} = \mathbf{0}$ 的一个基础解系，$k_1, k_2, \cdots, k_{n-r}$ 为任意常数

非齐次线性方程组 通解：$k_1\xi_1 + k_2\xi_2 + \cdots + k_{n-r}\xi_{n-r} + \boldsymbol{\eta}^*$，其中 $\boldsymbol{\eta}^*$ 是 $\boldsymbol{Ax} = \boldsymbol{b}$ 的一个特解，$k_1\xi_1 + k_2\xi_2 + \cdots + k_{n-r}\xi_{n-r}$ 为 $\boldsymbol{Ax} = \mathbf{0}$ 的通解

第 5 章 相似矩阵及二次型

特征值与特征向量

- 定义：$A\xi = \lambda\xi\ (\xi \neq 0)$
- 性质：
  - ① $\lambda_1 + \lambda_2 + \cdots + \lambda_n = a_{11} + a_{22} + \cdots + a_{nn}$，
  - ② $\lambda_1\lambda_2\cdots\lambda_n = |A|$，
  - ③ 不同特征值对应的特征向量线性无关
- 求法：
  - ① 求 A 的特征值：$|\lambda E - A| = 0$，
  - ② 求 A 的全部特征向量：对 A 的每个特征值 λ_i，求 $(\lambda_i E - A)x = 0$ 的全部非零解

相似矩阵与相似对角化

- 定义：相似：$P^{-1}AP = B$；相似对角化：$P^{-1}AP = \Lambda$
- 性质：
  - ① A 与 B 有相同的特征值，
  - ② $|A| = |B|$，
  - ③ $\mathrm{tr}(A) = \mathrm{tr}(B)$，
  - ④ $r(A) = r(B)$
- 求法：
  - ① 求 A 的特征值：$|\lambda E - A| = 0$，
  - ② 求特征向量：求出 A 的所有特征值对应的特征向量，
  - ③ 判断能否相似对角化：当 A 特征值没有重数时，A 一定能对角化，当 A 的特征值 λ 有重数时，若线性无关特征向量的个数等于它的重数时，可对角化，否则不可对角化，
  - ④ 求可逆矩阵 P：所有线性无关特征向量构成可逆矩阵 P，则 $P^{-1}AP = \mathrm{diag}(\lambda_1, \lambda_2, \cdots, \lambda_s)$

对称矩阵的性质

- 性质：
  - ① 实对称矩阵的特征值都是实数，
  - ② 实对称矩阵不同特征值对应的特征向量是正交的，
  - ③ 对称矩阵 A 必可对角化，且存在正交矩阵 Q 使得 $Q^{-1}AQ = Q^{T}AQ = \Lambda$

二次型

- 定义：$f(x_1, x_2, \cdots, x_n) = x^{T}Ax$
- 标准形：
  - $f = b_1y_1^2 + b_2y_2^2 + \cdots + b_ny_n^2$
  - 合同：$B = C^{T}AC$，A 与 B 合同
- 正交变换：$f(x_1, x_2, \cdots, x_n) = x^{T}Ax \xlongequal{x = Qy} (Qy)^{T}A(Qy) = y^{T}(Q^{T}AQ)y \xlongequal{\text{记}} y^{T}\Lambda y$
- 配方法：$f(x_1, x_2, \cdots, x_n) = x^{T}Ax \xlongequal{x = Cy} (Cy)^{T}A(Cy) = y^{T}(C^{T}AC)y \xlongequal{\text{记}} y^{T}By$
- 正定二次型：
  - ① 对称矩阵 A 的特征值全大于零 $\Leftrightarrow f = x^{T}Ax$ 正定，
  - ② 对称矩阵 A 的各阶顺序主子式 $|A_k| > 0\ (k = 1, 2, \cdots, n) \Leftrightarrow f = x^{T}Ax$ 正定，
  - ③ 对任何非零向量 x 都有 $f = x^{T}Ax > 0 \Leftrightarrow f = x^{T}Ax$ 正定

PREFACE

前言

线性代数是高等学校很多专业的重要基础课程，也是全国硕士研究生招生考试（以下简称“研究生考试”）数学科目的重要考查内容。为了帮助学生梳理基础知识，掌握解题方法，培养数学思维，我们编写了这本与同济大学数学科学学院（以下简称“同济”）编写的《工程数学 线性代数》（第七版）教材配套的同步辅导及习题精解。同时，本书也可以帮助准备参加研究生考试的学生快速回顾线性代数的基础知识和基本题型，提升应试能力。

具体来说，本书具有以下特色。

1. 层次分明，脉络清晰

本书在章节安排上与同济《工程数学 线性代数》（第七版）教材完全统一，具有较强的针对性、指导性和补充性。本书在每章前设置“本章导学”“知识导图”，帮助学生构建知识体系，便于学生抓住重点。在每节前对该节涉及的基本概念、性质、定理和公式进行系统的梳理，帮助学生快速了解知识，加深学生对知识的系统性理解。

2. 例题典型，讲解详细

本书根据每节的核心内容及考研重难点设置基本题型，针对每种基本题型，精选典型例题进行详细解析，并配有“题型分析”“思路点拨”“方法总结”“变式训练”，帮助学生深入理解，举一反三。本书还对同济《工程数学 线性代数》（第七版）教材中的课后习题做了详细的解答，帮助学生复习和巩固知识。

3. 章末总结，浅试考研

本书在每章后，对本章的重难点进行梳理总结，帮助学生快速回顾本章的核心内容；同时，对本章涉及的研究生考试大纲要求进行汇总，精选考试真题，帮助学生了解真题的难度和考查方向，为准备参加研究生考试的学生提供参考。

4. 平台支撑，资源丰富

本书提供了丰富的数字资源，学生可以借助手机或其他移动设备扫描书中二维码查看，也可以登录文旌综合教育平台“文旌课堂”查看和下载。学生在学习过程中有任何疑问，都可以登录该平台寻求帮助。此外，本书可与《线性代数习题集》（同济第七版配套）搭配使用。

本书由文旌课堂主编。在编写本书的过程中，编者参考了大量的文献资料。在此，我们对这些资料的作者和编者表示衷心的感谢。此外，由于部分资料来自网络，我们未能确认出处，也暂时无法联系到原作者。对此，我们深表歉意，并欢迎原作者随时与我们联系，我们将按相关规定支付酬劳。由于编者水平有限，书中难免存在疏漏或不当之处，敬请广大读者批评指正，并将意见及时反馈给我们，以臻完善。

本书配套资源下载网址和联系方式

网址：https://www.wenjingketang.com

电话：400-117-9835

邮箱：book@wenjingketang.com

CONTENTS 目录

参考答案
及解析

第一章　行列式

本章导学

行列式是线性代数中的一个重要概念，也是线性代数课程的基础．本章内容从线性方程组的解出发，引出二阶、三阶行列式的概念，然后推广到 n 阶行列式，导出 n 阶行列式的性质及行列式按行（列）展开法则．

本章的重点是行列式的计算，要熟练运用行列式的性质及行列式按行（列）展开法则等来简化行列式的计算．

扫一扫

第一章精讲课

知识导图

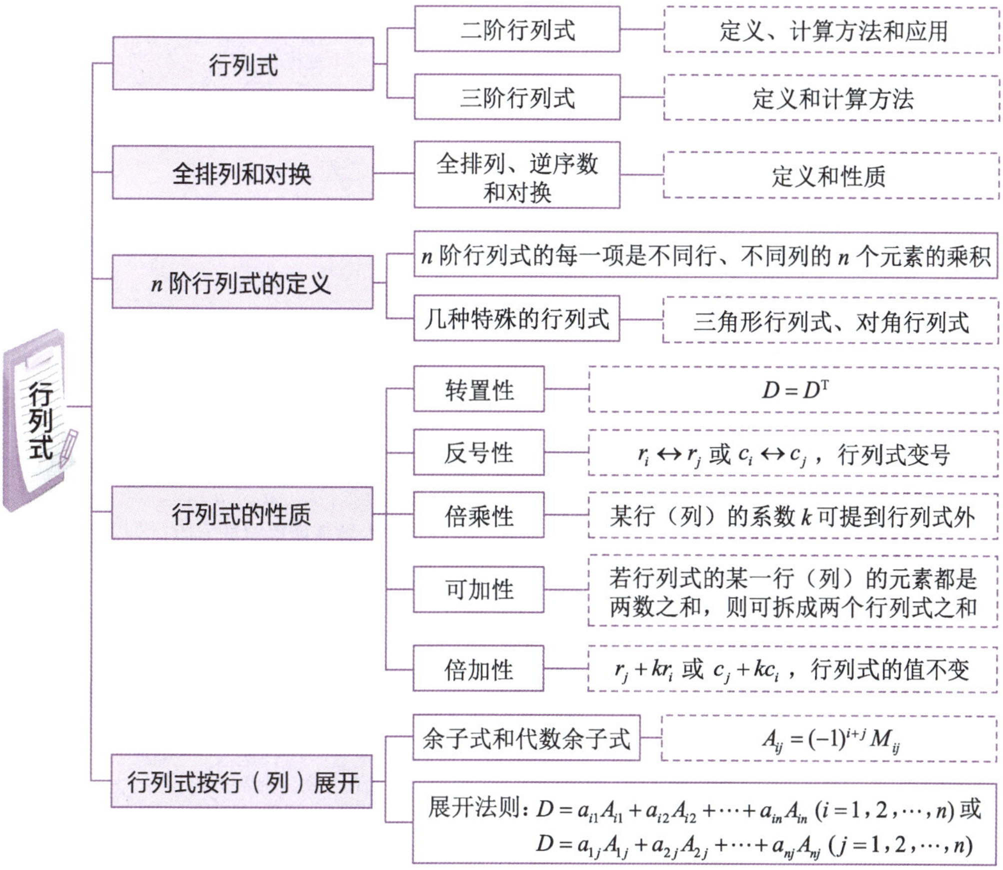

第一节 二阶与三阶行列式

一、二阶行列式的定义、计算方法和应用

二阶行列式的定义、计算方法和应用如表 1-1 所示.

表 1-1

二阶行列式的定义	已知排成二行二列的数表 $\begin{matrix} a_{11} & a_{12} \\ a_{21} & a_{22} \end{matrix}$，表达式 $a_{11}a_{22}-a_{12}a_{21}$ 称为该数表所确定的二阶行列式，记作 $\begin{vmatrix} a_{11} & a_{12} \\ a_{21} & a_{22} \end{vmatrix}$，其中数 $a_{ij}(i,j=1,2)$ 称为该行列式的元素或元
二阶行列式的计算方法	把 a_{11} 到 a_{22} 的实连线称为主对角线，a_{12} 到 a_{21} 的虚连线称为副对角线，如右图所示，二阶行列式便是主对角线上的两元素之积减去副对角线上两元素之积所得的差，此方法称为对角线法则，即 $\begin{vmatrix} a_{11} & a_{12} \\ a_{21} & a_{22} \end{vmatrix}=a_{11}a_{22}-a_{12}a_{21}$ 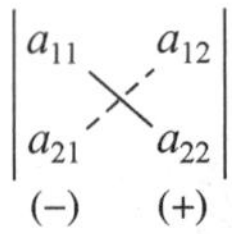
二阶行列式的应用	解二元线性方程组 $\begin{cases} a_{11}x_1+a_{12}x_2=b_1, \\ a_{21}x_1+a_{22}x_2=b_2, \end{cases}$ 记 $D=\begin{vmatrix} a_{11} & a_{12} \\ a_{21} & a_{22} \end{vmatrix}$，$D_1=\begin{vmatrix} b_1 & a_{12} \\ b_2 & a_{22} \end{vmatrix}$，$D_2=\begin{vmatrix} a_{11} & b_1 \\ a_{21} & b_2 \end{vmatrix}$，则方程组的解可表示为 $x_1=\dfrac{D_1}{D}$，$x_2=\dfrac{D_2}{D}\ (D\neq 0)$

行列式的本质是一个数，二阶行列式是两组数乘积之差.

二、三阶行列式的定义和计算方法

三阶行列式的定义和计算方法如表 1-2 所示.

表 1-2

三阶行列式的定义	已知排成三行三列的数表 $\begin{matrix} a_{11} & a_{12} & a_{13} \\ a_{21} & a_{22} & a_{23} \\ a_{31} & a_{32} & a_{33} \end{matrix}$，记 $\begin{vmatrix} a_{11} & a_{12} & a_{13} \\ a_{21} & a_{22} & a_{23} \\ a_{31} & a_{32} & a_{33} \end{vmatrix}=a_{11}a_{22}a_{33}+a_{12}a_{23}a_{31}+a_{13}a_{21}a_{32}-a_{11}a_{23}a_{32}-a_{12}a_{21}a_{33}-a_{13}a_{22}a_{31}$，该式称为数表所确定的三阶行列式，且该式所含 6 项中的每一项均为不同行、不同列的三个元素的乘积再冠以正负号
三阶行列式的计算方法	三阶行列式的计算也可利用对角线法则来记忆，如右图所示，三条实线看作是平行于主对角线的连线，实线上三个元素的乘积冠正号；三条虚线看作是平行于副对角线的连线，虚线上三个元素的乘积冠负号 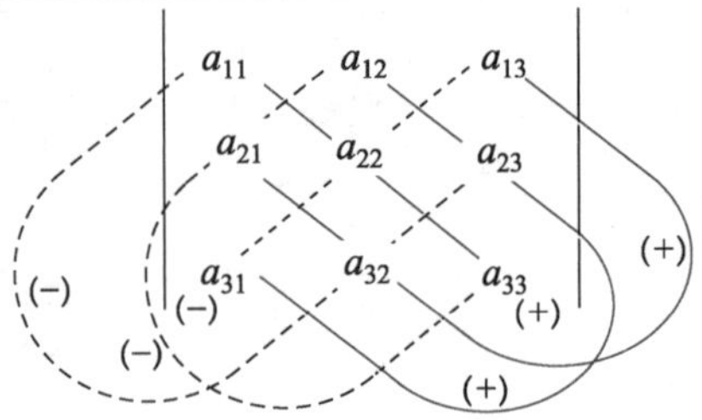

典例精解

基本题型 1 行列式的计算

题型分析：对于二阶行列式和三阶行列式，可以运用对角线法则计算. 对角线法则只适用于二阶、三阶行列式.

典例 1 利用对角线法则计算行列式$\begin{vmatrix} 1 & -4 \\ -3 & 7 \end{vmatrix}$.

解析：由对角线法则，得$\begin{vmatrix} 1 & -4 \\ -3 & 7 \end{vmatrix}=1\times 7-(-4)\times(-3)=-5$.

变式训练 1 计算下列二阶行列式：

（1）$\begin{vmatrix} ma & -b \\ nb & a \end{vmatrix}$；　　（2）$\begin{vmatrix} \sqrt{a} & 1 \\ 1 & \sqrt{a} \end{vmatrix}$.

典例 2 利用对角线法则计算行列式$\begin{vmatrix} 1 & 0 & 2 \\ 3 & 4 & 6 \\ -1 & -3 & 0 \end{vmatrix}$.

解析：由对角线法则，得原式$=1\times 4\times 0+0\times 6\times(-1)+2\times 3\times(-3)-1\times(-3)\times 6-0\times 3\times 0-2\times 4\times(-1)=8$.

变式训练 2 利用对角线法则计算下列行列式：

（1）$\begin{vmatrix} 0 & 1 & 0 \\ 1 & 1+a & 1 \\ 1 & 1 & 1-a \end{vmatrix}$；　　（2）$\begin{vmatrix} x & x^2+1 & -1 \\ 0 & -x & e^x \\ 1 & 0 & 0 \end{vmatrix}$.

变式训练 3 计算下列行列式：

（1）$\begin{vmatrix} a_{11} & a_{12} & a_{13} \\ 0 & a_{22} & a_{23} \\ 0 & 0 & a_{33} \end{vmatrix}$；　　（2）$\begin{vmatrix} a_{11} & 0 & 0 \\ a_{21} & a_{22} & 0 \\ a_{31} & a_{32} & a_{33} \end{vmatrix}$.

方法总结

由变式训练 3 可得结论：上三角形行列式和下三角形行列式等于主对角线上元素的乘积.

典例 3 解方程$\begin{vmatrix} 1 & 1 & 1 \\ 1 & 2 & x \\ 1 & 4 & x^2 \end{vmatrix}=0$.

解析：由对角线法则得，方程左端的行列式$D=2x^2+x+4-4x-x^2-2=x^2-3x+2=(x-1)(x-2)$，由$D=0$，解得$x=1$或$2$.

变式训练 4 已知行列式 $D=\begin{vmatrix} a & 2 & 1 \\ 2 & 3 & 0 \\ 1 & -1 & 1 \end{vmatrix}=0$，则 $a=$________.

基本题型 2 二阶行列式的应用

题型分析：对于二元线性方程组 $\begin{cases} a_{11}x_1+a_{12}x_2=b_1, \\ a_{21}x_1+a_{22}x_2=b_2, \end{cases}$ 可利用二阶行列式求解．若记 $D=\begin{vmatrix} a_{11} & a_{12} \\ a_{21} & a_{22} \end{vmatrix}$，$D_1=\begin{vmatrix} b_1 & a_{12} \\ b_2 & a_{22} \end{vmatrix}$，$D_2=\begin{vmatrix} a_{11} & b_1 \\ a_{21} & b_2 \end{vmatrix}$，则方程组的解为 $x_1=\dfrac{D_1}{D}$，$x_2=\dfrac{D_2}{D}(D\neq 0)$.

典例 4 利用行列式解方程组 $\begin{cases} -x_1+2x_2=3, \\ 2x_1+3x_2=1. \end{cases}$

解析：因为 $D=\begin{vmatrix} -1 & 2 \\ 2 & 3 \end{vmatrix}=-1\times 3-2\times 2=-7\neq 0$，所以方程组有解．又因为 $D_1=\begin{vmatrix} 3 & 2 \\ 1 & 3 \end{vmatrix}=3\times 3-2\times 1=7$，$D_2=\begin{vmatrix} -1 & 3 \\ 2 & 1 \end{vmatrix}=-1\times 1-3\times 2=-7$，所以方程组的解为 $x_1=\dfrac{D_1}{D}=\dfrac{7}{-7}=-1$，$x_2=\dfrac{D_2}{D}=\dfrac{-7}{-7}=1$.

变式训练 5 利用行列式解下列方程组：

（1）$\begin{cases} 3x_1-2x_2=12, \\ 2x_1+x_2=1; \end{cases}$

（2）$\begin{cases} 2x_1+5x_2=9, \\ x_1+3x_2=5. \end{cases}$

第二节 全排列和对换

一、全排列和逆序数

全排列和逆序数的定义如表 1-3 所示.

表 1-3

名　称	内　容	说　明
全排列	把 n 个不同的元素排成一行，叫作这 n 个元素的全排列（简称 n 元排列）	n 个不同元素的所有排列的总数为 $n!$
逆序数	在 n 个不同元素的任一排列中，当某一对元素的先后次序与标准次序不同时，就称这两个元素构成一个逆序．一个排列中所有逆序的总数叫作这个排列的逆序数，排列 $p_1p_2\cdots p_n$ 的逆序数记作 $t(p_1p_2\cdots p_n)$	逆序数为奇数的排列叫作奇排列，逆序数为偶数的排列叫作偶排列

疑难辨析

（1）标准次序可以任意设定，但通常规定以从小到大的顺序为标准次序.

（2）n 元排列是 n 个不同的数排列，例如，$123\cdots n$.

（3）排列 $n(n-1)(n-2)\cdots 321$ 的逆序数为 $\frac{n(n-1)}{2}$.

二、对换

对换的定义和性质如表 1-4 所示.

表 1-4

对换的定义	在一个排列中，把任意两个元素的位置对调，而其他元素不动，就得到一个新的排列，对排列所施行的这样一个变换叫作对换，将相邻的两个元素对换，叫作相邻对换
对换的性质	① 一个排列中的任意两个元素对换，排列改变奇偶性； ② 奇排列对换成标准排列的对换次数为奇数，偶排列对换成标准排列的对换次数为偶数； ③ $n\ (n>1)$ 个自然数的所有排列的总数为 $n!$，其中奇排列和偶排列各占一半

典例精解

基本题型 1 计算逆序数

题型分析：（思路一）按排列的次序，分别计算出每个数后面比它小的数的个数，然后求和.

（思路二）按排列的次序，分别计算出每个数前面比它大的数的个数，然后求和.

典例 1 求下列排列的逆序数：

（1）347812596；（2）259634781.

解析：（1）$t(347812596)=0+0+0+0+4+4+2+0+3=13$.

（2）$t(259634781)=0+0+0+1+3+3+1+1+8=17$.

思路点拨：按思路一计算逆序数，（1）题，$t(347812596)=2+2+4+4+0+0+0+1+0=13$；（2）题，$t(259634781)=1+3+6+3+1+1+1+1+0=17$.

变式训练 1 证明：排列 $n(n-1)\cdots 321$ 的逆序数为 $\frac{n(n-1)}{2}$.

变式训练 2 由 $1,2,\cdots,2n$ 构成的排列 $(2n-1)(2n-3)\cdots 531(2n)(2n-2)\cdots 42$ 的逆序数为（　　）.

A. $\frac{3n(n-1)}{2}$　　B. $\frac{n(n-1)}{2}$　　C. $\frac{3n(n+1)}{2}$　　D. $\frac{n(n+1)}{2}$

基本题型 2 奇（偶）排列与对换

题型分析：这类题型主要利用奇（偶）排列的定义和对换的性质来判断奇（偶）排列，或确定排列中的未知参数.

典例 2 若由1,2,…,9构成的排列$12m546n39$为奇排列，求m，n的值.

解析：由题可知，m和n的值应为7，8．若$m=7$，$n=8$，则$t(127546839)=0+0+0+1+2+1+0+5+0=9$，为奇排列，符合题意；若$m=8$，$n=7$，则$t(128546739)=0+0+0+1+2+1+1+5+0=10$，为偶排列，不符合题意，所以$m=7$，$n=8$．

变式训练 3 求下列排列的逆序数，并确定其奇偶性：

（1）142697835；（2）148697235.

思路点拨：通过变式训练3可观察到，一个排列中任意两个元素的位置对换，排列改变奇偶性.

变式训练 4 若由1,2,…,9构成的排列$1274i56j9$为偶排列，求i，j的值.

典例 3 排列54321经过多少次相邻对换可以变成标准排列？

解析：由题可知，将排列54321中的5对换到最后的位置需要经过4次相邻对换，对换后的排列为43215；再将4对换到5前面的位置需要经过3次；依次类推，最后将1对换到2前面，需要经过1次相邻对换，所以总对换次数为$4+3+2+1=10$（次）.

思路点拨：典例3中，$t=(54321)=0+1+2+3+4=10$，此排列为偶排列，即偶排列对换成标准排列的对换次数为偶数.

变式训练 5 排列24351经过多少次相邻对换可以变成标准排列？

第三节 n阶行列式的定义

一、n阶行列式的定义

定义 设有n^2个数，排成n行n列的数表
$$\begin{matrix} a_{11} & a_{12} & \cdots & a_{1n} \\ a_{21} & a_{22} & \cdots & a_{2n} \\ \vdots & \vdots & & \vdots \\ a_{n1} & a_{n2} & \cdots & a_{nn} \end{matrix}$$
，作出表中位于不同行、不同列的n个数的乘积，并冠以符号$(-1)^{t(p_1p_2\cdots p_n)}$，得到形如$(-1)^{t(p_1p_2\cdots p_n)}a_{1p_1}a_{2p_2}\cdots a_{np_n}$的项，这类项共有$n!$个，所有这$n!$项的代数和称为$n$阶行列式，记作

$$D=\begin{vmatrix} a_{11} & a_{12} & \cdots & a_{1n} \\ a_{21} & a_{22} & \cdots & a_{2n} \\ \vdots & \vdots & & \vdots \\ a_{n1} & a_{n2} & \cdots & a_{nn} \end{vmatrix}=\sum(-1)^{t(p_1p_2\cdots p_n)}a_{1p_1}a_{2p_2}\cdots a_{np_n}.$$

上述定义中，$p_1p_2\cdots p_n$ 为自然数$1,2,\cdots,n$的一个排列，$t(p_1p_2\cdots p_n)$为这个排列的逆序数.

二、几种特殊的行列式

几种特殊的行列式如表 1-5 所示.

表 1-5

名　称	上三角形行列式	下三角形行列式	主对角行列式	副对角行列式
定　义	主对角线以下的元素都为 0 的行列式叫作上三角形行列式	主对角线以上的元素都为 0 的行列式叫作下三角形行列式	主对角线以上和以下的元素都为 0 的行列式叫作主对角行列式	副对角线以下和以上的元素都为 0 的行列式叫作副对角行列式
行列式	$\begin{vmatrix} a_{11} & a_{12} & \cdots & a_{1n} \\ 0 & a_{22} & \cdots & a_{2n} \\ \vdots & \vdots & & \vdots \\ 0 & 0 & \cdots & a_{nn} \end{vmatrix}$ $=a_{11}a_{22}\cdots a_{nn}$	$\begin{vmatrix} a_{11} & 0 & \cdots & 0 \\ a_{21} & a_{22} & \cdots & 0 \\ \vdots & \vdots & & \vdots \\ a_{n1} & a_{n2} & \cdots & a_{nn} \end{vmatrix}$ $=a_{11}a_{22}\cdots a_{nn}$	$\begin{vmatrix} r_1 & 0 & \cdots & 0 \\ 0 & r_2 & \cdots & 0 \\ \vdots & \vdots & & \vdots \\ 0 & 0 & \cdots & r_n \end{vmatrix}$ $=r_1r_2\cdots r_n$	$\begin{vmatrix} 0 & \cdots & 0 & r_1 \\ 0 & \cdots & r_2 & 0 \\ \vdots & & \vdots & \vdots \\ r_n & \cdots & 0 & 0 \end{vmatrix}$ $=(-1)^{\frac{n(n-1)}{2}}r_1r_2\cdots r_n$
说　明	上三角形行列式和下三角形行列式统称为三角形行列式		副对角行列式可看作由主对角行列式上下（左右）对称的两行（两列）对换多次得到	

典例精解

基本题型 1　n 阶行列式的定义

题型分析： 这类题型要抓住两点，① n 阶行列式的每一项都是取自不同行、不同列的 n 个元素的乘积；② 当 n 阶行列式某项的行下标为标准排列时，该项的符号由列下标的逆序数决定.

典例 1　在七阶行列式中，$a_{47}a_{63}a_{i6}a_{55}a_{74}a_{22}a_{j1}$ 取"－"号，求 i，j 的值.

解析：(方法一) 由 $a_{47}a_{63}a_{i6}a_{55}a_{74}a_{22}a_{j1}=a_{j1}a_{22}a_{63}a_{74}a_{55}a_{i6}a_{47}$，且该项取"－"号，得 $j2675i4$ 为奇排列. 若 $j=1$，$i=3$，则 $t(1267534)=8$，1267534 为偶排列，不符合题意；若 $j=3$，$i=1$，则 $t(3267514)=11$，3267514 为奇排列，符合题意，所以 $j=3$，$i=1$.

(方法二) 因为逆序数 $t(7365421)=18$，则 7365421 为偶排列，又该项取"－"号，则行排列 $46i572j$ 必为奇排列. 若 $i=3$，$j=1$，$t(4635721)=14$，行排列为偶排列，不符合题意；若$i=1$，$j=3$，$t(4615723)=11$，行排列为奇排列，符合题意，所以$i=1$，$j=3$.

典例 2 n阶行列式中，取“+”号的项有（　　）个.

A. $\frac{n!}{2}$　　B. $\frac{n^2}{2}$　　C. $\frac{n}{2}$　　D. $\frac{n(n-1)}{2}$

解析：由n阶行列式的定义可知，n阶行列式中共有$n!$项，取“+”号和取“−”号的项各占一半．故选A.

变式训练 1 九阶行列式共有________项.

变式训练 2 在五阶行列式中，取“+”号的项是（　　）.

A. $a_{45}a_{23}a_{11}a_{52}a_{34}$　　B. $a_{13}a_{52}a_{21}a_{44}a_{35}$

C. $a_{14}a_{23}a_{52}a_{31}a_{45}$　　D. $a_{33}a_{24}a_{41}a_{52}a_{15}$

方法总结

以“变式训练 2”中的A选项为例，应用方法一确定“$a_{45}a_{23}a_{11}a_{52}a_{34}$”这一项前的正负号，首先将该项按行下标标准排列写为$a_{11}a_{23}a_{34}a_{45}a_{52}$，然后计算列下标的逆序数，$t(13452)=3$，列下标的排列为奇排列，所以该项前为负号.

变式训练 3 在n阶行列式中，$a_{12}a_{23}a_{34}\cdots a_{n-1,n}a_{n1}$的符号是（　　）.

A. 正　　B. 负　　C. $(-1)^{n-1}$　　D. $(-1)^n$

基本题型 2　利用定义计算n阶行列式

题型分析：当行列式有较多零元素时，行列式会有很多项为零，此时利用定义计算行列式较为方便.

典例 3 利用定义计算行列式$D=\begin{vmatrix}1&0&\cdots&0&0\\0&0&\cdots&0&2\\0&0&\cdots&3&0\\\vdots&\vdots&&\vdots&\vdots\\0&n&\cdots&0&0\end{vmatrix}$.

解析：该行列式有较多零元素，行列式会有很多项为零，因此，我们只需要求不为零的项．行列式第1行只能取非零元素1，第2行只能取非零元素2，依次类推，所以

$$D=(-1)^{t[1n(n-1)\cdots2]}a_{11}a_{2n}a_{3,n-1}\cdots a_{n2}=(-1)^{\frac{(n-1)(n-2)}{2}}n!.$$

变式训练 4 利用定义计算行列式$D=\begin{vmatrix}a_{11}&0&0&0\\0&a_{22}&a_{23}&0\\0&a_{32}&a_{33}&0\\0&0&0&a_{44}\end{vmatrix}$.

典例 4 若多项式 $f(x)=\begin{vmatrix} x & x & 1 & 0 \\ 2 & 2x & 2 & 1 \\ 3 & 3 & x & 2 \\ 1 & 2 & 2 & 4x \end{vmatrix}$，求 $f(x)$ 中 x^4 与 x^3 的系数.

解析： 由行列式的定义可知，多项式含有 x^4 的项只能由 $a_{11}a_{22}a_{33}a_{44}$ 构成，该项的符号为“+”，又 $a_{11}a_{22}a_{33}a_{44}=8x^4$，所以 x^4 的系数为 8．多项式含有 x^3 的项只能由 $a_{12}a_{21}a_{33}a_{44}$ 构成，该项的符号由 $(-1)^{t(2134)}$ 确定，又 $(-1)^{t(2134)}a_{12}a_{21}a_{33}a_{44}=-8x^3$，所以 x^3 的系数为 -8．

变式训练 5 已知多项式 $f(x)=\begin{vmatrix} x & 1 & 2 & 1 \\ 1 & x & 3 & -1 \\ 3 & -2 & x & 1 \\ -1 & 1 & 3x & 2 \end{vmatrix}$，则多项式中 x^3 的系数为（　　）.

A. 1　　B. -1　　C. 5　　D. -3

第四节 行列式的性质

一、转置行列式

定义 将行列式 D 的行与列互换所得到的行列式称为行列式 D 的**转置行列式**，记作 D^{T}，即若 $D=\begin{vmatrix} a_{11} & a_{12} & \cdots & a_{1n} \\ a_{21} & a_{22} & \cdots & a_{2n} \\ \vdots & \vdots & & \vdots \\ a_{n1} & a_{n2} & \cdots & a_{nn} \end{vmatrix}$，则 $D^{\mathrm{T}}=\begin{vmatrix} a_{11} & a_{21} & \cdots & a_{n1} \\ a_{12} & a_{22} & \cdots & a_{n2} \\ \vdots & \vdots & & \vdots \\ a_{1n} & a_{2n} & \cdots & a_{nn} \end{vmatrix}$.

二、行列式的性质及说明

行列式的性质如表 1-6 所示.

表 1-6

性　质	内　容	说　明
转置性	行列式与它的转置行列式相等	$D=D^{\mathrm{T}}$
反号性	对换行列式的两行（列），行列式变号. **推论：** 若行列式有两行（列）完全相同，则此行列式等于零	$r_i \leftrightarrow r_j$ 表示第 i 行与第 j 行互换，$c_i \leftrightarrow c_j$ 表示第 i 列与第 j 列互换
倍乘性	行列式的某一行（列）中所有元素都乘以同一个数 k，等于用数 k 乘以行列式. **推论 1：** 行列式中某一行（列）的所有元素的公因子可以提到行列式记号的外面； **推论 2：** 行列式中如果有两行（列）元素成比例，则此行列式等于零； **推论 3：** 如果行列式的某一行（列）的元素全为零，那么行列式为零	kr_i 表示第 i 行的所有元素都乘以实数 k； kc_i 表示第 i 列的所有元素都乘以实数 k

表 1-6（续）

性　质	内　容	说　明
可加性	若行列式的某一行（列）的元素都是两数之和，例如行列式 D 的第 i 行元素都是两数之和，则 D 等于两个行列式之和，即 $\begin{vmatrix} a_{11} & a_{12} & \cdots & a_{1n} \\ \vdots & \vdots & & \vdots \\ a_{i1}+a'_{i1} & a_{i2}+a'_{i2} & \cdots & a_{in}+a'_{in} \\ \vdots & \vdots & & \vdots \\ a_{n1} & a_{n2} & \cdots & a_{nn} \end{vmatrix} = \begin{vmatrix} a_{11} & a_{12} & \cdots & a_{1n} \\ \vdots & \vdots & & \vdots \\ a_{i1} & a_{i2} & \cdots & a_{in} \\ \vdots & \vdots & & \vdots \\ a_{n1} & a_{n2} & \cdots & a_{nn} \end{vmatrix} + \begin{vmatrix} a_{11} & a_{12} & \cdots & a_{1n} \\ \vdots & \vdots & & \vdots \\ a'_{i1} & a'_{i2} & \cdots & a'_{in} \\ \vdots & \vdots & & \vdots \\ a_{n1} & a_{n2} & \cdots & a_{nn} \end{vmatrix}$	$\begin{vmatrix} a_{11}+b_{11} & a_{12}+b_{12} \\ a_{21}+b_{21} & a_{22}+b_{22} \end{vmatrix} \neq \begin{vmatrix} a_{11} & a_{12} \\ a_{21} & a_{22} \end{vmatrix} + \begin{vmatrix} b_{11} & b_{12} \\ b_{21} & b_{22} \end{vmatrix}$
倍加性	把行列式的某一行（列）的各元素乘同一实数 k 后，加到另一行（列）的对应元素上，行列式不变	r_j+kr_i 表示数 k 乘第 i 行加到第 j 行上；c_j+kc_i 表示数 k 乘第 i 列加到第 j 列上

典例精解

基本题型 1 利用行列式的性质计算行列式

题型分析： 这类题型主要是利用行列式的性质及推论，将行列式化简为三角形行列式或其他已知其计算方法的行列式，进而简化计算，此方法即目标行列式法.

典例 1 利用行列式的性质计算 $\begin{vmatrix} 0 & 0 & 2 & 3 \\ 1 & 2 & 1 & -1 \\ 3 & 1 & 2 & 2 \\ 4 & 5 & 1 & 2 \end{vmatrix}$.

解析： 利用行列式的性质，将行列式化简，

$$\begin{vmatrix} 0 & 0 & 2 & 3 \\ 1 & 2 & 1 & -1 \\ 3 & 1 & 2 & 2 \\ 4 & 5 & 1 & 2 \end{vmatrix} \xlongequal{r_1\leftrightarrow r_2} -\begin{vmatrix} 1 & 2 & 1 & -1 \\ 0 & 0 & 2 & 3 \\ 3 & 1 & 2 & 2 \\ 4 & 5 & 1 & 2 \end{vmatrix} \xlongequal[r_4-4r_1]{r_3-3r_1}$$

$$-\begin{vmatrix} 1 & 2 & 1 & -1 \\ 0 & 0 & 2 & 3 \\ 0 & -5 & -1 & 5 \\ 0 & -3 & -3 & 6 \end{vmatrix} \xlongequal{r_2\leftrightarrow r_4} \begin{vmatrix} 1 & 2 & 1 & -1 \\ 0 & -3 & -3 & 6 \\ 0 & -5 & -1 & 5 \\ 0 & 0 & 2 & 3 \end{vmatrix} = -3\times\begin{vmatrix} 1 & 2 & 1 & -1 \\ 0 & 1 & 1 & -2 \\ 0 & -5 & -1 & 5 \\ 0 & 0 & 2 & 3 \end{vmatrix} \xlongequal{r_3+5r_2} -3\times\begin{vmatrix} 1 & 2 & 1 & -1 \\ 0 & 1 & 1 & -2 \\ 0 & 0 & 4 & -5 \\ 0 & 0 & 2 & 3 \end{vmatrix} \xlongequal{r_3\leftrightarrow r_4}$$

$$3\begin{vmatrix} 1 & 2 & 1 & -1 \\ 0 & 1 & 1 & -2 \\ 0 & 0 & 2 & 3 \\ 0 & 0 & 4 & -5 \end{vmatrix} \xlongequal{r_4-2r_3} 3\begin{vmatrix} 1 & 2 & 1 & -1 \\ 0 & 1 & 1 & -2 \\ 0 & 0 & 2 & 3 \\ 0 & 0 & 0 & -11 \end{vmatrix} = 3\times1\times1\times2\times(-11) = -66.$$

思路点拨：对于所有元素都是数字的行列式，通常利用行列式的反号性和倍加性，将其化为三角形行列式来计算，或将某行（列）的元素除其中一个外的其余元素都消为 0，再按该行（列）展开，该方法将在本章第 5 节讨论．

变式训练 1 利用行列式的性质计算：

（1）$\begin{vmatrix} 1 & 0 & -1 & 2 \\ 0 & 1 & 1 & 0 \\ -1 & 0 & 2 & 1 \\ 0 & 1 & 0 & -1 \end{vmatrix}$；　　（2）$\begin{vmatrix} \frac{1}{3} & -\frac{5}{2} & \frac{1}{5} & \frac{1}{2} \\ 1 & -1 & \frac{3}{5} & \frac{3}{2} \\ \frac{2}{3} & \frac{9}{2} & -\frac{2}{5} & \frac{5}{2} \\ -\frac{1}{7} & \frac{2}{7} & -\frac{1}{7} & \frac{3}{7} \end{vmatrix}$．

典例 2 计算行列式 $\begin{vmatrix} x_1+1 & x_1+2 & \cdots & x_1+n \\ x_2+1 & x_2+2 & \cdots & x_2+n \\ \vdots & \vdots & & \vdots \\ x_n+1 & x_n+2 & \cdots & x_n+n \end{vmatrix}$ $(n\geqslant 2)$．

解析：当 $n=2$ 时，$D_2=\begin{vmatrix} x_1+1 & x_1+2 \\ x_2+1 & x_2+2 \end{vmatrix}=\begin{vmatrix} x_1+1 & (x_1+1)+1 \\ x_2+1 & (x_2+1)+1 \end{vmatrix}=\begin{vmatrix} x_1+1 & 1 \\ x_2+1 & 1 \end{vmatrix}=x_1+1-(x_2+1)=$ x_1-x_2．

当 $n\geqslant 3$ 时，$\begin{vmatrix} x_1+1 & x_1+2 & \cdots & x_1+n \\ x_2+1 & x_2+2 & \cdots & x_2+n \\ \vdots & \vdots & & \vdots \\ x_n+1 & x_n+2 & \cdots & x_n+n \end{vmatrix}=\begin{vmatrix} x_1 & x_1+2 & \cdots & x_1+n \\ x_2 & x_2+2 & \cdots & x_2+n \\ \vdots & \vdots & & \vdots \\ x_n & x_n+2 & \cdots & x_n+n \end{vmatrix}+\begin{vmatrix} 1 & x_1+2 & \cdots & x_1+n \\ 1 & x_2+2 & \cdots & x_2+n \\ \vdots & \vdots & & \vdots \\ 1 & x_n+2 & \cdots & x_n+n \end{vmatrix}=$

$$\begin{vmatrix} x_1 & 2 & \cdots & n \\ x_2 & 2 & \cdots & n \\ \vdots & \vdots & & \vdots \\ x_n & 2 & \cdots & n \end{vmatrix}+\begin{vmatrix} 1 & x_1+2 & \cdots & x_1+n \\ 1 & x_2+2 & \cdots & x_2+n \\ \vdots & \vdots & & \vdots \\ 1 & x_n+2 & \cdots & x_n+n \end{vmatrix}=\begin{vmatrix} x_1 & 2 & \cdots & n \\ x_2 & 2 & \cdots & n \\ \vdots & \vdots & & \vdots \\ x_n & 2 & \cdots & n \end{vmatrix}+\begin{vmatrix} 1 & x_1 & \cdots & x_1 \\ 1 & x_2 & \cdots & x_2 \\ \vdots & \vdots & & \vdots \\ 1 & x_n & \cdots & x_n \end{vmatrix}=0.$$

思路点拨：本题利用行列式的可加性求解，注意，$\begin{vmatrix} a_{11}+b_{11} & a_{12}+b_{12} \\ a_{21}+b_{21} & a_{22}+b_{22} \end{vmatrix}\neq\begin{vmatrix} a_{11} & a_{12} \\ a_{21} & a_{22} \end{vmatrix}+$ $\begin{vmatrix} b_{11} & b_{12} \\ b_{21} & b_{22} \end{vmatrix}$，容易给出反例 $\begin{vmatrix} 3+2 & 4+5 \\ -1+7 & 6+1 \end{vmatrix}=\begin{vmatrix} 5 & 9 \\ 6 & 7 \end{vmatrix}=-19$，$\begin{vmatrix} 3 & 4 \\ -1 & 6 \end{vmatrix}=22$，$\begin{vmatrix} 2 & 5 \\ 7 & 1 \end{vmatrix}=-33$，显然 $\begin{vmatrix} 3+2 & 4+5 \\ -1+7 & 6+1 \end{vmatrix}\neq\begin{vmatrix} 3 & 4 \\ -1 & 6 \end{vmatrix}+\begin{vmatrix} 2 & 5 \\ 7 & 1 \end{vmatrix}$．

变式训练 2 若行列式$\begin{vmatrix} a_1 & b_1 & c_1 \\ a_2 & b_2 & c_2 \\ a_3 & b_3 & c_3 \end{vmatrix}=m$，则$\begin{vmatrix} a_1+2b_1 & b_1-c_1 & c_1+3a_1 \\ a_2+2b_2 & b_2-c_2 & c_2+3a_2 \\ a_3+2b_3 & b_3-c_3 & c_3+3a_3 \end{vmatrix}=$__________.

变式训练 3 证明：$\begin{vmatrix} a_1+b_1x & a_1x+b_1 & c_1 \\ a_2+b_2x & a_2x+b_2 & c_2 \\ a_3+b_3x & a_3x+b_3 & c_3 \end{vmatrix}=(1-x^2)\begin{vmatrix} a_1 & b_1 & c_1 \\ a_2 & b_2 & c_2 \\ a_3 & b_3 & c_3 \end{vmatrix}$.

基本题型 2 计算 n 阶行列式的常用方法与结论

题型分析： 本题型主要讨论几种常见行列式的计算方法，并总结几种特殊行列式的计算公式，如反对称行列式、爪形行列式等.

典例 3 计算行列式 $D=\begin{vmatrix} 0 & 1 & -2 & 0 & 4 \\ -1 & 0 & 8 & -2 & -3 \\ 2 & -8 & 0 & 1 & 5 \\ 0 & 2 & -1 & 0 & -6 \\ -4 & 3 & -5 & 6 & 0 \end{vmatrix}$.

解析： 因为 $D=D^{\mathrm{T}}$，且本题中 D^{T} 为行列式 D 的所有元素都乘以 -1，即 $D^{\mathrm{T}}=(-1)^5D$，所以 $D=(-1)^5D$，解得 $D=0$.

思路点拨： 若 n 阶行列式 $D=\begin{vmatrix} a_{11} & a_{12} & \cdots & a_{1n} \\ a_{21} & a_{22} & \cdots & a_{2n} \\ \vdots & \vdots & & \vdots \\ a_{n1} & a_{n2} & \cdots & a_{nn} \end{vmatrix}$ 满足 $a_{ij}=-a_{ji}\ (i,j=1,2,\cdots,n)$，则称 D 为反对称行列式，本题是奇数阶反对称行列式，故 $D=0$.

典例 4 计算 n 阶行列式 $\begin{vmatrix} a & b & b & \cdots & b \\ b & a & b & \cdots & b \\ b & b & a & \cdots & b \\ \vdots & \vdots & \vdots & & \vdots \\ b & b & b & \cdots & a \end{vmatrix}$.

解析：（方法一）将行列式第 $2,3,\cdots,n$ 列的元素加到第 1 列，则第 1 列的元素均为 $[a+(n-1)b]$，将 $[a+(n-1)b]$ 提出，则第 1 列的元素均变为 1，再将第 1 行元素的 (-1) 倍加到其他各行，行列式变为上三角形行列式，即 $\begin{vmatrix} a & b & b & \cdots & b \\ b & a & b & \cdots & b \\ b & b & a & \cdots & b \\ \vdots & \vdots & \vdots & & \vdots \\ b & b & b & \cdots & a \end{vmatrix} \xlongequal[i=2,\cdots,n]{c_1+c_i} \begin{vmatrix} a+(n-1)b & b & b & \cdots & b \\ a+(n-1)b & a & b & \cdots & b \\ a+(n-1)b & b & a & \cdots & b \\ \vdots & \vdots & \vdots & & \vdots \\ a+(n-1)b & b & b & \cdots & a \end{vmatrix}=$

$$[a+(n-1)b]\begin{vmatrix}1&b&b&\cdots&b\\1&a&b&\cdots&b\\1&b&a&\cdots&b\\\vdots&\vdots&\vdots&&\vdots\\1&b&b&\cdots&a\end{vmatrix}\xlongequal[i=2,\cdots,n]{r_i-r_1}[a+(n-1)b]\begin{vmatrix}1&b&b&\cdots&b\\0&a-b&0&\cdots&0\\0&0&a-b&\cdots&0\\\vdots&\vdots&\vdots&&\vdots\\0&0&0&\cdots&a-b\end{vmatrix}=$$

$[a+(n-1)b](a-b)^{n-1}$.

思路点拨：本题中的行列式的特点是每一行（列）各元素之和相等，常用的方法是将后面各行（列）都加到第1行（列），使第1行（列）有公因子，并将公因子提到行列式外，再利用行列式的性质将其化简.

（方法二）观察行列式的特点，第 i 行 $(2\leqslant i\leqslant n)$ 与第1行有 $n-2$ 个元素对应相等，所以将第1行元素的 (-1) 倍加到其他各行，再将其他各列都加到第1列，得 $\begin{vmatrix}a&b&b&\cdots&b\\b&a&b&\cdots&b\\b&b&a&\cdots&b\\\vdots&\vdots&\vdots&&\vdots\\b&b&b&\cdots&a\end{vmatrix}$

$$\xlongequal[i=2,\cdots,n]{r_i-r_1}\begin{vmatrix}a&b&b&\cdots&b\\b-a&a-b&0&\cdots&0\\b-a&0&a-b&\cdots&0\\\vdots&\vdots&\vdots&&\vdots\\b-a&0&0&\cdots&a-b\end{vmatrix}(*)\xlongequal[j=2,\cdots,n]{c_1+c_j}\begin{vmatrix}a+(n-1)b&b&b&\cdots&b\\0&a-b&0&\cdots&0\\0&0&a-b&\cdots&0\\\vdots&\vdots&\vdots&&\vdots\\0&0&0&\cdots&a-b\end{vmatrix}=$$

$[a+(n-1)b](a-b)^{n-1}$.

思路点拨：形如 $(*)$ 的行列式称为爪形（或箭形）行列式，即第1行、第1列及主对角线上的元素不为零，其余元素均为零的行列式. 爪形（或箭形）行列式一定可以化为上（下）三角形行列式，此方法称为**消零化三角形法**，且

$$\begin{vmatrix}a_{11}&a_{12}&a_{13}&\cdots&a_{1n}\\a_{21}&a_{22}&0&\cdots&0\\a_{31}&0&a_{33}&\cdots&0\\\vdots&\vdots&\vdots&&\vdots\\a_{n1}&0&0&\cdots&a_{nn}\end{vmatrix}=\left(a_{11}-\sum_{i=2}^{n}\frac{a_{1i}a_{i1}}{a_{ii}}\right)\prod_{i=2}^{n}a_{ii}\ (a_{ii}\neq 0).$$

变式训练 4 计算行列式 $D_n=\begin{vmatrix} 3 & 2 & 2 & \cdots & 2 & 2 \\ 2 & 3 & 2 & \cdots & 2 & 2 \\ 2 & 2 & 3 & \cdots & 2 & 2 \\ \vdots & \vdots & \vdots & & \vdots & \vdots \\ 2 & 2 & 2 & \cdots & 3 & 2 \\ 2 & 2 & 2 & \cdots & 2 & 3 \end{vmatrix}$.

变式训练 5 证明：$\begin{vmatrix} a_0 & c_1 & c_2 & \cdots & c_n \\ b_1 & a_1 & 0 & \cdots & 0 \\ b_2 & 0 & a_2 & \cdots & 0 \\ \vdots & \vdots & \vdots & & \vdots \\ b_n & 0 & 0 & \cdots & a_n \end{vmatrix}=a_1a_2\cdots a_n\left(a_0-\sum_{i=1}^{n}\frac{b_ic_i}{a_i}\right)$，其中 $a_i\neq 0, i=1,2,\cdots,n$.

变式训练 6 计算行列式 $D=\begin{vmatrix} a-b-c & 2a & 2a \\ 2b & b-c-a & 2b \\ 2c & 2c & c-a-b \end{vmatrix}$.

典例 5 计算 n 阶行列式 $D_n=\begin{vmatrix} n & n-1 & \cdots & 3 & 2 & 1 \\ n & n-1 & \cdots & 3 & 2 & 2 \\ n & n-1 & \cdots & 3 & 3 & 3 \\ \vdots & \vdots & & \vdots & \vdots & \vdots \\ n & n-1 & \cdots & n-1 & n-1 & n-1 \\ n & n & \cdots & n & n & n \end{vmatrix}$.

解析：观察行列式，其元素由 $1,2,\cdots,n$ 构成，这类行列式往往需要相邻两列相减，再结合行列式的基本性质求解．本题可先用第 n 列减去第 $n-1$ 列，第 $n-1$ 列减去第 $n-2$ 列，依次类推，直到第 2 列减去第 1 列，此时得到反上三角形行列式，即

$$\begin{vmatrix} n & n-1 & \cdots & 3 & 2 & 1 \\ n & n-1 & \cdots & 3 & 2 & 2 \\ n & n-1 & \cdots & 3 & 3 & 3 \\ \vdots & \vdots & & \vdots & \vdots & \vdots \\ n & n-1 & \cdots & n-1 & n-1 & n-1 \\ n & n & \cdots & n & n & n \end{vmatrix}=\begin{vmatrix} n & -1 & \cdots & -1 & -1 & -1 \\ n & -1 & \cdots & -1 & -1 & 0 \\ n & -1 & \cdots & -1 & 0 & 0 \\ \vdots & \vdots & & \vdots & \vdots & \vdots \\ n & -1 & \cdots & 0 & 0 & 0 \\ n & 0 & \cdots & 0 & 0 & 0 \end{vmatrix}=(-1)^{\frac{(n-1)(n+2)}{2}}n.$$

变式训练 7 行列式 $\begin{vmatrix} 1 & 2 & 3 & \cdots & n-1 & n \\ -1 & 0 & 3 & \cdots & n-1 & n \\ -1 & -2 & 0 & \cdots & n-1 & n \\ \vdots & \vdots & \vdots & & \vdots & \vdots \\ -1 & -2 & -3 & \cdots & -n+1 & 0 \end{vmatrix}=$__________.

第五节 行列式按行（列）展开

一、余子式和代数余子式

定义 在 n 阶行列式中，把元素 a_{ij} 所在的第 i 行和第 j 列划去后，留下来的 $n-1$ 阶行列式叫作元素 a_{ij} 的余子式，记作 M_{ij}，将 $A_{ij}=(-1)^{i+j}M_{ij}$ 称为元素 a_{ij} 的代数余子式.

注意：① M_{ij} 和 A_{ij} 都是 $n-1$ 阶行列式，本质上都是数字；② $i+j$ 为偶数时，$A_{ij}=M_{ij}$，当 $i+j$ 为奇数时，$A_{ij}=-M_{ij}$.

二、行列式按行（列）展开法则

定理 行列式等于它的任一行（列）的各元素与其对应的代数余子式乘积之和，即 $D=a_{i1}A_{i1}+a_{i2}A_{i2}+\cdots+a_{in}A_{in}\ (i=1,2,\cdots,n)$ 或 $D=a_{1j}A_{1j}+a_{2j}A_{2j}+\cdots+a_{nj}A_{nj}\ (j=1,2,\cdots,n)$，这个定理叫作行列式按行（列）展开法则.

推论 行列式某一行（列）的元素与另一行（列）的对应元素的代数余子式乘积之和等于零.

以上定理和推论可总结为

$$a_{i1}A_{j1}+a_{i2}A_{j2}+\cdots+a_{in}A_{jn}=\sum_{k=1}^{n}a_{ik}A_{jk}=\begin{cases}D, & 当 i=j,\\ 0, & 当 i\neq j;\end{cases}$$

$$a_{1i}A_{1j}+a_{2i}A_{2j}+\cdots+a_{ni}A_{nj}=\sum_{k=1}^{n}a_{ki}A_{kj}=\begin{cases}D, & 当 i=j,\\ 0, & 当 i\neq j.\end{cases}$$

应用行列式的性质及行列式按行（列）展开法则可得范德蒙德行列式

$$D_n=\begin{vmatrix}1 & 1 & \cdots & 1\\ x_1 & x_2 & \cdots & x_n\\ x_1^2 & x_2^2 & \cdots & x_n^2\\ \vdots & \vdots & & \vdots\\ x_1^{n-1} & x_2^{n-1} & \cdots & x_n^{n-1}\end{vmatrix}=\prod_{1\leqslant j<i\leqslant n}(x_i-x_j),$$

其中记号“$\prod$”表示全体同类因子的乘积.

典例精解

基本题型 1 有关余子式和代数余子式的计算

题型分析：这类题型是根据余子式和代数余子式的概念进行计算，题型相对简单.

典例 1 已知行列式 $D=\begin{vmatrix}1&-1&2&3\\2&2&0&2\\4&1&-1&-1\\1&2&3&0\end{vmatrix}$，求：

（1）$A_{31}-A_{32}+2A_{33}+3A_{34}$；

（2）$2A_{31}-2A_{32}+4A_{33}-2A_{34}$；

（3）$M_{11}+M_{21}+M_{31}+M_{41}$.

解析：（1）A_{31}，A_{32}，A_{33}，A_{34} 是行列式 D 的第 3 行元素 $a_{3j}\ (j=1,2,3,4)$ 的代数余子式，其值只与第1，2，4 行的元素有关，与第 3 行的元素无关，所以可将行列式 D 的第 3 行元素分别换成1，–1，2，3，得 $A_{31}-A_{32}+2A_{33}+3A_{34}=\begin{vmatrix}1&-1&2&3\\2&2&0&2\\1&-1&2&3\\1&2&3&0\end{vmatrix}=0$.

（2）先提出公因子2，再将行列式 D 的第 3 行元素分别换成1，–1，2，–1，得

$$2A_{31}-2A_{32}+4A_{33}-2A_{34}=2(A_{31}-A_{32}+2A_{33}-A_{34})=2\begin{vmatrix}1&-1&2&3\\2&2&0&2\\1&-1&2&-1\\1&2&3&0\end{vmatrix}\xlongequal[r_4-r_1]{r_2-2r_1,\ r_3-r_1}2\begin{vmatrix}1&-1&2&3\\0&4&-4&-4\\0&0&0&-4\\0&3&1&-3\end{vmatrix}$$

$$\xlongequal{\text{按第1列展开}}2\times(-1)^{1+1}\begin{vmatrix}4&-4&-4\\0&0&-4\\3&1&-3\end{vmatrix}=2\times(-1)^{2+3}\times(-4)\begin{vmatrix}4&-4\\3&1\end{vmatrix}=128.$$

（3）根据余子式和代数余子式的关系，有 $M_{11}+M_{21}+M_{31}+M_{41}=A_{11}-A_{21}+A_{31}-A_{41}$，用1，–1，1，–1 替换行列式 D 的第1列的元素，得 $M_{11}+M_{21}+M_{31}+M_{41}=\begin{vmatrix}1&-1&2&3\\-1&2&0&2\\1&1&-1&-1\\-1&2&3&0\end{vmatrix}$

$$\xlongequal[r_4+r_1]{r_2+r_1,\ r_3-r_1}\begin{vmatrix}1&-1&2&3\\0&1&2&5\\0&2&-3&-4\\0&1&5&3\end{vmatrix}\xlongequal[r_4-r_2]{r_3-2r_2}\begin{vmatrix}1&-1&2&3\\0&1&2&5\\0&0&-7&-14\\0&0&3&-2\end{vmatrix}\xlongequal{r_4+\frac{3}{7}r_3}\begin{vmatrix}1&-1&2&3\\0&1&2&5\\0&0&-7&-14\\0&0&0&-8\end{vmatrix}=56.$$

变式训练 1 已知行列式 $D=\begin{vmatrix}2&1&-3&5\\1&1&1&2\\4&2&3&1\\2&5&1&3\end{vmatrix}$，求 $A_{41}+A_{42}+A_{43}+A_{44}$.

基本题型 2 利用行列式按行（列）展开法则计算行列式

题型分析：这类题型通常会结合行列式的性质化简行列式，再根据行列式按行（列）展开法则实现“降阶”，进而简化计算.

典例 2 计算行列式 $D=\begin{vmatrix}7&-11&3&5&15\\1&3&-1&3&-7\\3&-4&1&2&7\\5&-6&2&4&9\\10&-8&3&4&19\end{vmatrix}$.

解析：行列式的元素 $a_{33}=1$，所以可利用行列式的性质，先将行列式第 3 列除 a_{33} 外的其他元素化为 0，再按第 3 列展开，得

$$D\overset{\substack{r_1-3r_3\\r_2+r_3\\r_4-2r_3\\r_5-3r_3}}{=\!=\!=}\begin{vmatrix}-2&1&0&-1&-6\\4&-1&0&5&0\\3&-4&1&2&7\\-1&2&0&0&-5\\1&4&0&-2&-2\end{vmatrix}=(-1)^{3+3}\begin{vmatrix}-2&1&-1&-6\\4&-1&5&0\\-1&2&0&-5\\1&4&-2&-2\end{vmatrix}$$

$$\overset{\substack{r_2+r_1\\r_3-2r_1\\r_4-4r_1}}{=\!=\!=}\begin{vmatrix}-2&1&-1&-6\\2&0&4&-6\\3&0&2&7\\9&0&2&22\end{vmatrix}=(-1)^{1+2}\begin{vmatrix}2&4&-6\\3&2&7\\9&2&22\end{vmatrix}\overset{\substack{r_1-2r_2\\r_3-r_2}}{=\!=\!=}-\begin{vmatrix}-4&0&-20\\3&2&7\\6&0&15\end{vmatrix}=-2\times(-1)^{2+2}\begin{vmatrix}-4&-20\\6&15\end{vmatrix}=-120.$$

思路点拨：本题也可利用行列式的性质将行列式化为三角形行列式，但是计算量较大，所以采用行列式按行（列）展开的方法降阶计算，即先利用行列式的性质将行列式某一行（列）的元素尽可能多地化为0，再按这一行（列）展开，这样可以减少计算量，也可减少计算错误.

变式训练 2 计算行列式 $\begin{vmatrix}1&2&-5&1\\-3&1&0&-6\\2&0&-1&2\\4&1&-7&6\end{vmatrix}$.

典例 3 计算行列式 $D_n=\begin{vmatrix}0&0&\cdots&0&y&x\\0&0&\cdots&y&x&0\\0&0&\cdots&x&0&0\\\vdots&\vdots&&\vdots&\vdots&\vdots\\y&x&\cdots&0&0&0\\x&0&\cdots&0&0&y\end{vmatrix}$.

解析：行列式 $D_n\xlongequal{\text{按第}n\text{列展开}}x(-1)^{1+n}\begin{vmatrix}0&0&\cdots&y&x\\0&0&\cdots&x&0\\\vdots&\vdots&&\vdots&\vdots\\y&x&\cdots&0&0\\x&0&\cdots&0&0\end{vmatrix}+y(-1)^{n+n}\begin{vmatrix}0&0&\cdots&0&y\\0&0&\cdots&y&x\\\vdots&\vdots&&\vdots&\vdots\\0&y&\cdots&0&0\\y&x&\cdots&0&0\end{vmatrix}=$

$x(-1)^{1+n}(-1)^{\frac{(n-1)(n-2)}{2}}x^{n-1}+y(-1)^{\frac{(n-1)(n-2)}{2}}y^{n-1}=(-1)^{\frac{n^2-n+4}{2}}x^n+(-1)^{\frac{(n-1)(n-2)}{2}}y^n$.

思路点拨：本题中的行列式的特点是每行（列）只有两个元素不为零，且行列式非零元素的分布有规律，所以可将行列式按第 n 列展开，展开后得到两个 $n-1$ 阶行列式，分别为上三角形行列式和下三角形行列式，这种利用行列式按行（列）展开法则将行列式化为更低阶行列式的方法称为**降阶法**.

变式训练 3 计算行列式 $D_n=\begin{vmatrix}1&2&3&\cdots&n-1&n\\2&3&4&\cdots&n&1\\3&4&5&\cdots&1&2\\\vdots&\vdots&\vdots&&\vdots&\vdots\\n-1&n&1&\cdots&n-3&n-2\\n&1&2&\cdots&n-2&n-1\end{vmatrix}$.

基本题型 3 利用加边法、递推法和数学归纳法计算行列式

题型分析：有关行列式的计算题和证明题，常用到的方法还有加边法、递推法和数学归纳法等.

典例 4 计算行列式 $D_n=\begin{vmatrix}1+x_1^2&x_1x_2&x_1x_3&\cdots&x_1x_n\\x_2x_1&1+x_2^2&x_2x_3&\cdots&x_2x_n\\x_3x_1&x_3x_2&1+x_3^2&\cdots&x_3x_n\\\vdots&\vdots&\vdots&&\vdots\\x_nx_1&x_nx_2&x_nx_3&\cdots&1+x_n^2\end{vmatrix}$.

解析：将行列式 D_n 增加1行1列，得 $D_n = D_{n+1} = \begin{vmatrix} 1 & x_1 & x_2 & x_3 & \cdots & x_n \\ 0 & 1+x_1^2 & x_1x_2 & x_1x_3 & \cdots & x_1x_n \\ 0 & x_2x_1 & 1+x_2^2 & x_2x_3 & \cdots & x_2x_n \\ 0 & x_3x_1 & x_3x_2 & 1+x_3^2 & \cdots & x_3x_n \\ \vdots & \vdots & \vdots & \vdots & & \vdots \\ 0 & x_nx_1 & x_nx_2 & x_nx_3 & \cdots & 1+x_n^2 \end{vmatrix}$，

将第1行分别乘以 $-x_1,-x_2,\cdots,-x_n$ 对应加到第 $2,3,\cdots,n+1$ 行，再将第 $2,3,\cdots,n+1$ 列分别乘以 $x_1,x_2,\cdots,x_n$ 全加到第1列，得

$$D_{n+1} = \begin{vmatrix} 1 & x_1 & x_2 & \cdots & x_n \\ -x_1 & 1 & 0 & \cdots & 0 \\ -x_2 & 0 & 1 & \cdots & 0 \\ \vdots & \vdots & \vdots & & \vdots \\ -x_n & 0 & 0 & \cdots & 1 \end{vmatrix} = \begin{vmatrix} 1+x_1^2+x_2^2+\cdots+x_n^2 & x_1 & x_2 & \cdots & x_n \\ 0 & 1 & 0 & \cdots & 0 \\ 0 & 0 & 1 & \cdots & 0 \\ \vdots & \vdots & \vdots & & \vdots \\ 0 & 0 & 0 & \cdots & 1 \end{vmatrix} = 1+\sum_{i=1}^{n} x_i^2 .$$

思路点拨：本题所用的方法为**加边法**．此类行列式不宜直接利用行列式的性质，可以考虑将 n 阶行列式添加1行1列升至 $n+1$ 阶行列式，若添加的第1列（行）元素为 $1,0,\cdots,0$，则第 1 行（列）其余元素可任意添加，行列式不变，即

$$D_n = \begin{vmatrix} a_{11} & a_{12} & \cdots & a_{1n} \\ a_{21} & a_{22} & \cdots & a_{2n} \\ \vdots & \vdots & & \vdots \\ a_{n1} & a_{n2} & \cdots & a_{nn} \end{vmatrix} = \begin{vmatrix} 1 & * & * & \cdots & * \\ 0 & a_{11} & a_{12} & \cdots & a_{1n} \\ 0 & a_{21} & a_{22} & \cdots & a_{2n} \\ \vdots & \vdots & \vdots & & \vdots \\ 0 & a_{n1} & a_{n2} & \cdots & a_{nn} \end{vmatrix}_{(n+1)\times(n+1)} .$$

需要注意，虽然第 1 行的元素 * 可任意添加，但应观察原行列式元素的规律，在第 1 行添加合适的元素，进而简化行列式的计算．

变式训练 4 计算行列式 $D_n = \begin{vmatrix} x_1 & a_2 & a_3 & \cdots & a_n \\ a_1 & x_2 & a_3 & \cdots & a_n \\ a_1 & a_2 & x_3 & \cdots & a_n \\ \vdots & \vdots & \vdots & & \vdots \\ a_1 & a_2 & a_3 & \cdots & x_n \end{vmatrix}$．

典例 5 证明：行列式 $D_n = \begin{vmatrix} 2 & -1 & 0 & \cdots & 0 & 0 \\ -1 & 2 & -1 & \cdots & 0 & 0 \\ 0 & -1 & 2 & \cdots & 0 & 0 \\ \vdots & \vdots & \vdots & & \vdots & \vdots \\ 0 & 0 & 0 & \cdots & 2 & -1 \\ 0 & 0 & 0 & \cdots & -1 & 2 \end{vmatrix} = n+1$．

证明：观察行列式，将行列式 D_n 的第 $2,3,\cdots,n$ 列加到第1列，再按第1列展开，得 $D_n =$

$$\begin{vmatrix} 1 & -1 & 0 & \cdots & 0 & 0 \\ 0 & 2 & -1 & \cdots & 0 & 0 \\ 0 & -1 & 2 & \cdots & 0 & 0 \\ \vdots & \vdots & \vdots & & \vdots & \vdots \\ 0 & 0 & 0 & \cdots & 2 & -1 \\ 1 & 0 & 0 & \cdots & -1 & 2 \end{vmatrix} = D_{n-1} + (-1)^{n+1} \begin{vmatrix} -1 & 0 & 0 & \cdots & 0 & 0 \\ 2 & -1 & 0 & \cdots & 0 & 0 \\ -1 & 2 & -1 & \cdots & 0 & 0 \\ \vdots & \vdots & \vdots & & \vdots & \vdots \\ 0 & 0 & 0 & \cdots & -1 & 0 \\ 0 & 0 & 0 & \cdots & 2 & -1 \end{vmatrix} = D_{n-1} + (-1)^{n+1}(-1)^{n-1} =$$

$D_{n-1}+1$，即 $D_n = D_{n-1}+1$，得递推公式 $D_n - D_{n-1} = 1(n \geqslant 2)$，因此 $D_{n-1} - D_{n-2} = 1, \cdots,$ $D_3 - D_2 = 1$，于是 $D_n - D_2 = n-2$，又 $D_2 = \begin{vmatrix} 2 & -1 \\ -1 & 2 \end{vmatrix} = 3$，所以 $D_n = n-2+3 = n+1$，得证.

思路点拨： 本题所用的方法为**递推法**．形如典例 5 的行列式称为**三对角行列式**，即除了主对角线及两侧的元素外，其余元素均为零，这类行列式一般采用按行（列）展开的方法寻找递推关系求解．

变式训练 5 行列式 $D_5 = \begin{vmatrix} 1-a & a & 0 & 0 & 0 \\ -1 & 1-a & a & 0 & 0 \\ 0 & -1 & 1-a & a & 0 \\ 0 & 0 & -1 & 1-a & a \\ 0 & 0 & 0 & -1 & 1-a \end{vmatrix} =$ ________.

典例 6 证明：行列式 $D_n = \begin{vmatrix} 1+a_1 & 1 & 1 & \cdots & 1 \\ 1 & 1+a_2 & 1 & \cdots & 1 \\ 1 & 1 & 1+a_3 & \cdots & 1 \\ \vdots & \vdots & \vdots & & \vdots \\ 1 & 1 & 1 & \cdots & 1+a_n \end{vmatrix} = \left(1+\sum_{i=1}^{n}\frac{1}{a_i}\right)\prod_{i=1}^{n} a_i$，其中 $a_i \neq 0$，$i = 1, 2, \cdots, n$．

证明： 利用数学归纳法，当 $n=1$ 时，$D_1 = 1+a_1$，$\left(1+\frac{1}{a_1}\right)a_1 = 1+a_1$，结论成立；当 $n=2$ 时，$D_2 = \begin{vmatrix} 1+a_1 & 1 \\ 1 & 1+a_2 \end{vmatrix} = (1+a_1)(1+a_2)-1 = a_1a_2+a_1+a_2$，$\left(1+\sum_{i=1}^{2}\frac{1}{a_i}\right)\prod_{i=1}^{n} a_2 = \left(1+\frac{1}{a_1}+\frac{1}{a_2}\right)a_1a_2 =$ $a_1a_2+a_1+a_2$，结论成立.

假设当 $n=k$ 时，$D_k = a_1a_2\cdots a_k\left(1+\sum_{i=1}^{k}\frac{1}{a_i}\right)$ 成立，则当 $n=k+1$ 时，$D_{k+1} =$ $\begin{vmatrix} 1+a_1 & 1 & 1 & \cdots & 1 \\ 1 & 1+a_2 & 1 & \cdots & 1 \\ 1 & 1 & 1+a_3 & \cdots & 1 \\ \vdots & \vdots & \vdots & & \vdots \\ 1 & 1 & 1 & \cdots & 1+a_{k+1} \end{vmatrix}$，将 D_{k+1} 按第 $k+1$ 列拆成两个行列式之和，得

$$D_{k+1}=\begin{vmatrix}1+a_1 & 1 & 1 & \cdots & 1\\ 1 & 1+a_2 & 1 & \cdots & 1\\ 1 & 1 & 1+a_3 & \cdots & 1\\ \vdots & \vdots & \vdots & & \vdots\\ 1 & 1 & 1 & \cdots & 1\end{vmatrix}+\begin{vmatrix}1+a_1 & 1 & 1 & \cdots & 0\\ 1 & 1+a_2 & 1 & \cdots & 0\\ 1 & 1 & 1+a_3 & \cdots & 0\\ \vdots & \vdots & \vdots & & \vdots\\ 1 & 1 & 1 & \cdots & a_{k+1}\end{vmatrix}$$，将第1个行列式的前k列分别减去第$k+1$列，第2个行列式按第$k+1$列展开得 $D_{k+1}=\begin{vmatrix}a_1 & 0 & 0 & \cdots & 1\\ 0 & a_2 & 0 & \cdots & 1\\ 0 & 0 & a_3 & \cdots & 1\\ \vdots & \vdots & \vdots & & \vdots\\ 0 & 0 & 0 & \cdots & 1\end{vmatrix}+a_{k+1}D_k=$

$a_1a_2\cdots a_k+a_1a_2\cdots a_ka_{k+1}\left(1+\sum_{i=1}^{k}\frac{1}{a_i}\right)=a_1a_2\cdots a_ka_{k+1}\left(1+\sum_{i=1}^{k+1}\frac{1}{a_i}\right)$，即$n=k+1$时结论也成立.

综上所述，$D_n=\left(1+\sum_{i=1}^{n}\frac{1}{a_i}\right)\prod_{i=1}^{n}a_i$ 成立，得证.

思路点拨：本题所用的方法为**数学归纳法**．除此方法外，本题还可利用化三角形行列式法、加边法等方法求解，读者可自行证明.

变式训练 6 证明：行列式 $D_n=\begin{vmatrix}x & -1 & 0 & \cdots & 0 & 0\\ 0 & x & -1 & \cdots & 0 & 0\\ 0 & 0 & x & \cdots & 0 & 0\\ \vdots & \vdots & \vdots & & \vdots & \vdots\\ 0 & 0 & 0 & \cdots & x & -1\\ a_n & a_{n-1} & a_{n-2} & \cdots & a_2 & x+a_1\end{vmatrix}=x^n+a_1x^{n-1}+\cdots+a_{n-1}x+a_n$.

基本题型 4 利用范德蒙德行列式进行计算

题型分析：范德蒙德行列式是一种特殊的行列式，可以运用范德蒙德行列式的结论计算行列式.

典例 7 计算行列式 $D_n=\begin{vmatrix}1 & 1 & \cdots & 1\\ x_1+1 & x_2+1 & \cdots & x_n+1\\ x_1^2+x_1 & x_2^2+x_2 & \cdots & x_n^2+x_n\\ x_1^3+x_1^2 & x_2^3+x_2^2 & \cdots & x_n^3+x_n^2\\ \vdots & \vdots & & \vdots\\ x_1^{n-1}+x_1^{n-2} & x_2^{n-1}+x_2^{n-2} & \cdots & x_n^{n-1}+x_n^{n-2}\end{vmatrix}$.

解析：观察该行列式，将第i行乘以-1加到第$i+1$行，其中$i=1,2,\cdots,n-1$，得范德蒙德行列式，即 $D_n \xlongequal[i=1,2,\cdots,n-1]{r_{i+1}-r_i} \begin{vmatrix} 1 & 1 & \cdots & 1 \\ x_1 & x_2 & \cdots & x_n \\ x_1^2 & x_2^2 & \cdots & x_n^2 \\ x_1^3 & x_2^3 & \cdots & x_n^3 \\ \vdots & \vdots & & \vdots \\ x_1^{n-1} & x_2^{n-1} & \cdots & x_n^{n-1} \end{vmatrix} = \prod_{1\leqslant j<i\leqslant n}(x_i - x_j)$.

变式训练 7 计算四阶行列式 $D_4 = \begin{vmatrix} a^3 & (a-1)^3 & (a-2)^3 & (a-3)^3 \\ a^2 & (a-1)^2 & (a-2)^2 & (a-3)^2 \\ a & a-1 & a-2 & a-3 \\ 1 & 1 & 1 & 1 \end{vmatrix}$.

章末总结

一、行列式的性质

转置性 行列式与它的转置行列式相等.

反号性 对换行列式的两行（列），行列式变号.

推论 若行列式有两行（列）完全相同，则此行列式等于零.

倍乘性 行列式的某一行（列）中所有元素都乘以同一数 k，等于用数 k 乘以行列式.

推论 1 行列式中某一行（列）的所有元素的公因子可以提到行列式记号的外面.

推论 2 行列式中如果有两行（列）元素成比例，则此行列式等于零.

推论 3 如果行列式的某一行（列）的元素全为零，那么行列式为零.

可加性 若行列式的某一行（列）的元素都是两个数之和，则此行列式等于两个行列式的和.

倍加性 把行列式的某一行（列）的各元素乘同一实数后，加到另一行（列）对应的元素上，行列式不变.

二、行列式的计算

计算行列式的方法如表 1-7 所示.

表 1-7

方　法	内　容	注意事项
定义法	根据行列式的定义直接计算行列式	行列式有较多零元素时，利用定义法较为方便
目标行列式法	利用行列式的性质及推论，将行列式化简为三角形行列式或其他已知其计算方法的行列式	通常将三角形行列式作为目标行列式

表 1-7（续）

方 法	内 容	注意事项
降阶法	利用行列式按行（列）展开法则，将高阶行列式的计算化为低阶行列式的计算	结合行列式的性质，先将行列式某一行（列）的元素尽可能多地化为0，再按此行（列）展开
加边法	若行列式第1列（行）添加元素$1,0,\cdots,0$，第1行（列）的元素任意添加，则行列式不变	结合原行列式元素的规律，在第1行（列）添加合适的元素
递推法	利用行列式的性质，将行列式表示为具有相同结构的较低阶行列式，得到递推公式，进而推得行列式的值	较低阶行列式的结构要与原行列式的结构相同
数学归纳法	先证明起点值时命题成立，假设$n=k$时命题成立，再证明$n=k+1$时命题成立	一般“证明$n=k+1$时命题成立”这一步较为繁琐
范德蒙德行列式法	利用行列式的性质及推论，将行列式化为范德蒙德行列式	此方法一般与其他方法结合使用

教材习题一全解（教材 P20～P23）

扫一扫

习题一题干

1. **解：**（1）原式$=2\times(-4)\times3+0\times(-1)\times(-1)+1\times1\times8-1\times(-4)\times(-1)-2\times(-1)\times8-0=-4$.

（2）原式$=acb+bac+cba-c^3-a^3-b^3=3abc-a^3-b^3-c^3$.

（3）原式$=bc^2+ca^2+ab^2-ba^2-cb^2-ac^2=c^2(b-a)+ab(b-a)-c(b^2-a^2)=(b-a)\times(c-b)(c-a)$.

（4）原式$=x(x+y)y+yx(x+y)+(x+y)yx-(x+y)^3-x^3-y^3=-2(x^3+y^3)$.

2. **解：**（1）排列 1234，其逆序数为 0.

（2）排列 4132，其逆序数为 4，逆序分别为：4 1，4 3，4 2，3 2.

（3）排列 3421，其逆序数为 5，逆序分别为：3 2，3 1，4 2，4 1，2 1.

（4）排列 2413，其逆序数为 3，逆序分别为：2 1，4 1，4 3.

（5）排列$13\cdots(2n-1)24\cdots(2n)$，其逆序数为$t=0+1+2+\cdots+(n-1)=\dfrac{n(n-1)}{2}$.

（6）排列$13\cdots(2n-1)(2n)(2n-2)\cdots2$，其逆序数为$t=0+2+4+\cdots+(2n-2)=n(n-1)$.

3. **解：**根据行列式定义，所求项还含有分别位于第 3 行和第 4 行的某两元素，且它们分别位于第 2 列和第 4 列，即a_{32}和a_{44}，或a_{34}和a_{42}. 因为排列 1324 与 1342 的逆序数分别为 1 与 2，所以四阶行列式中含有因子$a_{11}a_{23}$的项为$-a_{11}a_{23}a_{32}a_{44}$与$a_{11}a_{23}a_{34}a_{42}$.

思路点拨：四阶行列式中含有因子$a_{11}a_{23}$的项是所有不同行、不同列的元素的乘积并冠以符号$(-1)^{t(p_1p_2\cdots p_n)}$，即$(-1)^{t(p_1p_2p_3p_4)}a_{1p_1}a_{2p_2}a_{3p_3}a_{4p_4}$.

4．解：（1）$\begin{vmatrix}4&1&2&4\\1&2&0&2\\10&5&2&0\\0&1&1&7\end{vmatrix}\xlongequal[r_3-2r_4]{r_1-2r_4}\begin{vmatrix}4&-1&0&-10\\1&2&0&2\\10&3&0&-14\\0&1&1&7\end{vmatrix}=(-1)^{4+3}\begin{vmatrix}4&-1&-10\\1&2&2\\10&3&-14\end{vmatrix}\xlongequal[c_3-2c_1]{c_2-2c_1}$

$\begin{vmatrix}4&-9&-18\\1&0&0\\10&-17&-34\end{vmatrix}=0$（第2，3列成比例）.

（2）$\begin{vmatrix}2&1&4&1\\3&-1&2&1\\1&2&3&2\\5&0&6&2\end{vmatrix}\xlongequal{r_2+r_1}\begin{vmatrix}2&1&4&1\\5&0&6&2\\1&2&3&2\\5&0&6&2\end{vmatrix}=0$（有两行相同）.

（3）$\begin{vmatrix}-ab&ac&ae\\bd&-cd&de\\bf&cf&-ef\end{vmatrix}\xlongequal{\frac{r_1}{a},\frac{r_2}{d},\frac{r_3}{f}}adf\begin{vmatrix}-b&c&e\\b&-c&e\\b&c&-e\end{vmatrix}\xlongequal{\frac{c_1}{b},\frac{c_2}{c},\frac{c_3}{e}}adfbce\begin{vmatrix}-1&1&1\\1&-1&1\\1&1&-1\end{vmatrix}\xlongequal[r_2+r_3]{r_1+r_3}abcdef\times$

$\begin{vmatrix}0&2&0\\2&0&0\\1&1&-1\end{vmatrix}=4abcdef$.

（4）$\begin{vmatrix}1&1&1\\a&b&c\\b+c&c+a&a+b\end{vmatrix}\xlongequal{r_2+r_3}\begin{vmatrix}1&1&1\\a+b+c&a+b+c&a+b+c\\b+c&c+a&a+b\end{vmatrix}=(a+b+c)\begin{vmatrix}1&1&1\\1&1&1\\b+c&c+a&a+b\end{vmatrix}=0$.

（5）$\begin{vmatrix}a&1&0&0\\-1&b&1&0\\0&-1&c&1\\0&0&-1&d\end{vmatrix}\xlongequal{r_1+ar_2}\begin{vmatrix}0&1+ab&a&0\\-1&b&1&0\\0&-1&c&1\\0&0&-1&d\end{vmatrix}=(-1)\times(-1)^{2+1}\begin{vmatrix}1+ab&a&0\\-1&c&1\\0&-1&d\end{vmatrix}\xlongequal{r_3-dr_2}$

$\begin{vmatrix}1+ab&a&0\\-1&c&1\\d&-1-cd&0\end{vmatrix}=1\times(-1)^{2+3}\begin{vmatrix}1+ab&a\\d&-1-cd\end{vmatrix}=(1+ab)(1+cd)+ad$.

（6）$\begin{vmatrix}1&2&3&4\\1&3&4&1\\1&4&1&2\\1&1&2&3\end{vmatrix}\xlongequal[\substack{r_3-r_1\\r_4-r_1}]{r_2-r_1}\begin{vmatrix}1&2&3&4\\0&1&1&-3\\0&2&-2&-2\\0&-1&-1&-1\end{vmatrix}=-\begin{vmatrix}1&1&-3\\2&-2&-2\\1&1&1\end{vmatrix}\xlongequal{r_1-r_3}-\begin{vmatrix}0&0&-4\\2&-2&-2\\1&1&1\end{vmatrix}=$

$4\begin{vmatrix}2&-2\\1&1\end{vmatrix}=16$.

思路点拨：本题应用了行列式的“倍乘性”和“倍加性”，以及行列式按行（列）展开法则.

5. **解：**（1）$\begin{vmatrix} x+1 & 2 & -1\\ 2 & x+1 & 1\\ -1 & 1 & x+1\end{vmatrix} \xlongequal{r_1+r_2} (x+3)\begin{vmatrix}1&1&0\\2&x+1&1\\-1&1&x+1\end{vmatrix} \xlongequal{c_2-c_1} (x+3)\begin{vmatrix}1&0&0\\2&x-1&1\\-1&2&x+1\end{vmatrix}=$

$(x+3)\begin{vmatrix}x-1&1\\2&x+1\end{vmatrix}=(x+3)(x^2-3)=0$，解得 $x_1=-3$，$x_2=\sqrt{3}$，$x_3=-\sqrt{3}$.

提取第一行的公因子 $x+3$

（2）方程左式为范德蒙德行列式，故有 $(a-x)(b-x)(c-x)(b-a)(c-a)(c-b)=0$，又因为 a，b，c 互不相等，所以方程的解为 $x_1=a$，$x_2=b$，$x_3=c$.

6. **证明：**（1）$\begin{vmatrix}a^2&ab&b^2\\2a&a+b&2b\\1&1&1\end{vmatrix} \xlongequal[c_2-c_3]{c_1-c_3} \begin{vmatrix}a^2-b^2&ab-b^2&b^2\\2(a-b)&a-b&2b\\0&0&1\end{vmatrix}=1\times(-1)^{3+3}\begin{vmatrix}a^2-b^2&ab-b^2\\2(a-b)&a-b\end{vmatrix}=$

$(a-b)^2\begin{vmatrix}a+b&b\\2&1\end{vmatrix}=(a-b)^3$，得证.

（2）$\begin{vmatrix}ax+by&ay+bz&az+bx\\ay+bz&az+bx&ax+by\\az+bx&ax+by&ay+bz\end{vmatrix}=a\begin{vmatrix}x&ay+bz&az+bx\\y&az+bx&ax+by\\z&ax+by&ay+bz\end{vmatrix}+b\begin{vmatrix}y&ay+bz&az+bx\\z&az+bx&ax+by\\x&ax+by&ay+bz\end{vmatrix}=$

$a^2\begin{vmatrix}x&y&az+bx\\y&z&ax+by\\z&x&ay+bz\end{vmatrix}+ab\begin{vmatrix}x&z&az+bx\\y&x&ax+by\\z&y&ay+bz\end{vmatrix}+ba\begin{vmatrix}y&y&az+bx\\z&z&ax+by\\x&x&ay+bz\end{vmatrix}+b^2\begin{vmatrix}y&z&az+bx\\z&x&ax+by\\x&y&ay+bz\end{vmatrix}=a^3\begin{vmatrix}x&y&z\\y&z&x\\z&x&y\end{vmatrix}+0$

$+0+b^3\begin{vmatrix}y&z&x\\z&x&y\\x&y&z\end{vmatrix}=(a^3+b^3)\begin{vmatrix}x&y&z\\y&z&x\\z&x&y\end{vmatrix}$，得证.

对换两次

思路点拨：（2）题中，将左端的行列式按列拆开所得行列式中，有的行列式的两列对应相等，所以这些行列式为零.

（3）$\begin{vmatrix}a^2&(a+1)^2&(a+2)^2&(a+3)^2\\b^2&(b+1)^2&(b+2)^2&(b+3)^2\\c^2&(c+1)^2&(c+2)^2&(c+3)^2\\d^2&(d+1)^2&(d+2)^2&(d+3)^2\end{vmatrix} \xlongequal[c_4-c_1]{c_3-c_2} \begin{vmatrix}a^2&(a+1)^2&2a+3&6a+9\\b^2&(b+1)^2&2b+3&6b+9\\c^2&(c+1)^2&2c+3&6c+9\\d^2&(d+1)^2&2d+3&6d+9\end{vmatrix}=0$，得证.

（4）构造五阶范德蒙德行列式 $f(x)=\begin{vmatrix}1&1&1&1&1\\a&b&c&d&x\\a^2&b^2&c^2&d^2&x^2\\a^3&b^3&c^3&d^3&x^3\\a^4&b^4&c^4&d^4&x^4\end{vmatrix}$，则 $\begin{vmatrix}1&1&1&1\\a&b&c&d\\a^2&b^2&c^2&d^2\\a^4&b^4&c^4&d^4\end{vmatrix}$ 为 x^3 的余子式 M_{45}. 因为 $f(x)=(x-a)(x-b)(x-c)(x-d)(b-a)(c-a)(d-a)(c-b)(d-b)(d-c)$，其中 x^3 的系数 $-(a+b+c+d)(b-a)(c-a)(d-a)(c-b)(d-b)(d-c)=A_{45}=(-1)^{4+5}M_{45}=$

$-M_{45}$，所以 $M_{45}=(b-a)(c-a)(d-a)(c-b)(d-b)(d-c)(a+b+c+d)$，得证.

（5）$\begin{vmatrix} x & -1 & 0 & 0 \\ 0 & x & -1 & 0 \\ 0 & 0 & x & -1 \\ a_0 & a_1 & a_2 & a_3 \end{vmatrix}=x\times(-1)^{1+1}\begin{vmatrix} x & -1 & 0 \\ 0 & x & -1 \\ a_1 & a_2 & a_3 \end{vmatrix}-1\times(-1)^{1+2}\begin{vmatrix} 0 & -1 & 0 \\ 0 & x & -1 \\ a_0 & a_2 & a_3 \end{vmatrix}=x^2\begin{vmatrix} x & -1 \\ a_2 & a_3 \end{vmatrix}+$

$a_1x\begin{vmatrix} -1 & 0 \\ x & -1 \end{vmatrix}+a_0=a_3x^3+a_2x^2+a_1x+a_0$，得证.

7. **证明：**（1）通过对换相邻行将 D_1 变换为 D，D_1 的最后一行经过 $(n-1)$ 次对换可成为 D 的第一行，此时最后一行是 D 的第 2 行，需经过 $(n-2)$ 次相邻行对换，…，共进行了 $(n-1)+(n-2)+\cdots+1=\dfrac{n(n-1)}{2}$ 次对换，所以 $D_1=(-1)^{\frac{n(n-1)}{2}}D$；将 D 逆时针旋转 90° 相当于将 D^{T} 上下翻转，即 $D_2=(-1)^{\frac{n(n-1)}{2}}D^{\mathrm{T}}$，又因为 $D=D^{\mathrm{T}}$，所以 $D_1=D_2=(-1)^{\frac{n(n-1)}{2}}D$，得证.

（2）将 D 依副对角线翻转相当于将 D_2 左右翻转，由（1）可知，$D_3=(-1)^{\frac{n(n-1)}{2}}D_2=(-1)^{n(n-1)}D=D$，即 $D_3=D$，得证.

方法总结

由本题可得结论：将行列式 D 上下翻转、左右翻转或沿逆（顺）时针旋转 90°，所得行列式为 $(-1)^{\frac{n(n-1)}{2}}D$.

8. **解：**（1）（方法一）将 D_n 按第 2 行展开，有 $D_n=a\begin{vmatrix} a & & 1 \\ & \ddots & \\ 1 & & a \end{vmatrix}_{(n-1)\times(n-1)}$，得递推公式 $D_n=aD_{n-1}$，所以 $D_n=aD_{n-1}=\cdots=a^{n-2}\begin{vmatrix} a & 1 \\ 1 & a \end{vmatrix}=a^{n-2}(a^2-1)$.

（方法二）$D_n=\begin{vmatrix} a & & & 1 \\ & a & & \\ & & \ddots & \\ 1 & & & a \end{vmatrix}\overset{r_n+r_1}{=\!=}\begin{vmatrix} a & & & 1 \\ & a & & \\ & & \ddots & \\ a+1 & & & a+1 \end{vmatrix}\overset{c_1-c_n}{=\!=}\begin{vmatrix} a-1 & & & 1 \\ & a & & \\ & & \ddots & \\ 0 & & & a+1 \end{vmatrix}=a^{n-2}(a^2-1)$.

（2）$D_n=\begin{vmatrix} x & a & \cdots & a \\ a & x & \cdots & a \\ \vdots & \vdots & & \vdots \\ a & a & \cdots & x \end{vmatrix}\overset{r_1+r_2+\cdots+r_n}{=\!=\!=}[x+(n-1)a]\begin{vmatrix} 1 & 1 & \cdots & 1 \\ a & x & \cdots & a \\ \vdots & \vdots & & \vdots \\ a & a & \cdots & x \end{vmatrix}\overset{r_i-ar_1}{\underset{i=2,3,\cdots,n}{=\!=\!=}}[x+(n-1)a]\cdot$

$\begin{vmatrix} 1 & 1 & \cdots & 1 \\ & x-a & & \\ & & \ddots & \\ & & & x-a \end{vmatrix}=(x-a)^{n-1}[x+(n-1)a]$.

方法总结

对于各行元素之和相同的行列式，可将从第 2 行起的各行都加到第 1 行，再提取公因子．本大题的（5）题也是类似情况．

（3）$$D_{n+1}=\begin{vmatrix} a^n & (a-1)^n & \cdots & (a-n)^n \\ a^{n-1} & (a-1)^{n-1} & \cdots & (a-n)^{n-1} \\ \vdots & \vdots & & \vdots \\ a & a-1 & \cdots & a-n \\ 1 & 1 & \cdots & 1 \end{vmatrix} \xlongequal{\text{上下翻转}} (-1)^{\frac{n(n-1)}{2}} \begin{vmatrix} 1 & 1 & \cdots & 1 \\ a & a-1 & \cdots & a-n \\ \vdots & \vdots & & \vdots \\ a^{n-1} & (a-1)^{n-1} & \cdots & (a-n)^{n-1} \\ a^n & (a-1)^n & \cdots & (a-n)^n \end{vmatrix}$$

$$\xlongequal{\text{左右翻转}} \begin{vmatrix} 1 & \cdots & 1 & 1 \\ a-n & \cdots & a-1 & a \\ \vdots & & \vdots & \vdots \\ (a-n)^{n-1} & \cdots & (a-1)^{n-1} & a^{n-1} \\ (a-n)^n & \cdots & (a-1)^n & a^n \end{vmatrix} = \prod_{1\leqslant j<i\leqslant n}(i-j).$$

（4）$$D_{2n}=\begin{vmatrix} a_n & & & & & b_n \\ & \ddots & & & \unicode{x22F0} & \\ & & a_1 & b_1 & & \\ & & c_1 & d_1 & & \\ & \unicode{x22F0} & & & \ddots & \\ c_n & & & & & d_n \end{vmatrix} \xlongequal[c_2\leftrightarrow c_{2n}]{r_2\leftrightarrow r_{2n}} \begin{vmatrix} a_n & b_n & \\ c_n & d_n & \\ & & D_{2(n-1)} \end{vmatrix} = (a_nd_n-b_nc_n)D_{2(n-1)},$$ 且

$D_2=a_1d_1-b_1c_1$，所以 $D_{2n}=(a_nd_n-b_nc_n)\cdots(a_1d_1-b_1c_1)=\prod_{i=1}^{n}(a_id_i-b_ic_i)$．

（5）$$D_n=\begin{vmatrix} 1+a_1 & a_1 & \cdots & a_1 \\ a_2 & 1+a_2 & \cdots & a_2 \\ \vdots & \vdots & & \vdots \\ a_n & a_n & \cdots & 1+a_n \end{vmatrix} \xlongequal{r_1+r_2+\cdots+r_n} (1+a_1+a_2+\cdots+a_n)\begin{vmatrix} 1 & 1 & \cdots & 1 \\ a_2 & 1+a_2 & \cdots & a_2 \\ \vdots & \vdots & & \vdots \\ a_n & a_n & \cdots & 1+a_n \end{vmatrix}$$

$$\xlongequal[i=2,3,\cdots,n]{c_i-c_1} (1+a_1+a_2+\cdots+a_n)\begin{vmatrix} 1 & 0 & \cdots & 0 \\ a_2 & 1 & \cdots & 0 \\ \vdots & \vdots & & \vdots \\ a_n & 0 & \cdots & 1 \end{vmatrix} = 1+a_1+a_2+\cdots+a_n.$$

（6）$$D_n=\begin{vmatrix} 0 & 1 & 2 & \cdots & n-1 \\ 1 & 0 & 1 & \cdots & n-2 \\ 2 & 1 & 0 & \cdots & n-3 \\ \vdots & \vdots & \vdots & & \vdots \\ n-1 & n-2 & n-3 & \cdots & 0 \end{vmatrix} \xlongequal[i=1,2,\cdots,n-1]{r_i-r_{i+1}} \begin{vmatrix} -1 & 1 & 1 & \cdots & 1 & 1 \\ -1 & -1 & 1 & \cdots & 1 & 1 \\ -1 & -1 & -1 & \cdots & 1 & 1 \\ \vdots & \vdots & \vdots & & \vdots & \vdots \\ -1 & -1 & -1 & \cdots & -1 & 1 \\ n-1 & n-2 & n-3 & \cdots & 1 & 0 \end{vmatrix} \xlongequal[i=2,3,\cdots,n]{c_i+c_1}$$

$$\begin{vmatrix} -1 & 0 & 0 & \cdots & 0 & 1 \\ -1 & -2 & 0 & \cdots & 0 & 1 \\ -1 & -2 & -2 & \cdots & 0 & 1 \\ \vdots & \vdots & \vdots & & \vdots & \vdots \\ -1 & -2 & -2 & \cdots & -2 & 1 \\ n-1 & 2n-3 & 2n-4 & \cdots & n & n-1 \end{vmatrix} = (-1)^{n-1}(n-1)2^{n-2}.$$

（7）$D_n = \begin{vmatrix} 1+a_1 & 1 & \cdots & 1 \\ 1 & 1+a_2 & \cdots & 1 \\ \vdots & \vdots & & \vdots \\ 1 & 1 & \cdots & 1+a_n \end{vmatrix} \xlongequal[i=2,3,\cdots,n]{r_i - r_1} \begin{vmatrix} 1+a_1 & 1 & \cdots & 1 \\ -a_1 & a_2 & & \\ \vdots & & \ddots & \\ -a_1 & & & a_n \end{vmatrix} \xlongequal[i=2,3,\cdots,n]{c_1+\frac{a_1}{a_i}c_i} \begin{vmatrix} b & 1 & \cdots & 1 \\ 0 & a_2 & & \\ \vdots & & \ddots & \\ 0 & & & a_n \end{vmatrix}$，

其中 $b = 1 + a_1 + a_i\sum\limits_{i=2}^{n}\frac{1}{a_i} = a_1\left(1+\sum\limits_{i=1}^{n}\frac{1}{a_i}\right)$，所以 $D_n = a_1a_2\cdots a_n\left(1+\sum\limits_{i=1}^{n}\frac{1}{a_i}\right)$.

9．**解：** $A_{31}+3A_{32}-2A_{33}+2A_{34}$ 等于用1，3，−2，2 替换行列式 D 的第3行的元素，即

$$A_{31}+3A_{32}-2A_{33}+2A_{34} = \begin{vmatrix} 3 & 1 & -1 & 2 \\ -5 & 1 & 3 & -4 \\ 1 & 3 & -2 & 2 \\ 1 & -5 & 3 & -3 \end{vmatrix} \xlongequal{c_4+c_3} \begin{vmatrix} 3 & 1 & -1 & 1 \\ -5 & 1 & 3 & -1 \\ 1 & 3 & -2 & 0 \\ 1 & -5 & 3 & 0 \end{vmatrix} \xlongequal{r_2+r_1} \begin{vmatrix} 3 & 1 & -1 & 1 \\ -2 & 2 & 2 & 0 \\ 1 & 3 & -2 & 0 \\ 1 & -5 & 3 & 0 \end{vmatrix} =$$

$$1\times(-1)^{1+4}\begin{vmatrix} -2 & 2 & 2 \\ 1 & 3 & -2 \\ 1 & -5 & 3 \end{vmatrix} = 2\begin{vmatrix} 1 & -1 & -1 \\ 1 & 3 & -2 \\ 1 & -5 & 3 \end{vmatrix} \xlongequal[r_3-r_1]{r_2-r_1} 2\begin{vmatrix} 1 & -1 & -1 \\ 0 & 4 & -1 \\ 0 & -4 & 4 \end{vmatrix} \xlongequal{r_3+r_2} 2\times12 = 24.$$

直通考研真题

考研大纲要求

1. 了解行列式的概念，掌握行列式的性质.
2. 会应用行列式的性质和行列式按行（列）展开定理计算行列式.

考研真题精析

真题 1 （数一、数二、数三）行列式 $\begin{vmatrix} a & 0 & -1 & 1 \\ 0 & a & 1 & -1 \\ -1 & 1 & a & 0 \\ 1 & -1 & 0 & a \end{vmatrix} =$ ________.

解析：行列式$\begin{vmatrix} a & 0 & -1 & 1 \\ 0 & a & 1 & -1 \\ -1 & 1 & a & 0 \\ 1 & -1 & 0 & a \end{vmatrix} \xlongequal{r_4+r_3} \begin{vmatrix} a & 0 & -1 & 1 \\ 0 & a & 1 & -1 \\ -1 & 1 & a & 0 \\ 0 & 0 & a & a \end{vmatrix} \xlongequal{r_1+ar_3} \begin{vmatrix} 0 & a & -1+a^2 & 1 \\ 0 & a & 1 & -1 \\ -1 & 1 & a & 0 \\ 0 & 0 & a & a \end{vmatrix} \xlongequal{\text{按第1列展开}}$

$-\begin{vmatrix} a & -1+a^2 & 1 \\ a & 1 & -1 \\ 0 & a & a \end{vmatrix} \xlongequal{c_2-c_3} -\begin{vmatrix} a & a^2-2 & 1 \\ a & 2 & -1 \\ 0 & 0 & a \end{vmatrix} \xlongequal{\text{按第3行展开}} a^4-4a^2$．故填$a^4-4a^2$．

> **思路点拨**：本题先利用行列式的性质将行列式化简，再将行列式按某一行（列）展开计算行列式.

真题 2 （数二、数三）多项式$f(x)=\begin{vmatrix} x & x & 1 & 2x \\ 1 & x & 2 & -1 \\ 2 & 1 & x & 1 \\ 2 & -1 & 1 & x \end{vmatrix}$中，$x^3$的系数为_______.

解析：多项式$f(x)=\begin{vmatrix} x & x & 1 & 2x \\ 1 & x & 2 & -1 \\ 2 & 1 & x & 1 \\ 2 & -1 & 1 & x \end{vmatrix} \xlongequal{\text{按第1行展开}} x\begin{vmatrix} x & 2 & -1 \\ 1 & x & 1 \\ -1 & 1 & x \end{vmatrix} - x\begin{vmatrix} 1 & 2 & -1 \\ 2 & x & 1 \\ 2 & 1 & x \end{vmatrix} + \begin{vmatrix} 1 & x & -1 \\ 2 & 1 & 1 \\ 2 & -1 & x \end{vmatrix} -$

$2x\begin{vmatrix} 1 & x & 2 \\ 2 & 1 & x \\ 2 & -1 & 1 \end{vmatrix}$，则展开式中含$x^3$的项有$-x^3$，$-4x^3$，故多项式中$x^3$的系数为$-5$．故填$-5$．

> **思路点拨**：本题可根据行列式按行（列）展开法则将行列式展开，找出含有x^3的项，即可求出系数.

第二章 矩阵及其运算

扫一扫

第二章精讲课

本章导学

矩阵是代数学中的重要工具，也是线性代数的核心，它贯穿于线性代数的各个部分．本章首先介绍了矩阵的相关概念，然后引出矩阵的运算法则，以及特殊矩阵和逆矩阵，最后介绍矩阵的应用，利用矩阵解线性方程组，以及分块矩阵的相关知识．

知识导图

- 矩阵及其运算
  - 线性方程组和矩阵
    - 线性方程组的概念
    - 矩阵的概念
    - 线性方程组和线性变换中的矩阵
      - 线性变换与矩阵一一对应
  - 矩阵的运算
    - 矩阵的运算法则
      - 矩阵的加法、数乘、乘法、转置，方阵的幂、方阵的行列式
    - 特殊矩阵
      - 纯量矩阵、对称矩阵、反对称矩阵、伴随矩阵
  - 逆矩阵
    - 逆矩阵的定义和性质
    - 逆矩阵的计算
      - 定义法、伴随矩阵法、初等变换法
    - 逆矩阵的初步应用
      - 解矩阵方程、求矩阵多项式
  - 克拉默法则
    - 利用行列式求解方程组
    - 矩阵方程 $\boldsymbol{Ax}=\boldsymbol{b}$ 的解
      - $|\boldsymbol{A}|\neq 0$ 时，方程组有唯一解
      - $|\boldsymbol{A}|\neq 0$ 且 $\boldsymbol{b}=\boldsymbol{O}$ 时，方程组只有零解
  - 矩阵分块法
    - 分块矩阵的定义
    - 分块矩阵的运算
      - 加法、数乘、乘法、转置、幂
    - 分块矩阵的逆矩阵和行列式

第一节 线性方程组和矩阵

一、线性方程组

线性方程组的相关概念如表 2-1 所示.

表 2-1

名称	相关概念	示例
线性方程组	设有 n 元线性方程组，当常数项 $b_1, b_2, \cdots, b_n$ 不全为零时，称该方程组为 n 元非齐次线性方程组，即 $\begin{cases} a_{11}x_1 + a_{12}x_2 + \cdots + a_{1n}x_n = b_1, \\ a_{21}x_1 + a_{22}x_2 + \cdots + a_{2n}x_n = b_2, \\ \vdots \\ a_{m1}x_1 + a_{m2}x_2 + \cdots + a_{mn}x_n = b_m, \end{cases}$ 当常数项 $b_1, b_2, \cdots, b_n$ 全为零时，称该方程组为 n 元齐次线性方程组	非齐次：$\begin{cases} 2x_1 + x_2 = 1, \\ x_1 - 2x_2 = 3, \end{cases}$ 齐次：$\begin{cases} 2x_1 + x_2 = 0, \\ x_1 - 2x_2 = 0 \end{cases}$
系数行列式	线性方程组的系数 a_{ij} 构成的行列式称为该方程组的系数行列式，即 $D = \begin{vmatrix} a_{11} & a_{12} & \cdots & a_{1n} \\ a_{21} & a_{22} & \cdots & a_{2n} \\ \vdots & \vdots & & \vdots \\ a_{n1} & a_{n2} & \cdots & a_{nn} \end{vmatrix}$	$\begin{vmatrix} 2 & 1 \\ 1 & -2 \end{vmatrix}$
零　解	对于 n 元齐次线性方程组，$x_1 = x_2 = \cdots = x_n = 0$ 一定是它的解，这个解叫作齐次线性方程组的零解	$\begin{cases} 2x_1 + x_2 = 0, \\ x_1 - 2x_2 = 0 \end{cases}$ 的零解为 $x_1 = x_2 = 0$

为方便讨论线性方程组的解的情况，我们引入矩阵的概念.

二、矩阵

定义 1 由 $m \times n$ 个数 a_{ij} $(i = 1, 2, \cdots, m;\ j = 1, 2, \cdots, n)$ 排成的 m 行 n 列的数表称为 m 行 n 列矩阵，简称 $m \times n$ 矩阵，并用大写黑体字母表示，记作 $\boldsymbol{A} = \begin{pmatrix} a_{11} & a_{12} & \cdots & a_{1n} \\ a_{21} & a_{22} & \cdots & a_{2n} \\ \vdots & \vdots & & \vdots \\ a_{m1} & a_{m2} & \cdots & a_{mn} \end{pmatrix}$，其中 a_{ij} 称为矩阵第 i 行第 j 列的元素. 行数和列数都等于 n 的矩阵称为 n 阶方阵.

定义 2 两个矩阵的行数相等，列数也相等时，就称它们是同型矩阵. 若 $\boldsymbol{A} = (a_{ij})$ 与 $\boldsymbol{B} = (b_{ij})$ 是同型矩阵，且它们的对应元素相等，即 $a_{ij} = b_{ij}$ $(i = 1, 2, \cdots, m;\ j = 1, 2, \cdots, n)$，则称矩阵 $\boldsymbol{A}$ 与 $\boldsymbol{B}$ 相等，记作 $\boldsymbol{A} = \boldsymbol{B}$.

几种特殊矩阵的名称、概念及说明如表 2-2 所示.

表 2-2

名 称	概 念	说 明
行矩阵	只有一行的矩阵 $\boldsymbol{A}=(a_1,a_2,\cdots,a_n)$ 称为行矩阵，又称行向量	$1\times n$ 矩阵
列矩阵	只有一列的矩阵 $\boldsymbol{B}=\begin{pmatrix}b_1\\b_2\\\vdots\\b_m\end{pmatrix}$ 称为列矩阵，又称列向量	$m\times 1$ 矩阵
零矩阵	元素都是零的矩阵称为零矩阵，记作 $\boldsymbol{O}$	不同型的零矩阵是不同的
对角矩阵	除主对角元素外，其余元素都是 0 的方阵称为对角矩阵，记作 $\boldsymbol{\Lambda}=\mathrm{diag}(\lambda_1,\lambda_2,\cdots,\lambda_n)$	对角矩阵一定是方阵，如 $\begin{pmatrix}a_{11}&0\\0&a_{22}\end{pmatrix}$
上三角矩阵	主对角线以下的元素都为 0 的矩阵称为上三角矩阵	上三角矩阵和下三角矩阵统称为三角矩阵，三角矩阵一定是方阵
下三角矩阵	主对角线以上的元素都为 0 的矩阵称为下三角矩阵	
单位矩阵	主对角线上的元素都是 1，其余元素都是 0 的方阵称为单位矩阵，记作 $\boldsymbol{E}$	如 $\begin{pmatrix}1&0\\0&1\end{pmatrix}$

三、线性方程组和线性变换中的矩阵

线性方程组和线性变换的相关概念如表 2-3 所示.

表 2-3

名 称	相关概念	说 明
线性方程组	线性方程组 $\begin{cases}a_{11}x_1+a_{12}x_2+\cdots+a_{1n}x_n=b_1,\\a_{21}x_1+a_{22}x_2+\cdots+a_{2n}x_n=b_2,\\\vdots\\a_{m1}x_1+a_{m2}x_2+\cdots+a_{mn}x_n=b_m\end{cases}$ 中有矩阵 $\boldsymbol{A}=\begin{pmatrix}a_{11}&a_{12}&\cdots&a_{1n}\\a_{21}&a_{22}&\cdots&a_{2n}\\\vdots&\vdots&&\vdots\\a_{m1}&a_{m2}&\cdots&a_{mn}\end{pmatrix}$，$\boldsymbol{x}=\begin{pmatrix}x_1\\x_2\\\vdots\\x_n\end{pmatrix}$，$\boldsymbol{b}=\begin{pmatrix}b_1\\b_2\\\vdots\\b_m\end{pmatrix}$，$\boldsymbol{B}=\begin{pmatrix}a_{11}&a_{12}&\cdots&a_{1n}&b_1\\a_{21}&a_{22}&\cdots&a_{2n}&b_2\\\vdots&\vdots&&\vdots&\vdots\\a_{m1}&a_{m2}&\cdots&a_{mn}&b_m\end{pmatrix}$，其中，$\boldsymbol{A}$ 称为系数矩阵，$\boldsymbol{x}$ 称为未知数矩阵，$\boldsymbol{b}$ 称为常数项矩阵，$\boldsymbol{B}$ 称为增广矩阵	线性方程组可表示为 $\boldsymbol{Ax}=\boldsymbol{b}$（矩阵的乘法会在下一节介绍）
线性变换	关系式 $\begin{cases}y_1=a_{11}x_1+a_{12}x_2+\cdots+a_{1n}x_n,\\y_2=a_{21}x_1+a_{22}x_2+\cdots+a_{2n}x_n,\\\vdots\\y_m=a_{m1}x_1+a_{m2}x_2+\cdots+a_{mn}x_n\end{cases}$ 表示从变量 $x_1,x_2,\cdots,x_n$ 到变量 $y_1,y_2,\cdots,y_m$ 的线性变换	线性变换与矩阵一一对应，即 $\boldsymbol{y}=\boldsymbol{Ax}$

典例精解

基本题型 1 矩阵基本概念的应用

题型分析：本题型比较简单，需要掌握一些特殊矩阵（如方阵、同型矩阵、对角矩阵、上三角矩阵、下三角矩阵、单位矩阵等）的特点，从而进行求解.

典例 1 下列矩阵中，属于下三角矩阵的是（　　）.

A. $\begin{pmatrix} -1 & 3 & 0 \\ 0 & 1 & 0 \\ 0 & 0 & 1 \end{pmatrix}$　B. $\begin{pmatrix} 2 & i-1 & 1 \\ 0 & 0 & 3 \end{pmatrix}$　C. $\begin{pmatrix} 1 & 1 \\ 1 & 1 \end{pmatrix}$　D. $\begin{pmatrix} -1 & 0 & 0 \\ 3 & 1 & 0 \\ 2 & i & 1 \end{pmatrix}$

解析：下三角矩阵必为方阵，且主对角线以上的元素全是0．故选 D.

变式训练 1 下列矩阵中，属于对角矩阵的是（　　）.

A. $\begin{pmatrix} 1 & 0 \\ 2 & 1 \\ 2 & 3 \end{pmatrix}$　B. $\begin{pmatrix} -1 & 0 & 2 \\ 0 & 1 & 0 \\ 2 & 0 & 1 \end{pmatrix}$　C. $\begin{pmatrix} 2 & 0 & 0 \\ 0 & 2 & 0 \\ 0 & 0 & 1 \end{pmatrix}$　D. $\begin{pmatrix} 1 & 0 \\ 1 & 1 \end{pmatrix}$

典例 2 下列矩阵是同型矩阵的为（　　）.

A. $\begin{pmatrix} 1 & 0 & 0 \\ 0 & 1 & 0 \\ 0 & 0 & 1 \end{pmatrix}$，$\begin{pmatrix} 1 & 0 \\ 0 & 1 \end{pmatrix}$　B. $\begin{pmatrix} 2 & 0 \\ 4 & 6 \\ 1 & 1 \end{pmatrix}$，$\begin{pmatrix} 2 & 4 & 1 \\ 0 & 6 & 1 \end{pmatrix}$

C. $\begin{pmatrix} 0 & 0 \\ 0 & 0 \end{pmatrix}$，$\begin{pmatrix} 1 & 0 \\ 0 & 1 \end{pmatrix}$　D. $(1,2)$，$\begin{pmatrix} 1 \\ 2 \end{pmatrix}$

解析：同型矩阵的行数相等，列数也相等．故选 C.

变式训练 2 下列矩阵中，属于同型复矩阵的是（　　）.

A. $\begin{pmatrix} 1 & 2i \\ 2 & 0 \end{pmatrix}$，$\begin{pmatrix} 2 & 1 \\ i & 0 \end{pmatrix}$　B. $\begin{pmatrix} 1 & -1 & 3 \\ -1 & 1 & 0 \\ 3 & 0 & 1 \end{pmatrix}$，$\begin{pmatrix} 1 & 0 & 0 \\ 0 & 1 & 0 \\ 0 & 0 & 1 \end{pmatrix}$

C. $\begin{pmatrix} 1 & 3 & 5 \\ 0 & -2 & 0 \end{pmatrix}$，$\begin{pmatrix} 2 & i \\ -7 & 0 \\ 3 & 0 \end{pmatrix}$　D. $\begin{pmatrix} 1 \\ 2 \\ 3 \end{pmatrix}$，$(i,i,1)$

典例 3 设矩阵 $\boldsymbol{A}=\begin{pmatrix} 2 & -1 & 7 \\ x & 4 & 2 \end{pmatrix}$，$\boldsymbol{B}=\begin{pmatrix} 2 & -1 & 7 \\ 0 & y & 2 \end{pmatrix}$，若 $\boldsymbol{A}=\boldsymbol{B}$，求 x 和 y 的值.

解析：因为矩阵 $\boldsymbol{A}=\boldsymbol{B}$，则对应位置的元素相等，所以 $x=0$，$y=4$.

变式训练 3 设矩阵 $\boldsymbol{A}=\begin{pmatrix} x^2 & x & 0 \\ 4 & 1 & 3 \\ -1 & 0 & 3 \end{pmatrix}$，$\boldsymbol{B}=\begin{pmatrix} 1 & -1 & 0 \\ 4 & 1 & y \\ -1 & 0 & 3 \end{pmatrix}$，若 $\boldsymbol{A}=\boldsymbol{B}$，求 x 和 y 的值.

基本题型 2 用矩阵表示线性变换、线性方程组

题型分析：（1）本题型相对简单，只需要掌握系数矩阵和增广矩阵，是由线性方程组中未知数的系数与常数项按特定位置排列所构成的两个矩阵.

（2）求线性变换的矩阵表示是找到另外一个变量的系数矩阵，进而有助于理解线性方程组的矩阵表示形式.

典例 4 写出齐次线性方程组$\begin{cases}3x_1+4x_2-5x_3+7x_4=0,\\2x_1-3x_2+3x_3-2x_4=0,\\4x_1+11x_2-13x_3+16x_4=0,\\7x_1-2x_2+x_3+3x_4=0\end{cases}$的系数矩阵.

解析：齐次线性方程组的系数矩阵为$\begin{pmatrix}3&4&-5&7\\2&-3&3&-2\\4&11&-13&16\\7&-2&1&3\end{pmatrix}$.

变式训练 4 写出非齐次线性方程组$\begin{cases}2x_1+x_2-x_3+x_4=1,\\3x_1-2x_2+x_3-3x_4=4,\\x_1+4x_2-3x_3+5x_4=-2\end{cases}$的系数矩阵和增广矩阵.

典例 5 写出线性变换$\begin{cases}y_1=x_1+x_2-3x_3,\\y_2=-x_1+3x_2+2x_3\end{cases}$对应的矩阵.

解析：线性变换对应的矩阵为$\begin{pmatrix}1&1&-3\\-1&3&2\end{pmatrix}$.

变式训练 5 写出线性变换$\begin{cases}z_1=\sin\alpha x_1+\cos\beta x_2-x_3,\\z_2=-\cos\alpha x_1-\cos\beta x_2-3x_3,\\z_3=\sin\beta x_1+\sin\alpha x_2-5x_3\end{cases}$对应的矩阵.

典例 6 将线性方程组$\begin{cases}x_1-3x_2+2x_3-x_4=-4,\\x_1+x_2+x_3-3x_4=1,\\x_1+2x_2-2x_3-x_4=3\end{cases}$写成矩阵形式.

解析：设$\boldsymbol{A}=\begin{pmatrix}1&-3&2&-1\\1&1&1&-3\\1&2&-2&-1\end{pmatrix}$，$\boldsymbol{x}=\begin{pmatrix}x_1\\x_2\\x_3\\x_4\end{pmatrix}$，$\boldsymbol{b}=\begin{pmatrix}-4\\1\\3\end{pmatrix}$，则矩阵方程为$\boldsymbol{Ax}=\boldsymbol{b}$.（矩阵的乘法会在下一节介绍）

变式训练 6 将线性方程组$\begin{cases}5x+7y-z=3,\\5x+y-5z=-4,\\x+2y-3z=-1\end{cases}$写成矩阵形式.

第二节　矩阵的运算

一、矩阵的运算法则

矩阵运算法则的相关内容如表 2-4 所示.

表 2-4

法　则	内　容	运算规律	说　明
矩阵的加法	设有两个 $m\times n$ 矩阵 $\boldsymbol{A}=(a_{ij})$ 与 $\boldsymbol{B}=(b_{ij})$，那么矩阵 $\boldsymbol{A}$ 与 $\boldsymbol{B}$ 的和记作 $\boldsymbol{A}+\boldsymbol{B}=\begin{pmatrix} a_{11}+b_{11} & a_{12}+b_{12} & \cdots & a_{1n}+b_{1n} \\ a_{21}+b_{21} & a_{22}+b_{22} & \cdots & a_{2n}+b_{2n} \\ \vdots & \vdots & & \vdots \\ a_{m1}+b_{m1} & a_{m2}+b_{m2} & \cdots & a_{mn}+b_{mn} \end{pmatrix}$	交换律：$\boldsymbol{A}+\boldsymbol{B}=\boldsymbol{B}+\boldsymbol{A}$； 结合律：$(\boldsymbol{A}+\boldsymbol{B})+\boldsymbol{C}=\boldsymbol{A}+(\boldsymbol{B}+\boldsymbol{C})$； $\boldsymbol{A}+\boldsymbol{O}=\boldsymbol{O}+\boldsymbol{A}=\boldsymbol{A}$，$\boldsymbol{O}$ 为矩阵 $\boldsymbol{A}$ 的同型零矩阵	① 矩阵的加法和数乘统称为矩阵的线性运算； ② 矩阵的加法就是对应位置的元素相加，因此仅同型矩阵才能相加减
矩阵的数乘	数 λ 与矩阵 $\boldsymbol{A}$ 的乘积记作 $\lambda\boldsymbol{A}=\boldsymbol{A}\lambda=\begin{pmatrix} \lambda a_{11} & \lambda a_{12} & \cdots & \lambda a_{1n} \\ \lambda a_{21} & \lambda a_{22} & \cdots & \lambda a_{2n} \\ \vdots & \vdots & & \vdots \\ \lambda a_{m1} & \lambda a_{m2} & \cdots & \lambda a_{mn} \end{pmatrix}$	结合律：$(kl)\boldsymbol{A}=k(l\boldsymbol{A})$； 分配律：$(k+l)\boldsymbol{A}=k\boldsymbol{A}+l\boldsymbol{A}$，$k(\boldsymbol{A}+\boldsymbol{B})=k\boldsymbol{A}+k\boldsymbol{B}$； $0\boldsymbol{A}=\boldsymbol{O}$，$\boldsymbol{O}$ 为矩阵 $\boldsymbol{A}$ 的同型零矩阵	
矩阵的乘法	设矩阵 $\boldsymbol{A}=(a_{ij})_{m\times s}$，$\boldsymbol{B}=(b_{ij})_{s\times n}$，则矩阵 $\boldsymbol{A}$ 与矩阵 $\boldsymbol{B}$ 的乘积 $\boldsymbol{AB}$ 等于矩阵 $\boldsymbol{C}=(c_{ij})_{m\times n}$，其中 $c_{ij}=a_{i1}b_{1j}+a_{i2}b_{2j}+\cdots+a_{is}b_{sj}=\sum\limits_{k=1}^{s}a_{ik}b_{kj}$	结合律：$(\boldsymbol{AB})\boldsymbol{C}=\boldsymbol{A}(\boldsymbol{BC})$； 分配律：$\boldsymbol{A}(\boldsymbol{B}+\boldsymbol{C})=\boldsymbol{AB}+\boldsymbol{AC}$，$(\boldsymbol{B}+\boldsymbol{C})\boldsymbol{A}=\boldsymbol{BA}+\boldsymbol{CA}$； $k(\boldsymbol{AB})=(k\boldsymbol{A})\boldsymbol{B}=\boldsymbol{A}(k\boldsymbol{B})$	两矩阵相乘须满足：左矩阵的列数等于右矩阵的行数
矩阵的转置	把矩阵 $\boldsymbol{A}$ 的行换成同序数的列得到一个新矩阵，叫作 $\boldsymbol{A}$ 的转置矩阵，记作 $\boldsymbol{A}^{\mathrm{T}}$	$(\boldsymbol{A}^{\mathrm{T}})^{\mathrm{T}}=\boldsymbol{A}$；$(\boldsymbol{A}+\boldsymbol{B})^{\mathrm{T}}=\boldsymbol{A}^{\mathrm{T}}+\boldsymbol{B}^{\mathrm{T}}$；$(k\boldsymbol{A})^{\mathrm{T}}=k\boldsymbol{A}^{\mathrm{T}}$；$(\boldsymbol{AB})^{\mathrm{T}}=\boldsymbol{B}^{\mathrm{T}}\boldsymbol{A}^{\mathrm{T}}$	$(\boldsymbol{AB})^{\mathrm{T}}\neq\boldsymbol{A}^{\mathrm{T}}\boldsymbol{B}^{\mathrm{T}}$
方阵的幂	设矩阵 $\boldsymbol{A}$ 为 n 阶方阵，k 为正整数，k 个方阵 $\boldsymbol{A}$ 连乘称为方阵 $\boldsymbol{A}$ 的 k 次幂，记作 $\boldsymbol{A}^k$	$\boldsymbol{A}^k\boldsymbol{A}^l=\boldsymbol{A}^{k+l}$；$(\boldsymbol{A}^k)^l=\boldsymbol{A}^{kl}$	规定 $\boldsymbol{A}^0=\boldsymbol{E}$；$(\boldsymbol{AB})^k\neq\boldsymbol{A}^k\boldsymbol{B}^k$
方阵的行列式	由 n 阶方阵 $\boldsymbol{A}$ 的元素所构成的行列式（各元素的位置不变），称为方阵 $\boldsymbol{A}$ 的行列式，记作 $\det\boldsymbol{A}$ 或 $\lvert\boldsymbol{A}\rvert$	$\lvert\boldsymbol{A}^{\mathrm{T}}\rvert=\lvert\boldsymbol{A}\rvert$；$\lvert k\boldsymbol{A}\rvert=k^n\lvert\boldsymbol{A}\rvert$；$\lvert\boldsymbol{AB}\rvert=\lvert\boldsymbol{A}\rvert\lvert\boldsymbol{B}\rvert=\lvert\boldsymbol{BA}\rvert$	矩阵是一个数表，行列式是一个数值

疑难辨析

（1）矩阵的乘法一般不满足交换律，故通常情况下，$\boldsymbol{AB}\neq\boldsymbol{BA}$．因此，$(\boldsymbol{A}+\boldsymbol{B})^2=\boldsymbol{A}^2+2\boldsymbol{AB}+\boldsymbol{B}^2$，$(\boldsymbol{A}-\boldsymbol{B})(\boldsymbol{A}+\boldsymbol{B})=\boldsymbol{A}^2-\boldsymbol{B}^2$ 等公式一般都不成立.

（2）对于任意两个同阶方阵 $\boldsymbol{A}$ 与 $\boldsymbol{B}$，尽管 $\boldsymbol{AB}$ 与 $\boldsymbol{BA}$ 不一定相等，但它们对应的行列式总是相等的，即 $\lvert\boldsymbol{AB}\rvert=\lvert\boldsymbol{A}\rvert\lvert\boldsymbol{B}\rvert=\lvert\boldsymbol{BA}\rvert$.

二、特殊矩阵

几种特殊矩阵的概念和性质等如表 2-5 所示.

表 2-5

名　称	概　念	说　明	性　质
纯量矩阵	数 λ 与矩阵 $\boldsymbol{E}$ 的乘积称为纯量矩阵，记作 $\lambda\boldsymbol{E}=\begin{pmatrix}\lambda & 0 & \cdots & 0\\ 0 & \lambda & \cdots & 0\\ \vdots & \vdots & & \vdots\\ 0 & 0 & \cdots & \lambda\end{pmatrix}$	纯量矩阵是主对角线上的元素都相同的对角矩阵	$\lvert k\boldsymbol{E}_n\rvert=k^n$
对称矩阵	位于主对角线两侧对称位置上的元素彼此相等的方阵称为**对称矩阵**	如 $\begin{pmatrix}a_{11} & 1 & \cdots & 2\\ 1 & a_{22} & \cdots & 3\\ \vdots & \vdots & & \vdots\\ 2 & 3 & \cdots & a_{nn}\end{pmatrix}$	$\boldsymbol{A}^{\mathrm{T}}=\boldsymbol{A}$
反对称矩阵	主对角线上的元素都是 0，且主对角线两侧对称位置上的元素互为相反数的方阵称为**反对称矩阵**	如 $\begin{pmatrix}0 & 1 & \cdots & 2\\ -1 & 0 & \cdots & 3\\ \vdots & \vdots & & \vdots\\ -2 & -3 & \cdots & 0\end{pmatrix}$	$\boldsymbol{A}^{\mathrm{T}}=-\boldsymbol{A}$
伴随矩阵	设 $\boldsymbol{A}$ 为 n 阶方阵，行列式 $\lvert\boldsymbol{A}\rvert$ 的各个元素的代数余子式 A_{ij} 所构成的矩阵称为矩阵 $\boldsymbol{A}$ 的**伴随矩阵**，记作 $\boldsymbol{A}^*=\begin{pmatrix}A_{11} & A_{21} & \cdots & A_{n1}\\ A_{12} & A_{22} & \cdots & A_{n2}\\ \vdots & \vdots & & \vdots\\ A_{1n} & A_{2n} & \cdots & A_{nn}\end{pmatrix}$	若二阶方阵 $\boldsymbol{A}=\begin{pmatrix}a_{11} & a_{12}\\ a_{21} & a_{22}\end{pmatrix}$，则 $\boldsymbol{A}^*=\begin{pmatrix}a_{22} & -a_{12}\\ -a_{21} & a_{11}\end{pmatrix}$，可简述为**“主对调，副换号”**	$\boldsymbol{A}\boldsymbol{A}^*=\boldsymbol{A}^*\boldsymbol{A}=\lvert\boldsymbol{A}\rvert\boldsymbol{E}$；$(\boldsymbol{A}^*)^{\mathrm{T}}=(\boldsymbol{A}^{\mathrm{T}})^*$

典例精解

基本题型 1　矩阵运算法则的应用

题型分析：根据运算法则，完成矩阵的加法、数乘和幂运算等基本运算；结合矩阵的转置、方阵行列式等概念，完成矩阵的运算或相关证明.

典例 1　设矩阵 $\boldsymbol{A}=\begin{pmatrix}1 & -2 & 0\\ 3 & 1 & 2\\ -1 & 4 & 5\end{pmatrix}$，$\boldsymbol{B}=\begin{pmatrix}2 & 4 & 1\\ -1 & 2 & 3\\ 0 & -1 & 2\end{pmatrix}$，求 $\boldsymbol{AB}-\boldsymbol{BA}$.

解析：$\boldsymbol{AB}=\begin{pmatrix}4 & 0 & -5\\ 5 & 12 & 10\\ -6 & -1 & 21\end{pmatrix}$，$\boldsymbol{BA}=\begin{pmatrix}13 & 4 & 13\\ 2 & 16 & 19\\ -5 & 7 & 8\end{pmatrix}$，则 $\boldsymbol{AB}-\boldsymbol{BA}=\begin{pmatrix}-9 & -4 & -18\\ 3 & -4 & -9\\ -1 & -8 & 13\end{pmatrix}$.

变式训练 1 计算：$\begin{pmatrix}1&-1\\2&0\end{pmatrix}\begin{pmatrix}2&1\\0&3\end{pmatrix}-3\begin{pmatrix}2&1\\1&3\end{pmatrix}+\begin{pmatrix}1&0\\0&2\end{pmatrix}^4$.

典例 2 设矩阵 $\boldsymbol{A}=\begin{pmatrix}-1&3&1\\0&4&2\end{pmatrix}$，$\boldsymbol{B}=\begin{pmatrix}4&1\\2&5\\3&4\end{pmatrix}$，$\boldsymbol{C}=\begin{pmatrix}2&-1\\4&2\end{pmatrix}$，求 $(\boldsymbol{ABC})^{\mathrm{T}}$.

解析：因为 $\boldsymbol{A}^{\mathrm{T}}=\begin{pmatrix}-1&0\\3&4\\1&2\end{pmatrix}$，$\boldsymbol{B}^{\mathrm{T}}=\begin{pmatrix}4&2&3\\1&5&4\end{pmatrix}$，$\boldsymbol{C}^{\mathrm{T}}=\begin{pmatrix}2&4\\-1&2\end{pmatrix}$，所以 $(\boldsymbol{ABC})^{\mathrm{T}}=\boldsymbol{C}^{\mathrm{T}}\boldsymbol{B}^{\mathrm{T}}\boldsymbol{A}^{\mathrm{T}}=$
$\begin{pmatrix}2&4\\-1&2\end{pmatrix}\begin{pmatrix}4&2&3\\1&5&4\end{pmatrix}\begin{pmatrix}-1&0\\3&4\\1&2\end{pmatrix}=\begin{pmatrix}82&140\\31&42\end{pmatrix}$.

变式训练 2 设矩阵 $\boldsymbol{A}=\begin{pmatrix}1&-2&0\\3&1&2\\-1&4&5\end{pmatrix}$，$\boldsymbol{B}=\begin{pmatrix}2&4&1\\-1&2&3\\0&-1&2\end{pmatrix}$，$\boldsymbol{C}=\begin{pmatrix}1&2&-1\\-1&0&3\end{pmatrix}$，求 $(\boldsymbol{A}+3\boldsymbol{B})\boldsymbol{C}^{\mathrm{T}}$.

典例 3 （1）试举例说明矩阵乘法不满足交换律，即 $\boldsymbol{AB}\neq\boldsymbol{BA}$；

（2）证明：若方阵 $\boldsymbol{A}$，$\boldsymbol{B}$ 满足 $\boldsymbol{AB}=\boldsymbol{BA}$，则 $(\boldsymbol{A}+\boldsymbol{B})^2=\boldsymbol{A}^2+2\boldsymbol{AB}+\boldsymbol{B}^2$，$(\boldsymbol{A}+\boldsymbol{B})(\boldsymbol{A}-\boldsymbol{B})=\boldsymbol{A}^2-\boldsymbol{B}^2$ 成立.

解析：（1）若矩阵 $\boldsymbol{A}=\begin{pmatrix}1&1\\0&0\end{pmatrix}$，$\boldsymbol{B}=\begin{pmatrix}1&1\\-1&-1\end{pmatrix}$，则 $\boldsymbol{AB}=\begin{pmatrix}0&0\\0&0\end{pmatrix}\neq\boldsymbol{BA}=\begin{pmatrix}1&1\\-1&-1\end{pmatrix}$，故矩阵乘法不满足交换律.

（2）由 $(\boldsymbol{A}+\boldsymbol{B})^2=\boldsymbol{A}^2+\boldsymbol{AB}+\boldsymbol{BA}+\boldsymbol{B}^2$，且 $\boldsymbol{AB}=\boldsymbol{BA}$，可推得 $(\boldsymbol{A}+\boldsymbol{B})^2=\boldsymbol{A}^2+2\boldsymbol{AB}+\boldsymbol{B}^2$.
由 $(\boldsymbol{A}+\boldsymbol{B})(\boldsymbol{A}-\boldsymbol{B})=\boldsymbol{A}^2+\boldsymbol{BA}-\boldsymbol{AB}-\boldsymbol{B}^2$，且 $\boldsymbol{AB}=\boldsymbol{BA}$，可推得 $(\boldsymbol{A}+\boldsymbol{B})(\boldsymbol{A}-\boldsymbol{B})=\boldsymbol{A}^2-\boldsymbol{B}^2$.

变式训练 3 求所有与矩阵 $\boldsymbol{A}=\begin{pmatrix}1&1\\0&1\end{pmatrix}$ 乘法可交换的方阵.

典例 4 设 $\boldsymbol{A}$，$\boldsymbol{B}$ 均为 n 阶方阵，下列运算正确的是（　　）.

A. $|-\boldsymbol{A}|=\boldsymbol{A}$　　　　B. $|\boldsymbol{AB}|=|\boldsymbol{A}||\boldsymbol{B}|$

C. $|k\boldsymbol{A}|=k|\boldsymbol{A}|$　　　　D. $|\boldsymbol{A}+\boldsymbol{B}|=|\boldsymbol{A}|+|\boldsymbol{B}|$

解析：$|-\boldsymbol{A}|=(-1)^n|\boldsymbol{A}|$，A 选项错误．$|\boldsymbol{AB}|=|\boldsymbol{A}||\boldsymbol{B}|$，B 选项正确．$|k\boldsymbol{A}|=k^n|\boldsymbol{A}|$，C 选项错误．$|\boldsymbol{A}+\boldsymbol{B}|\neq|\boldsymbol{A}|+|\boldsymbol{B}|$，D 选项错误．故选 B.

变式训练 4 设 $\boldsymbol{A}$，$\boldsymbol{B}$ 均为 n 阶方阵，下列运算正确的是（　　）.

A. $\boldsymbol{A}^2=\boldsymbol{O}\Leftrightarrow\boldsymbol{A}=\boldsymbol{O}$

B. $|-\boldsymbol{A}|=-|\boldsymbol{A}|$

C. $(\boldsymbol{A}-\boldsymbol{B})(\boldsymbol{A}+\boldsymbol{B})=\boldsymbol{A}^2-\boldsymbol{B}^2$

D. $(\boldsymbol{A}-\boldsymbol{B})(\boldsymbol{A}+\boldsymbol{B})=\boldsymbol{A}^2+\boldsymbol{AB}-\boldsymbol{BA}-\boldsymbol{B}^2$

典例 5 设矩阵 $A=\begin{pmatrix}0&0&0\\2&0&0\\1&3&0\end{pmatrix}$，则 $A^2=$__________，$A^3=$__________.

解析：由矩阵乘法，得 $A^2=\begin{pmatrix}0&0&0\\2&0&0\\1&3&0\end{pmatrix}\begin{pmatrix}0&0&0\\2&0&0\\1&3&0\end{pmatrix}=\begin{pmatrix}0&0&0\\0&0&0\\6&0&0\end{pmatrix}$，$A^3=\begin{pmatrix}0&0&0\\0&0&0\\6&0&0\end{pmatrix}\begin{pmatrix}0&0&0\\2&0&0\\1&3&0\end{pmatrix}=\begin{pmatrix}0&0&0\\0&0&0\\0&0&0\end{pmatrix}$. 故填 $\begin{pmatrix}0&0&0\\0&0&0\\6&0&0\end{pmatrix}$ 和 $\begin{pmatrix}0&0&0\\0&0&0\\0&0&0\end{pmatrix}$.

变式训练 5 设矩阵 $A=\begin{pmatrix}1&3\\0&1\end{pmatrix}$，求 A^n.

典例 6 设矩阵 $A=\begin{pmatrix}1&-1\\2&3\end{pmatrix}$，$f(x)=x^2-3x+3$，则 $f(A)=$__________.

解析：由 $f(x)=x^2-3x+3$，得 $f(A)=A^2-3A+3E=\begin{pmatrix}1&-1\\2&3\end{pmatrix}^2-3\begin{pmatrix}1&-1\\2&3\end{pmatrix}+3\begin{pmatrix}1&0\\0&1\end{pmatrix}=\begin{pmatrix}-1&-1\\2&1\end{pmatrix}$. 故填 $\begin{pmatrix}-1&-1\\2&1\end{pmatrix}$.

变式训练 6 设矩阵 $B=\begin{pmatrix}1&2\\0&1\end{pmatrix}$，$f(x)=(x+1)^2$，则 $f(B)=$__________.

典例 7 设 n 阶方阵 A，B 满足 $AB+BA=E$，则 $A^3B+BA^3=$__________.

解析：等式 $AB+BA=E$ 左乘 A^2，有式① $A^3B+A^2BA=A^2$；等式 $AB+BA=E$ 右乘 A^2，有式② $ABA^2+BA^3=A^2$；等式 $AB+BA=E$ 先左乘 A 再右乘 A，有式③ $A^2BA+ABA^2=A^2$，由①+②−③，得 $A^3B+BA^3=A^2$. 故填 A^2.

变式训练 7 设 n 阶方阵 A，B 满足 $AB+BA=E$，则 $A^2B-BA^2=$__________.

基本题型 2 求伴随矩阵、伴随矩阵的行列式

题型分析：（1）计算伴随矩阵，需要计算每个元素的代数余子式，并将所得结果按一定的规律排列成同阶方阵.

（2）要熟练掌握伴随矩阵的以下性质并综合运用.

$$AA^*=A^*A=|A|E,\ (A^*)^{\mathrm{T}}=(A^{\mathrm{T}})^*,\ |A^*|=|A|^{n-1},\ (kA)^*=k^{n-1}A^*.$$

典例 8 设矩阵 $A=\begin{pmatrix}1&2&-1\\3&1&0\\-1&0&-2\end{pmatrix}$，求矩阵 A 的伴随矩阵.

解析：计算矩阵 A 的代数余子式，$A_{11}=-2$，$A_{12}=6$，$A_{13}=1$，$A_{21}=4$，$A_{22}=-3$，

$A_{23}=-2$，$A_{31}=1$，$A_{32}=-3$，$A_{33}=-5$，所以矩阵 $\boldsymbol{A}$ 的伴随矩阵为 $\boldsymbol{A}^*=\begin{pmatrix}-2&4&1\\6&-3&-3\\1&-2&-5\end{pmatrix}$.

变式训练 8 设矩阵 $\boldsymbol{A}=\begin{pmatrix}1&2&3\\2&2&1\\3&4&3\end{pmatrix}$，求 $\boldsymbol{A}^*$.

典例 9 设 $\boldsymbol{A}$ 为三阶方阵，且 $|\boldsymbol{A}|=2$，则 $|\boldsymbol{A}^*|=$____________.

解析：由伴随矩阵的性质 $\boldsymbol{AA}^*=|\boldsymbol{A}|\boldsymbol{E}$，得 $|\boldsymbol{AA}^*|=\big||\boldsymbol{A}|\boldsymbol{E}\big|$，即 $|\boldsymbol{A}||\boldsymbol{A}^*|=|\boldsymbol{A}|^n$，则 $|\boldsymbol{A}^*|=|\boldsymbol{A}|^{n-1}$，所以 $|\boldsymbol{A}^*|=|\boldsymbol{A}|^{3-1}=4$．故填 4．

变式训练 9 设 $\boldsymbol{A}$ 为四阶方阵，且 $|\boldsymbol{A}|=3$，则 $|\boldsymbol{A}^*|=$____________.

典例 10 设 n 阶方阵 $\boldsymbol{A}$ 的伴随矩阵为 $\boldsymbol{A}^*$，且 $|\boldsymbol{A}^*|=a\neq 0$，则 $|\boldsymbol{A}|=$（　　）.

A. a　　B. $\dfrac{1}{a}$　　C. $a^{\frac{1}{n-1}}$　　D. $a^{\frac{1}{n}}$

解析：因为 $|\boldsymbol{A}^*|=|\boldsymbol{A}|^{n-1}=a$，所以 $|\boldsymbol{A}|=a^{\frac{1}{n-1}}$．故选 C.

变式训练 10 设三阶方阵 $\boldsymbol{A}$ 的伴随矩阵为 $\boldsymbol{A}^*$，$|\boldsymbol{A}^*|=4$，且 $|\boldsymbol{A}|\geqslant 0$，则 $|\boldsymbol{A}|=$（　　）.

A. 2　　B. $\dfrac{1}{2}$　　C. $\sqrt[3]{4}$　　D. $\dfrac{1}{\sqrt[3]{4}}$

基本题型 3 求方阵的行列式

题型分析：本题型需要掌握方阵行列式的运算规律 $|k\boldsymbol{A}|=k^n|\boldsymbol{A}|$，$|\boldsymbol{AB}|=|\boldsymbol{A}||\boldsymbol{B}|$，并综合运用.

典例 11 设 $\boldsymbol{A}$ 是四阶方阵，$\boldsymbol{B}$ 是五阶方阵，且 $|\boldsymbol{A}|=2$，$|\boldsymbol{B}|=-2$，则 $\big|-|\boldsymbol{A}|\boldsymbol{B}\big|=$______.

解析：$\big|-|\boldsymbol{A}|\boldsymbol{B}\big|=|-2\boldsymbol{B}|=(-2)^5|\boldsymbol{B}|=(-2)^6=64$．故填 64．

变式训练 11 设 $\boldsymbol{A}$ 是三阶方阵，$\boldsymbol{B}$ 是四阶方阵，且 $|\boldsymbol{A}|=2$，$|\boldsymbol{B}|=-2$，则 $\big|-|\boldsymbol{B}|\boldsymbol{A}\big|=$____________.

典例 12 设矩阵 $\boldsymbol{A}=\begin{pmatrix}2&1&0\\1&2&0\\0&0&1\end{pmatrix}$，矩阵 $\boldsymbol{B}$ 满足 $\boldsymbol{ABA}^*=2\boldsymbol{BA}^*+\boldsymbol{E}$，则 $|\boldsymbol{B}|=$__________.

解析：由 $\boldsymbol{ABA}^*=2\boldsymbol{BA}^*+\boldsymbol{E}$，得 $(\boldsymbol{A}-2\boldsymbol{E})\boldsymbol{BA}^*=\boldsymbol{E}$．等式两边同时取行列式，得 $|\boldsymbol{A}-2\boldsymbol{E}||\boldsymbol{B}||\boldsymbol{A}^*|=1$，又因为 $|\boldsymbol{A}-2\boldsymbol{E}|=\begin{vmatrix}0&1&0\\1&0&0\\0&0&-1\end{vmatrix}=1$，$|\boldsymbol{A}|=\begin{vmatrix}2&1&0\\1&2&0\\0&0&1\end{vmatrix}=3$，$|\boldsymbol{A}^*|=|\boldsymbol{A}|^{3-1}=9$，所以 $|\boldsymbol{B}|=\dfrac{1}{9}$．故填 $\dfrac{1}{9}$.

变式训练 12 已知矩阵 $A=\begin{pmatrix}1 & 1 & -1\\ 3 & -1 & 2\\ 1 & 0 & 0\end{pmatrix}$，求 $|2A^5|$.

变式训练 13 设 A 是四阶方阵，且 $|A|=-2$，求 $\left||A|A^3A^{\mathrm{T}}\right|$.

基本题型 4 对称矩阵的应用

题型分析： 本题型要根据对称矩阵（$A^{\mathrm{T}}=A$）和反对称矩阵（$A^{\mathrm{T}}=-A$）的特点，并结合以下运算规律解题.

$$(AB)^{\mathrm{T}}=B^{\mathrm{T}}A^{\mathrm{T}},\ (A^{\mathrm{T}})^{-1}=(A^{-1})^{\mathrm{T}},\ (A+B)^{\mathrm{T}}=A^{\mathrm{T}}+B^{\mathrm{T}},\ (kA)^{\mathrm{T}}=kA^{\mathrm{T}}.$$

典例 13 设 A 是对称矩阵，B 是反对称矩阵．证明：$AB-BA$ 是对称矩阵.

证明：由 A 是对称矩阵，B 是反对称矩阵，得 $A^{\mathrm{T}}=A$，$B^{\mathrm{T}}=-B$．又 $(AB-BA)^{\mathrm{T}}=(AB)^{\mathrm{T}}-(BA)^{\mathrm{T}}=B^{\mathrm{T}}A^{\mathrm{T}}-A^{\mathrm{T}}B^{\mathrm{T}}=-BA+AB=AB-BA$，所以 $AB-BA$ 是对称矩阵，得证.

变式训练 14 设 A 为 $m\times n$ 矩阵，证明：$A^{\mathrm{T}}A$ 为对称矩阵.

典例 14 设 A 是 n 阶方阵，$E+A$ 是可逆矩阵，记 $f(A)=(E-A)(E+A)^{-1}$．若 A 满足 $AA^{\mathrm{T}}=E$，证明：$f(A)$ 是反对称矩阵.

解析：$f(A)^{\mathrm{T}}=[(E-A)(E+A)^{-1}]^{\mathrm{T}}=[(E+A)^{-1}]^{\mathrm{T}}(E-A)^{\mathrm{T}}=[(E+A)^{\mathrm{T}}]^{-1}(E^{\mathrm{T}}-A^{\mathrm{T}})=(E+A^{\mathrm{T}})^{-1}(E-A^{\mathrm{T}})$．由 $AA^{\mathrm{T}}=E$，得 $A^{\mathrm{T}}=A^{-1}$，所以 $f(A)^{\mathrm{T}}=(E+A^{-1})^{-1}(E-A^{-1})=[A^{-1}(A+E)]^{-1}A^{-1}(A-E)=(A+E)^{-1}AA^{-1}(A-E)=-(A+E)^{-1}(E-A)$.

因为 $(E+A)(E-A)=(E-A)(E+A)$，等式两边分别左乘和右乘 $(E+A)^{-1}$，有 $(E+A)^{-1}(E+A)(E-A)(E+A)^{-1}=(E+A)^{-1}(E-A)(E+A)(E+A)^{-1}$，即 $(E-A)(E+A)^{-1}=(E+A)^{-1}(E-A)$，则 $f(A)^{\mathrm{T}}=-(E-A)(A+E)^{-1}=-f(A)$，所以 $f(A)$ 是反对称矩阵，得证.

变式训练 15 设 A 和 B 是 n 阶方阵，且 A 是对称矩阵，证明：$B^{\mathrm{T}}AB$ 是对称矩阵.

基本题型 5 矩阵的实际应用

题型分析： 应用矩阵的概念和运算法则，构建矩阵或线性方程组，来解决实际问题.

典例 15 设矩阵 $A=\begin{pmatrix}30 & 20 & 50 & 20\\ 0 & 7 & 10 & 0\\ 50 & 40 & 50 & 50\end{pmatrix}$ 为某公司向甲、乙、丙三个商店发送空调、冰箱、电视、洗衣机四种产品的数量表，矩阵 $B=\begin{pmatrix}3\,000 & 40\\ 1\,600 & 30\\ 2\,200 & 30\\ 1\,800 & 20\end{pmatrix}$ 是这四种产品的售价（单位：元）及质量（单位：千克）的数量表，求该公司向每一个商店售出产品的总售价和总质量.

解析：$AB=\begin{pmatrix}30&20&50&20\\0&7&10&0\\50&40&50&50\end{pmatrix}\begin{pmatrix}3\,000&40\\1\,600&30\\2\,200&30\\1\,800&20\end{pmatrix}=\begin{pmatrix}268\,000&3\,700\\33\,200&510\\414\,000&5\,700\end{pmatrix}$
（列：总售价 总质量；行：甲商店、乙商店、丙商店）.

变式训练 16 已知线性变换 $\begin{cases}y_1=x_1+2x_2+3x_3,\\y_2=-x_1+3x_2-x_3\end{cases}$ 和 $\begin{cases}z_1=y_1-y_2,\\z_2=2y_1+4y_2.\end{cases}$ 求：

（1）从 x_1，x_2，x_3 到 z_1，z_2 的线性变换；

（2）从 z_1，z_2 到 y_1，y_2 的线性变换.

第三节 逆矩阵

一、逆矩阵的基本知识

逆矩阵的基本知识如表 2-6 所示.

表 2-6

逆矩阵的定义	对于 n 阶矩阵 A，如果有一个 n 阶矩阵 B，使 $AB=BA=E$，则称矩阵 A 是可逆的，并把矩阵 B 称为 A 的逆矩阵，记作 $B=A^{-1}$
矩阵可逆的充要条件	矩阵 A 可逆 $\Leftrightarrow$ $\lvert A\rvert\neq 0$
逆矩阵的性质	① 若 A 是可逆矩阵，则 A^{-1} 也可逆，即 $(A^{-1})^{-1}=A$； ② 若 A 是可逆矩阵，数 $\lambda\neq 0$，则 λA 也可逆，且 $(\lambda A)^{-1}=\frac{1}{\lambda}A^{-1}$； ③ 若 A 是可逆矩阵，则 $\lvert A^{-1}\rvert=\lvert A\rvert^{-1}=\frac{1}{\lvert A\rvert}$； ④ 若 A 是可逆矩阵，则 A^{T} 也可逆，且 $(A^{\mathrm{T}})^{-1}=(A^{-1})^{\mathrm{T}}$； ⑤ 若 A 是可逆矩阵，则 A^k 也可逆，且 $(A^k)^{-1}=(A^{-1})^k$； ⑥ 若 A，B 为同阶可逆矩阵，则 AB 也可逆，且 $(AB)^{-1}=B^{-1}A^{-1}$
逆矩阵的求法	① 定义法：若 $AB=E$（或 $BA=E$），则 $A^{-1}=B$； ② 伴随矩阵法：若矩阵 A 可逆，则 $A^{-1}=\frac{1}{\lvert A\rvert}A^*$，求二阶方阵的逆矩阵可简述为"主对调，副换号，再除以行列式"，当方阵阶数大于 2 时不建议使用此方法（计算量会比较大）； ③ 矩阵分块法：分别求矩阵各个子块的逆矩阵，若 $A=\begin{pmatrix}A_{11}&A_{12}\\O&A_{22}\end{pmatrix}$，则 $A^{-1}=\begin{pmatrix}A_{11}^{-1}&-A_{11}^{-1}A_{12}A_{22}^{-1}\\O&A_{22}^{-1}\end{pmatrix}$；（矩阵分块法会在本章第 5 节介绍） ④ 初等变换法：$(A,E)\xrightarrow{\text{初等行变换}}(E,A^{-1})$（初等变换法会在第三章介绍）
相关推论	n 阶矩阵 A 的伴随矩阵的行列式 $\lvert A^*\rvert=\big\lvert\lvert A\rvert A^{-1}\big\rvert=\lvert A\rvert^n\lvert A^{-1}\rvert=\lvert A\rvert^{n-1}$
说　明	可逆矩阵一定是方阵

二、逆矩阵的初步应用

逆矩阵的初步应用如表 2-7 所示.

表 2-7

<table>
<tr><td>解矩阵方程</td><td>利用逆矩阵和矩阵的乘法解矩阵方程：
① 解矩阵方程 $XA=B$，先求出 A^{-1}，则 $X=BA^{-1}$；
② 解矩阵方程 $AX=B$，先求出 A^{-1}，则 $X=A^{-1}B$；
③ 解矩阵方程 $AXB=C$，先求出 A^{-1}，B^{-1}，则 $X=A^{-1}CB^{-1}$；
④ 解矩阵方程 $AX+B=X$，先求出 $(E-A)^{-1}$，则 $X=(E-A)^{-1}B$</td></tr>
<tr><td>求矩阵多项式</td><td>设 $\varphi(x)=a_0+a_1x+a_2x^2+\cdots+a_mx^m$ 为 x 的 m 次多项式，A 是 n 阶矩阵，则
$$\varphi(A)=a_0E+a_1A+a_2A^2+\cdots+a_mA^m$$
称为矩阵 A 的 m 次多项式，其常用的计算方法有：
① 若 $A=P\Lambda P^{-1}$，其中 Λ 是对角矩阵，则 $A^n=P\Lambda^nP^{-1}$，从而 $\varphi(A)=P\varphi(\Lambda)P^{-1}$；
② 若对角矩阵 $\Lambda=(\lambda_1,\lambda_2,\cdots,\lambda_n)$，则 $\Lambda^n=\mathrm{diag}(\lambda_1^n,\lambda_2^n,\cdots,\lambda_n^n)$，从而 $\varphi(\Lambda)=a_0E+a_1\Lambda+a_2\Lambda^2+\cdots+a_m\Lambda^m$，即
$$\varphi(\Lambda)=\begin{pmatrix}\varphi(\lambda_1)&&&\\&\varphi(\lambda_2)&&\\&&\ddots&\\&&&\varphi(\lambda_n)\end{pmatrix}$$</td></tr>
<tr><td>求对角矩阵的逆矩阵</td><td>若对角矩阵 $\Lambda=(\lambda_1,\lambda_2,\cdots,\lambda_n)$ 可逆，则 $\Lambda^{-1}=\left(\frac{1}{\lambda_1},\frac{1}{\lambda_2},\cdots,\frac{1}{\lambda_n}\right)$</td></tr>
</table>

典例精解

基本题型 1 逆矩阵的相关计算

题型分析：(1) 根据定义求逆矩阵，先计算伴随矩阵 A^* 和矩阵的行列式 $|A|$，再利用公式 $A^{-1}=\frac{A^*}{|A|}$ 计算逆矩阵.

(2) 要熟练掌握逆矩阵的以下性质并综合运用.

$(\lambda A)^{-1}=\frac{1}{\lambda}A^{-1}$，$|A^{-1}|=|A|^{-1}=\frac{1}{|A|}$，$(A^{\mathrm{T}})^{-1}=(A^{-1})^{\mathrm{T}}$，$(A^k)^{-1}=(A^{-1})^k$，$(AB)^{-1}=B^{-1}A^{-1}$.

典例 1 求矩阵 $A=\begin{pmatrix}1&2&-1\\3&1&0\\-1&0&-2\end{pmatrix}$ 的逆矩阵.

解析：计算矩阵 A 的代数余子式，$A_{11}=-2$，$A_{12}=6$，$A_{13}=1$，$A_{21}=4$，$A_{22}=-3$，$A_{23}=-2$，$A_{31}=1$，$A_{32}=-3$，$A_{33}=-5$，所以矩阵 A 的伴随矩阵为 $A^*=\begin{pmatrix}-2&4&1\\6&-3&-3\\1&-2&-5\end{pmatrix}$. 又

因为$|A|=\begin{vmatrix}1&2&-1\\3&1&0\\-1&0&-2\end{vmatrix}=9$，所以$A^{-1}=\dfrac{A^*}{|A|}=\dfrac{1}{9}\begin{pmatrix}-2&4&1\\6&-3&-3\\1&-2&-5\end{pmatrix}=\begin{pmatrix}-\frac{2}{9}&\frac{4}{9}&\frac{1}{9}\\\frac{2}{3}&-\frac{1}{3}&-\frac{1}{3}\\\frac{1}{9}&-\frac{2}{9}&-\frac{5}{9}\end{pmatrix}$.

变式训练 1 设矩阵$A=\begin{pmatrix}1&-1\\2&3\end{pmatrix}$，$B=A^2-3A+2E$，则$B^{-1}=$____________.

典例 2 设矩阵$A=\begin{pmatrix}1&0&0\\0&0&1\\0&1&0\end{pmatrix}$，$B=\begin{pmatrix}3&0&0\\0&2&0\\0&0&1\end{pmatrix}$，$C=\begin{pmatrix}1&0&0\\0&1&0\\1&0&1\end{pmatrix}$，求$(ABC)^{-1}$.

解析：$(ABC)^{-1}=C^{-1}B^{-1}A^{-1}=\begin{pmatrix}1&0&0\\0&1&0\\1&0&1\end{pmatrix}^{-1}\begin{pmatrix}3&0&0\\0&2&0\\0&0&1\end{pmatrix}^{-1}\begin{pmatrix}1&0&0\\0&0&1\\0&1&0\end{pmatrix}^{-1}=\begin{pmatrix}1&0&0\\0&1&0\\-1&0&1\end{pmatrix}$

$\begin{pmatrix}\frac{1}{3}&0&0\\0&\frac{1}{2}&0\\0&0&1\end{pmatrix}\begin{pmatrix}1&0&0\\0&0&1\\0&1&0\end{pmatrix}=\begin{pmatrix}\frac{1}{3}&0&0\\0&0&\frac{1}{2}\\-\frac{1}{3}&1&0\end{pmatrix}$.

变式训练 2 设矩阵$A=\begin{pmatrix}0&1\\3&2\end{pmatrix}$，$f(x)=\begin{vmatrix}x+1&x\\2&x+1\end{vmatrix}$，则$f(A)^{-1}=$____________.

典例 3 若矩阵$A=\begin{pmatrix}1&-1&3\\-1&2&\lambda\\0&5&0\end{pmatrix}$为奇异矩阵（即$|A|=0$），则$\lambda=$____________.

解析：因为A为奇异矩阵，则$|A|=\begin{vmatrix}1&-1&3\\-1&2&\lambda\\0&5&0\end{vmatrix}\xlongequal{r_2+r_1}\begin{vmatrix}1&-1&3\\0&1&\lambda+3\\0&5&0\end{vmatrix}=-5(\lambda+3)=0$，所以$\lambda=-3$．故填$-3$.

变式训练 3 若矩阵$A=\begin{pmatrix}1&-2&-1\\4&2&a\\0&5&0\end{pmatrix}(c\in\mathbb{R})$为奇异矩阵，则$a=$____________.

典例 4 设A，B为n阶方阵，下列说法正确的是（　　）.

A．若A或B可逆，则AB可逆　　B．若A或B不可逆，则AB不可逆

C．若A且B可逆，则$A+B$可逆　　D．若A且B不可逆，则$A+B$不可逆

解析：若$|A|\neq 0$或$|B|\neq 0$，则必有$|AB|=|A||B|=0$，AB不可逆，A 选项错误．若$|A|=0$或$|B|=0$，则必有$|AB|=|A||B|=0$，AB不可逆，B 选项正确．若$|A|\neq 0$且$|B|\neq 0$，则不一定有$|A+B|\neq 0$，C 选项错误．若$|A|=0$且$|B|=0$，则不一定有$|A+B|\neq 0$，D 选项错误．故选 B.

变式训练 4 设A为n阶非零矩阵，E为n阶单位矩阵．若$A^3=O$，则（　　）.

A．$E-A$不可逆，$E+A$不可逆　　B．$E-A$不可逆，$E+A$可逆

C．$E-A$可逆，$E+A$可逆　　D．$E-A$可逆，$E+A$不可逆

典例 5 设n阶方阵A，B，C满足$ABC=E$，其中E为n阶单位矩阵，则必有（　　）.

A．$ACB=E$　　B．$CBA=E$　　C．$BAC=E$　　D．$BCA=E$

解析：等式$ABC=E$两边取行列式，有$|ABC|=|A||B||C|=1$，则A，B，C均可逆．将$ABC=E$先左乘A^{-1}再右乘A，得$BCA=E$．故选 D.

变式训练 5 设A，B，C均为n阶方阵，E为n阶单位矩阵，若$B=E+AB$，$C=A+CA$，则$B-C=$（　　）.

A．E　　B．$-E$　　C．A　　D．$-A$

典例 6 设矩阵$A=\begin{pmatrix}1&0&1\\0&2&0\\0&0&1\end{pmatrix}$，则$(A+3E)^{-1}(A^2-9E)=$__________.

解析：$(A+3E)^{-1}(A^2-9E)=(A+3E)^{-1}(A+3E)(A-3E)=A-3E=\begin{pmatrix}-2&0&1\\0&-1&0\\0&0&-2\end{pmatrix}$．故填$\begin{pmatrix}-2&0&1\\0&-1&0\\0&0&-2\end{pmatrix}$.

变式训练 6 设矩阵$A=\begin{pmatrix}1&0&0&0\\-2&3&0&0\\0&-4&5&0\\0&0&-6&7\end{pmatrix}$，$E$为四阶单位矩阵，且$B=(E+A)^{-1}(E-A)$，则$(E+B)^{-1}=$__________.

典例 7 设A，B为三阶方阵，若$|A|=3$，$B=2(A^{-1})^2-(2A^2)^{-1}$，则$|B|=$__________.

解析：因为$B=2(A^{-1})^2-(2A^2)^{-1}=2(A^{-1})^2-\frac{1}{2}(A^{-1})^2=\frac{3}{2}(A^{-1})^2$，所以$|B|=\left|\frac{3}{2}(A^{-1})^2\right|=\left(\frac{3}{2}\right)^3\times|A^{-1}|^2=\left(\frac{3}{2}\right)^3\times\left(\frac{1}{3}\right)^2=\frac{3}{8}$．故填$\frac{3}{8}$.

变式训练 7　设 A 是 $n\,(n\geqslant 3)$ 阶可逆方阵，A^* 为其伴随矩阵，又 k 为常数，且 $k\neq 0$，± 1，则必有 $(kA)^*=$（　　）.

A. kA^*　　B. $k^{n-1}A^*$　　C. k^nA^*　　D. $k^{-1}A^*$

典例 8　设 A 为三阶方阵，$|A|=\dfrac{1}{3}$，求 $\left|\left(\dfrac{1}{2}A\right)^{-1}+3A^*\right|$.

解析：根据伴随矩阵和逆矩阵的性质可知，$|A|\left|\left(\dfrac{1}{2}A\right)^{-1}+3A^*\right|=|A||2A^{-1}+3A^*|=$

$|2AA^{-1}+3AA^*|=\big|2E+3|A|E\big|=|3E|=3^3$，所以 $\left|\left(\dfrac{1}{2}A\right)^{-1}+3A^*\right|=81$.

变式训练 8　设 A 为三阶方阵，$|A|=3$，求 $|(2A)^{-1}+A^*|$.

变式训练 9　已知矩阵 A 和 $A+E$ 均可逆，$G=E-(A+E)^{-1}$，则 $G^{-1}=$________.

典例 9　设矩阵 A 可逆，且 $A^*B=A^{-1}+B$，求解下列问题：

（1）证明：矩阵 B 可逆；

（2）当矩阵 $A=\begin{pmatrix}2&6&0\\0&2&6\\0&0&2\end{pmatrix}$ 时，求矩阵 B.

解析：（1）由 $A^*B=A^{-1}+B=A^{-1}+EB$，得 $(A^*-E)B=A^{-1}$，则 $|A^*-E||B|=|A^{-1}|\neq 0$，于是 $|B|\neq 0$，所以矩阵 B 可逆，得证.

（2）由 $(A^*-E)B=A^{-1}$，得 $B=(A^*-E)^{-1}A^{-1}=(AA^*-A)^{-1}=(|A|E-A)^{-1}$，又 $|A|E-A=$

$\begin{pmatrix}8&0&0\\0&8&0\\0&0&8\end{pmatrix}-\begin{pmatrix}2&6&0\\0&2&6\\0&0&2\end{pmatrix}=6\begin{pmatrix}1&-1&0\\0&1&-1\\0&0&1\end{pmatrix}$，所以 $B=(|A|E-A)^{-1}=\dfrac{1}{6}\begin{pmatrix}1&1&1\\0&1&1\\0&0&1\end{pmatrix}$.

变式训练 10　设矩阵 $A=\begin{pmatrix}1&0&0\\0&\frac{1}{2}&\frac{3}{2}\\0&1&\frac{5}{2}\end{pmatrix}$，$A^*$ 是 A 的伴随矩阵，求 $[(A^*)^{\mathrm T}]^{-1}$.

典例 10　设矩阵 $A=\begin{pmatrix}1&0&0\\2&2&0\\3&4&5\end{pmatrix}$，$A^*$ 是 A 的伴随矩阵，求 $(A^*)^{-1}$.

解析：由 $AA^*=|A|E$，得 $\dfrac{A}{|A|}A^*=E$，则 $(A^*)^{-1}=\dfrac{A}{|A|}$，又 $|A|=10$，所以 $(A^*)^{-1}=$

$\dfrac{A}{|A|}=\dfrac{1}{10}\begin{pmatrix}1&0&0\\2&2&0\\3&4&5\end{pmatrix}$.

变式训练 11 证明下列常用公式：

（1）$(A^{-1})^{*}=(A^{*})^{-1}$； （2）$|A^{*}|=|A|^{n-1}$.

典例 11 设n阶方阵A，B满足$AB=A-B$，证明：$AB=BA$.

证明：由$AB=A-B$，得$(A+E)B=A=A+E-E$，则$(A+E)(B-E)=-E$，$(A+E)(E-B)=E$，所以$A+E$，$E-B$互为逆矩阵，故有$(E-B)(A+E)=A+E-BA-B=E$，即$BA=A-B$，所以$BA=A-B=AB$，得证.

变式训练 12 设A是n阶方阵，E是n阶单位矩阵，证明：$E-A$和$(E+A)^{*}$乘法可交换，即证$(E-A)(E+A)^{*}=(E+A)^{*}(E-A)$.

基本题型 2 逆矩阵的应用

题型分析：（1）解矩阵方程$AX=B$（$XA=B$），可先求出A^{-1}，再求$X=A^{-1}B$（$X=BA^{-1}$）.

（2）解线性方程组，利用矩阵的乘法将线性方程组写成矩阵形式，再利用解矩阵方程的方法求解.

（3）利用定义证明矩阵可逆，若$AB=E$，则A和B均可逆.

（4）计算矩阵多项式，要注意结合对角矩阵的运算规律.

典例 12 解矩阵方程$X\begin{pmatrix}1&0&5\\1&1&2\\1&2&5\end{pmatrix}=\begin{pmatrix}1&1&2\\0&0&-6\end{pmatrix}$.

解析：设矩阵$A=\begin{pmatrix}1&0&5\\1&1&2\\1&2&5\end{pmatrix}$，$B=\begin{pmatrix}1&1&2\\0&0&-6\end{pmatrix}$，则$XA=B$，$X=BA^{-1}$. 又$|A|=\begin{vmatrix}1&0&5\\1&1&2\\1&2&5\end{vmatrix}=6\neq 0$，$A^{*}=\begin{pmatrix}1&10&-5\\-3&0&3\\1&-2&1\end{pmatrix}$，则$A^{-1}=\dfrac{A^{*}}{|A|}=\dfrac{1}{6}\begin{pmatrix}1&10&-5\\-3&0&3\\1&-2&1\end{pmatrix}$，所以矩阵方程的解为$X=BA^{-1}=\dfrac{1}{6}\begin{pmatrix}1&1&2\\0&0&-6\end{pmatrix}\begin{pmatrix}1&10&-5\\-3&0&3\\1&-2&1\end{pmatrix}=\begin{pmatrix}0&1&0\\-1&2&-1\end{pmatrix}$.

变式训练 13 解矩阵方程$\begin{pmatrix}3&5\\1&2\end{pmatrix}X=\begin{pmatrix}4&-1&2\\3&0&-1\end{pmatrix}$.

典例 13 解矩阵方程$\begin{pmatrix}0&1&0\\1&0&0\\0&0&1\end{pmatrix}X\begin{pmatrix}1&0&0\\0&0&1\\0&1&0\end{pmatrix}=\begin{pmatrix}1&-4&3\\2&0&-1\\1&-2&0\end{pmatrix}$.

解析：设矩阵 $A=\begin{pmatrix}0&1&0\\1&0&0\\0&0&1\end{pmatrix}$，$B=\begin{pmatrix}1&0&0\\0&0&1\\0&1&0\end{pmatrix}$，$C=\begin{pmatrix}1&-4&3\\2&0&-1\\1&-2&0\end{pmatrix}$，则有 $AXB=C$，即

$$X=A^{-1}CB^{-1}=\begin{pmatrix}0&1&0\\1&0&0\\0&0&1\end{pmatrix}^{-1}\begin{pmatrix}1&-4&3\\2&0&-1\\1&-2&0\end{pmatrix}\begin{pmatrix}1&0&0\\0&0&1\\0&1&0\end{pmatrix}^{-1}=\begin{pmatrix}2&-1&0\\1&3&-4\\1&0&-2\end{pmatrix}.$$

变式训练 14　设三阶方阵 A，B 满足 $A-AB=E$，且 $AB-2E=\begin{pmatrix}-1&0&0\\0&-1&0\\0&0&-1\end{pmatrix}$，求矩阵 A 和 B．

典例 14　解矩阵方程 $AX+B=X$，其中 $A=\begin{pmatrix}0&1&0\\-1&1&1\\-1&0&-1\end{pmatrix}$，$B=\begin{pmatrix}1&-1\\2&0\\5&-3\end{pmatrix}$．

解析：由 $AX+B=X$，得 $(E-A)X=B$，若 $E-A$ 可逆，则有 $X=(E-A)^{-1}B$，由于

$$(E-A)^{-1}=\begin{pmatrix}0&\frac{2}{3}&\frac{1}{3}\\-1&\frac{2}{3}&\frac{1}{3}\\0&-\frac{1}{3}&\frac{1}{3}\end{pmatrix}，于是 X=(E-A)^{-1}B=\begin{pmatrix}0&\frac{2}{3}&\frac{1}{3}\\-1&\frac{2}{3}&\frac{1}{3}\\0&-\frac{1}{3}&\frac{1}{3}\end{pmatrix}\begin{pmatrix}1&-1\\2&0\\5&-3\end{pmatrix}=\begin{pmatrix}3&-1\\2&0\\1&-1\end{pmatrix}.$$

变式训练 15　设 $AB=A+B$，且 $A=\begin{pmatrix}2&1&1\\2&6&3\\2&1&3\end{pmatrix}$，求 $A+B$．

典例 15　利用求逆矩阵的方法解线性方程组 $\begin{cases}x_1+2x_2+x_3=1,\\2x_1+5x_2+4x_3=0,\\x_1+x_2=1.\end{cases}$

解析：设矩阵 $A=\begin{pmatrix}1&2&1\\2&5&4\\1&1&0\end{pmatrix}$，$x=\begin{pmatrix}x_1\\x_2\\x_3\end{pmatrix}$，$b=\begin{pmatrix}1\\0\\1\end{pmatrix}$，则 $Ax=b$，所以

$$x=A^{-1}b=\begin{pmatrix}1&2&1\\2&5&4\\1&1&0\end{pmatrix}^{-1}\begin{pmatrix}1\\0\\1\end{pmatrix}=\begin{pmatrix}-4&1&3\\4&-1&-2\\-3&1&1\end{pmatrix}\begin{pmatrix}1\\0\\1\end{pmatrix}=\begin{pmatrix}-1\\2\\-2\end{pmatrix}.$$

变式训练 16　利用求逆矩阵的方法解线性方程组 $\begin{cases}x_1+x_2-x_3=2,\\-2x_1+x_2+x_3=3,\\x_1+x_2+x_3=6.\end{cases}$

典例 16 （1）若矩阵 A 满足 $A^2-2A-4E=O$，证明：$A+E$ 与 $A-3E$ 都可逆，且互为逆矩阵；

（2）若矩阵 A 满足 $A^2+2A+3E=O$，证明矩阵 A 可逆，并求 A^{-1}.

解析：（1）由 $A^2-2A-4E=O$，得 $A^2-2A-3E=E$，即 $(A+E)(A-3E)=E$，由此可知，$A+E$ 与 $A-3E$ 都可逆，且互为逆矩阵，得证.

（2）由 $A^2+2A+3E=O$，得 $A^2+2A=-3E$，即 $\dfrac{A+2E}{-3}A=E$，由此可知，矩阵 A 可逆，且 $A^{-1}=\dfrac{A+2E}{-3}$.

变式训练 17 已知 A，B 都是 n 阶方阵，且 $|B|\neq 0$，$A-E$ 可逆，$(A-E)^{-1}=(B-E)^{\mathrm{T}}$，证明：矩阵 A 可逆.

变式训练 18 设矩阵 A 满足 $2A^2+A-3E=O$.

（1）证明矩阵 A 可逆，并求 A^{-1}；

（2）证明 $3E-A$ 可逆，并求 $(3E-A)^{-1}$.

典例 17 设矩阵 A，B 满足 $A^*BA=2BA-8E$，其中 $A=\begin{pmatrix}1&0&0\\0&-2&0\\0&0&1\end{pmatrix}$，$E$ 为单位矩阵，A^* 为 A 的伴随矩阵，求矩阵 B.

解析：由 $A^*BA=2BA-8E$，得 $(A^*-2E)BA=-8E$，又 $A^*-2E=\begin{pmatrix}-2&0&0\\0&1&0\\0&0&-2\end{pmatrix}-2\begin{pmatrix}1&0&0\\0&1&0\\0&0&1\end{pmatrix}=\begin{pmatrix}-4&0&0\\0&-1&0\\0&0&-4\end{pmatrix}$，则由 A^*-2E 及 A 可逆，得 $B=-8(A^*-2E)^{-1}A^{-1}=-8[A(A^*-2E)]^{-1}=$

$$-8\left[\begin{pmatrix}1&0&0\\0&-2&0\\0&0&1\end{pmatrix}\begin{pmatrix}-4&0&0\\0&-1&0\\0&0&-4\end{pmatrix}\right]^{-1}=-8\begin{pmatrix}-4&0&0\\0&2&0\\0&0&-4\end{pmatrix}^{-1}=\begin{pmatrix}2&0&0\\0&-4&0\\0&0&2\end{pmatrix}.$$

变式训练 19 已知矩阵 $A=\begin{pmatrix}1&1&-1\\0&1&1\\0&0&-1\end{pmatrix}$，且 $A^2-AB=E$，其中 E 是三阶单位矩阵，求矩阵 B.

典例 18 设 A，B 是同阶可逆方阵，且 $A^{-1}+B^{-1}$ 是可逆矩阵，证明 $A+B$ 是可逆矩阵，并求 $(A+B)^{-1}$.

解析：由 A，B 是可逆矩阵，得 $A+B=A(E+A^{-1}B)=A(B^{-1}+A^{-1})B$. 又因为 A，B

和 $A^{-1}+B^{-1}$ 均可逆，所以 $A+B$ 可逆，且 $(A+B)^{-1}=B^{-1}(A^{-1}+B^{-1})^{-1}A^{-1}$.

变式训练 20 设 A，B 为 n 阶方阵，矩阵 $E+AB$ 可逆. 证明：矩阵 $E+BA$ 的逆矩阵是 $E-B(E+AB)^{-1}A$.

典例 19 设矩阵 $A=\begin{pmatrix}1&0&0\\0&2&0\\0&0&1\end{pmatrix}$，$f(x)=x^2+2$，则 $f(A)^{-1}=$__________.

解析：由 $f(A)=A^2+2E=\begin{pmatrix}1^2&0&0\\0&2^2&0\\0&0&1^2\end{pmatrix}+\begin{pmatrix}2&0&0\\0&2&0\\0&0&2\end{pmatrix}=\begin{pmatrix}3&0&0\\0&6&0\\0&0&3\end{pmatrix}$，得 $f(A)^{-1}=\begin{pmatrix}\frac{1}{3}&0&0\\0&\frac{1}{6}&0\\0&0&\frac{1}{3}\end{pmatrix}$.

变式训练 21 设矩阵 $A=\begin{pmatrix}1&2\\0&1\end{pmatrix}$，$f(x)=x^2+2x+3$，求 $f(A)^{-1}$.

第四节 克拉默法则

克拉默法则的内容和说明

克拉默法则的内容和说明如表 2-8 所示.

表 2-8

克拉默法则	设有 n 个未知数 $x_1,x_2,\cdots,x_n$ 的 n 个线性方程的方程组 $\begin{cases}a_{11}x_1+a_{12}x_2+\cdots+a_{1n}x_n=b_1,\\a_{21}x_1+a_{22}x_2+\cdots+a_{2n}x_n=b_2,\\\quad\vdots\qquad\vdots\qquad\qquad\vdots\qquad\vdots\\a_{n1}x_1+a_{n2}x_2+\cdots+a_{nn}x_n=b_n,\end{cases}$ 若其系数矩阵的行列式 $\lvert A\rvert\neq0$，则该方程组有唯一解 $x_1=\frac{\lvert A_1\rvert}{\lvert A\rvert}$，$x_2=\frac{\lvert A_2\rvert}{\lvert A\rvert}$，$\cdots$，$x_n=\frac{\lvert A_n\rvert}{\lvert A\rvert}$，其中 $A_j\ (j=1,2,\cdots,n)$ 是把系数矩阵 A 中第 j 列的元素用方程组右端的常数项代替后所得到的 n 阶方阵，即 $A_j=\begin{pmatrix}a_{11}&\cdots&a_{1,j-1}&b_1&a_{1,j+1}&\cdots&a_{1n}\\a_{21}&\cdots&a_{2,j-1}&b_2&a_{2,j+1}&\cdots&a_{2n}\\\vdots&&\vdots&\vdots&\vdots&&\vdots\\a_{n1}&\cdots&a_{n,j-1}&b_n&a_{n,j+1}&\cdots&a_{nn}\end{pmatrix}$
说　明	线性方程组可写成矩阵方程 $Ax=b$，其中 $\lvert A\rvert\neq0$，则 $x=A^{-1}b$ 是方程组的唯一解，当 $b=O$，即方程组为齐次线性方程组时，方程组只有零解

典例精解

基本题型 1 应用克拉默法则解线性方程组

题型分析：克拉默法则只适用于求解变量个数与方程个数相等的线性方程组，且方程组的系数矩阵的行列式 $|\boldsymbol{A}|\neq 0$ 时，方程组才有唯一解，所以应用克拉默法则前，要先确定系数矩阵的行列式是否为零.

典例 1 下列线性方程组中，能用克拉默法则求解的是（　　）.

A. $\begin{cases} x_1+2x_2+x_3=1, \\ 2x_1+3x_2+4x_3=0, \\ x_1+2x_2=1 \end{cases}$　　B. $\begin{cases} 2x+y-z+w=1, \\ 4x+2y-2z+w=2, \\ 2x+y-z-w=1 \end{cases}$

C. $\begin{cases} x_1-2x_2+3x_3-x_4=1, \\ 3x_1-x_2+5x_3-3x_4=2, \\ 2x_1+x_2+2x_3-2x_4=3 \end{cases}$　　D. $\begin{cases} x_1-3x_2+3x_3-x_4=0, \\ 2x_1-x_2+x_3-2x_4=0, \\ 2x_1-x_2+3x_3-3x_4=0 \end{cases}$

解析：克拉默法则适用于求解变量个数与方程个数相等的线性方程组．故选 A.

变式训练 1 下列线性方程组中，不能用克拉默法则求解的是（　　）.

A. $\begin{cases} x_1-x_2+x_3=0, \\ x_1-x_2+2x_3=0, \\ x_1-2x_2+3x_3=3 \end{cases}$　　B. $\begin{cases} x_1-3x_2+3x_3-x_4=0, \\ 2x_1-x_2+x_3-2x_4=0, \\ 2x_1-x_2+3x_3-3x_4=0 \end{cases}$

C. $\begin{cases} 3x+y-3z=1, \\ x+2y-2z=-2, \\ 2x+2y-z=1 \end{cases}$　　D. $\begin{cases} x_1+x_2-2x_3=-3, \\ 5x_1-2x_2+7x_3=22, \\ 2x_1-5x_2+4x_3=4 \end{cases}$

典例 2 利用克拉默法则求解下列线性方程组：

（1）$\begin{cases} x_1+x_3=1, \\ 2x_1+3x_2+4x_3=2, \\ 2x_1+2x_2+3x_3=3; \end{cases}$　　（2）$\begin{cases} x_1+2x_2+3x_3=-7, \\ 2x_1-x_2+2x_3=-8, \\ x_1+3x_2=7. \end{cases}$

解析：（1）系数行列式$|\boldsymbol{A}|=\begin{vmatrix} 1 & 0 & 1 \\ 2 & 3 & 4 \\ 2 & 2 & 3 \end{vmatrix}=-1\neq 0$，根据克拉默法则可知，方程组有唯一解，并且 $x_1=\dfrac{1}{|\boldsymbol{A}|}\begin{vmatrix} 1 & 0 & 1 \\ 2 & 3 & 4 \\ 3 & 2 & 3 \end{vmatrix}=4$，$x_2=\dfrac{1}{|\boldsymbol{A}|}\begin{vmatrix} 1 & 1 & 1 \\ 2 & 2 & 4 \\ 2 & 3 & 3 \end{vmatrix}=2$，$x_3=\dfrac{1}{|\boldsymbol{A}|}\begin{vmatrix} 1 & 0 & 1 \\ 2 & 3 & 2 \\ 2 & 2 & 3 \end{vmatrix}=-3$.

（2）系数行列式$|\boldsymbol{A}|=\begin{vmatrix} 1 & 2 & 3 \\ 2 & -1 & 2 \\ 1 & 3 & 0 \end{vmatrix}=19\neq 0$，根据克拉默法则可知，方程组有唯一解，

并且 $x_1=\frac{1}{|\boldsymbol{A}|}\begin{vmatrix}-7&2&3\\-8&-1&2\\7&3&0\end{vmatrix}=1$，$x_2=\frac{1}{|\boldsymbol{A}|}\begin{vmatrix}1&-7&3\\2&-8&2\\1&7&0\end{vmatrix}=2$，$x_3=\frac{1}{|\boldsymbol{A}|}\begin{vmatrix}1&2&-7\\2&-1&-8\\1&3&7\end{vmatrix}=-4$.

变式训练 2 利用克拉默法则求解线性方程组 $\begin{cases}x_1-3x_3-6x_4=9,\\2x_1-5x_2+x_3+x_4=8,\\-x_1+2x_2+2x_4=-5,\\x_1-7x_2+4x_3+6x_4=0.\end{cases}$

基本题型 2 求线性方程组中的参数

题型分析：本题型要掌握线性方程组解的情况，并综合运用.

齐次线性方程组 $\boldsymbol{Ax}=\boldsymbol{0}$，$|\boldsymbol{A}|=0$ 时，方程组有非零解；$|\boldsymbol{A}|\neq 0$ 时，方程组只有零解.

非齐次线性方程组 $\boldsymbol{Ax}=\boldsymbol{b}$，$|\boldsymbol{A}|=0$ 时，方程组无解；$|\boldsymbol{A}|\neq 0$ 时，方程组有唯一解.

典例 3 已知齐次线性方程组 $\begin{cases}(3-a)x_1+x_2+x_3=0,\\(2-a)x_2-x_3=0,\\4x_1-2x_2+(1-a)x_3=0\end{cases}$ 有非零解，求 a 的值.

解析：因为齐次线性方程组有非零解，则该方程组系数矩阵的行列式为零，即 $|\boldsymbol{A}|=$

$$\begin{vmatrix}3-a&1&1\\0&2-a&-1\\4&-2&1-a\end{vmatrix}\overset{r_1+r_2}{=\!=}\begin{vmatrix}3-a&3-a&0\\0&2-a&-1\\4&-2&1-a\end{vmatrix}\overset{c_2-c_1}{=\!=}\begin{vmatrix}3-a&0&0\\0&2-a&-1\\4&-6&1-a\end{vmatrix}=(3-a)(a-4)(a+1)=0,$$

所以 a 的值为 3，4 或 -1.

变式训练 3 已知齐次线性方程组 $\begin{cases}ax_1+x_2+x_3=0,\\x_1+ax_2+x_3=0,\\x_1+x_2+ax_3=0\end{cases}$ 有非零解，求 a 的值.

典例 4 已知非齐次线性方程组 $\begin{cases}(2-a)x_1+2x_2-2x_3=1,\\2x_1+(5-a)x_2-4x_3=2,\\-2x_1-4x_2+(5-a)x_3=-a-1\end{cases}$ 有唯一解，求 a 的值.

解析：因为非齐次线性方程组有唯一解，则该方程组系数矩阵的行列式不为零，即

$$|\boldsymbol{A}|=\begin{vmatrix}2-a&2&-2\\2&5-a&-4\\-2&-4&5-a\end{vmatrix}\overset{c_2+c_3}{=\!=}\begin{vmatrix}2-a&0&-2\\2&1-a&-4\\-2&1-a&5-a\end{vmatrix}\overset{r_3-r_2}{=\!=}\begin{vmatrix}2-a&0&-2\\2&1-a&-4\\-4&0&9-a\end{vmatrix}=-(a-1)^2(a-10)\neq 0,$$

所以 $a\neq 1$ 且 $a\neq 10$.

变式训练 4 已知非齐次线性方程组 $\begin{cases}(1+\lambda)x_1+x_2+x_3=0,\\x_1+(1+\lambda)x_2+x_3=3,\\x_1+x_2+(1+\lambda)x_3=\lambda\end{cases}$ 有唯一解，求 λ 的值.

典例 5 已知a，b，c，d不全为0，证明：线性方程组$\begin{cases} ax_1+bx_2+cx_3+dx_4=0, \\ bx_1-ax_2+dx_3-cx_4=0, \\ cx_1-dx_2-ax_3+bx_4=0, \\ dx_1+cx_2-bx_3-ax_4=0 \end{cases}$只有零解.

解析：设$\boldsymbol{A}$为方程组的系数矩阵，则$|\boldsymbol{A}|^2=|\boldsymbol{A}\boldsymbol{A}^{\mathrm{T}}|=\left|\begin{pmatrix} a & b & c & d \\ b & -a & d & -c \\ c & -d & -a & b \\ d & c & -b & -a \end{pmatrix}\begin{pmatrix} a & b & c & d \\ b & -a & -d & c \\ c & d & -a & -b \\ d & -c & b & -a \end{pmatrix}\right|=$

$\begin{vmatrix} a^2+b^2+c^2+d^2 & 0 & 0 & 0 \\ 0 & a^2+b^2+c^2+d^2 & 0 & 0 \\ 0 & 0 & a^2+b^2+c^2+d^2 & 0 \\ 0 & 0 & 0 & a^2+b^2+c^2+d^2 \end{vmatrix}=(a^2+b^2+c^2+d^2)^4$，又因为$a$，$b$，$c$，$d$不全为0，则$|\boldsymbol{A}|\neq 0$，所以该线性方程组只有零解，得证.

变式训练 5 已知a，b，c不全为0，证明：线性方程组$\begin{cases} ax_2+bx_3+cx_4=0, \\ ax_1+x_2=0, \\ bx_1+x_3=0, \\ cx_1+x_4=0 \end{cases}$只有零解.

第五节 矩阵分块法

一、分块矩阵的定义

> **定义** 若将矩阵$\boldsymbol{A}$用若干条纵线和横线分成许多小矩阵，每个小矩阵称为$\boldsymbol{A}$的**子块**，以子块为元素的矩阵称为**分块矩阵**.

对于行数和列数较多的矩阵，运算时常采用**分块法**，使大矩阵的运算化成小矩阵的运算. 例如，矩阵$\boldsymbol{A}$可作如下划分，$\boldsymbol{A}=\left(\begin{array}{cc|cc} 0 & 1 & 5 & 1 \\ \hline 0 & 0 & 2 & 0 \\ 0 & 0 & 0 & 2 \end{array}\right)=\begin{pmatrix} \boldsymbol{A}_1 & \boldsymbol{A}_2 \\ \boldsymbol{O} & 2\boldsymbol{E}_2 \end{pmatrix}$，其中，$\boldsymbol{E}_2$表示二阶单位矩阵，$\boldsymbol{A}_1=(0,1)$，$\boldsymbol{A}_2=(5,1)$，$\boldsymbol{O}=\begin{pmatrix} 0 & 0 \\ 0 & 0 \end{pmatrix}$.

二、分块矩阵的运算

分块矩阵的运算法则及示例如表 2-9 所示.

表 2-9

名 称	内 容	示 例
分块矩阵的加法	设矩阵 A 与 B 的行数相同、列数相同，且均采用相同的分块法，则分块矩阵 A 与 B 相加即为对应子块相加	$A+B=\begin{pmatrix} A_{11}+B_{11} & A_{12}+B_{12} \\ A_{21}+B_{21} & A_{22}+B_{22} \end{pmatrix}$
分块矩阵的数乘	数 λ 与分块矩阵 A 相乘即为 λ 与各个子块相乘	$\lambda A=\lambda\begin{pmatrix} A_{11} & A_{12} \\ A_{21} & A_{22} \end{pmatrix}=\begin{pmatrix} \lambda A_{11} & \lambda A_{12} \\ \lambda A_{21} & \lambda A_{22} \end{pmatrix}$
分块矩阵的乘法	设 A 为 $m\times l$ 矩阵，B 为 $l\times n$ 矩阵，对 A，B 进行分块，使 $A_{i1},A_{i2},\cdots,A_{it}$ 的列数分别等于 $B_{1j},B_{2j},\cdots,B_{tj}$ 的行数，则分块矩阵 A 与 B 的乘积 $AB=(C_{ij})_{m\times n}$，其中 $C_{ij}=A_{i1}B_{1j}+A_{i2}B_{2j}+\cdots+A_{is}B_{sj}=\sum\limits_{k=1}^{s}A_{ik}B_{kj}$	$AB=\begin{pmatrix} A_{11} & A_{12} \\ A_{21} & A_{22} \end{pmatrix}\begin{pmatrix} B_{11} & B_{12} \\ B_{21} & B_{22} \end{pmatrix}=$ $\begin{pmatrix} A_{11}B_{11}+A_{12}B_{21} & A_{11}B_{12}+A_{12}B_{22} \\ A_{21}B_{11}+A_{22}B_{21} & A_{21}B_{12}+A_{22}B_{22} \end{pmatrix}$
分块矩阵的转置	将分块矩阵 A 的每个子块转置，并将分块矩阵的行换成同序数的列得到一个新的分块矩阵，叫作分块矩阵 A 的转置矩阵	$A=\begin{pmatrix} A_{11} & A_{12} \\ A_{21} & A_{22} \end{pmatrix}$，$A^{T}=\begin{pmatrix} A_{11}^{T} & A_{21}^{T} \\ A_{12}^{T} & A_{22}^{T} \end{pmatrix}$
分块对角矩阵的幂	设 A 为分块对角矩阵，k 为正整数，k 个矩阵 A 连乘即为 k 个子块分别连乘，记作 $A^{k}=\mathrm{diag}(A_{11}^{k},A_{22}^{k},\cdots,A_{nn}^{k})$	$A^{k}=\begin{pmatrix} A_{11}^{k} & O \\ O & A_{22}^{k} \end{pmatrix}$

疑难辨析

（1）分块矩阵可看作以子块为元素的矩阵.

（2）分块矩阵的运算法则与矩阵的运算法则相仿，但要求分块矩阵所分子块的行数与列数能使运算可进行.

三、分块矩阵的逆矩阵和行列式

若 A 是 $m\times m$ 可逆矩阵，B 是 $n\times n$ 可逆矩阵，C 是 $m\times n$ 矩阵，D 是 $n\times m$ 矩阵，则分块矩阵的逆矩阵的求解如表 2-10 所示.

表 2-10

分块矩阵	逆矩阵	特殊情况
$\begin{pmatrix} A & O \\ O & B \end{pmatrix}$	$\begin{pmatrix} A & O \\ O & B \end{pmatrix}^{-1}=\begin{pmatrix} A^{-1} & O \\ O & B^{-1} \end{pmatrix}$	$\begin{pmatrix} A & C \\ O & B \end{pmatrix}^{-1}=\begin{pmatrix} A^{-1} & -A^{-1}CB^{-1} \\ O & B^{-1} \end{pmatrix}$
$\begin{pmatrix} O & A \\ B & O \end{pmatrix}$	$\begin{pmatrix} O & A \\ B & O \end{pmatrix}^{-1}=\begin{pmatrix} O & B^{-1} \\ A^{-1} & O \end{pmatrix}$	$\begin{pmatrix} A & O \\ D & B \end{pmatrix}^{-1}=\begin{pmatrix} A^{-1} & O \\ -B^{-1}DA^{-1} & B^{-1} \end{pmatrix}$

若 $\boldsymbol{A}$ 是 $m\times m$ 可逆矩阵，$\boldsymbol{B}$ 是 $n\times n$ 可逆矩阵，则分块矩阵的行列式如表 2-11 所示.

表 2-11

分块矩阵	行列式	说　明
$\begin{pmatrix} \boldsymbol{A} & \boldsymbol{O} \\ \boldsymbol{O} & \boldsymbol{B} \end{pmatrix}$	$\begin{vmatrix} \boldsymbol{A} & \boldsymbol{O} \\ \boldsymbol{O} & \boldsymbol{B} \end{vmatrix}=\lvert\boldsymbol{A}\rvert\lvert\boldsymbol{B}\rvert$	行列式 $\begin{vmatrix} \boldsymbol{O} & \boldsymbol{A} \\ \boldsymbol{B} & \boldsymbol{O} \end{vmatrix}$，第 $n+1$ 列向左依次与相邻的列对换，对换 n 次后变为第 1 列，第 $n+2$ 对换 n 次后变为第 2 列，……，矩阵 $\boldsymbol{A}$ 有 m 列，所以共对换 $m\times n$ 次后原行列式可化为 $\begin{vmatrix} \boldsymbol{A} & \boldsymbol{O} \\ \boldsymbol{O} & \boldsymbol{B} \end{vmatrix}$
$\begin{pmatrix} \boldsymbol{O} & \boldsymbol{A} \\ \boldsymbol{B} & \boldsymbol{O} \end{pmatrix}$	$\begin{vmatrix} \boldsymbol{O} & \boldsymbol{A} \\ \boldsymbol{B} & \boldsymbol{O} \end{vmatrix}=(-1)^{n\times m}\lvert\boldsymbol{A}\rvert\lvert\boldsymbol{B}\rvert$	

典例精解

基本题型 1 分块矩阵的运算

题型分析：本题型要先根据矩阵子块的特点对矩阵进行适当的分块（分出零矩阵、单位矩阵等），再运用分块矩阵的运算法则进行相关计算.

典例 1 设矩阵 $\boldsymbol{A}=\begin{pmatrix} 1 & 0 & 0 & 0 & 0 \\ 0 & 1 & 0 & 0 & 0 \\ -1 & 2 & 1 & 0 & 0 \\ 1 & 1 & 0 & 1 & 0 \\ 0 & 1 & 0 & 0 & 1 \end{pmatrix}$，$\boldsymbol{B}=\begin{pmatrix} 1 & 0 & 0 & 0 \\ -1 & 0 & 0 & 0 \\ 0 & 1 & 3 & -1 \\ 0 & 2 & 1 & 4 \\ 0 & 1 & 2 & 1 \end{pmatrix}$，求 $\boldsymbol{AB}$.

解析：设矩阵 $\boldsymbol{A}_1=\begin{pmatrix} -1 & 2 \\ 1 & 1 \\ 0 & 1 \end{pmatrix}$，$\boldsymbol{B}_1=\begin{pmatrix} 1 \\ -1 \end{pmatrix}$，$\boldsymbol{B}_2=\begin{pmatrix} 1 & 3 & -1 \\ 2 & 1 & 4 \\ 1 & 2 & 1 \end{pmatrix}$，则 $\boldsymbol{AB}=$

$$\left(\begin{array}{cc:ccc} 1 & 0 & 0 & 0 & 0 \\ 0 & 1 & 0 & 0 & 0 \\ \hdashline -1 & 2 & 1 & 0 & 0 \\ 1 & 1 & 0 & 1 & 0 \\ 0 & 1 & 0 & 0 & 1 \end{array}\right)\left(\begin{array}{c:ccc} 1 & 0 & 0 & 0 \\ -1 & 0 & 0 & 0 \\ \hdashline 0 & 1 & 3 & -1 \\ 0 & 2 & 1 & 4 \\ 0 & 1 & 2 & 1 \end{array}\right)=\begin{pmatrix} \boldsymbol{E}_2 & \boldsymbol{O} \\ \boldsymbol{A}_1 & \boldsymbol{E}_3 \end{pmatrix}\begin{pmatrix} \boldsymbol{B}_1 & \boldsymbol{O} \\ \boldsymbol{O} & \boldsymbol{B}_2 \end{pmatrix}=\begin{pmatrix} \boldsymbol{B}_1 & \boldsymbol{O} \\ \boldsymbol{A}_1\boldsymbol{B}_1 & \boldsymbol{B}_2 \end{pmatrix}$$

，其中 $\boldsymbol{A}_1\boldsymbol{B}_1=$

$\begin{pmatrix} -1 & 2 \\ 1 & 1 \\ 0 & 1 \end{pmatrix}\begin{pmatrix} 1 \\ -1 \end{pmatrix}=\begin{pmatrix} -3 \\ 0 \\ -1 \end{pmatrix}$，所以 $\boldsymbol{AB}=\begin{pmatrix} 1 & 0 & 0 & 0 \\ -1 & 0 & 0 & 0 \\ -3 & 1 & 3 & -1 \\ 0 & 2 & 1 & 4 \\ -1 & 1 & 2 & 1 \end{pmatrix}$.

思路点拨：将矩阵 $\boldsymbol{A}$ 和 $\boldsymbol{B}$ 分块时，要保证相乘的子块中，矩阵 $\boldsymbol{A}$ 中子块的列数与矩阵 $\boldsymbol{B}$ 中子块的行数相等.

变式训练 1 设矩阵 $A=\begin{pmatrix}1&0&2&3\\0&1&1&4\\0&0&1&0\\0&0&0&-1\end{pmatrix}$，$B=\begin{pmatrix}1&0&0&0\\0&1&0&0\\6&3&1&2\\0&-2&2&0\end{pmatrix}$，求 AB．

变式训练 2 设矩阵 $A=\begin{pmatrix}a&2&0&0\\0&a&0&0\\0&0&b&0\\0&0&-2&b\end{pmatrix}$，$B=\begin{pmatrix}a&-2&0&0\\0&a&0&0\\0&0&b&0\\0&0&2&b\end{pmatrix}$，求 ABA．

典例 2 设矩阵 $A=\begin{pmatrix}3&1&0&0\\0&3&0&0\\0&0&3&9\\0&0&1&3\end{pmatrix}$，求 A^2．

解析：设矩阵 $B=\begin{pmatrix}3&1\\0&3\end{pmatrix}$，$C=\begin{pmatrix}3&9\\1&3\end{pmatrix}$，则矩阵 $A=\left(\begin{array}{cc:cc}3&1&0&0\\0&3&0&0\\ \hdashline 0&0&3&9\\0&0&1&3\end{array}\right)=\begin{pmatrix}B&O\\O&C\end{pmatrix}$，分块对角矩阵的幂 $\begin{pmatrix}B&O\\O&C\end{pmatrix}^2=\begin{pmatrix}B^2&O\\O&C^2\end{pmatrix}$，其中 $B^2=\begin{pmatrix}3&1\\0&3\end{pmatrix}\begin{pmatrix}3&1\\0&3\end{pmatrix}=\begin{pmatrix}9&6\\0&9\end{pmatrix}$，$C^2=\begin{pmatrix}3&9\\1&3\end{pmatrix}\begin{pmatrix}3&9\\1&3\end{pmatrix}=\begin{pmatrix}18&54\\6&18\end{pmatrix}$，所以 $A^2=\begin{pmatrix}9&6&0&0\\0&9&0&0\\0&0&18&54\\0&0&6&18\end{pmatrix}$．

变式训练 3 设四阶方阵 $A=\begin{pmatrix}5&2&0&0\\2&1&0&0\\0&0&1&-2\\0&0&1&1\end{pmatrix}$，求 A^2．

典例 3 设 A 为 m 阶方阵，B 为 n 阶方阵，若 $|A|=a$，$|B|=b$，且 $C=\begin{pmatrix}O&3A\\-B&O\end{pmatrix}$，则 $|C|=$____________．

解析：$|C|=(-1)^{n\times m}|3A||-B|=(-1)^{mn}\times3^m a\times(-1)^n b=(-1)^{mn+n}3^m ab$．故填 $(-1)^{mn+n}3^m ab$．

变式训练 4 设 A 为三阶方阵，B 为二阶方阵，且 $|A|=-2$，$|B|=3$，若 $C=\begin{pmatrix}O&-3A\\2B&O\end{pmatrix}$，则 $|C|=$____________．

典例 4 设 A 为 3×3 矩阵，且 $|A|=-2$，将矩阵 A 按列分块为 $A=(A_1,A_2,A_3)$，其中 $A_j\ (j=1,2,3)$ 为 A 的第 j 列，求：

（1）$|(A_1,2A_2,A_3)|$；　　（2）$|(A_3-2A_1,3A_2,A_1)|$．

解析：（1）$|(\boldsymbol{A}_1,2\boldsymbol{A}_2,\boldsymbol{A}_3)|=2|(\boldsymbol{A}_1,\boldsymbol{A}_2,\boldsymbol{A}_3)|=2\times(-2)=-4$.

（2）$|(\boldsymbol{A}_3-2\boldsymbol{A}_1,3\boldsymbol{A}_2,\boldsymbol{A}_1)|=|(\boldsymbol{A}_3,3\boldsymbol{A}_2,\boldsymbol{A}_1)|-|(2\boldsymbol{A}_1,3\boldsymbol{A}_2,\boldsymbol{A}_1)|=3|(\boldsymbol{A}_3,\boldsymbol{A}_2,\boldsymbol{A}_1)|-6|(\boldsymbol{A}_1,\boldsymbol{A}_2,\boldsymbol{A}_1)|=-3\times(-2)-6\times0=6$.

变式训练 5 设 $\boldsymbol{A}$，$\boldsymbol{B}$ 均为四阶方阵，$\boldsymbol{A}=(\boldsymbol{\alpha},\boldsymbol{\gamma}_2,\boldsymbol{\gamma}_3,\boldsymbol{\gamma}_4)$，$\boldsymbol{B}=(\boldsymbol{\beta},\boldsymbol{\gamma}_2,\boldsymbol{\gamma}_3,\boldsymbol{\gamma}_4)$，其中 $\boldsymbol{\alpha}$，$\boldsymbol{\beta}$，$\boldsymbol{\gamma}_2$，$\boldsymbol{\gamma}_3$，$\boldsymbol{\gamma}_4$ 均为列矩阵，且 $|\boldsymbol{A}|=4$，$|\boldsymbol{B}|=1$，求 $|\boldsymbol{A}+\boldsymbol{B}|$ 的值.

典例 5 若三阶方阵 $\boldsymbol{A}=(\boldsymbol{\alpha},\boldsymbol{\beta},\boldsymbol{\gamma})$，$\boldsymbol{B}=(\boldsymbol{\alpha},\boldsymbol{\beta},\boldsymbol{\eta})$ 的行列式分别为 a，b，则（　　）.

A. $|\boldsymbol{A}-\boldsymbol{B}|=a-b$　　B. $|\boldsymbol{A}+\boldsymbol{B}|=4(a+b)$

C. $|\boldsymbol{A}+2\boldsymbol{B}|=a+2b$　　D. $|\boldsymbol{A}+3\boldsymbol{B}|=a+3b$

解析：$|\boldsymbol{A}-\boldsymbol{B}|=|(\boldsymbol{\alpha},\boldsymbol{\beta},\boldsymbol{\gamma})-(\boldsymbol{\alpha},\boldsymbol{\beta},\boldsymbol{\eta})|=|(\boldsymbol{0},\boldsymbol{0},\boldsymbol{\gamma}-\boldsymbol{\eta})|=0$，A 选项错误.

$|\boldsymbol{A}+\boldsymbol{B}|=|(\boldsymbol{\alpha},\boldsymbol{\beta},\boldsymbol{\gamma})+(\boldsymbol{\alpha},\boldsymbol{\beta},\boldsymbol{\eta})|=|(2\boldsymbol{\alpha},2\boldsymbol{\beta},\boldsymbol{\gamma}+\boldsymbol{\eta})|=4|(\boldsymbol{\alpha},\boldsymbol{\beta},\boldsymbol{\gamma}+\boldsymbol{\eta})|=4[|(\boldsymbol{\alpha},\boldsymbol{\beta},\boldsymbol{\gamma})|+|(\boldsymbol{\alpha},\boldsymbol{\beta},\boldsymbol{\eta})|]=4(|\boldsymbol{A}|+|\boldsymbol{B}|)=4(a+b)$，B 选项正确.

$|\boldsymbol{A}+2\boldsymbol{B}|=|(\boldsymbol{\alpha},\boldsymbol{\beta},\boldsymbol{\gamma})+(2\boldsymbol{\alpha},2\boldsymbol{\beta},2\boldsymbol{\eta})|=|(3\boldsymbol{\alpha},3\boldsymbol{\beta},\boldsymbol{\gamma}+2\boldsymbol{\eta})|=9|(\boldsymbol{\alpha},\boldsymbol{\beta},\boldsymbol{\gamma}+2\boldsymbol{\eta})|=9[|(\boldsymbol{\alpha},\boldsymbol{\beta},\boldsymbol{\gamma})|+2|(\boldsymbol{\alpha},\boldsymbol{\beta},\boldsymbol{\eta})|]=9(a+2b)$，C 选项错误.

$|\boldsymbol{A}+3\boldsymbol{B}|=|(\boldsymbol{\alpha},\boldsymbol{\beta},\boldsymbol{\gamma})+(3\boldsymbol{\alpha},3\boldsymbol{\beta},3\boldsymbol{\eta})|=|(4\boldsymbol{\alpha},4\boldsymbol{\beta},\boldsymbol{\gamma}+3\boldsymbol{\eta})|=16|(\boldsymbol{\alpha},\boldsymbol{\beta},\boldsymbol{\gamma}+3\boldsymbol{\eta})|=16[|(\boldsymbol{\alpha},\boldsymbol{\beta},\boldsymbol{\gamma})|+3|(\boldsymbol{\alpha},\boldsymbol{\beta},\boldsymbol{\eta})|]=16(a+3b)$，D 选项错误.

综上，故选 B.

变式训练 6 设分块对角矩阵 $\boldsymbol{A}=\begin{pmatrix}\boldsymbol{A}_1 & \boldsymbol{O}\\ \boldsymbol{O} & \boldsymbol{A}_2\end{pmatrix}$，$\boldsymbol{B}=\begin{pmatrix}\boldsymbol{O} & \boldsymbol{B}_1\\ \boldsymbol{B}_2 & \boldsymbol{O}\end{pmatrix}$，则下列运算不正确的是（　　）.

A. $\boldsymbol{A}^{-1}=\begin{pmatrix}\boldsymbol{A}_1^{-1} & \boldsymbol{O}\\ \boldsymbol{O} & \boldsymbol{A}_2^{-1}\end{pmatrix}$　　B. $\boldsymbol{B}^{-1}=\begin{pmatrix}\boldsymbol{O} & \boldsymbol{B}_1^{-1}\\ \boldsymbol{B}_2^{-1} & \boldsymbol{O}\end{pmatrix}$

C. $|\boldsymbol{A}|=|\boldsymbol{A}_1||\boldsymbol{A}_2|$　　D. $\boldsymbol{AB}=\begin{pmatrix}\boldsymbol{O} & \boldsymbol{A}_1\boldsymbol{B}_1\\ \boldsymbol{A}_2\boldsymbol{B}_2 & \boldsymbol{O}\end{pmatrix}$

基本题型 2 求分块矩阵的逆矩阵

题型分析：本题型要掌握分块矩阵的逆矩阵、伴随矩阵、行列式的概念，结合分块矩阵的特点将矩阵分块，进而完成相关计算.

典例 6 设四阶方阵 $\boldsymbol{A}=\begin{pmatrix}5&2&0&0\\2&1&0&0\\0&0&1&-2\\0&0&1&1\end{pmatrix}$，求 $\boldsymbol{A}^{-1}$.

解析：设矩阵 $\boldsymbol{A}_1=\begin{pmatrix}5&2\\2&1\end{pmatrix}$，$\boldsymbol{A}_2=\begin{pmatrix}1&-2\\1&1\end{pmatrix}$，则 $\boldsymbol{A}=\begin{pmatrix}\boldsymbol{A}_1 & \boldsymbol{O}\\ \boldsymbol{O} & \boldsymbol{A}_2\end{pmatrix}$ 为分块对角矩阵. 因为 $|\boldsymbol{A}_1|=1$，$|\boldsymbol{A}_2|=3$，则 $\boldsymbol{A}_1$，$\boldsymbol{A}_2$ 均可逆，$\boldsymbol{A}^{-1}=\begin{pmatrix}\boldsymbol{A}_1 & \boldsymbol{O}\\ \boldsymbol{O} & \boldsymbol{A}_2\end{pmatrix}^{-1}=\begin{pmatrix}\boldsymbol{A}_1^{-1} & \boldsymbol{O}\\ \boldsymbol{O} & \boldsymbol{A}_2^{-1}\end{pmatrix}$，其中 $\boldsymbol{A}_1^{-1}=\begin{pmatrix}1&-2\\-2&5\end{pmatrix}$，

$A_2^{-1}=\begin{pmatrix}\frac{1}{3}&\frac{2}{3}\\-\frac{1}{3}&\frac{1}{3}\end{pmatrix}$，所以 $A^{-1}=\begin{pmatrix}1&-2&0&0\\-2&5&0&0\\0&0&\frac{1}{3}&\frac{2}{3}\\0&0&-\frac{1}{3}&\frac{1}{3}\end{pmatrix}$.

变式训练 7 设四阶方阵 $A=\begin{pmatrix}5&2&0&0\\2&1&0&0\\0&0&8&3\\0&0&5&2\end{pmatrix}$，求 A^{-1}.

典例 7 设 A，B 均为二阶方阵，A^*，B^* 分别为 A，B 的伴随矩阵，若 $|A|=2$，$|B|=3$，则分块矩阵 $\begin{pmatrix}O&A\\B&O\end{pmatrix}$ 的伴随矩阵为（　　）.

A. $\begin{pmatrix}O&3B^*\\2A^*&O\end{pmatrix}$　　B. $\begin{pmatrix}O&2B^*\\3A^*&O\end{pmatrix}$　　C. $\begin{pmatrix}O&3A^*\\2B^*&O\end{pmatrix}$　　D. $\begin{pmatrix}O&2A^*\\3B^*&O\end{pmatrix}$

解析：因为 $\begin{vmatrix}O&A\\B&O\end{vmatrix}=(-1)^{2\times2}|A||B|=6$，则分块矩阵 $\begin{pmatrix}O&A\\B&O\end{pmatrix}$ 可逆，所以 $\begin{pmatrix}O&A\\B&O\end{pmatrix}^*=\begin{vmatrix}O&A\\B&O\end{vmatrix}\begin{pmatrix}O&A\\B&O\end{pmatrix}^{-1}=6\begin{pmatrix}O&B^{-1}\\A^{-1}&O\end{pmatrix}=\begin{pmatrix}O&6B^{-1}\\6A^{-1}&O\end{pmatrix}=\begin{pmatrix}O&2B^*\\3A^*&O\end{pmatrix}$. 故选 B.

变式训练 8 设 A，B 均为 n 阶方阵，A^*，B^* 分别为 A，B 的伴随矩阵，则分块矩阵 $C=\begin{pmatrix}A&O\\O&B\end{pmatrix}$ 的伴随矩阵为（　　）.

A. $\begin{pmatrix}|A|A^*&O\\O&|B|B^*\end{pmatrix}$　　B. $\begin{pmatrix}|B|B^*&O\\O&|A|A^*\end{pmatrix}$

C. $\begin{pmatrix}|A|B^*&O\\O&|B|A^*\end{pmatrix}$　　D. $\begin{pmatrix}|B|A^*&O\\O&|A|B^*\end{pmatrix}$

典例 8 设矩阵 $A=\begin{pmatrix}0&0&1&-1&0\\0&0&0&1&-1\\0&0&0&0&1\\1&3&0&0&0\\-1&2&0&0&0\end{pmatrix}$，用矩阵分块法求 A^{-1}.

解析：设矩阵 $A_1=\begin{pmatrix}1&-1&0\\0&1&-1\\0&0&1\end{pmatrix}$，$A_2=\begin{pmatrix}1&3\\-1&2\end{pmatrix}$，则 $A=\begin{pmatrix}O&A_1\\A_2&O\end{pmatrix}$ 为分块对角矩阵，所

以 $A^{-1}=\begin{pmatrix} O & A_1 \\ A_2 & O \end{pmatrix}^{-1}=\begin{pmatrix} O & A_2^{-1} \\ A_1^{-1} & O \end{pmatrix}$，其中 $A_1^{-1}=\begin{pmatrix} 1 & 1 & 1 \\ 0 & 1 & 1 \\ 0 & 0 & 1 \end{pmatrix}$，$A_2^{-1}=\begin{pmatrix} \frac{2}{5} & -\frac{3}{5} \\ \frac{1}{5} & \frac{1}{5} \end{pmatrix}$，于是

$$A^{-1}=\begin{pmatrix} 0 & 0 & 0 & \frac{2}{5} & -\frac{3}{5} \\ 0 & 0 & 0 & \frac{1}{5} & \frac{1}{5} \\ 1 & 1 & 1 & 0 & 0 \\ 0 & 1 & 1 & 0 & 0 \\ 0 & 0 & 1 & 0 & 0 \end{pmatrix}.$$

变式训练 9 设矩阵 $A=\begin{pmatrix} 0 & 0 & 1 & 2 & 3 \\ 0 & 0 & 2 & 2 & 1 \\ 0 & 0 & 3 & 4 & 3 \\ 2 & 1 & 0 & 0 & 0 \\ 5 & 3 & 0 & 0 & 0 \end{pmatrix}$，用分块矩阵方法求 A^{-1}.

典例 9 设矩阵 $A=\begin{pmatrix} 1 & 2 & 0 & 0 \\ 2 & -1 & 0 & 0 \\ 0 & 0 & 1 & 0 \\ 0 & 0 & 3 & 2 \end{pmatrix}$，求 A^{-1}，A^4，$|A^7|$.

解析：（1）设矩阵 $A_1=\begin{pmatrix} 1 & 2 \\ 2 & -1 \end{pmatrix}$，$A_2=\begin{pmatrix} 1 & 0 \\ 3 & 2 \end{pmatrix}$，则 $A=\begin{pmatrix} A_1 & O \\ O & A_2 \end{pmatrix}$ 为分块对角矩阵. 因为 $|A_1|=-5$，$|A_2|=2$，则 A_1，A_2 均可逆，$A^{-1}=\begin{pmatrix} A_1 & O \\ O & A_2 \end{pmatrix}^{-1}=\begin{pmatrix} A_1^{-1} & O \\ O & A_2^{-1} \end{pmatrix}$，其中 $A_1^{-1}=\begin{pmatrix} \frac{1}{5} & \frac{2}{5} \\ \frac{2}{5} & -\frac{1}{5} \end{pmatrix}$，

$A_2^{-1}=\begin{pmatrix} 1 & 0 \\ -\frac{3}{2} & \frac{1}{2} \end{pmatrix}$，所以 $A^{-1}=\begin{pmatrix} \frac{1}{5} & \frac{2}{5} & 0 & 0 \\ \frac{2}{5} & -\frac{1}{5} & 0 & 0 \\ 0 & 0 & 1 & 0 \\ 0 & 0 & -\frac{3}{2} & \frac{1}{2} \end{pmatrix}$.

（2）因为 $A^4=\begin{pmatrix} A_1^4 & O \\ O & A_2^4 \end{pmatrix}$，且 $A_1^2=\begin{pmatrix} 1 & 2 \\ 2 & -1 \end{pmatrix}\begin{pmatrix} 1 & 2 \\ 2 & -1 \end{pmatrix}=\begin{pmatrix} 5 & 0 \\ 0 & 5 \end{pmatrix}$，则 $A_1^4=\begin{pmatrix} 25 & 0 \\ 0 & 25 \end{pmatrix}$，

$A_2^2=\begin{pmatrix}1&0\\3&2\end{pmatrix}\begin{pmatrix}1&0\\3&2\end{pmatrix}=\begin{pmatrix}1&0\\9&4\end{pmatrix}$，则 $A_2^4=\begin{pmatrix}1&0\\9&4\end{pmatrix}\begin{pmatrix}1&0\\9&4\end{pmatrix}=\begin{pmatrix}1&0\\45&16\end{pmatrix}$，所以 $A^4=\begin{pmatrix}25&0&0&0\\0&25&0&0\\0&0&1&0\\0&0&45&16\end{pmatrix}$.

（3）$|A^7|=|A|^7=(|A_1||A_2|)^7=(-5\times2)^7=-10^7$.

变式训练 10 设矩阵 $A=\begin{pmatrix}1&2&0&0\\1&3&0&0\\0&0&0&2\\0&0&-1&0\end{pmatrix}$，矩阵 B 满足 $\left[\left(\frac{1}{2}A\right)^*\right]^{-1}BA^{-1}=2AB+12E$，求矩阵 B .

典例 10 设矩阵 $A=\begin{pmatrix}3&0&0&0&0\\0&5&3&0&0\\0&2&1&0&0\\0&0&0&2&5\\0&0&0&1&2\end{pmatrix}$，求 $|A^3|$ 和 A^{-1} .

解析：将矩阵 A 分块为 $A=\left(\begin{array}{c|cc|cc}3&0&0&0&0\\\hline 0&5&3&0&0\\0&2&1&0&0\\\hline 0&0&0&2&5\\0&0&0&1&2\end{array}\right)=\begin{pmatrix}A_1&O&O\\O&A_2&O\\O&O&A_3\end{pmatrix}$，其中 $A_1=3$，$A_2=\begin{pmatrix}5&3\\2&1\end{pmatrix}$，$A_3=\begin{pmatrix}2&5\\1&2\end{pmatrix}$，则 $|A_1|=3$，$|A_2|=-1$，$|A_3|=-1$，所以 $|A^3|=|A|^3=(|A_1||A_2||A_3|)^3=27$. 又因为 $A_1^{-1}=\frac{1}{3}$，$A_2^{-1}=\begin{pmatrix}-1&3\\2&-5\end{pmatrix}$，$A_3^{-1}=\begin{pmatrix}-2&5\\1&-2\end{pmatrix}$，所以

$$A^{-1}=\begin{pmatrix}A_1^{-1}&O&O\\O&A_2^{-1}&O\\O&O&A_3^{-1}\end{pmatrix}=\begin{pmatrix}\frac{1}{3}&0&0&0&0\\0&-1&3&0&0\\0&2&-5&0&0\\0&0&0&-2&5\\0&0&0&1&-2\end{pmatrix}.$$

典例 11 设方阵 $A=\begin{pmatrix}O&B\\C&O\end{pmatrix}$，其中 B，C 均为可逆方阵.

（1）证明：矩阵 A 可逆；

（2）求 A^{-1} .

解析：（1）设 B 为 n 阶方阵，C 为 m 阶方阵，由于 B，C 均为可逆方阵，则 $|B|\neq0$，$|C|\neq0$，又 $A=\begin{vmatrix}O&B\\C&O\end{vmatrix}=(-1)^{m\times n}|B||C|\neq0$，所以矩阵 A 可逆.

(2) 设 $A^{-1}=\begin{pmatrix} A_1 & A_2 \\ A_3 & A_4 \end{pmatrix}$，则 $AA^{-1}=\begin{pmatrix} O & B \\ C & O \end{pmatrix}\begin{pmatrix} A_1 & A_2 \\ A_3 & A_4 \end{pmatrix}=\begin{pmatrix} BA_3 & BA_4 \\ CA_1 & CA_2 \end{pmatrix}=\begin{pmatrix} E_n & O \\ O & E_m \end{pmatrix}$，故有 $A_1=O$，$A_2=C^{-1}$，$A_3=B^{-1}$，$A_4=O$，所以 $A^{-1}=\begin{pmatrix} O & C^{-1} \\ B^{-1} & O \end{pmatrix}$.

典例 12 已知矩阵 $A=\begin{pmatrix} B & O \\ D & C \end{pmatrix}$，其中 B 为 $r\times r$ 可逆矩阵，C 为 $s\times s$ 可逆矩阵，证明矩阵 A 可逆，并求 A^{-1}.

解析： 因为 B，C 为可逆矩阵，则 $|B|\neq 0$，$|C|\neq 0$，于是 $|A|=\begin{vmatrix} B & O \\ D & C \end{vmatrix}=|B||C|\neq 0$，所以矩阵 A 可逆. 设 $A^{-1}=\begin{pmatrix} X & Y \\ Z & W \end{pmatrix}$，由定义 $AA^{-1}=\begin{pmatrix} B & O \\ D & C \end{pmatrix}\begin{pmatrix} X & Y \\ Z & W \end{pmatrix}=\begin{pmatrix} E & O \\ O & E \end{pmatrix}$，得 $BX=E\Rightarrow X=B^{-1}$，$BY=O\Rightarrow Y=O$，$DX+CZ=O\Rightarrow Z=-C^{-1}DB^{-1}$，$DY+CW=E\Rightarrow W=C^{-1}$，故有 $A^{-1}=\begin{pmatrix} B^{-1} & O \\ -C^{-1}DB^{-1} & C^{-1} \end{pmatrix}$.

变式训练 11 已知矩阵 $A=\begin{pmatrix} D & B \\ C & O \end{pmatrix}$，其中 B 为 $r\times r$ 可逆矩阵，C 为 $s\times s$ 可逆矩阵，证明矩阵 A 可逆，并求 A^{-1}.

章末总结

一、逆矩阵的性质和计算方法

1. 逆矩阵的性质

(1) 若 A 是可逆矩阵，则 $(A^{-1})^{-1}=A$，$(A^*)^{-1}=(A^{-1})^*=\frac{1}{|A|}A$.

(2) 若 A 是可逆矩阵，数 $\lambda\neq 0$，则 $(\lambda A)^{-1}=\frac{1}{\lambda}A^{-1}$.

(3) 若 A 是可逆矩阵，则 $|A^{-1}|=|A|^{-1}=\frac{1}{|A|}$，$(A^{\mathrm{T}})^{-1}=(A^{-1})^{\mathrm{T}}$，$(A^k)^{-1}=(A^{-1})^k$.

(4) 若 A，B 为同阶可逆矩阵，则 AB 也可逆，且 $(AB)^{-1}=B^{-1}A^{-1}$.

2. 逆矩阵的计算方法

逆矩阵的计算方法如表 2-12 所示.

表 2-12

定义法	若 $AB=E$ （或 $BA=E$ ），则 $A^{-1}=B$
伴随矩阵法	$A^{-1}=\frac{1}{\vert A\vert}A^*$，求二阶矩阵的逆矩阵可简述为“主对调，副换号，再除以行列式”，当方阵阶数大于 2 时不建议使用此方法（计算量会比较大）
矩阵分块法	分块对角矩阵：$\begin{pmatrix}A&O\\O&B\end{pmatrix}^{-1}=\begin{pmatrix}A^{-1}&O\\O&B^{-1}\end{pmatrix}$，$\begin{pmatrix}O&A\\B&O\end{pmatrix}^{-1}=\begin{pmatrix}O&B^{-1}\\A^{-1}&O\end{pmatrix}$； 特别地，$\begin{pmatrix}A&C\\O&B\end{pmatrix}^{-1}=\begin{pmatrix}A^{-1}&-A^{-1}CB^{-1}\\O&B^{-1}\end{pmatrix}$，$\begin{pmatrix}A&O\\D&B\end{pmatrix}^{-1}=\begin{pmatrix}A^{-1}&O\\-B^{-1}DA^{-1}&B^{-1}\end{pmatrix}$
初等变换法	$(A,E)\xrightarrow{\text{初等行变换}}(E,A^{-1})$（该方法会在第三章介绍）

二、线性方程组解的情况

当方程组的系数矩阵是方阵时，方程组解的情况如表 2-13 所示.

表 2-13

方程组	条　件	解的情况
齐次线性方程组 $Ax=0$	$\vert A\vert=0$	有非零解
	$\vert A\vert\neq0$	只有零解
非齐次线性方程组 $Ax=b$	$\vert A\vert=0$	无解
	$\vert A\vert\neq0$	有唯一解，可应用克拉默法则

三、分块对角矩阵的常用结论

（1）$\begin{pmatrix}A_1&&&\\&A_2&&\\&&\ddots&\\&&&A_n\end{pmatrix}\begin{pmatrix}B_1&&&\\&B_2&&\\&&\ddots&\\&&&B_n\end{pmatrix}=\begin{pmatrix}A_1B_1&&&\\&A_2B_2&&\\&&\ddots&\\&&&A_nB_n\end{pmatrix}$.

（2）若 $A=\begin{pmatrix}A_1&&&\\&A_2&&\\&&\ddots&\\&&&A_n\end{pmatrix}$，则 $|A|=|A_1||A_2|\cdots|A_n|$，$A^n=\begin{pmatrix}A_1^n&&&\\&A_2^n&&\\&&\ddots&\\&&&A_n^n\end{pmatrix}$，

$$A^{-1}=\begin{pmatrix}A_1^{-1}&&&\\&A_2^{-1}&&\\&&\ddots&\\&&&A_n^{-1}\end{pmatrix}.$$

（3）若 $\boldsymbol{A}=\begin{pmatrix} & & \boldsymbol{A}_n \\ & \iddots & \\ \boldsymbol{A}_2 & & \\ \boldsymbol{A}_1 & & \end{pmatrix}$，则 $\boldsymbol{A}^{-1}=\begin{pmatrix} & & & \boldsymbol{A}_1^{-1} \\ & & \boldsymbol{A}_2^{-1} & \\ & \iddots & & \\ \boldsymbol{A}_n^{-1} & & & \end{pmatrix}$.

（4）若 $\boldsymbol{A}=\begin{pmatrix} & \boldsymbol{A}_{n\times n} \\ \boldsymbol{A}_{m\times m} & \end{pmatrix}$，则 $|\boldsymbol{A}|=(-1)^{m\times n}|\boldsymbol{A}_{m\times m}||\boldsymbol{A}_{n\times n}|$.

教材习题二全解（教材 P52～P55）

扫一扫

习题二题干

1．解：（1）$\begin{pmatrix} 4 & 3 & 1 \\ 1 & -2 & 3 \\ 5 & 7 & 0 \end{pmatrix}\begin{pmatrix} 7 \\ 2 \\ 1 \end{pmatrix}=\begin{pmatrix} 28+6+1 \\ 7-4+3 \\ 35+14+0 \end{pmatrix}=\begin{pmatrix} 35 \\ 6 \\ 49 \end{pmatrix}$.

（2）$(1,2,3)\begin{pmatrix} 3 \\ 2 \\ 1 \end{pmatrix}=(3+4+3)=10$.

（3）$\begin{pmatrix} 2 \\ 1 \\ 3 \end{pmatrix}(-1,2)=\begin{pmatrix} -1\times 2 & 2\times 2 \\ -1\times 1 & 2\times 1 \\ -1\times 3 & 2\times 3 \end{pmatrix}=\begin{pmatrix} -2 & 4 \\ -1 & 2 \\ -3 & 6 \end{pmatrix}$.

（4）$\begin{pmatrix} 2 & 1 & 4 & 0 \\ 1 & -1 & 3 & 4 \end{pmatrix}\begin{pmatrix} 1 & 3 & 1 \\ 0 & -1 & 2 \\ 1 & -3 & 1 \\ 4 & 0 & -2 \end{pmatrix}=\begin{pmatrix} 2+0+4+0 & 6-1-12+0 & 2+2+4+0 \\ 1+0+3+16 & 3+1-9+0 & 1-2+3-8 \end{pmatrix}=$

$\begin{pmatrix} 6 & -7 & 8 \\ 20 & -5 & -6 \end{pmatrix}$.

（5）$(x_1,x_2,x_3)\begin{pmatrix} a_{11} & a_{12} & a_{13} \\ a_{12} & a_{22} & a_{23} \\ a_{13} & a_{23} & a_{33} \end{pmatrix}\begin{pmatrix} x_1 \\ x_2 \\ x_3 \end{pmatrix}=(x_1,x_2,x_3)\begin{pmatrix} a_{11}x_1+a_{12}x_2+a_{13}x_3 \\ a_{12}x_1+a_{22}x_2+a_{23}x_3 \\ a_{13}x_1+a_{23}x_2+a_{33}x_3 \end{pmatrix}=a_{11}x_1^2+a_{12}x_1x_2+$
$a_{13}x_1x_3+a_{12}x_2x_1+a_{22}x_2^2+a_{23}x_2x_3+a_{13}x_3x_1+a_{23}x_3x_2+a_{33}x_3^2=a_{11}x_1^2+a_{22}x_2^2+a_{33}x_3^2+2a_{12}x_1x_2+$
$2a_{13}x_1x_3+2a_{23}x_2x_3$.

2．解：$\boldsymbol{AB}=\begin{pmatrix} 1 & 1 & 1 \\ 1 & 1 & -1 \\ 1 & -1 & 1 \end{pmatrix}\begin{pmatrix} 1 & 2 & 3 \\ -1 & -2 & 4 \\ 0 & 5 & 1 \end{pmatrix}=\begin{pmatrix} 0 & 5 & 8 \\ 0 & -5 & 6 \\ 2 & 9 & 0 \end{pmatrix}$，则 $3\boldsymbol{AB}-2\boldsymbol{A}=3\begin{pmatrix} 0 & 5 & 8 \\ 0 & -5 & 6 \\ 2 & 9 & 0 \end{pmatrix}-$
$2\begin{pmatrix} 1 & 1 & 1 \\ 1 & 1 & -1 \\ 1 & -1 & 1 \end{pmatrix}=\begin{pmatrix} 0 & 15 & 24 \\ 0 & -15 & 18 \\ 6 & 27 & 0 \end{pmatrix}-\begin{pmatrix} 2 & 2 & 2 \\ 2 & 2 & -2 \\ 2 & -2 & 2 \end{pmatrix}=\begin{pmatrix} -2 & 13 & 22 \\ -2 & -17 & 20 \\ 4 & 29 & -2 \end{pmatrix}$；因为 $\boldsymbol{A}$ 是对称矩阵，

$A^{\mathrm{T}}=A$，所以 $A^{\mathrm{T}}B=AB=\begin{pmatrix}0&5&8\\0&-5&6\\2&9&0\end{pmatrix}$.

3. 解：将两个线性变换写成矩阵有，$X=AY$，$Y=BZ$，其中系数矩阵 $A=\begin{pmatrix}2&0&1\\-2&3&2\\4&1&5\end{pmatrix}$，$B=\begin{pmatrix}-3&1&0\\2&0&1\\0&-1&3\end{pmatrix}$，未知数矩阵 $X=\begin{pmatrix}x_1\\x_2\\x_3\end{pmatrix}$，$Y=\begin{pmatrix}y_1\\y_2\\y_3\end{pmatrix}$，$Z=\begin{pmatrix}z_1\\z_2\\z_3\end{pmatrix}$. 因此，从 $X=\begin{pmatrix}x_1\\x_2\\x_3\end{pmatrix}$ 到 $Z=\begin{pmatrix}z_1\\z_2\\z_3\end{pmatrix}$ 的变换为 $X=AY=A(BZ)=(AB)Z$，其中 $AB=\begin{pmatrix}2&0&1\\-2&3&2\\4&1&5\end{pmatrix}\begin{pmatrix}-3&1&0\\2&0&1\\0&-1&3\end{pmatrix}=\begin{pmatrix}-6&1&3\\12&-4&9\\-10&-1&16\end{pmatrix}$，故有 $\begin{pmatrix}x_1\\x_2\\x_3\end{pmatrix}=\begin{pmatrix}-6&1&3\\12&-4&9\\-10&-1&16\end{pmatrix}\begin{pmatrix}z_1\\z_2\\z_3\end{pmatrix}$，即 $\begin{cases}x_1=-6z_1+z_2+3z_3,\\x_2=12z_1-4z_2+9z_3,\\x_3=-10z_1-z_2+16z_3.\end{cases}$

4. 解：(1) $AB=\begin{pmatrix}1&2\\1&3\end{pmatrix}\begin{pmatrix}1&0\\1&2\end{pmatrix}=\begin{pmatrix}3&4\\4&6\end{pmatrix}$，$BA=\begin{pmatrix}1&0\\1&2\end{pmatrix}\begin{pmatrix}1&2\\1&3\end{pmatrix}=\begin{pmatrix}1&2\\3&8\end{pmatrix}$，所以 $AB\neq BA$.

(2) $(A+B)^2=(A+B)(A+B)=A^2+AB+BA+B^2$，由 (1) 可知 $AB\neq BA$，所以 $AB+BA\neq 2AB$，故有 $(A+B)^2\neq A^2+2AB+B^2$.

(3) $(A+B)(A-B)=A^2+BA-AB-B^2$，由 (1) 可知 $AB\neq BA$，所以 $BA-AB\neq O$，故有 $(A+B)(A-B)\neq A^2-B^2$.

5. 解：(1) 若 $A=\begin{pmatrix}0&1\\0&0\end{pmatrix}$，则 $A^2=O$，此时 $A\neq O$.

(2) 若 $A=\begin{pmatrix}1&0\\0&0\end{pmatrix}$，则 $A^2=A$，此时 $A\neq O$ 且 $A\neq E$.

(3) 若 $A=Y=\begin{pmatrix}1&0\\0&0\end{pmatrix}$，$X=\begin{pmatrix}1&0\\0&1\end{pmatrix}=E$，则 $AX=AY$，此时 $X\neq Y$.

6. 解：(1) $A^2=\begin{pmatrix}1&0\\\lambda&1\end{pmatrix}\begin{pmatrix}1&0\\\lambda&1\end{pmatrix}=\begin{pmatrix}1&0\\2\lambda&1\end{pmatrix}$，$A^3=\begin{pmatrix}1&0\\\lambda&1\end{pmatrix}^2\begin{pmatrix}1&0\\\lambda&1\end{pmatrix}=\begin{pmatrix}1&0\\2\lambda&1\end{pmatrix}\begin{pmatrix}1&0\\\lambda&1\end{pmatrix}=\begin{pmatrix}1&0\\3\lambda&1\end{pmatrix}$，由此猜想 $A^k=\begin{pmatrix}1&0\\k\lambda&1\end{pmatrix}$. 下面用数学归纳法证明：当 $k=1$ 时，即 $A=\begin{pmatrix}1&0\\\lambda&1\end{pmatrix}$，显然此时 $A^k=\begin{pmatrix}1&0\\k\lambda&1\end{pmatrix}$ 成立；假设当 $k=n$ 时，$A^n=\begin{pmatrix}1&0\\n\lambda&1\end{pmatrix}$ 式成立，那么 $A^{n+1}=A^nA=\begin{pmatrix}1&0\\n\lambda&1\end{pmatrix}\begin{pmatrix}1&0\\\lambda&1\end{pmatrix}=\begin{pmatrix}1&0\\(n+1)\lambda&1\end{pmatrix}$，即当 $k=n+1$ 时，$A^k=\begin{pmatrix}1&0\\k\lambda&1\end{pmatrix}$ 也成立.

(2) 因为 $A^2=\begin{pmatrix}\lambda&1&0\\0&\lambda&1\\0&0&\lambda\end{pmatrix}\begin{pmatrix}\lambda&1&0\\0&\lambda&1\\0&0&\lambda\end{pmatrix}=\begin{pmatrix}\lambda^2&2\lambda&1\\0&\lambda^2&2\lambda\\0&0&\lambda^2\end{pmatrix}$，所以

$$A^4=A^2A^2=\begin{pmatrix}\lambda^2&2\lambda&1\\0&\lambda^2&2\lambda\\0&0&\lambda^2\end{pmatrix}\begin{pmatrix}\lambda^2&2\lambda&1\\0&\lambda^2&2\lambda\\0&0&\lambda^2\end{pmatrix}=\begin{pmatrix}\lambda^4&4\lambda^3&6\lambda^2\\0&\lambda^4&4\lambda^3\\0&0&\lambda^4\end{pmatrix}.$$

7. **解**：(1) 因为 $A^2=\begin{pmatrix}3&1\\1&-3\end{pmatrix}\begin{pmatrix}3&1\\1&-3\end{pmatrix}=\begin{pmatrix}10&0\\0&10\end{pmatrix}=10E$，所以 $A^{50}=(A^2)^{25}=(10E)^{25}=10^{25}E$，$A^{51}=A^{50}A=10^{25}EA=10^{25}A=10^{25}\begin{pmatrix}3&1\\1&-3\end{pmatrix}$.

(2) 因为 $b^{\mathrm T}=(1,2,4)$，$b^{\mathrm T}a=(1,2,4)\begin{pmatrix}2\\1\\-3\end{pmatrix}=-8$，所以 $A^{100}=\underbrace{(ab^{\mathrm T})(ab^{\mathrm T})\cdots(ab^{\mathrm T})}_{100个}=a\underbrace{(b^{\mathrm T}a)(b^{\mathrm T}a)\cdots(b^{\mathrm T}a)}_{99个}b^{\mathrm T}=(-8)^{99}ab^{\mathrm T}=-8^{99}\begin{pmatrix}2\\1\\-3\end{pmatrix}(1,2,4)=-8^{99}\begin{pmatrix}2&4&8\\1&2&4\\-3&-6&-12\end{pmatrix}$.

8. **证明**：(1) 因为 A 是对称矩阵，所以 $A^{\mathrm T}=A$. 根据矩阵乘积的转置规则，有 $(B^{\mathrm T}AB)^{\mathrm T}=B^{\mathrm T}A^{\mathrm T}(B^{\mathrm T})^{\mathrm T}=B^{\mathrm T}AB$，因此 $B^{\mathrm T}AB$ 也是对称矩阵，得证.

(2) 因为 A,B 都是对称矩阵，则 $A^{\mathrm T}=A$，$B^{\mathrm T}=B$，所以 AB 是对称矩阵 $\Leftrightarrow$ $(AB)^{\mathrm T}=B^{\mathrm T}A^{\mathrm T}=BA=AB$，即 AB 是对称矩阵的充分必要条件是 $AB=BA$，得证.

(3) 因为 A,B 都是反对称矩阵，则 $A^{\mathrm T}=-A$，$B^{\mathrm T}=-B$，所以 AB 是反对称矩阵 $\Leftrightarrow$ $(AB)^{\mathrm T}=B^{\mathrm T}A^{\mathrm T}=BA=-AB$，即 AB 是反对称矩阵的充分必要条件是 $AB=-BA$，得证.

9. **解**：(1) $\begin{pmatrix}1&2\\2&5\end{pmatrix}^{-1}=\dfrac{1}{\begin{vmatrix}1&2\\2&5\end{vmatrix}}\begin{pmatrix}5&-2\\-2&1\end{pmatrix}=\begin{pmatrix}5&-2\\-2&1\end{pmatrix}$.

(2) $\begin{pmatrix}\cos\theta&-\sin\theta\\\sin\theta&\cos\theta\end{pmatrix}^{-1}=\dfrac{1}{\cos^2\theta+\sin^2\theta}\begin{pmatrix}\cos\theta&\sin\theta\\-\sin\theta&\cos\theta\end{pmatrix}=\begin{pmatrix}\cos\theta&\sin\theta\\-\sin\theta&\cos\theta\end{pmatrix}$.

(3) 因为 $|A|=\begin{vmatrix}1&2&-1\\3&4&-2\\5&-4&1\end{vmatrix}=2\neq0$，则矩阵 A 可逆，又 $M_{11}=\begin{vmatrix}4&-2\\-4&1\end{vmatrix}=-4$，$M_{21}=\begin{vmatrix}2&-1\\-4&1\end{vmatrix}=-2$，$M_{31}=\begin{vmatrix}2&-1\\4&-2\end{vmatrix}=0$，$M_{12}=\begin{vmatrix}3&-2\\5&1\end{vmatrix}=13$，$M_{22}=\begin{vmatrix}1&-1\\5&1\end{vmatrix}=6$，$M_{32}=\begin{vmatrix}1&-1\\3&-2\end{vmatrix}=1$，$M_{13}=\begin{vmatrix}3&4\\5&-4\end{vmatrix}=-32$，$M_{23}=\begin{vmatrix}1&2\\5&-4\end{vmatrix}=-14$，$M_{33}=\begin{vmatrix}1&2\\3&4\end{vmatrix}=-2$，所以

$$A^{-1}=\frac{1}{|A|}A^*=\frac{1}{2}\begin{pmatrix} M_{11} & -M_{21} & M_{31} \\ -M_{12} & M_{22} & -M_{32} \\ M_{13} & -M_{23} & M_{33} \end{pmatrix}=\frac{1}{2}\begin{pmatrix} -4 & 2 & 0 \\ -13 & 6 & -1 \\ -32 & 14 & -2 \end{pmatrix}=\begin{pmatrix} -2 & 1 & 0 \\ -\frac{13}{2} & 3 & -\frac{1}{2} \\ -16 & 7 & -1 \end{pmatrix}.$$

（4）因为 $a_1a_2\cdots a_n\neq 0$，所以 $a_i\neq 0, i=1,2,\cdots,n$，于是矩阵 $\operatorname{diag}\left(\frac{1}{a_1},\frac{1}{a_2},\cdots,\frac{1}{a_n}\right)$ 有意义．又因为 $\operatorname{diag}(a_1,a_2,\cdots,a_n)\operatorname{diag}\left(\frac{1}{a_1},\frac{1}{a_2},\cdots,\frac{1}{a_n}\right)=\operatorname{diag}(1,1,\cdots,1)=E_n$，所以矩阵 A 可逆，且 $A^{-1}=\operatorname{diag}\left(\frac{1}{a_1},\frac{1}{a_2},\cdots,\frac{1}{a_n}\right)$.

方法总结

若对角矩阵可逆，则其逆矩阵也是对角矩阵，且其主对角线上的元素为原矩阵对应位置元素的倒数，即矩阵 $A=\operatorname{diag}(a_1,a_2,\cdots,a_n)$ 可逆，则 $A^{-1}=\operatorname{diag}\left(\frac{1}{a_1},\frac{1}{a_2},\cdots,\frac{1}{a_n}\right)$.

10. **解：**将线性变换写成矩阵 $X=AY$，其中系数矩阵 $A=\begin{pmatrix} 2 & 2 & 1 \\ 3 & 1 & 5 \\ 3 & 2 & 3 \end{pmatrix}$，未知数矩阵 $X=\begin{pmatrix} x_1 \\ x_2 \\ x_3 \end{pmatrix}$，$Y=\begin{pmatrix} y_1 \\ y_2 \\ y_3 \end{pmatrix}$. 因为 $|A|=\begin{vmatrix} 2 & 2 & 1 \\ 3 & 1 & 5 \\ 3 & 2 & 3 \end{vmatrix}=1\neq 0$，所以矩阵 A 可逆，将 $X=AY$ 两边左乘 A^{-1} 得 $Y=A^{-1}X$.

又 $A^{-1}=\frac{1}{|A|}A^*=\begin{pmatrix} -7 & -4 & 9 \\ 6 & 3 & -7 \\ 3 & 2 & -4 \end{pmatrix}$，所以 $\begin{pmatrix} y_1 \\ y_2 \\ y_3 \end{pmatrix}=\begin{pmatrix} -7 & -4 & 9 \\ 6 & 3 & -7 \\ 3 & 2 & -4 \end{pmatrix}\begin{pmatrix} x_1 \\ x_2 \\ x_3 \end{pmatrix}$，即 $\begin{cases} y_1=-7x_1-4x_2+9x_3, \\ y_2=6x_1+3x_2-7x_3, \\ y_3=3x_1+2x_2-4x_3. \end{cases}$

11. **证明：**因为 $J^2=\begin{pmatrix} 1 & \cdots & 1 \\ \vdots & & \vdots \\ 1 & \cdots & 1 \end{pmatrix}\begin{pmatrix} 1 & \cdots & 1 \\ \vdots & & \vdots \\ 1 & \cdots & 1 \end{pmatrix}=\begin{pmatrix} n & \cdots & n \\ \vdots & & \vdots \\ n & \cdots & n \end{pmatrix}=nJ$，则 $(E-J)\left(E-\frac{1}{n-1}J\right)=E-J-\frac{1}{n-1}J+\frac{1}{n-1}J^2=E-\frac{n}{n-1}J+\frac{1}{n-1}\cdot nJ=E$，所以 $E-J$ 是可逆方阵，且 $(E-J)^{-1}=E-\frac{1}{n-1}J$，得证.

12. **证明：**因为 $(E-A)(E+A+A^2+\cdots+A^{k-1})=E+A+A^2+\cdots+A^{k-1}-A-A^2-A^3-\cdots-A^k=E-A^k=E-O=E$，所以矩阵 $E-A$ 可逆，其逆矩阵 $(E-A)^{-1}=E+A+\cdots+A^{k-1}$，得证.

13. **解：**由 $A^2-A-2E=O$，得 $A(A-E)=2E$，即 $A\left[\frac{1}{2}(A-E)\right]=E$，所以矩阵 A 可

逆，且$A^{-1}=\frac{1}{2}(A-E)$. 因为$A^2-A-2E=(A+2E)(A-3E)+4E=O$，则$(A+2E)(A-3E)=-4E$，即$(A+2E)\left[\frac{1}{4}(3E-A)\right]=E$，所以矩阵$A+2E$可逆，$(A+2E)^{-1}=\frac{1}{4}(3E-A)$.

思路点拨：11题和12题中，通过判断$AB=E$（或$BA=E$）是否成立，进而判断矩阵B是否为A的逆矩阵. 13题也应用了类似的方法，通过构造$AB=E$求矩阵A的逆矩阵.

14. 解：(1) $\begin{pmatrix}2&5\\1&3\end{pmatrix}^{-1}=\frac{1}{1}\begin{pmatrix}3&-5\\-1&2\end{pmatrix}=\begin{pmatrix}3&-5\\-1&2\end{pmatrix}$，则

$$X=\begin{pmatrix}2&5\\1&3\end{pmatrix}^{-1}\begin{pmatrix}4&-6\\2&1\end{pmatrix}=\begin{pmatrix}3&-5\\-1&2\end{pmatrix}\begin{pmatrix}4&-6\\2&1\end{pmatrix}=\begin{pmatrix}2&-23\\0&8\end{pmatrix}.$$

(2) 记矩阵方程为$XA=B$，因为$|A|=\begin{vmatrix}2&1&-1\\2&1&0\\1&-1&1\end{vmatrix}\xlongequal{c_2+c_3}\begin{vmatrix}2&0&-1\\2&1&0\\1&0&1\end{vmatrix}=3\neq0$，所以矩阵$A$可逆，将$XA=B$两边右乘$A^{-1}$得$X=BA^{-1}$. 又$A^{-1}=\frac{1}{|A|}A^*=\frac{1}{|A|}\begin{pmatrix}M_{11}&-M_{21}&M_{31}\\-M_{12}&M_{22}&-M_{32}\\M_{13}&-M_{23}&M_{33}\end{pmatrix}=\frac{1}{3}\begin{pmatrix}1&0&1\\-2&3&-2\\-3&3&0\end{pmatrix}$，所以$X=BA^{-1}=\frac{1}{3}\begin{pmatrix}1&-1&3\\4&3&2\end{pmatrix}\begin{pmatrix}1&0&1\\-2&3&-2\\-3&3&0\end{pmatrix}=\frac{1}{3}\begin{pmatrix}-6&6&3\\-8&15&-2\end{pmatrix}=\begin{pmatrix}-2&2&1\\-\frac{8}{3}&5&-\frac{2}{3}\end{pmatrix}$.

(3) 记矩阵方程为$AXB=C$，因为$|A|=6\neq0$，$|B|=2\neq0$，所以矩阵A，B均可逆. 将$AXB=C$两边依次左乘A^{-1}，右乘B^{-1}，得$X=A^{-1}CB^{-1}=\begin{pmatrix}1&4\\-1&2\end{pmatrix}^{-1}\begin{pmatrix}3&1\\0&-1\end{pmatrix}\begin{pmatrix}2&0\\-1&1\end{pmatrix}^{-1}=\frac{1}{12}\begin{pmatrix}2&-4\\1&1\end{pmatrix}\begin{pmatrix}3&1\\0&-1\end{pmatrix}\begin{pmatrix}1&0\\1&2\end{pmatrix}=\frac{1}{12}\begin{pmatrix}6&6\\3&0\end{pmatrix}\begin{pmatrix}1&0\\1&2\end{pmatrix}=\frac{1}{12}\begin{pmatrix}12&12\\3&0\end{pmatrix}=\begin{pmatrix}1&1\\\frac{1}{4}&0\end{pmatrix}$.

(4) 因为$|A|=3\neq0$，$|B|=1\neq0$，所以矩阵A，B均是可逆矩阵，$A^{-1}=\frac{1}{3}\begin{pmatrix}4&-1\\-5&2\end{pmatrix}$，$B^{-1}=\begin{pmatrix}7&-3&-3\\-1&1&0\\-1&0&1\end{pmatrix}$. 将$AXB=C$依次左乘$A^{-1}$，右乘$B^{-1}$，得$X=A^{-1}CB^{-1}=\frac{1}{3}\times\begin{pmatrix}4&-1\\-5&2\end{pmatrix}\begin{pmatrix}1&0&-1\\1&-2&0\end{pmatrix}\begin{pmatrix}7&-3&-3\\-1&1&0\\-1&0&1\end{pmatrix}=\frac{1}{3}\begin{pmatrix}4&-1\\-5&2\end{pmatrix}\begin{pmatrix}8&-3&-4\\9&-5&-3\end{pmatrix}=\frac{1}{3}\begin{pmatrix}23&-7&-13\\-22&5&14\end{pmatrix}$.

15．解：(1)（方法一　克拉默法则）系数矩阵的行列式$|A|=\begin{vmatrix}1&2&3\\2&2&5\\3&5&1\end{vmatrix}=15\neq0$，则方程组有唯一解，其解为$x_1=\frac{1}{15}\begin{vmatrix}1&2&3\\2&2&5\\3&5&1\end{vmatrix}=\frac{15}{15}=1$，$x_2=\frac{1}{15}\begin{vmatrix}1&1&3\\2&2&5\\3&3&1\end{vmatrix}=0$，$x_3=\frac{1}{15}\begin{vmatrix}1&2&1\\2&2&2\\3&5&3\end{vmatrix}=0$．

（方法二　逆矩阵）因为系数矩阵的行列式$|A|=15\neq0$，则矩阵A可逆，所以$x=$

$$A^{-1}b=\begin{pmatrix}1&2&3\\2&2&5\\3&5&1\end{pmatrix}^{-1}\begin{pmatrix}1\\2\\3\end{pmatrix}=\frac{1}{15}\begin{pmatrix}-23&13&4\\13&-8&1\\4&1&-2\end{pmatrix}\begin{pmatrix}1\\2\\3\end{pmatrix}=\frac{1}{15}\begin{pmatrix}15\\0\\0\end{pmatrix}=\begin{pmatrix}1\\0\\0\end{pmatrix}$$，即$x_1=1$，$x_2=0$，$x_3=0$．

(2)（方法一　克拉默法则）系数矩阵的行列式$|A|=\begin{vmatrix}1&1&1\\1&2&4\\1&3&9\end{vmatrix}=2\neq0$，则方程组有唯一解，其解为$x_1=\frac{1}{2}\begin{vmatrix}2&1&1\\3&2&4\\5&3&9\end{vmatrix}=2$，$x_2=\frac{1}{2}\begin{vmatrix}1&2&1\\1&3&4\\1&5&9\end{vmatrix}=-\frac{1}{2}$，$x_3=\frac{1}{2}\begin{vmatrix}1&1&2\\1&2&3\\1&3&5\end{vmatrix}=\frac{1}{2}$．

（方法二　逆矩阵）因为系数矩阵的行列式$|A|=2\neq0$，则矩阵A可逆，所以$x=$

$$A^{-1}b=\begin{pmatrix}1&1&1\\1&2&4\\1&3&9\end{pmatrix}^{-1}\begin{pmatrix}2\\3\\5\end{pmatrix}=\frac{1}{2}\begin{pmatrix}6&-6&2\\-5&8&-3\\1&-2&1\end{pmatrix}\begin{pmatrix}2\\3\\5\end{pmatrix}=\frac{1}{2}\begin{pmatrix}4\\-1\\1\end{pmatrix}=\begin{pmatrix}2\\-\frac{1}{2}\\\frac{1}{2}\end{pmatrix}$$，即$x_1=2$，$x_2=-\frac{1}{2}$，$x_3=\frac{1}{2}$．

16．解：因为$|A|=\frac{1}{2}\neq0$，则矩阵A可逆，$(2A)^{-1}=\frac{1}{2}A^{-1}$，$A^*=|A|A^{-1}=\frac{1}{2}A^{-1}$，所以

$$|(2A)^{-1}-5A^*|=\left|\frac{1}{2}A^{-1}-\frac{5}{2}A^{-1}\right|=|-2A^{-1}|=\frac{(-2)^3}{|A|}=-16.$$

17．解：由$AB=A+2B$，得$(A-2E)B=A$．因为$A-2E=\begin{pmatrix}-2&3&3\\1&-1&0\\-1&2&1\end{pmatrix}$，其行列式$|A-2E|=2\neq0$，所以矩阵$A-2E$可逆．将$(A-2E)B=A$两边左乘$(A-2E)^{-1}$，得

$$B=(A-2E)^{-1}A=\begin{pmatrix}-2&3&3\\1&-1&0\\-1&2&1\end{pmatrix}^{-1}\begin{pmatrix}0&3&3\\1&1&0\\-1&2&3\end{pmatrix}=\frac{1}{2}\begin{pmatrix}-1&3&3\\-1&1&3\\1&1&-1\end{pmatrix}\begin{pmatrix}0&3&3\\1&1&0\\-1&2&3\end{pmatrix}=\frac{1}{2}\begin{pmatrix}0&6&6\\-2&4&6\\2&2&0\end{pmatrix}=$$

$$\begin{pmatrix}0&3&3\\-1&2&3\\1&1&0\end{pmatrix}.$$

18. **解**：由 $AB+E=A^2+B$，得 $(A-E)B=A^2-E=(A-E)(A+E)$．因为 $A=\begin{pmatrix}1&0&1\\0&2&0\\1&0&1\end{pmatrix}$，则 $A-E=\begin{pmatrix}0&0&1\\0&1&0\\1&0&0\end{pmatrix}$，其行列式 $|A-E|=-1\neq 0$，所以矩阵 $A-E$ 可逆．将 $(A-E)B=(A-E)(A+E)$ 两边左乘 $(A-E)^{-1}$，得 $B=A+E=\begin{pmatrix}2&0&1\\0&3&0\\1&0&2\end{pmatrix}$．

19. **解**：由题可知 $|A|=-2\neq 0$，将 $A^*BA=2BA-8E$ 两边左乘 A，得 $AA^*BA=2ABA-8A$，又 $AA^*=|A|E$，故有 $-2BA=2ABA-8A$．由 $|A|=-2\neq 0$，得矩阵 A 可逆，将 $-2BA=2ABA-8A$ 两边右乘 A^{-1}，得 $-2B=2AB-8E$，即 $(A+E)B=4E$．因为 $A+E=\mathrm{diag}(1,-2,1)+\mathrm{diag}(1,1,1)=\mathrm{diag}(2,-1,2)$，则 $(A+E)^{-1}=\mathrm{diag}\left(\frac{1}{2},-1,\frac{1}{2}\right)$，所以

$$B=4(A+E)^{-1}=\mathrm{diag}(2,-4,2).$$

思路点拨：题干所给关系式中同时包含矩阵 A 及其伴随矩阵 A^*，所以要注意运用伴随矩阵的性质 $AA^*=A^*A=|A|E$．

20. **解**：由题可知 $|A^*|=8$，将 $AA^*=|A|E$ 两边取行列式得 $|A||A^*|=|A|^4$，即 $8|A|=|A|^4$，解得 $|A|=2$，所以矩阵 A 可逆，$A^{-1}=\frac{1}{|A|}A^*=\frac{1}{2}\mathrm{diag}(1,1,1,8)=\mathrm{diag}\left(\frac{1}{2},\frac{1}{2},\frac{1}{2},4\right)$，$A=\mathrm{diag}\left(2,2,2,\frac{1}{4}\right)$．将 $ABA^{-1}=BA^{-1}+3E$ 两边右乘 A，得 $AB=B+3A$，即 $(A-E)B=3A$，$B=3(A-E)^{-1}A$，其中 $(A-E)^{-1}=\left[\mathrm{diag}\left(1,1,1,-\frac{3}{4}\right)\right]^{-1}=\mathrm{diag}\left(1,1,1,-\frac{4}{3}\right)$，所以 $B=3(A-E)^{-1}A=3\mathrm{diag}\left(1,1,1,-\frac{4}{3}\right)\mathrm{diag}\left(2,2,2,\frac{1}{4}\right)=\mathrm{diag}(6,6,6,-1)$．

21. **解**：将 $P^{-1}AP=\Lambda$ 两边依次左乘 P，右乘 P^{-1}，得 $A=P\Lambda P^{-1}$，因此 $A^{11}=(P\Lambda P^{-1})(P\Lambda P^{-1})\cdots(P\Lambda P^{-1})=P\Lambda^{11}P^{-1}$．因为 $P=\begin{pmatrix}-1&-4\\1&1\end{pmatrix}$，$|P|=3\neq 0$，所以矩阵 P 可逆，$P^{-1}=\frac{1}{3}\begin{pmatrix}1&4\\-1&-1\end{pmatrix}$；又 $\Lambda=\begin{pmatrix}-1&0\\0&2\end{pmatrix}$，则 $\Lambda^{11}=\begin{pmatrix}-1&0\\0&2\end{pmatrix}^{11}=\begin{pmatrix}-1&0\\0&2^{11}\end{pmatrix}$，所以 $A^{11}=P\Lambda^{11}P^{-1}=$

$$\frac{1}{3}\begin{pmatrix}-1&-4\\1&1\end{pmatrix}\begin{pmatrix}-1&0\\0&2^{11}\end{pmatrix}\begin{pmatrix}1&4\\-1&-1\end{pmatrix}=\frac{1}{3}\begin{pmatrix}1&-2^{13}\\-1&2^{11}\end{pmatrix}\begin{pmatrix}1&4\\-1&-1\end{pmatrix}=\frac{1}{3}\begin{pmatrix}1+2^{13}&4+2^{13}\\-1-2^{11}&-4-2^{11}\end{pmatrix}=\begin{pmatrix}2\,731&2\,732\\-683&-684\end{pmatrix}.$$

22．**解：**因为$|\boldsymbol{P}|=\begin{vmatrix}1&1&1\\1&0&-2\\1&-1&1\end{vmatrix}=-6\neq0$，所以矩阵$\boldsymbol{P}$可逆，$\boldsymbol{P}^{-1}=\dfrac{1}{|\boldsymbol{P}|}\boldsymbol{P}^*=\dfrac{1}{6}\begin{pmatrix}2&2&2\\3&0&-3\\1&-2&1\end{pmatrix}$.

由$\boldsymbol{AP}=\boldsymbol{P\Lambda}$，得$\boldsymbol{A}=\boldsymbol{P\Lambda P}^{-1}$，所以$\varphi(\boldsymbol{A})=\boldsymbol{A}^8(5\boldsymbol{E}-6\boldsymbol{A}+\boldsymbol{A}^2)=\boldsymbol{P\Lambda}^8\boldsymbol{P}^{-1}(5\boldsymbol{E}-6\boldsymbol{P\Lambda P}^{-1}+\boldsymbol{P\Lambda}^2\boldsymbol{P}^{-1})=\boldsymbol{P\Lambda}^8(5\boldsymbol{E}-6\boldsymbol{\Lambda}+\boldsymbol{\Lambda}^2)\boldsymbol{P}^{-1}$，其中$\boldsymbol{\Lambda}^8(5\boldsymbol{E}-6\boldsymbol{\Lambda}+\boldsymbol{\Lambda}^2)=\mathrm{diag}(12,0,0)$，所以

$$\varphi(\boldsymbol{A})=\boldsymbol{P\Lambda}^8(5\boldsymbol{E}-6\boldsymbol{\Lambda}+\boldsymbol{\Lambda}^2)\boldsymbol{P}^{-1}=\frac{1}{6}\begin{pmatrix}1&1&1\\1&0&-2\\1&-1&1\end{pmatrix}\begin{pmatrix}12&0&0\\0&0&0\\0&0&0\end{pmatrix}\begin{pmatrix}2&2&2\\3&0&-3\\1&-2&1\end{pmatrix}=4\begin{pmatrix}1&1&1\\1&1&1\\1&1&1\end{pmatrix}.$$

23．**证明：**因为矩阵$\boldsymbol{A}$可逆，则$|\boldsymbol{A}|\neq0$，且矩阵$\boldsymbol{A}^{-1}$可逆，所以$\boldsymbol{A}^*=|\boldsymbol{A}|\boldsymbol{A}^{-1}$可逆，$(\boldsymbol{A}^*)^{-1}=(|\boldsymbol{A}|\boldsymbol{A}^{-1})^{-1}=\dfrac{1}{|\boldsymbol{A}|}\boldsymbol{A}$．又因为$\boldsymbol{A}^{-1}(\boldsymbol{A}^{-1})^*=|\boldsymbol{A}^{-1}|\boldsymbol{E}$，将该式左乘$\boldsymbol{A}$，得$(\boldsymbol{A}^{-1})^*=|\boldsymbol{A}^{-1}|\boldsymbol{A}=\dfrac{1}{|\boldsymbol{A}|}\boldsymbol{A}$，所以$(\boldsymbol{A}^*)^{-1}=(\boldsymbol{A}^{-1})^*$，得证.

24．**证明：**（1）利用反证法．假设$|\boldsymbol{A}|=0$时$|\boldsymbol{A}^*|\neq0$，则矩阵$\boldsymbol{A}^*$可逆，$\boldsymbol{A}^*(\boldsymbol{A}^*)^{-1}=\boldsymbol{E}$，故有$\boldsymbol{A}=\boldsymbol{AA}^*(\boldsymbol{A}^*)^{-1}=|\boldsymbol{A}|\boldsymbol{E}(\boldsymbol{A}^*)^{-1}=\boldsymbol{O}$，则$\boldsymbol{A}^*=\boldsymbol{O}$，即$|\boldsymbol{A}^*|=0$，这与假设$|\boldsymbol{A}^*|\neq0$矛盾，所以当$|\boldsymbol{A}|=0$时，$|\boldsymbol{A}^*|=0$，得证.

（2）当$|\boldsymbol{A}|=0$时，由（1）可知$|\boldsymbol{A}^*|=0$，此时$|\boldsymbol{A}^*|=|\boldsymbol{A}|^{n-1}$成立．若$|\boldsymbol{A}|\neq0$时，因为等式$\boldsymbol{A}^*\boldsymbol{A}=|\boldsymbol{A}|\boldsymbol{E}$两边取行列式，有$|\boldsymbol{A}^*\boldsymbol{A}|=|\boldsymbol{A}||\boldsymbol{A}^*|=|\boldsymbol{A}|^n$，所以$|\boldsymbol{A}^*|=|\boldsymbol{A}|^{n-1}$，得证.

方法总结

对于n阶方阵$\boldsymbol{A}$，其伴随矩阵的行列式$|\boldsymbol{A}^*|=|\boldsymbol{A}|^{n-1}$.

25．**解：**设矩阵$\boldsymbol{A}_{11}=\begin{pmatrix}1&2\\0&1\end{pmatrix}$，$\boldsymbol{A}_{22}=\begin{pmatrix}2&1\\0&3\end{pmatrix}$，$\boldsymbol{B}_{12}=\begin{pmatrix}3&1\\2&-1\end{pmatrix}$，$\boldsymbol{B}_{22}=\begin{pmatrix}-2&3\\0&-3\end{pmatrix}$，则

$$\left(\begin{array}{cc|cc}1&2&1&0\\0&1&0&1\\\hline0&0&2&1\\0&0&0&3\end{array}\right)\left(\begin{array}{cc|cc}1&0&3&1\\0&1&2&-1\\\hline0&0&-2&3\\0&0&0&-3\end{array}\right)=\begin{pmatrix}\boldsymbol{A}_{11}&\boldsymbol{E}_2\\\boldsymbol{O}&\boldsymbol{A}_{22}\end{pmatrix}\begin{pmatrix}\boldsymbol{E}_2&\boldsymbol{B}_{12}\\\boldsymbol{O}&\boldsymbol{B}_{22}\end{pmatrix}=\begin{pmatrix}\boldsymbol{A}_{11}&\boldsymbol{A}_{11}\boldsymbol{B}_{12}+\boldsymbol{B}_{22}\\\boldsymbol{O}&\boldsymbol{A}_{22}\boldsymbol{B}_{22}\end{pmatrix}$$

，其中$\boldsymbol{A}_{11}\boldsymbol{B}_{12}+\boldsymbol{B}_{22}=\begin{pmatrix}1&2\\0&1\end{pmatrix}\begin{pmatrix}3&1\\2&-1\end{pmatrix}+\begin{pmatrix}-2&3\\0&-3\end{pmatrix}=\begin{pmatrix}7&-1\\2&-1\end{pmatrix}+\begin{pmatrix}-2&3\\0&-3\end{pmatrix}=\begin{pmatrix}5&2\\2&-4\end{pmatrix}$，$\boldsymbol{A}_{22}\boldsymbol{B}_{22}=\begin{pmatrix}2&1\\0&3\end{pmatrix}\begin{pmatrix}-2&3\\0&-3\end{pmatrix}=\begin{pmatrix}-4&3\\0&-9\end{pmatrix}$，故原式$=\begin{pmatrix}1&2&5&2\\0&1&2&-4\\0&0&-4&3\\0&0&0&-9\end{pmatrix}$.

26．解：设矩阵 $A_{11}=\begin{pmatrix}3&4\\4&-3\end{pmatrix}$，$A_{22}=\begin{pmatrix}2&0\\2&2\end{pmatrix}$，则 $|A_{11}|=-25$，$|A_{22}|=4$，$A=\begin{pmatrix}A_{11}&O\\O&A_{22}\end{pmatrix}$ 为分块对角矩阵，所以 $|A^8|=|A^8|=(|A_{11}||A_{22}|)^8=|A_{11}|^8|A_{22}|^8=10^{16}$． $A^4=\begin{pmatrix}A_{11}{}^4&O\\O&A_{22}{}^4\end{pmatrix}$，且 $A_{11}{}^2=\begin{pmatrix}3&4\\4&-3\end{pmatrix}\begin{pmatrix}3&4\\4&-3\end{pmatrix}=\begin{pmatrix}25&0\\0&25\end{pmatrix}=5^2E$，故 $A_{11}{}^4=5^4E$；$A_{22}{}^2=2^2\begin{pmatrix}1&0\\1&1\end{pmatrix}\begin{pmatrix}1&0\\1&1\end{pmatrix}=2^2\begin{pmatrix}1&0\\2&1\end{pmatrix}$，故 $A_{22}{}^4=2^4\begin{pmatrix}1&0\\2&1\end{pmatrix}\begin{pmatrix}1&0\\2&1\end{pmatrix}=2^4\begin{pmatrix}1&0\\4&1\end{pmatrix}$，于是 $A^4=\begin{pmatrix}5^4&0&0&0\\0&5^4&0&0\\0&0&2^4&0\\0&0&2^6&2^4\end{pmatrix}$．

方法总结

若 A 是分块对角矩阵，则 $A^k=\mathrm{diag}(A_{11}^k,A_{22}^k,\cdots,A_{nn}^k)$．

27．解：设 $\begin{pmatrix}O&A\\B&O\end{pmatrix}^{-1}=\begin{pmatrix}X_1&X_2\\X_3&X_4\end{pmatrix}$，根据逆矩阵的定义和分块矩阵的乘法法则，有 $\begin{pmatrix}O&A\\B&O\end{pmatrix}\begin{pmatrix}X_1&X_2\\X_3&X_4\end{pmatrix}=\begin{pmatrix}AX_3&AX_4\\BX_1&BX_2\end{pmatrix}=\begin{pmatrix}E_n&O\\O&E_s\end{pmatrix}=E_{n+s}$，得方程组 $\begin{cases}AX_3=E_n,\\AX_4=O,\\BX_1=O,\\BX_2=E_s,\end{cases}$ 解得 $\begin{cases}X_3=A^{-1},\\X_4=O,\\X_1=O,\\X_2=B^{-1},\end{cases}$ 所以 $\begin{pmatrix}O&A\\B&O\end{pmatrix}^{-1}=\begin{pmatrix}O&B^{-1}\\A^{-1}&O\end{pmatrix}$．

方法总结

（1）若分块对角矩阵 $A=\begin{pmatrix}A_1&&&\\&A_2&&\\&&\ddots&\\&&&A_n\end{pmatrix}$，则 $A^{-1}=\begin{pmatrix}A_1^{-1}&&&\\&A_2^{-1}&&\\&&\ddots&\\&&&A_n^{-1}\end{pmatrix}$．

（2）若分块副对角矩阵 $A=\begin{pmatrix}&&&A_n\\&&\cdot^{\cdot^{\cdot}}&\\&A_2&&\\A_1&&&\end{pmatrix}$，则 $A^{-1}=\begin{pmatrix}&&&A_1^{-1}\\&&A_2^{-1}&\\&\cdot^{\cdot^{\cdot}}&&\\A_n^{-1}&&&\end{pmatrix}$．

28．解：（1）设 $A_{11}=\begin{pmatrix}5&2\\2&1\end{pmatrix}$，$A_{22}=\begin{pmatrix}8&3\\5&2\end{pmatrix}$，则 $A=\begin{pmatrix}A_{11}&O\\O&A_{22}\end{pmatrix}$ 为分块对角矩阵．因为

$|A_{11}|=1$，$|A_{22}|=1$，则 A_{11}，A_{22} 均可逆，所以 $A^{-1}=\begin{pmatrix} A_{11}^{-1} & O \\ O & A_{22}^{-1} \end{pmatrix}=\begin{pmatrix} 1 & -2 & 0 & 0 \\ -2 & 5 & 0 & 0 \\ 0 & 0 & 2 & -3 \\ 0 & 0 & -5 & 8 \end{pmatrix}$.

（2）设 $A_{12}=\dfrac{1}{5}$，$A_{21}=\begin{pmatrix} 2 & 1 \\ 4 & 3 \end{pmatrix}$，则 $A=\begin{pmatrix} O & A_{12} \\ A_{21} & O \end{pmatrix}$ 为分块副对角矩阵．因为 $|A_{12}|=\dfrac{1}{5}$，$|A_{21}|=2$，则 A_{12}，A_{21} 均可逆，所以 $A^{-1}=\begin{pmatrix} O & A_{21}^{-1} \\ A_{12}^{-1} & O \end{pmatrix}=\begin{pmatrix} 0 & \frac{3}{2} & -\frac{1}{2} \\ 0 & -2 & 1 \\ 5 & 0 & 0 \end{pmatrix}$.

直通考研真题

考研大纲要求

1．理解矩阵的概念，了解单位矩阵、纯量矩阵、对角矩阵、三角矩阵、对称矩阵和反对称矩阵以及它们的性质．

2．掌握矩阵的线性运算、乘法、转置以及它们的运算规律，了解方阵的幂与方阵乘积的行列式的性质．

3．理解逆矩阵的概念，掌握逆矩阵的性质以及矩阵可逆的充分必要条件，理解伴随矩阵的概念，会用伴随矩阵求逆矩阵．

4．会用克拉默法则解线性方程组．

5．了解分块矩阵的概念，掌握分块矩阵的运算法则．

考研真题精析

真题 1 （2022 数一）设矩阵 A，$E-A$ 可逆，若矩阵 B 满足 $[E-(E-A)^{-1}]B=A$，则 $B-A=$__________.

解析：由题可知，$B-(E-A)^{-1}B=A$，则 $B-A=(E-A)^{-1}B$，即 $(E-A)(B-A)=B=B-A+A$，于是 $(E-A)(B-A)-(B-A)=A$，$(E-A-E)(B-A)=A$，所以 $B-A=-E$．故填 $-E$．

真题 2 （2023 数二、数三）设 A，B 为 n 阶可逆矩阵，E 为 n 阶单位矩阵，M^* 为矩阵 M 的伴随矩阵，则 $\begin{pmatrix} A & E \\ O & B \end{pmatrix}^*=$（　　）.

A. $\begin{pmatrix} |A|B^* & -B^*A^* \\ O & |B|A^* \end{pmatrix}$　　　　B. $\begin{pmatrix} |A|B^* & -A^*B^* \\ O & |B|A^* \end{pmatrix}$

C. $\begin{pmatrix} |\boldsymbol{B}|\boldsymbol{A}^* & -\boldsymbol{B}^*\boldsymbol{A}^* \\ \boldsymbol{O} & |\boldsymbol{A}|\boldsymbol{B}^* \end{pmatrix}$　　D. $\begin{pmatrix} |\boldsymbol{B}|\boldsymbol{A}^* & -\boldsymbol{A}^*\boldsymbol{B}^* \\ \boldsymbol{O} & |\boldsymbol{A}|\boldsymbol{B}^* \end{pmatrix}$

解析：由 $\boldsymbol{A}\boldsymbol{A}^*=|\boldsymbol{A}|\boldsymbol{E}$，得 $\boldsymbol{A}^*=\boldsymbol{A}^{-1}|\boldsymbol{A}|$，所以 $\begin{pmatrix} \boldsymbol{A} & \boldsymbol{E} \\ \boldsymbol{O} & \boldsymbol{B} \end{pmatrix}^*=\begin{pmatrix} \boldsymbol{A} & \boldsymbol{E} \\ \boldsymbol{O} & \boldsymbol{B} \end{pmatrix}^{-1}\begin{vmatrix} \boldsymbol{A} & \boldsymbol{E} \\ \boldsymbol{O} & \boldsymbol{B} \end{vmatrix}=$ $\begin{pmatrix} \boldsymbol{A}^{-1} & -\boldsymbol{A}^{-1}\boldsymbol{B}^{-1} \\ \boldsymbol{O} & \boldsymbol{B}^{-1} \end{pmatrix}|\boldsymbol{A}||\boldsymbol{B}|=\begin{pmatrix} \boldsymbol{A}^{-1}|\boldsymbol{A}||\boldsymbol{B}| & -\boldsymbol{A}^{-1}\boldsymbol{B}^{-1}|\boldsymbol{A}||\boldsymbol{B}| \\ \boldsymbol{O} & \boldsymbol{B}^{-1}|\boldsymbol{A}||\boldsymbol{B}| \end{pmatrix}=\begin{pmatrix} |\boldsymbol{B}|\boldsymbol{A}^* & -\boldsymbol{A}^*\boldsymbol{B}^* \\ \boldsymbol{O} & |\boldsymbol{A}|\boldsymbol{B}^* \end{pmatrix}$. 故选 D.

思路点拨：本题可利用伴随矩阵的性质 $\boldsymbol{A}\boldsymbol{A}^*=|\boldsymbol{A}|\boldsymbol{E}$，及分块矩阵的逆矩阵的公式 $\begin{pmatrix} \boldsymbol{A} & \boldsymbol{C} \\ \boldsymbol{O} & \boldsymbol{B} \end{pmatrix}^{-1}=\begin{pmatrix} \boldsymbol{A}^{-1} & -\boldsymbol{A}^{-1}\boldsymbol{C}\boldsymbol{B}^{-1} \\ \boldsymbol{O} & \boldsymbol{B}^{-1} \end{pmatrix}$进行求解.

第三章 矩阵的初等变换与线性方程组

本章导学

扫一扫

第三章精讲课

利用行列式求解线性方程组有很多局限，例如，未知数的个数与方程的个数必须相等；系数行列式不能为零；未知数越多，计算量越大等．此外，利用伴随矩阵求逆矩阵时，也会遇到计算量很大的情况．为此，引入矩阵的初等变换，可以解决上述问题．

本章先介绍初等变换，然后利用初等变换简化矩阵，从而引出矩阵的秩和利用初等变换求逆矩阵的方法，进而给出利用初等变换求解线性方程组的方法．

知识导图

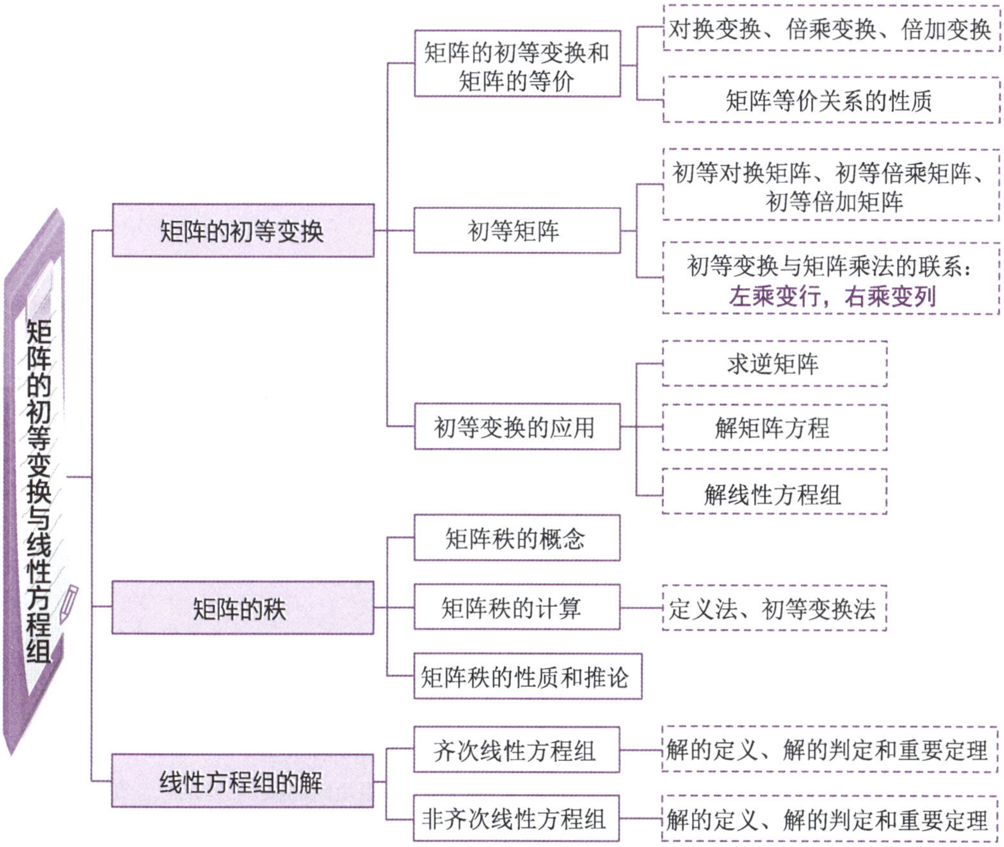

第一节 矩阵的初等变换

一、矩阵的初等变换和矩阵的等价

1. 矩阵的初等变换

定义1 下面三种变换称为矩阵的初等行变换.

（1）对换变换：对换矩阵的两行（对换 i，j 两行，记作 $r_i \leftrightarrow r_j$）；

（2）倍乘变换：以数 $k\,(k \neq 0)$ 乘某一行中的所有元（第 i 行乘 k，记作 $r_i \times k$）；

（3）倍加变换：把某一行所有元的 k 倍加到另一行对应的元上（第 j 行的 k 倍加到第 i 行上，记作 $r_i + kr_j$）.

将以上变换中的“行”换成“列”，即得矩阵的初等列变换，所用的记号统一将“r”换成“c”. 矩阵的初等行变换与初等列变换统称为矩阵的初等变换.

以上三种初等变换均可逆，且其逆变换是同类型的初等变换.

2. 矩阵的等价

定义2 如果矩阵 $\boldsymbol{A}$ 经有限次初等变换变成矩阵 $\boldsymbol{B}$，就称矩阵 $\boldsymbol{A}$ 与 $\boldsymbol{B}$ 等价，记作 $\boldsymbol{A} \sim \boldsymbol{B}$.

矩阵之间的等价关系具有下列性质.

（1）反身性：$\boldsymbol{A} \sim \boldsymbol{A}$；

（2）对称性：若 $\boldsymbol{A} \sim \boldsymbol{B}$，则 $\boldsymbol{B} \sim \boldsymbol{A}$；

（3）传递性：若 $\boldsymbol{A} \sim \boldsymbol{B}$，$\boldsymbol{B} \sim \boldsymbol{C}$，则 $\boldsymbol{A} \sim \boldsymbol{C}$.

利用初等变换，可以将矩阵化为更简单的形式，形式更简单的矩阵如表 3-1 所示.

表 3-1

名称	行阶梯形矩阵	行最简形矩阵	标准形矩阵
条件	非零矩阵满足：① 非零行在零行的上面；② 非零行的首非零元所在列在上一行的首非零元所在列的右面	矩阵是行阶梯形矩阵，并且满足：① 非零行的首非零元为 1；② 首非零元所在的列的其余元均为 0	左上角是一个单位矩阵，其余元均为 0
示例	$\begin{pmatrix} 1 & 2 & 1 & 3 \\ 0 & 2 & 2 & 4 \\ 0 & 0 & 0 & 0 \end{pmatrix}$	$\begin{pmatrix} 1 & 0 & -1 & -1 \\ 0 & 1 & 1 & 2 \\ 0 & 0 & 0 & 0 \end{pmatrix}$	$\begin{pmatrix} 1 & 0 & 0 & 0 \\ 0 & 1 & 0 & 0 \\ 0 & 0 & 0 & 0 \end{pmatrix}$
说明	① 任何一个非零矩阵都可通过有限次初等变换化为标准形； ② 将可逆方阵 $\boldsymbol{A}$ 变换为标准形 $\boldsymbol{E}$，其逆变换对应的矩阵即为 $\boldsymbol{A}^{-1}$； ③ 若 $\boldsymbol{A} \sim \boldsymbol{B}$，则两矩阵的秩相等，故可利用初等变换求矩阵的秩（矩阵的秩会在下一节介绍）； ④ 将线性方程组的系数矩阵变换为行阶梯形矩阵，可以化简线性方程组		

二、初等矩阵

定义 3　由单位矩阵 $\boldsymbol{E}$ 经过一次初等变换得到的矩阵称为**初等矩阵**.

矩阵的三种初等变换对应三种初等矩阵，三种初等矩阵的名称、示例和说明如表 3-2 所示.

表 3-2

名　称	示　例	相关运算	与初等变换的联系
初等对换矩阵	$\boldsymbol{E}(i,j)=\begin{pmatrix}1&&&&&&\\&\ddots&&&&&\\&&0&\cdots&1&&\\&&&1&&&\\&&\vdots&\ddots&\vdots&&\\&&&1&&&\\&&1&\cdots&0&&\\&&&&&\ddots&\\&&&&&&1\end{pmatrix}\begin{matrix}\\\\i\text{ 行}\\\\\\\\j\text{ 行}\\\\\\\end{matrix}$ j 列　　i 列	$\boldsymbol{E}(i,j)^{\mathrm{T}}=\boldsymbol{E}(i,j)$； $\boldsymbol{E}(i,j)^{-1}=\boldsymbol{E}(i,j)$	对换矩阵的两行（列），相当于左（右）乘 $\boldsymbol{E}(i,j)$
初等倍乘矩阵	$\boldsymbol{E}(i(k))=\begin{pmatrix}1&&&&&\\&\ddots&&&&\\&&1&&&\\&&&k&&\\&&&&1&\\&&&&&\ddots&\\&&&&&&1\end{pmatrix}\begin{matrix}\\\\\\i\text{ 行}\\\\\\\\\end{matrix}$ i 列	$\boldsymbol{E}(i(k))^{\mathrm{T}}=\boldsymbol{E}(i(k))$； $\boldsymbol{E}(i(k))^{-1}=\boldsymbol{E}\left(i\left(\dfrac{1}{k}\right)\right)$	矩阵倍乘某行（列），相当于左（右）乘 $\boldsymbol{E}(i(k))$
初等倍加矩阵	$\boldsymbol{E}(i,j(k))=\begin{pmatrix}1&&&&\\&\ddots&&&\\&&1&\cdots&k&&\\&&&\ddots&\vdots&&\\&&&&1&&\\&&&&&\ddots&\\&&&&&&1\end{pmatrix}\begin{matrix}\\\\i\text{ 行}\\\\j\text{ 行}\\\\\\\end{matrix}$ i 列　　j 列	$\boldsymbol{E}(i,j(k))^{\mathrm{T}}=\boldsymbol{E}(j,i(k))$； $\boldsymbol{E}(i,j(k))^{-1}=\boldsymbol{E}(i,j(-k))$	矩阵某行（列）倍加到另一行（列），相当于左（右）乘 $\boldsymbol{E}(i,j(k))$

根据上述三种初等矩阵的概念，可得以下定理和性质.

定理　设 $\boldsymbol{A}$ 与 $\boldsymbol{B}$ 为 $m\times n$ 矩阵，那么 $\boldsymbol{A}\sim\boldsymbol{B}$ 的充分必要条件是存在 m 阶可逆矩阵 $\boldsymbol{P}$ 及 n 阶可逆矩阵 $\boldsymbol{Q}$，使 $\boldsymbol{PAQ}=\boldsymbol{B}$.

性质 1　设 $\boldsymbol{A}$ 是一个 $m\times n$ 矩阵，对 $\boldsymbol{A}$ 施行一次初等行变换，相当于在 $\boldsymbol{A}$ 的左边乘相应的 m 阶初等矩阵；对 $\boldsymbol{A}$ 施行一次初等列变换，相当于在 $\boldsymbol{A}$ 的右边乘相应的 n 阶初等矩阵. 这一性质简称为"**左乘变行，右乘变列**".

性质 2 方阵 $\boldsymbol{A}$ 可逆的充分必要条件是存在有限个初等矩阵 $\boldsymbol{P}_1,\boldsymbol{P}_2,\cdots,\boldsymbol{P}_l$，使得

$$\boldsymbol{A}=\boldsymbol{P}_1\boldsymbol{P}_2\cdots\boldsymbol{P}_l.$$

将矩阵的初等变换与矩阵的乘法联系起来，对于任何非零矩阵 $\boldsymbol{A}$，总存在有限个 m 阶初等矩阵 $\boldsymbol{P}_1,\boldsymbol{P}_2,\cdots,\boldsymbol{P}_l$ 和有限个 n 阶初等矩阵 $\boldsymbol{Q}_1,\boldsymbol{Q}_2,\cdots,\boldsymbol{Q}_s$，使得

$$\boldsymbol{P}_1\boldsymbol{P}_2\cdots\boldsymbol{P}_l\cdot\boldsymbol{A}\cdot\boldsymbol{Q}_1\boldsymbol{Q}_2\cdots\boldsymbol{Q}_s=\boldsymbol{E}_A,$$

其中 $\boldsymbol{E}_A$ 为矩阵 $\boldsymbol{A}$ 的标准形.

三、初等变换的应用

矩阵的初等变换的应用如表 3-3 所示.

表 3-3

求逆矩阵	经多次初等变换，若方阵 $\boldsymbol{A}$ 变换为 $\boldsymbol{E}$，则经同样的初等变换，$\boldsymbol{E}$ 可变换为 $\boldsymbol{A}^{-1}$，即 $(\boldsymbol{A},\boldsymbol{E})\xrightarrow{\text{初等行变换}}(\boldsymbol{E},\boldsymbol{A}^{-1})$，$\begin{pmatrix}\boldsymbol{A}\\ \boldsymbol{E}\end{pmatrix}\xrightarrow{\text{初等列变换}}\begin{pmatrix}\boldsymbol{E}\\ \boldsymbol{A}^{-1}\end{pmatrix}$
解矩阵方程	将矩阵方程 $\boldsymbol{AX}=\boldsymbol{B}$ 两边左乘 $\boldsymbol{A}^{-1}$，得 $\boldsymbol{X}=\boldsymbol{A}^{-1}\boldsymbol{B}$，所以矩阵 $\boldsymbol{X}$ 为对矩阵 $\boldsymbol{B}$ 施以由 $\boldsymbol{A}$ 到 $\boldsymbol{E}$ 对应的初等行变换，即 $(\boldsymbol{A},\boldsymbol{B})\xrightarrow{\text{初等行变换}}(\boldsymbol{E},\boldsymbol{A}^{-1}\boldsymbol{B})\Rightarrow\boldsymbol{X}=\boldsymbol{A}^{-1}\boldsymbol{B}$
解线性方程组	线性方程组 $\begin{cases}a_{11}x_1+a_{12}x_2+\cdots+a_{1n}x_n=b_1,\\ a_{21}x_1+a_{22}x_2+\cdots+a_{2n}x_n=b_2,\\ \vdots\qquad\vdots\qquad\vdots\qquad\vdots\\ a_{m1}x_1+a_{m2}x_2+\cdots+a_{mn}x_n=b_m\end{cases}$ 可表示为 $\boldsymbol{Ax}=\boldsymbol{b}$，则 $\boldsymbol{x}=\boldsymbol{A}^{-1}\boldsymbol{b}$，即 $(\boldsymbol{A},\boldsymbol{b})\xrightarrow{\text{初等行变换}}(\boldsymbol{E},\boldsymbol{A}^{-1}\boldsymbol{b})\Rightarrow\boldsymbol{x}=\boldsymbol{A}^{-1}\boldsymbol{b}$

典例精解

基本题型 1 利用初等变换化矩阵为行阶梯形、行最简形和标准形

题型分析： 这类题型要掌握行阶梯形、行最简形和标准形矩阵的特点，运用初等变换将矩阵化为目标矩阵.

典例 1 将下列矩阵化为行阶梯形矩阵：

(1) $\begin{pmatrix}1&-1&2\\3&-3&1\\-2&2&4\end{pmatrix}$； (2) $\begin{pmatrix}3&2&0&5&0\\3&-2&3&6&-1\\2&0&1&5&-3\\1&6&-4&-1&4\end{pmatrix}$.

解析：(1) $\begin{pmatrix}1&-1&2\\3&-3&1\\-2&2&4\end{pmatrix}\xrightarrow[r_3+2r_1]{r_2-3r_1}\begin{pmatrix}1&-1&2\\0&0&-5\\0&0&8\end{pmatrix}\xrightarrow{-\frac{1}{5}r_2}\begin{pmatrix}1&-1&2\\0&0&1\\0&0&8\end{pmatrix}\xrightarrow{r_3-8r_2}\begin{pmatrix}1&-1&2\\0&0&1\\0&0&0\end{pmatrix}$.

（2）$$\begin{pmatrix} 3 & 2 & 0 & 5 & 0 \\ 3 & -2 & 3 & 6 & -1 \\ 2 & 0 & 1 & 5 & -3 \\ 1 & 6 & -4 & -1 & 4 \end{pmatrix} \xrightarrow{r_4 \leftrightarrow r_1} \begin{pmatrix} 1 & 6 & -4 & -1 & 4 \\ 3 & -2 & 3 & 6 & -1 \\ 2 & 0 & 1 & 5 & -3 \\ 3 & 2 & 0 & 5 & 0 \end{pmatrix} \xrightarrow{r_2 - r_4} \begin{pmatrix} 1 & 6 & -4 & -1 & 4 \\ 0 & -4 & 3 & 1 & -1 \\ 2 & 0 & 1 & 5 & -3 \\ 3 & 2 & 0 & 5 & 0 \end{pmatrix}$$

$$\xrightarrow[r_4 - 3r_1]{r_3 - 2r_1} \begin{pmatrix} 1 & 6 & -4 & -1 & 4 \\ 0 & -4 & 3 & 1 & -1 \\ 0 & -12 & 9 & 7 & -11 \\ 0 & -16 & 12 & 8 & -12 \end{pmatrix} \xrightarrow[r_4 - 4r_2]{r_3 - 3r_2} \begin{pmatrix} 1 & 6 & -4 & -1 & 4 \\ 0 & -4 & 3 & 1 & -1 \\ 0 & 0 & 0 & 4 & -8 \\ 0 & 0 & 0 & 4 & -8 \end{pmatrix} \xrightarrow{r_4 - r_3} \begin{pmatrix} 1 & 6 & -4 & -1 & 4 \\ 0 & -4 & 3 & 1 & -1 \\ 0 & 0 & 0 & 4 & -8 \\ 0 & 0 & 0 & 0 & 0 \end{pmatrix}.$$

方法总结

行阶梯形矩阵的特点：① 可画出一条阶梯线，线的下方全为0，每个阶梯只有一行，台阶数即非零行数；② 阶梯线每段竖线的高度为一行，该竖线后的第一个元素为非零元.

变式训练1　将下列矩阵化为行阶梯形矩阵：

（1）$\begin{pmatrix} 3 & 0 & 1 \\ 1 & -1 & 2 \\ 0 & 1 & 1 \end{pmatrix}$；　　（2）$\begin{pmatrix} 3 & 2 & 9 & 6 \\ -1 & -3 & 4 & -7 \\ 1 & 4 & -7 & 3 \\ -1 & -4 & 7 & -3 \end{pmatrix}$.

典例2　将下列矩阵化为行最简形矩阵：

（1）$\begin{pmatrix} 4 & 1 & -2 \\ 2 & 2 & 1 \\ 3 & 1 & -1 \end{pmatrix}$；　　（2）$\begin{pmatrix} 3 & 2 & -1 & -3 & -2 \\ 2 & -1 & 3 & 1 & -3 \\ 7 & 0 & 5 & -1 & -8 \end{pmatrix}$.

解析：（1）$$\begin{pmatrix} 4 & 1 & -2 \\ 2 & 2 & 1 \\ 3 & 1 & -1 \end{pmatrix} \xrightarrow{r_1 - r_3} \begin{pmatrix} 1 & 0 & -1 \\ 2 & 2 & 1 \\ 3 & 1 & -1 \end{pmatrix} \xrightarrow[r_3 - 3r_1]{r_2 - 2r_1} \begin{pmatrix} 1 & 0 & -1 \\ 0 & 2 & 3 \\ 0 & 1 & 2 \end{pmatrix} \xrightarrow{r_3 \leftrightarrow r_2} \begin{pmatrix} 1 & 0 & -1 \\ 0 & 1 & 2 \\ 0 & 2 & 3 \end{pmatrix}$$

$$\xrightarrow{r_3 - 2r_2} \begin{pmatrix} 1 & 0 & -1 \\ 0 & 1 & 2 \\ 0 & 0 & -1 \end{pmatrix} \xrightarrow{-r_3} \begin{pmatrix} 1 & 0 & -1 \\ 0 & 1 & 2 \\ 0 & 0 & 1 \end{pmatrix} \xrightarrow[r_2 - 2r_3]{r_1 + r_3} \begin{pmatrix} 1 & 0 & 0 \\ 0 & 1 & 0 \\ 0 & 0 & 1 \end{pmatrix}.$$

（2）$$\begin{pmatrix} 3 & 2 & -1 & -3 & -2 \\ 2 & -1 & 3 & 1 & -3 \\ 7 & 0 & 5 & -1 & -8 \end{pmatrix} \xrightarrow{r_1 - r_2} \begin{pmatrix} 1 & 3 & -4 & -4 & 1 \\ 2 & -1 & 3 & 1 & -3 \\ 7 & 0 & 5 & -1 & -8 \end{pmatrix} \xrightarrow[r_3 - 7r_1]{r_2 - 2r_1} \begin{pmatrix} 1 & 3 & -4 & -4 & 1 \\ 0 & -7 & 11 & 9 & -5 \\ 0 & -21 & 33 & 27 & -15 \end{pmatrix}$$

$$\xrightarrow{r_3 - 3r_2} \begin{pmatrix} 1 & 3 & -4 & -4 & 1 \\ 0 & -7 & 11 & 9 & -5 \\ 0 & 0 & 0 & 0 & 0 \end{pmatrix} \xrightarrow{-\frac{1}{7}r_2} \begin{pmatrix} 1 & 3 & -4 & -4 & 1 \\ 0 & 1 & -\frac{11}{7} & -\frac{9}{7} & \frac{5}{7} \\ 0 & 0 & 0 & 0 & 0 \end{pmatrix} \xrightarrow{r_1 - 3r_2} \begin{pmatrix} 1 & 0 & \frac{5}{7} & -\frac{1}{7} & -\frac{8}{7} \\ 0 & 1 & -\frac{11}{7} & -\frac{9}{7} & \frac{5}{7} \\ 0 & 0 & 0 & 0 & 0 \end{pmatrix}.$$

方法总结

行最简形矩阵的特点：① 非零行的第一个非零元为 1；② 非零元所在列的其余元都是 0.

变式训练 2 将下列矩阵化为行最简形矩阵：

（1）$\begin{pmatrix}2&2&-1\\1&-2&4\\5&8&2\end{pmatrix}$；　　（2）$\begin{pmatrix}1&-2&1&3\\2&-1&0&2\\4&-5&2&8\\-1&-1&1&1\end{pmatrix}$.

典例 3 将下列矩阵化为标准形矩阵：

（1）$\begin{pmatrix}1&2&3\\2&3&-5\\4&7&1\end{pmatrix}$；　　（2）$\begin{pmatrix}2&-1&-1&1&2\\3&6&-9&7&9\\1&1&-2&1&4\\4&-6&2&-2&4\end{pmatrix}$.

解析：（1）

$$\begin{pmatrix}1&2&3\\2&3&-5\\4&7&1\end{pmatrix}\xrightarrow[r_3-4r_1]{r_2-2r_1}\begin{pmatrix}1&2&3\\0&-1&-11\\0&-1&-11\end{pmatrix}\xrightarrow[r_3+r_2]{-r_2}\begin{pmatrix}1&2&3\\0&1&11\\0&0&0\end{pmatrix}\xrightarrow{r_1-2r_2}\begin{pmatrix}1&0&-19\\0&1&11\\0&0&0\end{pmatrix}$$

$$\xrightarrow{c_3+19c_1-11c_2}\begin{pmatrix}1&0&0\\0&1&0\\0&0&0\end{pmatrix}.$$

（2）

$$\begin{pmatrix}2&-1&-1&1&2\\3&6&-9&7&9\\1&1&-2&1&4\\4&-6&2&-2&4\end{pmatrix}\xrightarrow{r_3\leftrightarrow r_1}\begin{pmatrix}1&1&-2&1&4\\3&6&-9&7&9\\2&-1&-1&1&2\\4&-6&2&-2&4\end{pmatrix}\xrightarrow[\substack{r_3-2r_1\\r_4-4r_1}]{r_2-3r_1}\begin{pmatrix}1&1&-2&1&4\\0&3&-3&4&-3\\0&-3&3&-1&-6\\0&-10&10&-6&-12\end{pmatrix}$$

$$\xrightarrow[r_4+3r_2]{r_3+r_2}\begin{pmatrix}1&1&-2&1&4\\0&3&-3&4&-3\\0&0&0&3&-9\\0&-1&1&6&-21\end{pmatrix}\xrightarrow{r_4\leftrightarrow r_2}\begin{pmatrix}1&1&-2&1&4\\0&-1&1&6&-21\\0&0&0&3&-9\\0&3&-3&4&-3\end{pmatrix}\xrightarrow{r_4+3r_2}\begin{pmatrix}1&1&-2&1&4\\0&-1&1&6&-21\\0&0&0&3&-9\\0&0&0&22&-66\end{pmatrix}$$

$$\xrightarrow{\frac{r_3}{3},\frac{r_4}{22}}\begin{pmatrix}1&1&-2&1&4\\0&-1&1&6&-21\\0&0&0&1&-3\\0&0&0&1&-3\end{pmatrix}\xrightarrow[-r_2]{r_4-r_3}\begin{pmatrix}1&1&-2&1&4\\0&1&-1&-6&21\\0&0&0&1&-3\\0&0&0&0&0\end{pmatrix}\xrightarrow[r_2+6r_3]{r_1-r_3}\begin{pmatrix}1&1&-2&0&7\\0&1&-1&0&3\\0&0&0&1&-3\\0&0&0&0&0\end{pmatrix}$$

$$\xrightarrow{r_1-r_2}\begin{pmatrix}1&0&-1&0&4\\0&1&-1&0&3\\0&0&0&1&-3\\0&0&0&0&0\end{pmatrix}\xrightarrow[c_5-4c_1-3c_2+3c_4]{c_3+c_1+c_2}\begin{pmatrix}1&0&0&0&0\\0&1&0&0&0\\0&0&0&1&0\\0&0&0&0&0\end{pmatrix}\xrightarrow{c_3\leftrightarrow c_4}\begin{pmatrix}1&0&0&0&0\\0&1&0&0&0\\0&0&1&0&0\\0&0&0&0&0\end{pmatrix}.$$

方法总结

标准形矩阵的特点是其左上角是一个单位矩阵，其余元全为0.

变式训练3 将下列矩阵化为标准形矩阵：

（1）$\begin{pmatrix}1&2&1\\3&6&-1\\5&10&1\end{pmatrix}$；　　（2）$\begin{pmatrix}1&2&3&2&5\\2&2&1&3&1\\3&4&3&4&3\end{pmatrix}$.

基本题型2 利用初等变换求逆矩阵

题型分析：这类题型是根据矩阵 $\boldsymbol{A}$ 化为 $\boldsymbol{E}$ 的过程中，所用到的变换对应的矩阵即为 $\boldsymbol{A}^{-1}$，所以对 $(\boldsymbol{A},\boldsymbol{E})$ 施以初等行变换，若将 $\boldsymbol{A}$ 化为 $\boldsymbol{E}$，则 $\boldsymbol{E}$ 对应化为 $\boldsymbol{A}^{-1}$，即

$$(\boldsymbol{A},\boldsymbol{E})\xrightarrow{\text{等行变初换}}(\boldsymbol{E},\boldsymbol{A}^{-1}).$$

典例4 求下列矩阵的逆矩阵：

（1）$\begin{pmatrix}1&2&-1\\3&1&0\\-1&0&-2\end{pmatrix}$；　　（2）$\begin{pmatrix}1&-1&2\\0&1&-1\\2&1&0\end{pmatrix}$.

解析：（1）设矩阵 $\boldsymbol{A}=\begin{pmatrix}1&2&-1\\3&1&0\\-1&0&-2\end{pmatrix}$，则 $(\boldsymbol{A},\boldsymbol{E})=\left(\begin{array}{ccc|ccc}1&2&-1&1&0&0\\3&1&0&0&1&0\\-1&0&-2&0&0&1\end{array}\right)\xrightarrow[r_3+r_1]{r_2-3r_1}$

$$\left(\begin{array}{ccc|ccc}1&2&-1&1&0&0\\0&-5&3&-3&1&0\\0&2&-3&1&0&1\end{array}\right)\xrightarrow{-(r_2+2r_3)}\left(\begin{array}{ccc|ccc}1&2&-1&1&0&0\\0&1&3&1&-1&-2\\0&2&-3&1&0&1\end{array}\right)\xrightarrow[r_3-2r_2]{r_1-2r_2}\left(\begin{array}{ccc|ccc}1&0&-7&-1&2&4\\0&1&3&1&-1&-2\\0&0&-9&-1&2&5\end{array}\right)$$

$$\xrightarrow{-\frac{1}{9}r_3}\left(\begin{array}{ccc|ccc}1&0&-7&-1&2&4\\0&1&3&1&-1&-2\\0&0&1&\frac{1}{9}&-\frac{2}{9}&-\frac{5}{9}\end{array}\right)\xrightarrow[r_2-3r_3]{r_1+7r_3}\left(\begin{array}{ccc|ccc}1&0&0&-\frac{2}{9}&\frac{4}{9}&\frac{1}{9}\\0&1&0&\frac{2}{3}&-\frac{1}{3}&-\frac{1}{3}\\0&0&1&\frac{1}{9}&-\frac{2}{9}&-\frac{5}{9}\end{array}\right)=(\boldsymbol{E},\boldsymbol{A}^{-1})，所以$$

$$\boldsymbol{A}^{-1}=\begin{pmatrix}-\frac{2}{9}&\frac{4}{9}&\frac{1}{9}\\\frac{2}{3}&-\frac{1}{3}&-\frac{1}{3}\\\frac{1}{9}&-\frac{2}{9}&-\frac{5}{9}\end{pmatrix}.$$

（2）设矩阵 $A=\begin{pmatrix}1&-1&2\\0&1&-1\\2&1&0\end{pmatrix}$，则 $(A,E)=\left(\begin{array}{ccc:ccc}1&-1&2&1&0&0\\0&1&-1&0&1&0\\2&1&0&0&0&1\end{array}\right)\xrightarrow{r_3-2r_1}$

$$\left(\begin{array}{ccc:ccc}1&-1&2&1&0&0\\0&1&-1&0&1&0\\0&3&-4&-2&0&1\end{array}\right)\xrightarrow{r_3-3r_2}\left(\begin{array}{ccc:ccc}1&-1&2&1&0&0\\0&1&-1&0&1&0\\0&0&-1&-2&-3&1\end{array}\right)\xrightarrow{r_2-r_3,\,-r_3}\left(\begin{array}{ccc:ccc}1&-1&2&1&0&0\\0&1&0&2&4&-1\\0&0&1&2&3&-1\end{array}\right)$$

$$\xrightarrow{r_1+r_2-2r_3}\left(\begin{array}{ccc:ccc}1&0&0&-1&-2&1\\0&1&0&2&4&-1\\0&0&1&2&3&-1\end{array}\right)=(E,A^{-1})，所以 A^{-1}=\begin{pmatrix}-1&-2&1\\2&4&-1\\2&3&-1\end{pmatrix}.$$

变式训练 4 求下列矩阵的逆矩阵：

（1）$\begin{pmatrix}1&1&2\\2&3&4\\1&2&1\end{pmatrix}$；　　（2）$\begin{pmatrix}1&-1&2\\2&1&5\\3&3&6\end{pmatrix}$.

基本题型 3 识别初等矩阵

题型分析： 本题型需要掌握初等矩阵的概念，理解初等矩阵可由单位矩阵经过一次初等变换得到，进而识别初等矩阵.

典例 5 下列矩阵中，是初等矩阵的是（　　）.

A. $\begin{pmatrix}0&1&0\\0&0&1\\1&0&0\end{pmatrix}$　　B. $\begin{pmatrix}1&0&3\\0&1&0\\0&0&1\end{pmatrix}$　　C. $\begin{pmatrix}0&0&1\\0&1&0\\2&0&0\end{pmatrix}$　　D. $\begin{pmatrix}0&0&1\\0&1&0\\1&0&2\end{pmatrix}$

解析： 矩阵 $\begin{pmatrix}1&0&3\\0&1&0\\0&0&1\end{pmatrix}$ 可由单位矩阵 $\begin{pmatrix}1&0&0\\0&1&0\\0&0&1\end{pmatrix}$ 的第 3 行乘以 3，再加到第 1 行得到（或第 1 列乘以 3，再加到第 3 列），其他矩阵都需要由单位矩阵经两次初等变换得到．故选 B.

变式训练 5 下列矩阵中，是初等矩阵的是（　　）.

A. $\begin{pmatrix}1&1&0\\0&1&1\\0&0&1\end{pmatrix}$　　B. $\begin{pmatrix}0&0&1\\0&1&0\\1&0&4\end{pmatrix}$　　C. $\begin{pmatrix}0&0&1\\0&1&0\\1&0&0\end{pmatrix}$　　D. $\begin{pmatrix}3&0&1\\0&1&0\\1&0&0\end{pmatrix}$

基本题型 4 掌握矩阵的初等变换与初等矩阵之间的关系

题型分析： 本题型需要熟练掌握初等变换与初等矩阵之间的关系，结合初等矩阵的定理和性质（左乘变行，右乘变列）解题.

典例 6　设矩阵 $A=\begin{pmatrix}a_{11}&a_{12}&a_{13}\\a_{21}&a_{22}&a_{23}\\a_{31}&a_{32}&a_{33}\end{pmatrix}$，$B=\begin{pmatrix}a_{12}+a_{13}&a_{11}&a_{13}\\a_{22}+a_{23}&a_{21}&a_{23}\\a_{32}+a_{33}&a_{31}&a_{33}\end{pmatrix}$，$P_1=\begin{pmatrix}0&1&0\\1&0&0\\0&0&1\end{pmatrix}$，$P_2=\begin{pmatrix}1&0&0\\0&1&0\\0&1&1\end{pmatrix}$，则矩阵 $B=$（　　）.

A. P_1AP_2　　B. AP_2P_1　　C. AP_1P_2　　D. P_2AP_1

解析： 观察矩阵 A，B 元素之间的关系，将矩阵 A 的第 3 列加到第 2 列，再将第 1，2 列互换就得到矩阵 B（或将矩阵 A 的第 1，2 列互换，再将第 3 列加到第 1 列），所以 $B=\begin{pmatrix}a_{11}&a_{12}&a_{13}\\a_{21}&a_{22}&a_{23}\\a_{31}&a_{32}&a_{33}\end{pmatrix}\begin{pmatrix}1&0&0\\0&1&0\\0&1&1\end{pmatrix}\begin{pmatrix}0&1&0\\1&0&0\\0&0&1\end{pmatrix}=AP_2P_1$ 或 $B=\begin{pmatrix}a_{11}&a_{12}&a_{13}\\a_{21}&a_{22}&a_{23}\\a_{31}&a_{32}&a_{33}\end{pmatrix}\begin{pmatrix}0&1&0\\1&0&0\\0&0&1\end{pmatrix}\begin{pmatrix}1&0&0\\0&1&0\\1&0&1\end{pmatrix}$. 故选 B.

变式训练 6　设矩阵 $A=\begin{pmatrix}a_{11}&a_{12}&a_{13}\\a_{21}&a_{22}&a_{23}\\a_{31}&a_{32}&a_{33}\end{pmatrix}$，$B=\begin{pmatrix}a_{21}&a_{22}+ka_{23}&a_{23}\\a_{31}&a_{32}+ka_{33}&a_{33}\\a_{11}&a_{12}+ka_{13}&a_{13}\end{pmatrix}$，$P_1=\begin{pmatrix}0&1&0\\0&0&1\\1&0&0\end{pmatrix}$，$P_2=\begin{pmatrix}1&0&0\\0&1&0\\0&k&1\end{pmatrix}$，则 $A=$（　　）.

A. $P_1^{-1}BP_2^{-1}$　　B. $P_2^{-1}BP_1^{-1}$　　C. $P_1^{-1}P_2^{-1}B$　　D. $BP_1^{-1}P_2^{-1}$.

典例 7　对矩阵 $A_{m\times n}$ 左乘一个初等矩阵，相当于对 A 进行一次相应的__________，对矩阵 $A_{m\times n}$ 右乘一个初等矩阵，相当于对 A 进行一次相应的__________.

解析： 对矩阵 A 进行一次初等行变换相当于在矩阵 A 的左边乘相应的初等矩阵，对矩阵 A 进行一次初等列变换相当于在矩阵 A 的右边乘相应的初等矩阵. 故填初等行变换，初等列变换.

变式训练 7　设 n 阶方阵 A，B，C 满足 $A=BC$，将方阵 A，B 以列分块，设 $A=(\alpha_1,\alpha_2,\cdots,\alpha_n)$，$B=(\beta_1,\beta_2,\cdots,\beta_n)$，则有 $(\alpha_1,\alpha_2,\cdots,\alpha_n)=(\beta_1,\beta_2,\cdots,\beta_n)C$. 若将 β_1，β_2 互换，要保持上述等式成立，则应（　　）.

A. 将 α_1，α_2 互换　　B. 将矩阵 C 的第 1，2 行互换

C. 将矩阵 C 的第 1，2 列互换　　D. 将矩阵 A 的第 1，2 行互换

典例 8　已知矩阵 $A=\begin{pmatrix}1&3&3\\1&4&3\\1&3&4\end{pmatrix}$，试将 A 表示为初等矩阵的乘积.

解析：$\boldsymbol{A}=\begin{pmatrix}1&3&3\\1&4&3\\1&3&4\end{pmatrix}\xrightarrow{r_3-r_1}\begin{pmatrix}1&3&3\\1&4&3\\0&0&1\end{pmatrix}\xrightarrow{r_2-r_1}\begin{pmatrix}1&3&3\\0&1&0\\0&0&1\end{pmatrix}\xrightarrow{r_1-3r_3}\begin{pmatrix}1&3&0\\0&1&0\\0&0&1\end{pmatrix}\xrightarrow{r_1-3r_2}$

$\begin{pmatrix}1&0&0\\0&1&0\\0&0&1\end{pmatrix}$，于是 $\boldsymbol{A}=\begin{pmatrix}1&3&3\\1&4&3\\1&3&4\end{pmatrix}=\begin{pmatrix}1&0&0\\0&1&0\\1&0&1\end{pmatrix}\begin{pmatrix}1&0&0\\1&1&0\\0&0&1\end{pmatrix}\begin{pmatrix}1&0&3\\0&1&0\\0&0&1\end{pmatrix}\begin{pmatrix}1&3&0\\0&1&0\\0&0&1\end{pmatrix}$.

变式训练 8 设矩阵 $\boldsymbol{A}=\begin{pmatrix}1&1&0\\-1&0&-1\\-1&1&-1\end{pmatrix}$，试将矩阵 $\boldsymbol{A}$ 表示为初等矩阵的乘积.

基本题型 5 解矩阵方程

题型分析：本题型可将方程化为 $\boldsymbol{AX}=\boldsymbol{B}$ 的形式，则 $\boldsymbol{X}=\boldsymbol{A}^{-1}\boldsymbol{B}$，然后结合初等变换求逆矩阵的方法，对 $(\boldsymbol{A},\boldsymbol{B})$ 施以初等行变换，若 $\boldsymbol{A}$ 化为 $\boldsymbol{E}$，则 $\boldsymbol{B}$ 对应化为 $\boldsymbol{A}^{-1}\boldsymbol{B}$，即

$$(\boldsymbol{A},\boldsymbol{B})\xrightarrow{\text{初等行变换}}(\boldsymbol{E},\boldsymbol{A}^{-1}\boldsymbol{B}),\quad \boldsymbol{X}=\boldsymbol{A}^{-1}\boldsymbol{B}.$$

典例 9 已知矩阵方程 $\boldsymbol{AX}=\boldsymbol{B}$，其中 $\boldsymbol{A}=\begin{pmatrix}1&2&3\\2&2&1\\3&4&3\end{pmatrix}$，$\boldsymbol{B}=\begin{pmatrix}2&5\\3&1\\4&3\end{pmatrix}$，则 $\boldsymbol{X}=$________.

解析：因为 $|\boldsymbol{A}|=\begin{vmatrix}1&2&3\\2&2&1\\3&4&3\end{vmatrix}\overset{\substack{r_2-2r_1\\r_3-3r_1}}{=\!=\!=}\begin{vmatrix}1&2&3\\0&-2&-5\\0&-2&-6\end{vmatrix}=12-10=2\neq0$，所以矩阵 $\boldsymbol{A}$ 可逆. 于是

$(\boldsymbol{A},\boldsymbol{B})=\left(\begin{array}{ccc:cc}1&2&3&2&5\\2&2&1&3&1\\3&4&3&4&3\end{array}\right)\xrightarrow[r_3-3r_1]{r_2-2r_1}\left(\begin{array}{ccc:cc}1&2&3&2&5\\0&-2&-5&-1&-9\\0&-2&-6&-2&-12\end{array}\right)\xrightarrow[r_1+r_2]{r_3-r_2}\left(\begin{array}{ccc:cc}1&0&-2&1&-4\\0&-2&-5&-1&-9\\0&0&-1&-1&-3\end{array}\right)$

$\xrightarrow[r_2-5r_3]{r_1-2r_3}\left(\begin{array}{ccc:cc}1&0&0&3&2\\0&-2&0&4&6\\0&0&-1&-1&-3\end{array}\right)\xrightarrow{-\frac{1}{2}r_2,-r_3}\left(\begin{array}{ccc:cc}1&0&0&3&2\\0&1&0&-2&-3\\0&0&1&1&3\end{array}\right)=(\boldsymbol{E},\boldsymbol{A}^{-1}\boldsymbol{B})$，从而 $\boldsymbol{X}=\boldsymbol{A}^{-1}\boldsymbol{B}=$

$\begin{pmatrix}3&2\\-2&-3\\1&3\end{pmatrix}$. 故填 $\begin{pmatrix}3&2\\-2&-3\\1&3\end{pmatrix}$.

变式训练 9 已知矩阵方程 $\boldsymbol{X}=\boldsymbol{AX}+\boldsymbol{B}$，其中 $\boldsymbol{A}=\begin{pmatrix}0&1&0\\-1&1&1\\-1&0&-1\end{pmatrix}$，$\boldsymbol{B}=\begin{pmatrix}1&-1\\2&0\\5&-3\end{pmatrix}$，则 $\boldsymbol{X}=$

________.

典例 10 已知矩阵 $A=\begin{pmatrix}4&2&3\\1&1&0\\-1&2&3\end{pmatrix}$，且 A 满足 $AX=A+2X$，求矩阵 X.

解析： 由 $AX=A+2X$，得 $(A-2E)X=A$，不难验证 $A-2E$ 可逆，所以 $X=(A-2E)^{-1}A$. 对 $(A-2E,A)$ 施以初等行变换，有 $(A-2E,A)=\left(\begin{array}{ccc:ccc}2&2&3&4&2&3\\1&-1&0&1&1&0\\-1&2&1&-1&2&3\end{array}\right)$

$$\xrightarrow{r_2\leftrightarrow r_1}\left(\begin{array}{ccc:ccc}1&-1&0&1&1&0\\2&2&3&4&2&3\\-1&2&1&-1&2&3\end{array}\right)\xrightarrow[r_3+r_1]{r_2-2r_1}\left(\begin{array}{ccc:ccc}1&-1&0&1&1&0\\0&4&3&2&0&3\\0&1&1&0&3&3\end{array}\right)\xrightarrow{r_3\leftrightarrow r_2}\left(\begin{array}{ccc:ccc}1&-1&0&1&1&0\\0&1&1&0&3&3\\0&4&3&2&0&3\end{array}\right)$$

$$\xrightarrow{r_3-4r_2}\left(\begin{array}{ccc:ccc}1&-1&0&1&1&0\\0&1&1&0&3&3\\0&0&-1&2&-12&-9\end{array}\right)\xrightarrow{-r_3}\left(\begin{array}{ccc:ccc}1&-1&0&1&1&0\\0&1&1&0&3&3\\0&0&1&-2&12&9\end{array}\right)\xrightarrow{r_2-r_3}\left(\begin{array}{ccc:ccc}1&-1&0&1&1&0\\0&1&0&2&-9&-6\\0&0&1&-2&12&9\end{array}\right)$$

$$\xrightarrow{r_1+r_2}\left(\begin{array}{ccc:ccc}1&0&0&3&-8&-6\\0&1&0&2&-9&-6\\0&0&1&-2&12&9\end{array}\right)=[E,(A-2E)^{-1}A]，所以 X=(A-2E)^{-1}A=\begin{pmatrix}3&-8&-6\\2&-9&-6\\-2&12&9\end{pmatrix}.$$

变式训练 10 已知矩阵 $A=\begin{pmatrix}3&0&0\\1&2&0\\1&0&3\end{pmatrix}$，$B=\begin{pmatrix}1&1&0\\0&1&1\\1&0&2\end{pmatrix}$，且矩阵 A,B 满足 $AX=B+X$，求矩阵 X.

基本题型 6 解线性方程组

题型分析： 本题型可将线性方程组写成 $AX=b$ 的形式，则 $X=A^{-1}b$，然后对 (A,b) 施以初等行变换，若 A 化为 E，则 b 对应化为 $A^{-1}b$，即

$$(A,b)\xrightarrow{\text{初等行变换}}(E,A^{-1}b)，\quad X=A^{-1}b.$$

典例 11 利用矩阵解方程组 $\begin{cases}x_1-4x_2-3x_3=2,\\x_1-5x_2-3x_3=1,\\-x_1+6x_2+4x_3=-3.\end{cases}$

解析： 方程组的系数矩阵、未知数矩阵、常数项矩阵分别为 $A=\begin{pmatrix}1&-4&-3\\1&-5&-3\\-1&6&4\end{pmatrix}$，$X=\begin{pmatrix}x_1\\x_2\\x_3\end{pmatrix}$，$b=\begin{pmatrix}2\\1\\-3\end{pmatrix}$，即 $AX=b$，不难验证 A 可逆，所以 $X=A^{-1}b$. 对矩阵 (A,b) 施以初

等行变换，有 $(\boldsymbol{A},\boldsymbol{b})=\left(\begin{array}{ccc|c}1&-4&-3&2\\1&-5&-3&1\\-1&6&4&-3\end{array}\right)\xrightarrow[r_3+r_1]{r_2-r_1}\left(\begin{array}{ccc|c}1&-4&-3&2\\0&-1&0&-1\\0&2&1&-1\end{array}\right)\xrightarrow{r_3+2r_2}\left(\begin{array}{ccc|c}1&-4&-3&2\\0&-1&0&-1\\0&0&1&-3\end{array}\right)$

$\xrightarrow[-r_2]{r_1+3r_3}\left(\begin{array}{ccc|c}1&-4&0&-7\\0&1&0&1\\0&0&1&-3\end{array}\right)\xrightarrow{r_1+4r_2}\left(\begin{array}{ccc|c}1&0&0&-3\\0&1&0&1\\0&0&1&-3\end{array}\right)=(\boldsymbol{E},\boldsymbol{A}^{-1}\boldsymbol{b})$，所以 $\boldsymbol{X}=\boldsymbol{A}^{-1}\boldsymbol{b}=\begin{pmatrix}-3\\1\\-3\end{pmatrix}$，即

$$\begin{cases}x_1=-3,\\x_2=1,\\x_3=-3.\end{cases}$$

变式训练 11 利用矩阵解方程组 $\begin{cases}4x_1+2x_2+3x_3=1,\\3x_1+x_2+2x_3=2,\\2x_1+x_2+x_3=-1.\end{cases}$

第二节 矩阵的秩

一、矩阵秩的概念和计算

1. 矩阵秩的相关概念

矩阵秩的相关概念如表 3-4 所示.

表 3-4

名称	内容
k 阶子式	在 $m\times n$ 矩阵 $\boldsymbol{A}$ 中，任取 k 行与 k 列（$k\leqslant m$，$k\leqslant n$），位于这些行列交叉处的 k^2 个元素，不改变它们在矩阵 $\boldsymbol{A}$ 中所处的位置次序而得的 k 阶行列式，称为**矩阵 $\boldsymbol{A}$ 的 k 阶子式**，$m\times n$ 矩阵 $\boldsymbol{A}$ 的 k 阶子式共有 $C_m^k\cdot C_n^k$ 个
矩阵的秩	设在矩阵 $\boldsymbol{A}$ 中有一个不等于 0 的 r 阶子式 D，且所有 $r+1$ 阶子式（若存在）全等于 0，那么 D 称为矩阵 $\boldsymbol{A}$ 的**最高阶非零子式**，数 r 称为**矩阵 $\boldsymbol{A}$ 的秩**，记作 $R(\boldsymbol{A})$．规定零矩阵的秩等于 0
满秩矩阵	矩阵 $\boldsymbol{A}$ 的秩等于它的列数，这样的矩阵称为**列满秩矩阵**； 矩阵 $\boldsymbol{A}$ 的秩等于它的行数，这样的矩阵称为**行满秩矩阵**； 对于 n 阶方阵 $\boldsymbol{A}$，若 $\|\boldsymbol{A}\|\neq 0$（即 $\boldsymbol{A}$ 可逆），则 $R(\boldsymbol{A})=n$，称 $\boldsymbol{A}$ 为**满秩矩阵**，即**可逆方阵为满秩矩阵**；若 $\|\boldsymbol{A}\|=0$（即 $\boldsymbol{A}$ 不可逆），则 $R(\boldsymbol{A})<n$，称 $\boldsymbol{A}$ 为**降秩矩阵**，即**不可逆方阵为降秩矩阵**

2. 矩阵秩的计算

（1）**定义法**：若矩阵 $\boldsymbol{A}$ 中存在不等于 0 的 r 阶子式，且所有 $r+1$ 阶子式（若存在）全

等于 0，则 $R(A)=r$.

（2）初等变换法：利用初等变换将矩阵化为行阶梯形矩阵，其非零行的行数即为矩阵的秩，即“阶梯数”为矩阵的秩．初等变换不改变矩阵的秩，即初等变换是保秩变换.

通常来说，初等变换法更简便．例如，要计算矩阵 $A=\begin{pmatrix}1&0&3&1\\1&-1&2&5\\4&-1&11&8\\2&1&4&3\end{pmatrix}$ 的秩，应用定义法不仅要计算其四阶子式等于零（应用行列式的性质），还要计算出一个三阶子式不等于零；而应用初等变换法则可直接得出矩阵的秩.

二、矩阵秩的性质和推论

矩阵秩的性质和推论如表 3-5 所示.

表 3-5

矩阵秩的性质	① $0\leqslant R(A_{m\times n})\leqslant\min\{m,n\}$ ； ② $R(A)=R(A^{\mathrm{T}})$ ； ③ 若 $A\sim B$ ，则 $R(A)=R(B)$ ； ④ 若 P，Q 可逆，则 $R(PAQ)=R(A)$ ； ⑤ $\max\{R(A),R(B)\}\leqslant R(A,B)\leqslant R(A)+R(B)$ ； ⑥ $R(A+B)\leqslant R(A)+R(B)$ ； ⑦ $R(AB)\leqslant\min\{R(A),R(B)\}$ ； ⑧ 若 $A_{m\times n}B_{n\times l}=O$ ，则 $R(A)+R(B)\leqslant n$ ； ⑨ 若 A 和 B 均为 n 阶方阵，则 $R(AB)\geqslant R(A)+R(B)-n$
推　论	① 若 A 为 $m\times n$ 行满秩矩阵，则 $R(A)=m$ ， A 的标准形为 (E_m,O) ； ② 若 A 为 $m\times n$ 列满秩矩阵，则 $R(A)=n$ ， A 的标准形为 $\begin{pmatrix}E_n\\O\end{pmatrix}$ ； ③ n 阶方阵 A ， $R(A)\begin{cases}=n\Leftrightarrow\lvert A\rvert\neq0\Leftrightarrow \text{方阵}A\text{可逆},\\<n\Leftrightarrow\lvert A\rvert=0\Leftrightarrow\text{方阵}A\text{不可逆};\end{cases}$ ④ A^* 为 A 的伴随矩阵， $R(A^*)=\begin{cases}n, & R(A)=n,\\1, & R(A)=n-1,\\0, & R(A)<n-1\end{cases}$

典例精解

基本题型 1　利用矩阵秩的定义求矩阵的秩

题型分析：本题型需要掌握矩阵秩和矩阵子式的概念，通过找出矩阵不等于 0 的子式，且更高一阶的子式全为 0，从而确定矩阵的秩.

典例 1 利用矩阵秩的定义求下列矩阵的秩：

（1）$\begin{pmatrix} 2 & -1 & 3 \\ 1 & -3 & 4 \\ -1 & 2 & -3 \end{pmatrix}$；　　（2）$\begin{pmatrix} 1 & 2 & 3 & 4 \\ 1 & 0 & 1 & 2 \\ 3 & -1 & -1 & 0 \\ 1 & 2 & 0 & -5 \end{pmatrix}$.

解析：（1）矩阵 $\boldsymbol{A}$ 的一个二阶子式 $\begin{vmatrix} 2 & -1 \\ 1 & -3 \end{vmatrix}=-5\neq 0$，矩阵 $\boldsymbol{A}$ 的三阶子式只有一个 $|\boldsymbol{A}|$，

且 $|\boldsymbol{A}|=\begin{vmatrix} 2 & -1 & 3 \\ 1 & -3 & 4 \\ -1 & 2 & -3 \end{vmatrix}\overset{\substack{r_1+2r_3 \\ r_2+r_3}}{=\!=\!=}\begin{vmatrix} 0 & 3 & -3 \\ 0 & -1 & 1 \\ -1 & 2 & -3 \end{vmatrix}=0$，所以 $R(\boldsymbol{A})=2$.

（2）矩阵 $\boldsymbol{A}$ 的四阶子式只有一个 $|\boldsymbol{A}|$，且 $|\boldsymbol{A}|=\begin{vmatrix} 1 & 2 & 3 & 4 \\ 1 & 0 & 1 & 2 \\ 3 & -1 & -1 & 0 \\ 1 & 2 & 0 & -5 \end{vmatrix}=-24\neq 0$，所以 $R(\boldsymbol{A})=4$.

变式训练 1 利用矩阵秩的定义求下列矩阵的秩：

（1）$\boldsymbol{A}=\begin{pmatrix} 1 & -1 & -1 \\ -3 & 2 & 1 \\ 2 & 0 & 1 \end{pmatrix}$；　　（2）$\boldsymbol{A}=\begin{pmatrix} 2 & -1 & 0 & 3 & -2 \\ 0 & 3 & 1 & 2 & 4 \\ 0 & 0 & 0 & 2 & -3 \\ 0 & 0 & 0 & 0 & 0 \end{pmatrix}$.

基本题型 2 利用初等变换求矩阵的秩

题型分析：求矩阵的秩，通常利用初等变换法. 将矩阵化为行阶梯形，所得行阶梯形矩阵的非零行的行数即为矩阵的秩，即行阶梯形矩阵的“阶梯数”为矩阵的秩.

典例 2 利用初等变换求下列矩阵的秩：

（1）$\boldsymbol{A}=\begin{pmatrix} 3 & 1 & 0 & 2 \\ 1 & -1 & 2 & -1 \\ 1 & 3 & -4 & 4 \end{pmatrix}$；　　（2）$\boldsymbol{A}=\begin{pmatrix} 1 & 0 & 0 & 1 \\ 1 & 2 & 0 & -1 \\ 3 & -1 & 0 & 4 \\ 1 & 4 & 5 & 1 \end{pmatrix}$.

解析：（1）$\boldsymbol{A}=\begin{pmatrix} 3 & 1 & 0 & 2 \\ 1 & -1 & 2 & -1 \\ 1 & 3 & -4 & 4 \end{pmatrix}\xrightarrow{r_2\leftrightarrow r_1}\begin{pmatrix} 1 & -1 & 2 & -1 \\ 3 & 1 & 0 & 2 \\ 1 & 3 & -4 & 4 \end{pmatrix}\xrightarrow[r_3-r_1]{r_2-3r_1}\begin{pmatrix} 1 & -1 & 2 & -1 \\ 0 & 4 & -6 & 5 \\ 0 & 4 & -6 & 5 \end{pmatrix}$

$\xrightarrow{r_3-r_2}\begin{pmatrix} 1 & -1 & 2 & -1 \\ 0 & 4 & -6 & 5 \\ 0 & 0 & 0 & 0 \end{pmatrix}$，所以 $R(\boldsymbol{A})=2$.

（2）$A=\begin{pmatrix}1&0&0&1\\1&2&0&-1\\3&-1&0&4\\1&4&5&1\end{pmatrix}\xrightarrow[r_4-r_1]{\substack{r_2-r_1\\r_3-3r_1}}\begin{pmatrix}1&0&0&1\\0&2&0&-2\\0&-1&0&1\\0&4&5&0\end{pmatrix}\xrightarrow{r_3\leftrightarrow r_2}\begin{pmatrix}1&0&0&1\\0&-1&0&1\\0&2&0&-2\\0&4&5&0\end{pmatrix}\xrightarrow[r_4+4r_2]{r_3+2r_2}$

$\begin{pmatrix}1&0&0&1\\0&-1&0&1\\0&0&0&0\\0&0&5&4\end{pmatrix}\xrightarrow{r_4\leftrightarrow r_3}\begin{pmatrix}1&0&0&1\\0&-1&0&1\\0&0&5&4\\0&0&0&0\end{pmatrix}$，所以 $R(A)=3$．

变式训练 2 利用初等变换求下列矩阵的秩：

（1）$A=\begin{pmatrix}1&1&1&1\\1&2&-1&0\\2&1&4&3\\2&3&1&1\end{pmatrix}$；　　（2）$A=\begin{pmatrix}1&2&-1&0&3\\2&-1&0&1&-1\\3&1&-1&1&2\\0&-5&2&1&-7\end{pmatrix}$．

典例 3 设矩阵 $A=\begin{pmatrix}a_1b_1&a_1b_2&\cdots&a_1b_n\\a_2b_1&a_2b_2&\cdots&a_2b_n\\\vdots&\vdots&&\vdots\\a_nb_1&a_nb_2&\cdots&a_nb_n\end{pmatrix}$，其中 $a_i\neq0$，$b_i\neq0\,(i=1,2,\cdots,n)$，则矩阵 A 的秩 $R(A)=$____________．

解析：$A=\begin{pmatrix}a_1b_1&a_1b_2&\cdots&a_1b_n\\a_2b_1&a_2b_2&\cdots&a_2b_n\\\vdots&\vdots&&\vdots\\a_nb_1&a_nb_2&\cdots&a_nb_n\end{pmatrix}\xrightarrow{\frac{r_i}{a_i}\,(i=1,2,\cdots,n)}\begin{pmatrix}b_1&b_2&\cdots&b_n\\b_1&b_2&\cdots&b_n\\\vdots&\vdots&&\vdots\\b_1&b_2&\cdots&b_n\end{pmatrix}\xrightarrow{r_i-r_1\,(i=1,2,\cdots,n)}$

$\begin{pmatrix}b_1&b_2&\cdots&b_n\\0&0&\cdots&0\\\vdots&\vdots&&\vdots\\0&0&\cdots&0\end{pmatrix}$，所以矩阵 A 的秩 $R(A)=1$．故填1．

变式训练 3 求矩阵 $A=\begin{pmatrix}x&y&y&y\\y&x&y&y\\y&y&x&y\\y&y&y&x\end{pmatrix}$ 的秩，其中 $x\neq0$，$y\neq0$．

典例 4 求下列矩阵的秩，并求矩阵的一个最高阶非零子式．

（1）$A=\begin{pmatrix}2&3&1&4\\1&-2&4&-5\\3&8&-2&13\\4&-1&9&-6\end{pmatrix}$；　　（2）$A=\begin{pmatrix}1&0&2&4&2\\2&2&4&8&4\\-1&-2&1&2&-2\\2&0&7&14&4\end{pmatrix}$．

解析：（1） $A=\begin{pmatrix}2&3&1&4\\1&-2&4&-5\\3&8&-2&13\\4&-1&9&-6\end{pmatrix}\xrightarrow{r_2\leftrightarrow r_1}\begin{pmatrix}1&-2&4&-5\\2&3&1&4\\3&8&-2&13\\4&-1&9&-6\end{pmatrix}\xrightarrow[r_4-4r_1]{r_2-2r_1,\ r_3-3r_1}\begin{pmatrix}1&-2&4&-5\\0&7&-7&14\\0&14&-14&28\\0&7&-7&14\end{pmatrix}$

$\xrightarrow[r_4-r_2]{r_3-2r_2}\begin{pmatrix}1&-2&4&-5\\0&7&-7&14\\0&0&0&0\\0&0&0&0\end{pmatrix}$，所以 $R(A)=2$．取矩阵 A 的第 1，2 行，第 1，2 列，得二阶子式 $\begin{vmatrix}2&3\\1&-2\end{vmatrix}=-7\neq0$，即为矩阵 A 的一个最高阶非零子式．

（2） $A=\begin{pmatrix}1&0&2&4&2\\2&2&4&8&4\\-1&-2&1&2&-2\\2&0&7&14&4\end{pmatrix}\xrightarrow[r_4-2r_1]{r_2-2r_1,\ r_3+r_1}\begin{pmatrix}1&0&2&4&2\\0&2&0&0&0\\0&-2&3&6&0\\0&0&3&6&0\end{pmatrix}\xrightarrow{r_3+r_2}\begin{pmatrix}1&0&2&4&2\\0&2&0&0&0\\0&0&3&6&0\\0&0&3&6&0\end{pmatrix}$

$\xrightarrow{r_4-r_3}\begin{pmatrix}1&0&2&4&2\\0&2&0&0&0\\0&0&3&6&0\\0&0&0&0&0\end{pmatrix}$，所以 $R(A)=3$．取矩阵 A 的第 1，2，4 行，第 1，2，3 列，得三阶子式 $\begin{vmatrix}1&0&2\\2&2&4\\2&0&7\end{vmatrix}=2\times\begin{vmatrix}1&2\\2&7\end{vmatrix}=6\neq0$，即为矩阵 A 的一个最高阶非零子式．

变式训练 4 求下列矩阵的秩，并求矩阵的一个最高阶非零子式．

（1） $A=\begin{pmatrix}2&1&-1&1\\4&2&-2&1\\2&1&-1&1\end{pmatrix}$； （2） $A=\begin{pmatrix}3&-2&0&-1&2\\0&2&2&1&-2\\1&-2&-3&-2&2\\0&1&2&1&0\end{pmatrix}$．

基本题型 3 掌握矩阵秩的性质及推论

题型分析：本题型主要是根据矩阵秩的性质及推论，确定相关参数，或根据伴随矩阵的秩、矩阵秩的不等式来判断矩阵秩的情况．

典例 5 设矩阵 $A=\begin{pmatrix}1&2&3&1\\2&-1&k&2\\0&1&1&3\\1&-1&0&4\\2&0&2&5\end{pmatrix}$，且 A 的秩为 3，求 k 的值．

解析：$A=\begin{pmatrix}1&2&3&1\\2&-1&k&2\\0&1&1&3\\1&-1&0&4\\2&0&2&5\end{pmatrix}\xrightarrow[r_5-2r_1]{\substack{r_2-2r_1\\r_4-r_1}}\begin{pmatrix}1&2&3&1\\0&-5&k-6&0\\0&1&1&3\\0&-3&-3&3\\0&-4&-4&3\end{pmatrix}\xrightarrow{r_3\leftrightarrow r_2}\begin{pmatrix}1&2&3&1\\0&1&1&3\\0&-5&k-6&0\\0&-3&-3&3\\0&-4&-4&3\end{pmatrix}$

$\xrightarrow[r_5+3r_2]{\substack{r_3+5r_2\\r_4+3r_2}}\begin{pmatrix}1&2&3&1\\0&1&1&3\\0&0&k-1&15\\0&0&0&12\\0&0&0&15\end{pmatrix}\xrightarrow{\frac{r_4}{12},r_5-15r_4}\begin{pmatrix}1&2&3&1\\0&1&1&3\\0&0&k-1&15\\0&0&0&1\\0&0&0&0\end{pmatrix}$，因为 A 的秩为 3，所以 $k=1$.

变式训练 5 设矩阵 $A=\begin{pmatrix}1&a&-1&2\\2&-1&a&5\\1&10&-6&1\end{pmatrix}$，且 A 的秩为 3，则 a 满足的条件为________.

典例 6 设三阶方阵 $A=\begin{pmatrix}a&b&b\\b&a&b\\b&b&a\end{pmatrix}$，若 A 的伴随矩阵 A^* 的秩为 1，则必有（　　）.

A．$a=b$ 或 $a+2b=0$　　　　B．$a=b$ 或 $a+2b\neq 0$

C．$a\neq b$ 且 $a+2b=0$　　　　D．$a\neq b$ 且 $a+2b\neq 0$

解析：因为伴随矩阵 A^* 的秩为 1，且 $R(A^*)=\begin{cases}n, & R(A)=n,\\1, & R(A)=n-1,\\0, & R(A)<n-1,\end{cases}$ 所以 $R(A)=2$．对矩阵 A 施以等行变换，得 $A=\begin{pmatrix}a&b&b\\b&a&b\\b&b&a\end{pmatrix}\xrightarrow{c_1+c_2+c_3}\begin{pmatrix}a+2b&b&b\\a+2b&a&b\\a+2b&b&a\end{pmatrix}\xrightarrow[r_3-r_1]{r_2-r_1}\begin{pmatrix}a+2b&b&b\\0&a-b&0\\0&0&a-b\end{pmatrix}$.

若 $a=b$，则 $R(A)\leqslant 1$，A 和 B 选项错误；若 $a\neq b$，则当且仅当 $a+2b=0$ 时，$R(A)=2$ 成立，C 选项正确，D 选项错误．故选 C.

变式训练 6 设矩阵 $A=\begin{pmatrix}x&1&1&1\\1&x&1&1\\1&1&x&1\\1&1&1&x\end{pmatrix}$，若 A 的伴随矩阵 A^* 的秩为 1，则必有（　　）.

A．$x=1$ 或 $x=-3$　　　　B．$x\neq 1$ 且 $x=-3$

C．$x=1$ 或 $x\neq -3$　　　　D．$x\neq 1$ 且 $x\neq -3$

典例 7 设矩阵 A 是 $m\times n$ 矩阵，且 $R(A)=r<\min\{m,n\}$，则矩阵 A 中必然（　　）.

A．没有等于零的 $r-1$ 阶子式，至少有一个 r 阶子式不为零

B．有不等于零的 r 阶子式，所有 $r+1$ 阶子式全为零

C. 有等于零的 r 阶子式，没有不等于零的 $r+1$ 阶子式

D. 任意 r 阶子式不等于零，任意 $r+1$ 阶子式全为零

解析：由 $R(A)=r$ 可知，r 是矩阵 $\boldsymbol{A}$ 中最大的不等于零的子式的阶数，故 $\boldsymbol{A}$ 中有不等于零的 r 阶子式，且所有高于 r 阶的子式都等于零，即所有 $r+1$ 阶子式全为零. 故选 B.

变式训练 7 设矩阵 $\boldsymbol{A}$ 是 $m\times n$ 矩阵，矩阵 $\boldsymbol{C}$ 是 n 阶可逆方阵，且矩阵 $\boldsymbol{A}$ 的秩为 r，矩阵 $\boldsymbol{B}=\boldsymbol{AC}$ 的秩为 r_1，则（　　）.

A. $r>r_1$　　　　B. $r<r_1$

C. $r=r_1$　　　　D. r 和 r_1 的关系依 $\boldsymbol{C}$ 而定

第三节 线性方程组的解

一、齐次线性方程组

齐次线性方程组的定义、解的判定和重要定理如表 3-6 所示.

表 3-6

定 义	线性方程组 $\begin{cases} a_{11}x_1+a_{12}x_2+\cdots+a_{1n}x_n=0, \\ a_{21}x_1+a_{22}x_2+\cdots+a_{2n}x_n=0, \\ \vdots \quad \vdots \quad \vdots \quad \vdots \\ a_{m1}x_1+a_{m2}x_2+\cdots+a_{mn}x_n=0 \end{cases}$ 称为齐次线性方程组，其中 n 与 m 不必相等，写成矩阵形式为 $\boldsymbol{Ax}=\boldsymbol{0}$
解的判定	齐次线性方程组 $\boldsymbol{A}_{m\times n}\boldsymbol{x}=\boldsymbol{0}$ 中，将系数矩阵 $\boldsymbol{A}$ 化为行最简形，则 $\begin{cases} R(A)=n, & 方程组只有零解; \\ R(A)=r<n, & 方程组有无限多解 \end{cases}$ 注意：齐次线性方程组 $\boldsymbol{A}_{m\times n}\boldsymbol{x}=\boldsymbol{0}$ 一定有解，至少有零解.
重要定理	① n 元齐次线性方程组 $\boldsymbol{Ax}=\boldsymbol{0}$ 有非零解 $\Leftrightarrow R(A)<n$； ② n 元齐次线性方程组 $\boldsymbol{Ax}=\boldsymbol{0}$ 有非零解（$\boldsymbol{A}$ 为方阵）$\Leftrightarrow \|\boldsymbol{A}\|=0$

二、非齐次线性方程组

非齐次线性方程组的定义、解的判定和重要定理如表 3-7 所示.

表 3-7

定 义	线性方程组 $\begin{cases} a_{11}x_1+a_{12}x_2+\cdots+a_{1n}x_n=b_1, \\ a_{21}x_1+a_{22}x_2+\cdots+a_{2n}x_n=b_2, \\ \vdots \quad \vdots \quad \vdots \quad \vdots \\ a_{m1}x_1+a_{m2}x_2+\cdots+a_{mn}x_n=b_m \end{cases}$ 称为非齐次线性方程组，其中 n 与 m 不必相等，写成矩阵形式为 $\boldsymbol{Ax}=\boldsymbol{b}$，对应的 $\boldsymbol{Ax}=\boldsymbol{0}$ 称为 $\boldsymbol{Ax}=\boldsymbol{b}$ 的导出组

表 3-7（续）

解的判定	非齐次线性方程组 $A_{m\times n}x=b$ 中，将增广矩阵 (A,b) 化为行最简形，则 $\begin{cases} R(A)<R(A,b), & 方程组无解; \\ R(A)=R(A,b), & 方程组有解; \\ R(A)=R(A,b)=n, & 方程组有唯一解; \\ R(A)=R(A,b)=r<n, & 方程组有无限多解 \end{cases}$
重要定理	① 线性方程组 $Ax=b$ 有解 $\Leftrightarrow R(A)=R(A,b)$； ② 矩阵方程 $AX=B$ 有解 $\Leftrightarrow R(A)=R(A,B)$

典例精解

基本题型 1 求齐次线性方程组的通解

题型分析：本题型需要运用初等行变换，将方程组 $A_{m\times n}x=0$ 的系数矩阵 A 化为行最简形，再通过 A 的秩判断方程组解的情况．若 $R(A)<n$，则方程组有非零解，然后根据行最简形矩阵写出原方程组的同解方程组，进而求其通解．

典例 1 求齐次线性方程组 $\begin{cases} x_1-x_2+5x_3-x_4=0, \\ x_1+x_2-2x_3+3x_4=0, \\ 3x_1-x_2+8x_3+x_4=0, \\ x_1+3x_2-9x_3+7x_4=0 \end{cases}$ 的解．

解析：系数矩阵 $A=\begin{pmatrix} 1 & -1 & 5 & -1 \\ 1 & 1 & -2 & 3 \\ 3 & -1 & 8 & 1 \\ 1 & 3 & -9 & 7 \end{pmatrix} \xrightarrow[r_4-r_1]{\substack{r_2-r_1 \\ r_3-3r_1}} \begin{pmatrix} 1 & -1 & 5 & -1 \\ 0 & 2 & -7 & 4 \\ 0 & 2 & -7 & 4 \\ 0 & 4 & -14 & 8 \end{pmatrix} \xrightarrow[r_4-2r_2]{r_3-r_2}$

$\begin{pmatrix} 1 & -1 & 5 & -1 \\ 0 & 2 & -7 & 4 \\ 0 & 0 & 0 & 0 \\ 0 & 0 & 0 & 0 \end{pmatrix} \xrightarrow{\frac{r_2}{2}} \begin{pmatrix} 1 & -1 & 5 & -1 \\ 0 & 1 & -\frac{7}{2} & 2 \\ 0 & 0 & 0 & 0 \\ 0 & 0 & 0 & 0 \end{pmatrix} \xrightarrow{r_1+r_2} \begin{pmatrix} 1 & 0 & \frac{3}{2} & 1 \\ 0 & 1 & -\frac{7}{2} & 2 \\ 0 & 0 & 0 & 0 \\ 0 & 0 & 0 & 0 \end{pmatrix}$，$R(A)=2<4$，则方程组有无限多解，其同解方程组为 $\begin{cases} x_1+\frac{3}{2}x_3+x_4=0, \\ x_2-\frac{7}{2}x_3+2x_4=0, \end{cases}$ 即 $\begin{cases} x_1=-\frac{3}{2}x_3-x_4, \\ x_2=\frac{7}{2}x_3-2x_4, \end{cases}$ 其中 x_3，x_4 为自由未知数，令 $x_3=c_1$，$x_4=c_2$，于是方程组的通解为

$$\begin{pmatrix}x_1\\x_2\\x_3\\x_4\end{pmatrix}=c_1\begin{pmatrix}-\frac{3}{2}\\\frac{7}{2}\\1\\0\end{pmatrix}+c_2\begin{pmatrix}-1\\-2\\0\\1\end{pmatrix}(c_1,c_2\in\mathbb{R}).$$

思路点拨： 齐次线性方程组 $\boldsymbol{A}_{m\times n}\boldsymbol{x}=\boldsymbol{0}$ 的通解中，自由未知数的个数为 $n-R(\boldsymbol{A})$.

变式训练 1 求齐次线性方程组 $\begin{cases}x_1-x_2-x_3+x_4=0,\\x_1-x_2+2x_3+2x_4=0,\\2x_1-2x_2+x_3+3x_4=0\end{cases}$ 的解.

基本题型 2 求解含参数的齐次线性方程组

题型分析：（1）本题型可根据齐次线性方程组 $\boldsymbol{A}_{m\times n}\boldsymbol{x}=\boldsymbol{0}$ 有非零解的条件 $R(\boldsymbol{A})<n$，并结合方程组解的情况确定参数.

（2）本题型可运用矩阵的初等行变换，结合方程组系数矩阵的秩或通解中自由未知数的个数确定参数，进而求解齐次线性方程组.

典例 2 设齐次线性方程组 $\boldsymbol{Ax}=\boldsymbol{0}$ 有非零解，且 $\boldsymbol{A}=\begin{pmatrix}1&2&3\\2&t&1\\-1&3&2\\-2&1&-1\end{pmatrix}$，则 $t=$________.

解析： 系数矩阵 $\boldsymbol{A}=\begin{pmatrix}1&2&3\\2&t&1\\-1&3&2\\-2&1&-1\end{pmatrix}\xrightarrow[r_4+2r_1]{\substack{r_2-2r_1\\r_3+r_1}}\begin{pmatrix}1&2&3\\0&t-4&-5\\0&5&5\\0&5&5\end{pmatrix}\xrightarrow{r_4-r_3,\frac{r_3}{5}}\begin{pmatrix}1&2&3\\0&t-4&-5\\0&1&1\\0&0&0\end{pmatrix}$

$\xrightarrow{r_2+5r_3}\begin{pmatrix}1&2&3\\0&t+1&0\\0&1&1\\0&0&0\end{pmatrix}$，因为齐次线性方程组 $\boldsymbol{Ax}=\boldsymbol{0}$ 有非零解，所以 $R(\boldsymbol{A})<3$，从而 $t+1=0$，即 $t=-1$. 故填 -1.

变式训练 2 设矩阵 $\boldsymbol{A}=\begin{pmatrix}1&2&1&2\\0&1&t&t\\1&t&0&1\end{pmatrix}$，且方程组 $\boldsymbol{Ax}=\boldsymbol{0}$ 的通解中含有两个自由未知数，求方程组 $\boldsymbol{Ax}=\boldsymbol{0}$ 的通解.

典例 3 已知齐次线性方程组 $\begin{cases}(1+a)x_1+x_2+x_3+\cdots+x_n=0,\\ 2x_1+(2+a)x_2+2x_3+\cdots+2x_n=0,\\ \cdots\\ nx_1+nx_2+nx_3+\cdots+(n+a)x_n=0,\end{cases}$ 其中 $n\geqslant 2$．问：a 取何值时，方程组只有零解或有无限多解？当有无限多解时，求其通解．

解析： 方程组的系数行列式

$$|A|=\begin{vmatrix}1+a & 1 & \cdots & 1\\ 2 & 2+a & \cdots & 2\\ \vdots & \vdots & & \vdots\\ n & n & \cdots & n+a\end{vmatrix}\xlongequal{r_1+r_i\,(i=2,3,\cdots,n)}\left[\frac{n(n+1)}{2}+a\right]\cdot\begin{vmatrix}1 & 1 & \cdots & 1\\ 2 & 2+a & \cdots & 2\\ \vdots & \vdots & & \vdots\\ n & n & \cdots & n+a\end{vmatrix}\xlongequal{r_i-ir_1\,(i=2,3,\cdots,n)}\left[\frac{n(n+1)}{2}+a\right]\begin{vmatrix}1 & 1 & \cdots & 1\\ 0 & a & \cdots & 0\\ \vdots & \vdots & & \vdots\\ 0 & 0 & \cdots & a\end{vmatrix}=\left[\frac{n(n+1)}{2}+a\right]a^{n-1}.$$

当 $|A|\neq 0$，即 $a\neq 0$ 且 $a\neq -\frac{n(n+1)}{2}$ 时，方程组只有零解．

当 $|A|=0$，即 $a=0$ 或 $a=-\frac{n(n+1)}{2}$ 时，方程组有无限多解．

当 $a=0$ 时，系数矩阵 $A=\begin{pmatrix}1 & 1 & \cdots & 1\\ 2 & 2 & \cdots & 2\\ \vdots & \vdots & & \vdots\\ n & n & \cdots & n\end{pmatrix}\xrightarrow{r_i-ir_1\,(i=2,3,\cdots,n)}\begin{pmatrix}1 & 1 & \cdots & 1\\ 0 & 0 & \cdots & 0\\ \vdots & \vdots & & \vdots\\ 0 & 0 & \cdots & 0\end{pmatrix}$，则原方程组的同解方程为 $x_1+x_2+x_3+\cdots+x_n=0$，即 $x_1=-x_2-x_3-\cdots-x_n$，于是方程组的通解为

$$\begin{pmatrix}x_1\\ x_2\\ x_3\\ \vdots\\ x_n\end{pmatrix}=c_1\begin{pmatrix}-1\\ 1\\ 0\\ \vdots\\ 0\end{pmatrix}+c_2\begin{pmatrix}-1\\ 0\\ 1\\ \vdots\\ 0\end{pmatrix}+\cdots+c_{n-1}\begin{pmatrix}-1\\ 0\\ 0\\ \vdots\\ 1\end{pmatrix}\ (c_1,c_2,\cdots,c_{n-1}\in\mathbb{R}).$$

当 $a=-\frac{n(n+1)}{2}$ 时，系数矩阵 $A=\begin{pmatrix}1+a & 1 & \cdots & 1\\ 2 & 2+a & \cdots & 2\\ \vdots & \vdots & & \vdots\\ n & n & \cdots & n+a\end{pmatrix}\xrightarrow{r_i-ir_1\,(i=2,3,\cdots,n)}\begin{pmatrix}1+a & 1 & \cdots & 1\\ -2a & a & \cdots & 0\\ \vdots & \vdots & & \vdots\\ -na & 0 & \cdots & a\end{pmatrix}$

$$\xrightarrow{\frac{r_i}{a}\,(i=2,3,\cdots,n)}\begin{pmatrix}1+a & 1 & \cdots & 1\\ -2 & 1 & \cdots & 0\\ \vdots & \vdots & & \vdots\\ -n & 0 & \cdots & 1\end{pmatrix}\xrightarrow{r_1-r_i\,(i=2,3,\cdots,n)}\begin{pmatrix}\frac{n(1+n)}{2}+a & 0 & \cdots & 0\\ -2 & 1 & \cdots & 0\\ \vdots & \vdots & & \vdots\\ -n & 0 & \cdots & 1\end{pmatrix}\xrightarrow{r}$$

$\begin{pmatrix} 0 & 0 & \cdots & 0 \\ -2 & 1 & \cdots & 0 \\ \vdots & \vdots & & \vdots \\ -n & 0 & \cdots & 1 \end{pmatrix}$，则原方程组的同解方程组为$\begin{cases} -2x_1+x_2=0, \\ -3x_1+x_3=0, \\ \cdots \\ -nx_1+x_n=0, \end{cases}$ 即$\begin{cases} x_2=2x_1, \\ x_3=3x_1, \\ \cdots \\ x_n=nx_1, \end{cases}$ 其中 x_1 为自由未知数，于是方程组的通解为$\begin{pmatrix} x_1 \\ x_2 \\ x_3 \\ \vdots \\ x_n \end{pmatrix}=c\begin{pmatrix} 1 \\ 2 \\ 3 \\ \vdots \\ n \end{pmatrix}(c\in\mathbb{R})$.

变式训练 3 已知齐次线性方程组$\begin{cases} ax_1+bx_2+bx_3+\cdots+bx_n=0, \\ bx_1+ax_2+bx_3+\cdots+bx_n=0, \\ \cdots \\ bx_1+bx_2+bx_3+\cdots+ax_n=0, \end{cases}$ 其中 $a\neq0$，$b\neq0$，且 $n\geqslant2$．问 a，b 取何值时，方程组只有零解或有无限多解？当有无限多解时，求其通解.

基本题型 3 求非齐次线性方程组的通解

题型分析： 本题型需要运用初等行变换，将方程组 $\boldsymbol{A}_{m\times n}\boldsymbol{x}=\boldsymbol{b}$ 的增广矩阵 $(\boldsymbol{A},\boldsymbol{b})$ 化为行最简形，再通过 $\boldsymbol{A}$ 和 $(\boldsymbol{A},\boldsymbol{b})$ 的秩判断方程组解的情况. 若 $R(\boldsymbol{A})=R(\boldsymbol{A},\boldsymbol{b})<n$，则方程组有无限多解，然后根据行最简形矩阵写出原方程组的同解方程组，进而求其通解.

典例 4 求非齐次线性方程组$\begin{cases} 2x_1-4x_2+x_3-x_4=1, \\ -x_1+2x_2+x_3-x_4=2, \\ 3x_1-6x_2+3x_3-3x_4=4 \end{cases}$ 的解.

解析：增广矩阵 $(\boldsymbol{A},\boldsymbol{b})=\left(\begin{array}{cccc|c} 2 & -4 & 1 & -1 & 1 \\ -1 & 2 & 1 & -1 & 2 \\ 3 & -6 & 3 & -3 & 4 \end{array}\right)\xrightarrow{r_1+r_2}\left(\begin{array}{cccc|c} 1 & -2 & 2 & -2 & 3 \\ -1 & 2 & 1 & -1 & 2 \\ 3 & -6 & 3 & -3 & 4 \end{array}\right)\xrightarrow[r_3-3r_1]{r_2+r_1}$

$\left(\begin{array}{cccc|c} 1 & -2 & 2 & -2 & 3 \\ 0 & 0 & 3 & -3 & 5 \\ 0 & 0 & -3 & 3 & -5 \end{array}\right)\xrightarrow{r_3+r_2}\left(\begin{array}{cccc|c} 1 & -2 & 2 & -2 & 3 \\ 0 & 0 & 3 & -3 & 5 \\ 0 & 0 & 0 & 0 & 0 \end{array}\right)\xrightarrow{\frac{r_3}{3}}\left(\begin{array}{cccc|c} 1 & -2 & 2 & -2 & 3 \\ 0 & 0 & 1 & -1 & \frac{5}{3} \\ 0 & 0 & 0 & 0 & 0 \end{array}\right)\xrightarrow{r_1-2r_2}$

$\left(\begin{array}{cccc|c} 1 & -2 & 0 & 0 & -\frac{1}{3} \\ 0 & 0 & 1 & -1 & \frac{5}{3} \\ 0 & 0 & 0 & 0 & 0 \end{array}\right)$，因为 $R(\boldsymbol{A})=R(\boldsymbol{A},\boldsymbol{b})=2<4$，所以方程组有无限多解，其同解方程

组为$\begin{cases} x_1-2x_2=-\dfrac{1}{3}, \\ x_3-x_4=\dfrac{5}{3}, \end{cases}$ 其中x_2，x_4为自由未知数，令$x_2=c_1$，$x_4=c_2$，于是方程组的通解为

$$\begin{pmatrix} x_1 \\ x_2 \\ x_3 \\ x_4 \end{pmatrix}=c_1\begin{pmatrix} 2 \\ 1 \\ 0 \\ 0 \end{pmatrix}+c_2\begin{pmatrix} 0 \\ 0 \\ 1 \\ 1 \end{pmatrix}+\begin{pmatrix} -\frac{1}{3} \\ 0 \\ \frac{5}{3} \\ 0 \end{pmatrix}(c_1,c_2\in\mathbb{R}).$$

变式训练 4 求线性方程组$\begin{cases} x_1+5x_2-x_3-x_4=-1, \\ x_1-2x_2+x_3+3x_4=3, \\ 3x_1+8x_2-x_3+x_4=1, \\ x_1-9x_2+3x_3+7x_4=7 \end{cases}$的解.

基本题型 4 求解含参数的非齐次线性方程组

题型分析：（1）本题型需要掌握非齐次线性方程组无解、有唯一解或无限多解的条件，并结合非齐次线性方程组解的情况确定方程组中的参数.

（2）本题型可运用矩阵的初等行变换，结合方程组系数矩阵的秩与增广矩阵的秩的关系，确定方程组中的参数，进而求解非齐次线性方程组.

典例 5 已知非齐次线性方程组$\begin{cases} (1+k)x_1+x_2+x_3=0, \\ x_1+(1+k)x_2+x_3=3, \\ x_1+x_2+(1+k)x_3=k. \end{cases}$ 当k为何值时，方程组有唯一解、无解或有无限多解？并在有无限多解时求其通解.

解析：因为系数矩阵$\boldsymbol{A}$为方阵，所以方程组有唯一解的充分必要条件是$|\boldsymbol{A}|\neq 0$，即

$$|\boldsymbol{A}|=\begin{vmatrix} 1+k & 1 & 1 \\ 1 & 1+k & 1 \\ 1 & 1 & 1+k \end{vmatrix}\xlongequal{r_1+r_2+r_3}(3+k)\begin{vmatrix} 1 & 1 & 1 \\ 1 & 1+k & 1 \\ 1 & 1 & 1+k \end{vmatrix}\xlongequal[r_3-r_1]{r_2-r_1}(3+k)\begin{vmatrix} 1 & 1 & 1 \\ 0 & k & 0 \\ 0 & 0 & k \end{vmatrix}=k^2(3+k)\neq 0,$$

解得$k\neq 0$且$k\neq -3$，此时方程组有唯一解.

当$k=0$时，增广矩阵$(\boldsymbol{A},\boldsymbol{b})=\left(\begin{array}{ccc|c} 1 & 1 & 1 & 0 \\ 1 & 1 & 1 & 3 \\ 1 & 1 & 1 & 0 \end{array}\right)\xrightarrow[r_3-r_1]{r_2-r_1}\left(\begin{array}{ccc|c} 1 & 1 & 1 & 0 \\ 0 & 0 & 0 & 3 \\ 0 & 0 & 0 & 0 \end{array}\right)$，此时$R(\boldsymbol{A})=1$，$R(\boldsymbol{A},\boldsymbol{b})=2$，$R(\boldsymbol{A})<R(\boldsymbol{A},\boldsymbol{b})$，方程组无解.

当$k=-3$时，增广矩阵$(\boldsymbol{A},\boldsymbol{b})=\left(\begin{array}{ccc|c} -2 & 1 & 1 & 0 \\ 1 & -2 & 1 & 3 \\ 1 & 1 & -2 & -3 \end{array}\right)\xrightarrow{r_3\leftrightarrow r_1}\left(\begin{array}{ccc|c} 1 & 1 & -2 & -3 \\ 1 & -2 & 1 & 3 \\ -2 & 1 & 1 & 0 \end{array}\right)\xrightarrow[r_3+2r_1]{r_2-r_1}$

$$\left(\begin{array}{ccc|c}1&1&-2&-3\\0&-3&3&6\\0&3&-3&-6\end{array}\right)\xrightarrow{r_3+r_2,\ -\frac{r_2}{3}}\left(\begin{array}{ccc|c}1&1&-2&-3\\0&1&-1&-2\\0&0&0&0\end{array}\right)\xrightarrow{r_1-r_2}\left(\begin{array}{ccc|c}1&0&-1&-1\\0&1&-1&-2\\0&0&0&0\end{array}\right)$$，此时 $R(A)=R(A,b)=2<3$，方程组有无限多解，其同解方程组为 $\begin{cases}x_1=x_3-1,\\x_2=x_3-2,\end{cases}$ 其中 x_3 为自由未知数，于是方程组的通解为 $\begin{pmatrix}x_1\\x_2\\x_3\end{pmatrix}=c\begin{pmatrix}1\\1\\1\end{pmatrix}+\begin{pmatrix}-1\\-2\\0\end{pmatrix}(c\in\mathbb{R})$.

变式训练 5 已知线性方程组 $\begin{cases}x_1+x_2+kx_3=4,\\-x_1+kx_2+x_3=k^2,\\x_1-x_2+2x_3=-4.\end{cases}$ 问 k 为何值时，方程组有唯一解、无解或有无限多解？并在有无限多解时求其通解.

典例 6 设线性方程组 $\begin{cases}ax_1+x_2+x_3=1,\\x_1+ax_2+x_3=1,\\x_1+x_2+ax_3=-2\end{cases}$ 有无限多解，则 $a=$________.

解析：（方法一）由方程组有无限多解，且方程组的系数矩阵 A 为方阵，得 $|A|=0$，即

$$|A|=\begin{vmatrix}a&1&1\\1&a&1\\1&1&a\end{vmatrix}\overset{r_1+r_2+r_3}{=\!=\!=}(2+a)\begin{vmatrix}1&1&1\\1&a&1\\1&1&a\end{vmatrix}\overset{\substack{r_2-r_1\\r_3-r_1}}{=\!=\!=}(2+a)\begin{vmatrix}1&1&1\\0&a-1&0\\0&0&a-1\end{vmatrix}=(a+2)(a-1)^2=0$$，解得 $a=-2$ 或 1．当 $a=1$ 时，增广矩阵 $(A,b)=\left(\begin{array}{ccc|c}1&1&1&1\\1&1&1&1\\1&1&1&-2\end{array}\right)\xrightarrow{\substack{r_2-r_1\\r_3-r_1}}\left(\begin{array}{ccc|c}1&1&1&1\\0&0&0&0\\0&0&0&-3\end{array}\right)$，$R(A)=1$，$R(A,b)=2$，$R(A)<R(A,b)$，原方程组无解，故舍去．所以 $a=-2$．故填 -2．

（方法二）增广矩阵 $(A,b)=\left(\begin{array}{ccc|c}a&1&1&1\\1&a&1&1\\1&1&a&-2\end{array}\right)\xrightarrow{r_1\leftrightarrow r_3}\left(\begin{array}{ccc|c}1&1&a&-2\\1&a&1&1\\a&1&1&1\end{array}\right)\xrightarrow{\substack{r_2-r_1\\r_3-ar_1}}$

$$\left(\begin{array}{ccc|c}1&1&a&-2\\0&a-1&1-a&3\\0&1-a&1-a^2&1+2a\end{array}\right)\xrightarrow{r_3+r_2}\left(\begin{array}{ccc|c}1&1&a&-2\\0&a-1&1-a&3\\0&0&2-a^2-a&4+2a\end{array}\right)$$，因为原方程组有无限多解，所以 $R(A)=R(A,b)<3$，从而 $\begin{cases}2-a^2-a=0,\\4+2a=0,\\1-a\neq 0,\end{cases}$ 解得 $a=-2$．故填 -2．

思路点拨：求方程组的参数时，一般先将含有参数的增广矩阵化为行阶梯形或行最简形，然后讨论方程组解的情况，最后根据讨论结果得出参数．若方程的个数等于未知数的个数，也可利用行列式是否为零来讨论解的情况，进而得出参数．

变式训练 6　设线性方程组 $\begin{cases} x_1 - x_3 = 0, \\ x_1 + x_2 - x_3 = 1, \\ x_2 + (a^2-1)x_3 = a \end{cases}$ 有无限多解，则 $a=$__________.

典例 7　若方程组 $\begin{cases} x_1 + x_2 = -a_1, \\ x_2 + x_3 = a_2, \\ x_3 + x_4 = -a_3, \\ x_4 + x_1 = a_4 \end{cases}$ 有解，则常数 a_1，a_2，a_3，a_4 应满足______________.

解析：增广矩阵 $(\boldsymbol{A},\boldsymbol{b}) = \left(\begin{array}{cccc|c} 1 & 1 & 0 & 0 & -a_1 \\ 0 & 1 & 1 & 0 & a_2 \\ 0 & 0 & 1 & 1 & -a_3 \\ 1 & 0 & 0 & 1 & a_4 \end{array}\right) \xrightarrow{r_4 - r_1} \left(\begin{array}{cccc|c} 1 & 1 & 0 & 0 & -a_1 \\ 0 & 1 & 1 & 0 & a_2 \\ 0 & 0 & 1 & 1 & -a_3 \\ 0 & -1 & 0 & 1 & a_1 + a_4 \end{array}\right) \xrightarrow{r_4 + r_2}$

$\left(\begin{array}{cccc|c} 1 & 1 & 0 & 0 & -a_1 \\ 0 & 1 & 1 & 0 & a_2 \\ 0 & 0 & 1 & 1 & -a_3 \\ 0 & 0 & 1 & 1 & a_1 + a_2 + a_4 \end{array}\right) \xrightarrow{r_4 - r_3} \left(\begin{array}{cccc|c} 1 & 1 & 0 & 0 & -a_1 \\ 0 & 1 & 1 & 0 & a_2 \\ 0 & 0 & 1 & 1 & -a_3 \\ 0 & 0 & 0 & 0 & a_1 + a_2 + a_3 + a_4 \end{array}\right)$，因为方程组有解，所以 $R(\boldsymbol{A}) = R(\boldsymbol{A},\boldsymbol{b}) = 3 < 4$，从而 $a_1 + a_2 + a_3 + a_4 = 0$．故填 $a_1 + a_2 + a_3 + a_4 = 0$．

思路点拨：非齐次线性方程组 $\boldsymbol{A}_{m\times n}\boldsymbol{x} = \boldsymbol{b}$ 有解的充分必要条件是 $R(\boldsymbol{A}) = R(\boldsymbol{A},\boldsymbol{b})$，可先将增广矩阵化为行阶梯形，再讨论方程组解的情况．

变式训练 7　已知方程组 $\begin{cases} x_1 + a_1x_2 + a_1^2x_3 = a_1^3, \\ x_1 + a_2x_2 + a_2^2x_3 = a_2^3, \\ x_1 + a_3x_2 + a_3^2x_3 = a_3^3, \\ x_1 + a_4x_2 + a_4^2x_3 = a_4^3. \end{cases}$ 证明：若 a_1，a_2，a_3，a_4 两两不相等，则此方程组无解．

典例 8　已知线性方程组 $\begin{cases} x_1 + x_2 - x_3 = 1, \\ 2x_1 + (a+3)x_2 - 3x_3 = 3, \\ -2x_1 + (a-1)x_2 + bx_3 = a-1. \end{cases}$ 问 a，b 为何值时，方程组有唯一解、无解或有无限多解？并在有无限多解时求其通解．

解析：增广矩阵 $(\boldsymbol{A},\boldsymbol{b}) = \left(\begin{array}{ccc|c} 1 & 1 & -1 & 1 \\ 2 & a+3 & -3 & 3 \\ -2 & a-1 & b & a-1 \end{array}\right) \xrightarrow[r_3 + 2r_1]{r_2 - 2r_1} \left(\begin{array}{ccc|c} 1 & 1 & -1 & 1 \\ 0 & a+1 & -1 & 1 \\ 0 & a+1 & b-2 & a+1 \end{array}\right) \xrightarrow{r_3 - r_2}$

$\left(\begin{array}{ccc|c} 1 & 1 & -1 & 1 \\ 0 & a+1 & -1 & 1 \\ 0 & 0 & b-1 & a \end{array}\right)$.

当 $a \neq -1$ 且 $b \neq 1$ 时，$R(\boldsymbol{A}) = R(\boldsymbol{A},\boldsymbol{b}) = 3$，方程组有唯一解．

当 $a=-1$ 时，$(\boldsymbol{A},\boldsymbol{b})\sim\left(\begin{array}{ccc|c}1&1&-1&1\\0&0&-1&1\\0&0&b-1&-1\end{array}\right)\xrightarrow{r_3+(b-1)r_2}\left(\begin{array}{ccc|c}1&1&-1&1\\0&0&-1&1\\0&0&0&b-2\end{array}\right)\xrightarrow{r_1-r_2}\left(\begin{array}{ccc|c}1&1&0&0\\0&0&-1&1\\0&0&0&b-2\end{array}\right)$，若 $b\neq2$，则 $R(\boldsymbol{A})=2$，$R(\boldsymbol{A},\boldsymbol{b})=3$，$R(\boldsymbol{A})<R(\boldsymbol{A},\boldsymbol{b})$，方程组无解；若 $b=2$，则 $R(\boldsymbol{A})=R(\boldsymbol{A},\boldsymbol{b})=2<3$，方程组有无限多解，其同解方程组为 $\begin{cases}x_1=-x_2,\\x_3=-1,\end{cases}$ 其中 x_2 为自由未知数，于是方程组的通解为 $\begin{pmatrix}x_1\\x_2\\x_3\end{pmatrix}=c\begin{pmatrix}-1\\1\\0\end{pmatrix}+\begin{pmatrix}0\\0\\-1\end{pmatrix}(c\in\mathbb{R})$.

当 $b=1$ 时，$(\boldsymbol{A},\boldsymbol{b})\sim\left(\begin{array}{ccc|c}1&1&-1&1\\0&a+1&-1&1\\0&0&0&a\end{array}\right)$，若 $a\neq0$，则 $R(\boldsymbol{A})=2$，$R(\boldsymbol{A},\boldsymbol{b})=3$，$R(\boldsymbol{A})<R(\boldsymbol{A},\boldsymbol{b})$，方程组无解；若 $a=0$，则 $(\boldsymbol{A},\boldsymbol{b})\sim\left(\begin{array}{ccc|c}1&1&-1&1\\0&1&-1&1\\0&0&0&0\end{array}\right)\xrightarrow{r_1-r_2}\left(\begin{array}{ccc|c}1&0&0&0\\0&1&-1&1\\0&0&0&0\end{array}\right)$，$R(\boldsymbol{A})=R(\boldsymbol{A},\boldsymbol{b})=2<3$，方程组有无限多解，其同解方程组为 $\begin{cases}x_1=0,\\x_2=x_3+1,\end{cases}$ 其中 x_3 为自由未知数，于是方程组的通解为 $\begin{pmatrix}x_1\\x_2\\x_3\end{pmatrix}=c\begin{pmatrix}0\\1\\1\end{pmatrix}+\begin{pmatrix}0\\1\\0\end{pmatrix}(c\in\mathbb{R})$.

思路点拨：求解含有参数的非齐次线性方程组时，一般先将含有参数的增广矩阵化为行阶梯形，然后讨论方程组系数矩阵的秩与增广矩阵的秩的关系，得出方程组无解、有解、有唯一解、有无限多解的情况，最后求其通解.

变式训练 8 已知线性方程组 $\begin{cases}x_1+x_2+x_3+x_4+x_5=a,\\3x_1+2x_2+x_3+x_4-3x_5=0,\\x_2+2x_3+2x_4+6x_5=b,\\5x_1+4x_2+3x_3+3x_4-x_5=2.\end{cases}$ 问 a，b 为何值时，方程组有无限多解？并求其通解.

典例 9 线性方程组 $\begin{cases}x_1+3x_3+5x_4=0,\\x_1-x_2-2x_3+2x_4=0,\\2x_1-x_2+x_3+3x_4=0\end{cases}$，记作 $\boldsymbol{Ax}=\boldsymbol{0}$. 在 $\boldsymbol{Ax}=\boldsymbol{0}$ 的基础上，添加一个方程 $4x_1+ax_2+bx_3+13x_4=0$，得线性方程组 $\begin{cases}x_1+3x_3+5x_4=0,\\x_1-x_2-2x_3+2x_4=0,\\2x_1-x_2+x_3+3x_4=0,\\4x_1+ax_2+bx_3+13x_4=0\end{cases}$ 记作 $\boldsymbol{Bx}=\boldsymbol{0}$.

（1）求方程组 $\boldsymbol{Ax}=\boldsymbol{0}$ 的通解；

（2）a，b 满足什么条件时，$\boldsymbol{Ax}=\boldsymbol{0}$ 与 $\boldsymbol{Bx}=\boldsymbol{0}$ 是同解方程组？

解析：（1）系数矩阵 $\boldsymbol{A}=\begin{pmatrix}1&0&3&5\\1&-1&-2&2\\2&-1&1&3\end{pmatrix}\xrightarrow[r_3-2r_1]{r_2-r_1}\begin{pmatrix}1&0&3&5\\0&-1&-5&-3\\0&-1&-5&-7\end{pmatrix}\xrightarrow{r_3-r_2}$

$\begin{pmatrix}1&0&3&5\\0&-1&-5&-3\\0&0&0&-4\end{pmatrix}\xrightarrow{-r_2,\,-\frac{1}{4}r_3}\begin{pmatrix}1&0&3&5\\0&1&5&3\\0&0&0&1\end{pmatrix}\xrightarrow[r_2-3r_3]{r_1-5r_3}\begin{pmatrix}1&0&3&0\\0&1&5&0\\0&0&0&1\end{pmatrix}$，$R(\boldsymbol{A})=3<4$，则方程组有无限多解，其同解方程组为 $\begin{cases}x_1=-3x_3,\\x_2=-5x_3,\\x_4=0,\end{cases}$ 其中 x_3 为自由未知数，于是方程组的通解为

$$\begin{pmatrix}x_1\\x_2\\x_3\\x_4\end{pmatrix}=c\begin{pmatrix}-3\\-5\\1\\0\end{pmatrix}(c\in\mathbb{R}).$$

（2）由 $\boldsymbol{Ax}=\boldsymbol{0}$ 与 $\boldsymbol{Bx}=\boldsymbol{0}$ 是同解方程组，得 $\boldsymbol{Ax}=\boldsymbol{0}$ 的解应满足 $\boldsymbol{Bx}=\boldsymbol{0}$，又两方程组的前3个方程相同，故只需 $\boldsymbol{Ax}=\boldsymbol{0}$ 的解满足 $\boldsymbol{Bx}=\boldsymbol{0}$ 的第4个方程．将 $\boldsymbol{Ax}=\boldsymbol{0}$ 的通解代入 $\boldsymbol{Bx}=\boldsymbol{0}$ 的第4个方程，得 $4(-3c)+a(-5c)+bc+13(0c)=0$，即 $(-12-5a+b)c=0$，c 是任意常数，故 a，b 满足 $b-5a=12$．于是，方程组 $\boldsymbol{Ax}=\boldsymbol{0}$ 与 $\boldsymbol{Bx}=\boldsymbol{0}$ 同解 $\Leftrightarrow b-5a=12$．

思路点拨：方程组(I)与(II)同解，说明方程组(I)的解也满足方程组(II)，于是可先求出方程组(I)的通解，再代入方程组(II)中，进而得出满足条件的参数关系．

变式训练9　设线性方程组(I) $\begin{cases}x_1+x_4=1,\\x_2-2x_4=2,\\x_3+x_4=-1\end{cases}$ 与方程组(II) $\begin{cases}-2x_1+x_2+ax_3-5x_4=1,\\x_1+x_2-x_3+bx_4=4,\\3x_1+x_2+x_3+2x_4=c\end{cases}$ 同解，试确定 a，b，c 的值．

章末总结

一、初等矩阵的性质

性质1　设 $\boldsymbol{A}$ 是一个 $m\times n$ 矩阵，对 $\boldsymbol{A}$ 施行一次初等行变换，相当于在 $\boldsymbol{A}$ 的左边乘相应的 m 阶初等矩阵；对 $\boldsymbol{A}$ 施行一次初等列变换，相当于在 $\boldsymbol{A}$ 的右边乘相应的 n 阶初等矩阵．这一性质简称为“左乘变行，右乘变列”．

性质 2　方阵 $\boldsymbol{A}$ 可逆的充分必要条件是存在有限个初等矩阵 $\boldsymbol{P}_1, \boldsymbol{P}_2, \cdots, \boldsymbol{P}_l$，使得 $\boldsymbol{A}=\boldsymbol{P}_1\boldsymbol{P}_2\cdots\boldsymbol{P}_l$.

二、矩阵秩的计算方法

矩阵秩的计算方法如表 3-8 所示.

表 3-8

定义法	若矩阵 $\boldsymbol{A}$ 中存在不等于 0 的 r 阶子式，且所有 $r+1$ 阶子式（若存在）全等于 0，则 $R(\boldsymbol{A})=r$
矩阵的初等变换法	利用初等变换将矩阵化为行阶梯形矩阵，其非零行的行数即为矩阵的秩，即"**阶梯数**"为矩阵的秩．初等变换不改变矩阵的秩，即**初等变换是保秩变换**

三、初等变换的应用

矩阵的初等变换的应用如表 3-9 所示.

表 3-9

求 $\boldsymbol{A}$ 的逆矩阵	$(\boldsymbol{A}, \boldsymbol{E}) \xrightarrow{\text{初等行变换}} (\boldsymbol{E}, \boldsymbol{A}^{-1})$，$\begin{pmatrix}\boldsymbol{A}\\ \boldsymbol{E}\end{pmatrix} \xrightarrow{\text{初等列变换}} \begin{pmatrix}\boldsymbol{E}\\ \boldsymbol{A}^{-1}\end{pmatrix}$
解矩阵方程 $\boldsymbol{AX}=\boldsymbol{B}$	$(\boldsymbol{A}, \boldsymbol{B}) \xrightarrow{\text{初等行变换}} (\boldsymbol{E}, \boldsymbol{A}^{-1}\boldsymbol{B}) \Rightarrow \boldsymbol{X}=\boldsymbol{A}^{-1}\boldsymbol{B}$
解齐次线性方程组 $\boldsymbol{Ax}=\boldsymbol{0}$	$\boldsymbol{A} \xrightarrow{\text{初等行变换}}$ 行最简形，根据 $R(\boldsymbol{A})$ 讨论方程组的解
解非齐次线性方程组 $\boldsymbol{Ax}=\boldsymbol{b}$	$(\boldsymbol{A}, \boldsymbol{b}) \xrightarrow{\text{初等行变换}}$ 行最简形，根据 $R(\boldsymbol{A})$，$R(\boldsymbol{A}, \boldsymbol{b})$ 讨论方程组的解

四、线性方程组解的判定

线性方程组解的情况如表 3-10 所示.

表 3-10

齐次线性方程组 $\boldsymbol{Ax}=\boldsymbol{0}$	① 一定有解，至少有零解； ② 方程组**有非零解** $\Leftrightarrow R(\boldsymbol{A})<n$； ③ 方程组**只有零解** $\Leftrightarrow R(\boldsymbol{A})=n$
非齐次线性方程组 $\boldsymbol{Ax}=\boldsymbol{b}$	① 方程组**无解** $\Leftrightarrow R(\boldsymbol{A})<R(\boldsymbol{A}, \boldsymbol{b})$； ② 方程组**有解** $\Leftrightarrow R(\boldsymbol{A})=R(\boldsymbol{A}, \boldsymbol{b})$； ③ 方程组**有唯一解** $\Leftrightarrow R(\boldsymbol{A})=R(\boldsymbol{A}, \boldsymbol{b})=n$； ④ 方程组**有无限多解** $\Leftrightarrow R(\boldsymbol{A})=R(\boldsymbol{A}, \boldsymbol{b})<n$

扫一扫

习题三题干

教材习题三全解（教材 P78～P81）

1．解：（1）$\begin{pmatrix}1&0&2&-1\\2&0&3&1\\3&0&4&3\end{pmatrix}\xrightarrow{\substack{r_2-2r_1\\r_3-3r_1}}\begin{pmatrix}1&0&2&-1\\0&0&-1&3\\0&0&-2&6\end{pmatrix}\xrightarrow{\substack{r_1+2r_2\\r_3-2r_2\\-r_2}}\begin{pmatrix}1&0&0&5\\0&0&1&-3\\0&0&0&0\end{pmatrix}$.

（2）$\begin{pmatrix}0&2&-3&1\\0&3&-4&3\\0&4&-7&-1\end{pmatrix}\xrightarrow{\substack{r_2-r_1\\r_3-2r_1}}\begin{pmatrix}0&2&-3&1\\0&1&-1&2\\0&0&-1&-3\end{pmatrix}\xrightarrow{r_1-2r_2}\begin{pmatrix}0&0&-1&-3\\0&1&-1&2\\0&0&-1&-3\end{pmatrix}\xrightarrow{\substack{r_1\leftrightarrow r_2\\r_1-r_3}}$

$\begin{pmatrix}0&1&0&5\\0&0&-1&-3\\0&0&-1&-3\end{pmatrix}\xrightarrow{\substack{r_3-r_2\\-r_2}}\begin{pmatrix}0&1&0&5\\0&0&1&3\\0&0&0&0\end{pmatrix}$.

（3）$\begin{pmatrix}1&-1&3&-4&3\\3&-3&5&-4&1\\2&-2&3&-2&0\\3&-3&4&-2&-1\end{pmatrix}\xrightarrow{\substack{r_2-r_4\\r_3-2r_1\\r_4-3r_1}}\begin{pmatrix}1&-1&3&-4&3\\0&0&1&-2&2\\0&0&-3&6&-6\\0&0&-5&10&-10\end{pmatrix}\xrightarrow{\substack{r_1-3r_2\\r_3+3r_2\\r_4+5r_2}}\begin{pmatrix}1&-1&0&2&-3\\0&0&1&-2&2\\0&0&0&0&0\\0&0&0&0&0\end{pmatrix}$.

（4）$\begin{pmatrix}2&3&1&-3&-7\\1&2&0&-2&-4\\3&-2&8&3&0\\2&-3&7&4&3\end{pmatrix}\xrightarrow{r_1\leftrightarrow r_2}\begin{pmatrix}1&2&0&-2&-4\\2&3&1&-3&-7\\3&-2&8&3&0\\2&-3&7&4&3\end{pmatrix}\xrightarrow{\substack{r_2-2r_1\\r_3-3r_1\\r_4-2r_1}}\begin{pmatrix}1&2&0&-2&-4\\0&-1&1&1&1\\0&-8&8&9&12\\0&-7&7&8&11\end{pmatrix}$

$\xrightarrow{\substack{-r_2\\r_1-2r_2\\r_3+8r_2\\r_4+7r_2}}\begin{pmatrix}1&0&2&0&-2\\0&1&-1&-1&-1\\0&0&0&1&4\\0&0&0&1&4\end{pmatrix}\xrightarrow{\substack{r_2+r_3\\r_4-r_3}}\begin{pmatrix}1&0&2&0&-2\\0&1&-1&0&3\\0&0&0&1&4\\0&0&0&0&0\end{pmatrix}$.

2．解：$(\boldsymbol{A},\boldsymbol{E})=\left(\begin{array}{cccc|ccc}1&2&3&4&1&0&0\\2&3&4&5&0&1&0\\5&4&3&2&0&0&1\end{array}\right)\xrightarrow{\substack{r_2-2r_1\\r_3-5r_1}}\left(\begin{array}{cccc|ccc}1&2&3&4&1&0&0\\0&-1&-2&-3&-2&1&0\\0&-6&-12&-18&-5&0&1\end{array}\right)\xrightarrow{\substack{-r_2\\r_1-2r_2\\r_3+6r_2}}$

$\left(\begin{array}{cccc|ccc}1&0&-1&-2&-3&2&0\\0&1&2&3&2&-1&0\\0&0&0&0&7&-6&1\end{array}\right)$，所以 $\boldsymbol{P}=\begin{pmatrix}-3&2&0\\2&-1&0\\7&-6&1\end{pmatrix}$，行最简形矩阵 $\boldsymbol{PA}=\begin{pmatrix}1&0&-1&-2\\0&1&2&3\\0&0&0&0\end{pmatrix}$.

3．解：（1）$(\boldsymbol{A},\boldsymbol{E})=\left(\begin{array}{ccc|cc}-5&3&1&1&0\\2&-1&1&0&1\end{array}\right)\xrightarrow{r_1+3r_2}\left(\begin{array}{ccc|cc}1&0&4&1&3\\2&-1&1&0&1\end{array}\right)\xrightarrow{\substack{r_2-2r_1\\-r_2}}$

$\left(\begin{array}{ccc|cc}1&0&4&1&3\\0&1&7&2&5\end{array}\right)$，所以 $\boldsymbol{P}=\begin{pmatrix}1&3\\2&5\end{pmatrix}$，行最简形矩阵 $\boldsymbol{PA}=\begin{pmatrix}1&0&4\\0&1&7\end{pmatrix}$.

（2）$(\boldsymbol{A}^{\mathrm{T}},\boldsymbol{E})=\left(\begin{array}{cc|ccc}-5&2&1&0&0\\3&-1&0&1&0\\1&1&0&0&1\end{array}\right)\xrightarrow[r_2-3r_3]{r_1+2r_2}\left(\begin{array}{cc|ccc}1&0&1&2&0\\0&-4&0&1&-3\\1&1&0&0&1\end{array}\right)\xrightarrow[r_2-r_1]{r_2\leftrightarrow r_3}$

$\left(\begin{array}{cc|ccc}1&0&1&2&0\\0&1&-1&-2&1\\0&-4&0&1&-3\end{array}\right)\xrightarrow{r_3+4r_2}\left(\begin{array}{cc|ccc}1&0&1&2&0\\0&1&-1&-2&1\\0&0&-4&-7&1\end{array}\right)$，所以$\boldsymbol{Q}=\begin{pmatrix}1&2&0\\-1&-2&1\\-4&-7&1\end{pmatrix}$，行最简形矩阵

$\boldsymbol{QA}^{\mathrm{T}}=\begin{pmatrix}1&0\\0&1\\0&0\end{pmatrix}$.

4．解：（1）记矩阵$\boldsymbol{A}=\begin{pmatrix}3&2&1\\3&1&5\\3&2&3\end{pmatrix}$，则$(\boldsymbol{A},\boldsymbol{E})=\left(\begin{array}{ccc|ccc}3&2&1&1&0&0\\3&1&5&0&1&0\\3&2&3&0&0&1\end{array}\right)\xrightarrow[r_3-r_1]{r_2-r_1}$

$\left(\begin{array}{ccc|ccc}3&2&1&1&0&0\\0&-1&4&-1&1&0\\0&0&2&-1&0&1\end{array}\right)\xrightarrow[r_1-2r_2]{-r_2}\left(\begin{array}{ccc|ccc}3&0&9&-1&2&0\\0&1&-4&1&-1&0\\0&0&2&-1&0&1\end{array}\right)\xrightarrow{\frac{r_1}{3},\frac{r_3}{2}}\left(\begin{array}{ccc|ccc}1&0&3&-\frac{1}{3}&\frac{2}{3}&0\\0&1&-4&1&-1&0\\0&0&1&-\frac{1}{2}&0&\frac{1}{2}\end{array}\right)$

$\xrightarrow[r_2+4r_3]{r_1-3r_3}\left(\begin{array}{ccc|ccc}1&0&0&\frac{7}{6}&\frac{2}{3}&-\frac{3}{2}\\0&1&0&-1&-1&2\\0&0&1&-\frac{1}{2}&0&\frac{1}{2}\end{array}\right)=(\boldsymbol{E},\boldsymbol{A}^{-1})$，所以$\boldsymbol{A}^{-1}=\begin{pmatrix}\frac{7}{6}&\frac{2}{3}&-\frac{3}{2}\\-1&-1&2\\-\frac{1}{2}&0&\frac{1}{2}\end{pmatrix}$.

（2）记矩阵$\boldsymbol{A}=\begin{pmatrix}3&-2&0&-1\\0&2&2&1\\1&-2&-3&-2\\0&1&2&1\end{pmatrix}$，则$(\boldsymbol{A},\boldsymbol{E})=\left(\begin{array}{cccc|cccc}3&-2&0&-1&1&0&0&0\\0&2&2&1&0&1&0&0\\1&-2&-3&-2&0&0&1&0\\0&1&2&1&0&0&0&1\end{array}\right)\xrightarrow[r_2\leftrightarrow r_4]{r_1\leftrightarrow r_3}$

$\left(\begin{array}{cccc|cccc}1&-2&-3&-2&0&0&1&0\\0&1&2&1&0&0&0&1\\3&-2&0&-1&1&0&0&0\\0&2&2&1&0&1&0&0\end{array}\right)\xrightarrow[\substack{r_3-3r_1-2r_4\\r_4-2r_2}]{r_1+2r_2}\left(\begin{array}{cccc|cccc}1&0&1&0&0&0&1&2\\0&1&2&1&0&0&0&1\\0&0&5&3&1&-2&-3&0\\0&0&-2&-1&0&1&0&-2\end{array}\right)\xrightarrow[r_4+2r_3]{r_3+2r_4}$

$\left(\begin{array}{cccc|cccc}1&0&1&0&0&0&1&2\\0&1&2&1&0&0&0&1\\0&0&1&1&1&0&-3&-4\\0&0&0&1&2&1&-6&-10\end{array}\right)\xrightarrow[\substack{r_2-2r_3-r_4\\r_1-r_3}]{r_3-r_4}\left(\begin{array}{cccc|cccc}1&0&0&0&1&1&-2&-4\\0&1&0&0&0&1&0&-1\\0&0&1&0&-1&-1&3&6\\0&0&0&1&2&1&-6&-10\end{array}\right)=(\boldsymbol{E},\boldsymbol{A}^{-1})$，

所以 $\boldsymbol{A}^{-1}=\begin{pmatrix}1&1&-2&-4\\0&1&0&-1\\-1&-1&3&6\\2&1&-6&-10\end{pmatrix}$.

5．**解：** 方程组 $\begin{cases}x_1+x_2+x_3=2,\\x_1+2x_2+4x_3=3,\\x_1+3x_2+9x_3=5\end{cases}$ 可写为 $\boldsymbol{Ax}=\boldsymbol{b}$，对其增广矩阵施以初等行变换得

$$(\boldsymbol{A},\boldsymbol{b})=\left(\begin{array}{ccc|c}1&1&1&2\\1&2&4&3\\1&3&9&5\end{array}\right)\xrightarrow[r_2-r_1]{r_3-r_2}\left(\begin{array}{ccc|c}1&1&1&2\\0&1&3&1\\0&1&5&2\end{array}\right)\xrightarrow{r_1-r_2,\ \frac{1}{2}(r_3-r_2)}\left(\begin{array}{ccc|c}1&0&-2&1\\0&1&3&1\\0&0&1&\frac{1}{2}\end{array}\right)\xrightarrow[r_2-3r_3]{r_1+2r_3}\left(\begin{array}{ccc|c}1&0&0&2\\0&1&0&-\frac{1}{2}\\0&0&1&\frac{1}{2}\end{array}\right),$$

所以方程组的解为 $x_1=2$，$x_2=-\dfrac{1}{2}$，$x_3=\dfrac{1}{2}$.

6．**解：**（1）$(\boldsymbol{A},\boldsymbol{B})=\left(\begin{array}{ccc|cc}4&1&-2&1&-3\\2&2&1&2&2\\3&1&-1&3&-1\end{array}\right)\xrightarrow{r_1-r_3}\left(\begin{array}{ccc|cc}1&0&-1&-2&-2\\2&2&1&2&2\\3&1&-1&3&-1\end{array}\right)\xrightarrow[r_3-3r_1]{r_2-2r_1}$

$$\left(\begin{array}{ccc|cc}1&0&-1&-2&-2\\0&2&3&6&6\\0&1&2&9&5\end{array}\right)\xrightarrow[r_3-2r_2]{r_2\leftrightarrow r_3}\left(\begin{array}{ccc|cc}1&0&-1&-2&-2\\0&1&2&9&5\\0&0&-1&-12&-4\end{array}\right)\xrightarrow[\substack{r_1+r_3\\r_2-2r_3}]{-r_3}\left(\begin{array}{ccc|cc}1&0&0&10&2\\0&1&0&-15&-3\\0&0&1&12&4\end{array}\right)=$$

$(\boldsymbol{E},\boldsymbol{A}^{-1}\boldsymbol{B})$，所以 $\boldsymbol{X}=\boldsymbol{A}^{-1}\boldsymbol{B}=\begin{pmatrix}10&2\\-15&-3\\12&4\end{pmatrix}$.

（2）由 $\boldsymbol{XA}=\boldsymbol{B}$，得 $\boldsymbol{A}^{\mathrm{T}}\boldsymbol{X}^{\mathrm{T}}=\boldsymbol{B}^{\mathrm{T}}$，则 $(\boldsymbol{A}^{\mathrm{T}},\boldsymbol{B}^{\mathrm{T}})=\left(\begin{array}{ccc|cc}0&2&-3&1&2\\2&-1&3&2&-3\\1&3&-4&3&1\end{array}\right)\xrightarrow[r_1\leftrightarrow r_3]{r_2-2r_3}$

$$\left(\begin{array}{ccc|cc}1&3&-4&3&1\\0&-7&11&-4&-5\\0&2&-3&1&2\end{array}\right)\xrightarrow{r_2+4r_3}\left(\begin{array}{ccc|cc}1&3&-4&3&1\\0&1&-1&0&3\\0&2&-3&1&2\end{array}\right)\xrightarrow[r_3-2r_2]{r_1-3r_2}\left(\begin{array}{ccc|cc}1&0&-1&3&-8\\0&1&-1&0&3\\0&0&-1&1&-4\end{array}\right)\xrightarrow[\substack{r_2-r_3\\-r_3}]{r_1-r_3}$$

$\left(\begin{array}{ccc|cc}1&0&0&2&-4\\0&1&0&-1&7\\0&0&1&-1&4\end{array}\right)=[\boldsymbol{E},(\boldsymbol{A}^{\mathrm{T}})^{-1}\boldsymbol{B}^{\mathrm{T}}]=(\boldsymbol{E},\boldsymbol{X}^{\mathrm{T}})$，所以 $\boldsymbol{X}=\begin{pmatrix}2&-1&-1\\-4&7&4\end{pmatrix}$.

（3）由 $\boldsymbol{AX}=2\boldsymbol{X}+\boldsymbol{A}$，得 $(\boldsymbol{A}-2\boldsymbol{E})\boldsymbol{X}=\boldsymbol{A}$，$(\boldsymbol{A}-2\boldsymbol{E},\boldsymbol{A})=\left(\begin{array}{ccc|ccc}-1&-1&0&1&-1&0\\0&-1&-1&0&1&-1\\-1&0&-1&-1&0&1\end{array}\right)\xrightarrow[\substack{-r_1\\-r_2}]{r_3-r_1}$

$$\left(\begin{array}{ccc|ccc}1&1&0&-1&1&0\\0&1&1&0&-1&1\\0&1&-1&-2&1&1\end{array}\right)\xrightarrow[r_3-r_2]{r_1-r_2}\left(\begin{array}{ccc|ccc}1&0&-1&-1&2&-1\\0&1&1&0&-1&1\\0&0&-2&-2&2&0\end{array}\right)\xrightarrow{-\frac{1}{2}r_3,\ r_1+r_3,\ r_2-r_3}\left(\begin{array}{ccc|ccc}1&0&0&0&1&-1\\0&1&0&-1&0&1\\0&0&1&1&-1&0\end{array}\right)=$$

$[\boldsymbol{E},(\boldsymbol{A}-2\boldsymbol{E})^{-1}\boldsymbol{A}]$，所以 $\boldsymbol{X}=(\boldsymbol{A}-2\boldsymbol{E})^{-1}\boldsymbol{A}=\begin{pmatrix}0&1&-1\\-1&0&1\\1&-1&0\end{pmatrix}$.

7. **解**：在秩是 r 的矩阵中，可能有等于 0 的 $r-1$ 阶子式，也可能没有；可能有等于 0 的 r 阶子式，也可能没有．例如，矩阵 $\begin{pmatrix}1&0&0\\0&1&0\\0&0&0\end{pmatrix}$ 的秩为 2，有等于 0 的一阶子式，也有等于 0 的二阶子式；矩阵 $\begin{pmatrix}1&2\\1&1\end{pmatrix}$ 的秩为 2，没有等于 0 的一阶子式，也没有等于 0 的二阶子式；矩阵 $\begin{pmatrix}1&0\\0&1\end{pmatrix}$ 的秩为 2，有等于 0 的一阶子式，没有等于 0 的二阶子式；矩阵 $\begin{pmatrix}1&1&2\\1&1&1\end{pmatrix}$ 的秩为 2，没有等于 0 的一阶子式，但有等于 0 的二阶子式.

8. **解**：因为矩阵 $\boldsymbol{B}$ 的非零子式也是矩阵 $\boldsymbol{A}$ 非零子式，所以 $R(\boldsymbol{B})\leqslant R(\boldsymbol{A})$．又因为矩阵 $\boldsymbol{B}$ 比矩阵 $\boldsymbol{A}$ 少一行，所以矩阵的秩最多减少 1，故有 $R(\boldsymbol{A})-1\leqslant R(\boldsymbol{B})\leqslant R(\boldsymbol{A})$.

9. **解**：因为矩阵 $\begin{pmatrix}1&0&1&0&0\\1&-1&0&0&0\end{pmatrix}$ 的秩为 2，且该矩阵的后两列为 0，所以满足要求的方阵可为 $\begin{pmatrix}1&0&1&0&0\\1&-1&0&0&0\\0&0&0&1&0\\0&0&0&0&1\\0&0&0&0&0\end{pmatrix}$.（本题答案不唯一）

10. **解**：（1）$\begin{pmatrix}3&1&0&2\\1&-1&2&-1\\1&3&-4&4\end{pmatrix}\xrightarrow{r_1\leftrightarrow r_3}\begin{pmatrix}1&3&-4&4\\1&-1&2&-1\\3&1&0&2\end{pmatrix}\xrightarrow[r_1+r_2]{r_2-r_1,\ r_3-3r_1}\begin{pmatrix}1&-1&2&-1\\0&-4&6&-5\\0&-8&12&-10\end{pmatrix}$

$\xrightarrow{r_3-2r_2}\begin{pmatrix}1&-1&2&-1\\0&-4&6&-5\\0&0&0&0\end{pmatrix}$，所以该矩阵的秩为 2.

（2）$\begin{pmatrix}3&2&-1&-3&-1\\2&-1&3&1&-3\\7&0&5&-1&-8\end{pmatrix}\xrightarrow[r_3-7r_1]{r_1-r_2,\ r_2-2r_1}\begin{pmatrix}1&3&-4&-4&2\\0&-7&11&9&-7\\0&-21&33&27&-22\end{pmatrix}\xrightarrow{r_3-3r_2}$

$\begin{pmatrix}1&3&-4&-4&2\\0&-7&11&9&-7\\0&0&0&0&-1\end{pmatrix}$，所以该矩阵的秩为 3.

（3）$\begin{pmatrix}2&1&8&3&7\\2&-3&0&7&-5\\3&-2&5&8&0\\1&0&3&2&0\end{pmatrix}\xrightarrow{r_1\leftrightarrow r_4}\begin{pmatrix}1&0&3&2&0\\2&-3&0&7&-5\\3&-2&5&8&0\\2&1&8&3&7\end{pmatrix}\xrightarrow[r_4-2r_1]{r_2-2r_1,\ r_3-3r_1}\begin{pmatrix}1&0&3&2&0\\0&-3&-6&3&-5\\0&-2&-4&2&0\\0&1&2&-1&7\end{pmatrix}$

$\xrightarrow[r_3+2r_2]{r_2+3r_4}\begin{pmatrix}1&0&3&2&0\\0&0&0&0&16\\0&0&0&0&14\\0&1&2&-1&7\end{pmatrix}\xrightarrow{r_2\leftrightarrow r_4,\ r_4-\frac{8}{7}r_3}\begin{pmatrix}1&0&3&2&0\\0&1&2&-1&7\\0&0&0&0&14\\0&0&0&0&0\end{pmatrix}$，所以该矩阵的秩为 3.

11. **证明：** 证明充分性．矩阵 $\boldsymbol{A}$ 与矩阵 $\boldsymbol{B}$ 等价，即矩阵 $\boldsymbol{A}$ 经有限次初等变换可化成矩阵 $\boldsymbol{B}$，故存在 m 阶可逆矩阵 $\boldsymbol{P}$ 及 n 阶可逆矩阵 $\boldsymbol{Q}$，使 $\boldsymbol{PAQ}=\boldsymbol{B}$，所以 $R(\boldsymbol{PAQ})=R(\boldsymbol{A})=R(\boldsymbol{B})$，充分性得证.

证明必要性．设 $R(\boldsymbol{A})=R(\boldsymbol{B})=r$，则矩阵 $\boldsymbol{A}$，$\boldsymbol{B}$ 有相同的标准形 $\boldsymbol{F}=\begin{pmatrix}\boldsymbol{E}_r&\boldsymbol{O}\\\boldsymbol{O}&\boldsymbol{O}\end{pmatrix}_{m\times n}$．因为 $\boldsymbol{A}\sim\boldsymbol{F}$，$\boldsymbol{B}\sim\boldsymbol{F}$，根据等价关系的对称性和传递性可知 $\boldsymbol{A}\sim\boldsymbol{B}$，必要性得证.

12. **解：** 对矩阵 $\boldsymbol{A}$ 施以初等行变换，得 $\boldsymbol{A}=\begin{pmatrix}1&-2&3k\\-1&2k&-3\\k&-2&3\end{pmatrix}\xrightarrow[r_3-kr_1]{r_2+r_1}\begin{pmatrix}1&-2&3k\\0&2(k-1)&3(k-1)\\0&2(k-1)&3(1-k^2)\end{pmatrix}$

$\xrightarrow{r_3-r_2}\begin{pmatrix}1&-2&3k\\0&2(k-1)&3(k-1)\\0&0&-3(k-1)(k+2)\end{pmatrix}$，所以，当 $k=1$ 时，$R(\boldsymbol{A})=1$；当 $k=-2$ 时，$R(\boldsymbol{A})=2$；当 $k\neq1$ 且 $k\neq-2$ 时，$R(\boldsymbol{A})=3$.

13. **解：** $\boldsymbol{A}=\begin{pmatrix}a&b&\cdots&b\\b&a&\cdots&b\\\vdots&\vdots&&\vdots\\b&b&\cdots&a\end{pmatrix}\xrightarrow{r_i-r_1(i=2,3,\cdots,n)}\begin{pmatrix}a&b&\cdots&b\\b-a&a-b&\cdots&0\\\vdots&\vdots&&\vdots\\b-a&0&\cdots&a-b\end{pmatrix}\xrightarrow{c_1+c_2+\cdots+c_n}$

$\begin{pmatrix}a+(n-1)b&b&\cdots&b\\0&a-b&\cdots&0\\\vdots&\vdots&&\vdots\\0&0&\cdots&a-b\end{pmatrix}$.

当 $a+(n-1)b=0$，且 $a=b=0$ 时，$R(\boldsymbol{A})=0$.

当 $a+(n-1)b=0$，且 $b\neq0$ 时，$R(\boldsymbol{A})=n-1$.

当 $a+(n-1)b\neq0$，且 $a=b$ 时，$R(\boldsymbol{A})=1$.

当 $a+(n-1)b\neq0$，且 $a\neq b$ 时，$R(\boldsymbol{A})=n$.

14. **解：**（1）系数矩阵 $\boldsymbol{A}=\begin{pmatrix}1&1&2&-1\\2&1&1&-1\\2&2&1&2\end{pmatrix}\xrightarrow[r_3-2r_1]{r_2-2r_1}\begin{pmatrix}1&1&2&-1\\0&-1&-3&1\\0&0&-3&4\end{pmatrix}\xrightarrow{-r_2,\ r_1-r_2,\ -\frac{1}{3}r_3}$

$$\begin{pmatrix}1&0&-1&0\\0&1&3&-1\\0&0&1&-\frac{4}{3}\end{pmatrix}\xrightarrow[r_2-3r_3]{r_1+r_3}\begin{pmatrix}1&0&0&-\frac{4}{3}\\0&1&0&3\\0&0&1&-\frac{4}{3}\end{pmatrix}$$，$R(\boldsymbol{A})=3<4$，则方程组有无限多解，其同解方程组为$\begin{cases}x_1=\frac{4}{3}x_4,\\x_2=-3x_4,\\x_3=\frac{4}{3}x_4,\end{cases}$其中 x_4 为自由未知数，于是方程组的通解为$\begin{pmatrix}x_1\\x_2\\x_3\\x_4\end{pmatrix}=c\begin{pmatrix}\frac{4}{3}\\-3\\\frac{4}{3}\\1\end{pmatrix}$ $(c\in\mathbb{R})$.

（2）系数矩阵 $\boldsymbol{A}=\begin{pmatrix}1&2&1&-1\\3&6&-1&-3\\5&10&1&-5\end{pmatrix}\xrightarrow[r_3-5r_1]{r_2-3r_1}\begin{pmatrix}1&2&1&-1\\0&0&-4&0\\0&0&-4&0\end{pmatrix}\xrightarrow[r_1-r_2]{\substack{r_3-r_2\\-\frac{r_2}{4}}}\begin{pmatrix}1&2&0&-1\\0&0&1&0\\0&0&0&0\end{pmatrix}$，

$R(\boldsymbol{A})=2<4$，则方程组有无限多解，其同解方程组为$\begin{cases}x_1=-2x_2+x_4,\\x_3=0,\end{cases}$ 其中 x_2，x_4 为自由未知数，于是方程组的通解为$\begin{pmatrix}x_1\\x_2\\x_3\\x_4\end{pmatrix}=c_1\begin{pmatrix}-2\\1\\0\\0\end{pmatrix}+c_2\begin{pmatrix}1\\0\\0\\1\end{pmatrix}$ $(c_1, c_2\in\mathbb{R})$.

（3）系数矩阵 $\boldsymbol{A}=\begin{pmatrix}2&3&-1&-7\\3&1&2&-7\\4&1&-3&6\\1&-2&5&-5\end{pmatrix}\xrightarrow[\substack{r_3-4r_1\\r_4-2r_1}]{\substack{r_1\leftrightarrow r_4\\r_2-3r_1}}\begin{pmatrix}1&-2&5&-5\\0&7&-13&8\\0&9&-23&26\\0&7&-11&3\end{pmatrix}\xrightarrow[r_4-r_2]{\frac{1}{2}(r_3-r_2)}\begin{pmatrix}1&-2&5&-5\\0&7&-13&8\\0&1&-5&9\\0&0&2&-5\end{pmatrix}$

$\xrightarrow[\substack{r_1+2r_2\\r_3-7r_2}]{r_2\leftrightarrow r_3}\begin{pmatrix}1&0&-5&13\\0&1&-5&9\\0&0&22&-55\\0&0&2&-5\end{pmatrix}\xrightarrow[\substack{r_2+5r_3\\r_4-2r_3}]{\substack{\frac{r_3}{22}\\r_1+5r_3}}\begin{pmatrix}1&0&0&\frac{1}{2}\\0&1&0&-\frac{7}{2}\\0&0&1&-\frac{5}{2}\\0&0&0&0\end{pmatrix}$，$R(\boldsymbol{A})=3<4$，则方程组有无限多解，

其同解方程组为$\begin{cases}x_1=-\frac{1}{2}x_4,\\x_2=\frac{7}{2}x_4,\\x_3=\frac{5}{2}x_4,\end{cases}$ 其中 x_4 为自由未知数，于是方程组的通解为

$$\begin{pmatrix} x_1 \\ x_2 \\ x_3 \\ x_4 \end{pmatrix} = c\begin{pmatrix} -\frac{1}{2} \\ \frac{7}{2} \\ \frac{5}{2} \\ 1 \end{pmatrix} \ (c \in \mathbb{R}).$$

（4）系数矩阵 $A = \begin{pmatrix} 3 & 4 & -5 & 7 \\ 2 & -3 & 3 & -2 \\ 4 & 11 & -13 & 16 \\ 7 & -2 & 1 & 3 \end{pmatrix} \xrightarrow[\substack{r_3-4r_1 \\ r_4-7r_1}]{\substack{r_1-r_2 \\ r_2-2r_1}} \begin{pmatrix} 1 & 7 & -8 & 9 \\ 0 & -17 & 19 & -20 \\ 0 & -17 & 19 & -20 \\ 0 & -51 & 57 & -60 \end{pmatrix} \xrightarrow{r_3-r_2,\, r_4-3r_2,\, -\frac{r_2}{17}}$

$\begin{pmatrix} 1 & 7 & -8 & 9 \\ 0 & 1 & -\frac{19}{17} & \frac{20}{17} \\ 0 & 0 & 0 & 0 \\ 0 & 0 & 0 & 0 \end{pmatrix} \xrightarrow{r_1-7r_2} \begin{pmatrix} 1 & 0 & -\frac{3}{17} & \frac{13}{17} \\ 0 & 1 & -\frac{19}{17} & \frac{20}{17} \\ 0 & 0 & 0 & 0 \\ 0 & 0 & 0 & 0 \end{pmatrix}$，$R(A) = 2 < 4$，则方程组有无限多解，其同解

方程组为 $\begin{cases} x_1 = \frac{3}{17}x_3 - \frac{13}{17}x_4, \\ x_2 = \frac{19}{17}x_3 - \frac{20}{17}x_4, \end{cases}$ 其中 x_2，x_4 为自由未知数，于是方程组的通解为

$$\begin{pmatrix} x_1 \\ x_2 \\ x_3 \\ x_4 \end{pmatrix} = c_1\begin{pmatrix} \frac{3}{17} \\ \frac{19}{17} \\ 1 \\ 0 \end{pmatrix} + c_2\begin{pmatrix} -\frac{13}{17} \\ -\frac{20}{17} \\ 0 \\ 1 \end{pmatrix} \ (c_1, c_2 \in \mathbb{R}).$$

15．**解**：（1）增广矩阵 $(A, b) = \left(\begin{array}{ccc|c} 4 & 2 & -1 & 2 \\ 3 & -1 & 2 & 10 \\ 11 & 3 & 0 & 8 \end{array}\right) \xrightarrow{r_1-r_2} \left(\begin{array}{ccc|c} 1 & 3 & -3 & -8 \\ 3 & -1 & 2 & 10 \\ 11 & 3 & 0 & 8 \end{array}\right) \xrightarrow[r_3-11r_1]{r_2-3r_1}$

$\left(\begin{array}{ccc|c} 1 & 3 & -3 & -8 \\ 0 & -10 & 11 & 34 \\ 0 & -30 & 33 & 96 \end{array}\right) \xrightarrow{r_3-3r_2} \left(\begin{array}{ccc|c} 1 & 3 & -3 & -8 \\ 0 & -10 & 11 & 34 \\ 0 & 0 & 0 & -6 \end{array}\right)$，$R(A) = 2$，$R(A, b) = 3$，$R(A) < R(A, b)$，

所以方程组无解.

（2）增广矩阵 $(A, b) = \left(\begin{array}{ccc|c} 2 & 3 & 1 & 4 \\ 1 & -2 & 4 & -5 \\ 3 & 8 & -2 & 13 \\ 4 & -1 & 9 & -6 \end{array}\right) \xrightarrow[\substack{r_3-3r_1 \\ r_4-4r_1}]{\substack{r_1 \leftrightarrow r_2 \\ r_2-2r_1}} \left(\begin{array}{ccc|c} 1 & -2 & 4 & -5 \\ 0 & 7 & -7 & 14 \\ 0 & 14 & -14 & 28 \\ 0 & 7 & -7 & 14 \end{array}\right) \xrightarrow{r_3-2r_2,\, r_4-r_2,\, \frac{r_2}{7}}$

$$\left(\begin{array}{ccc|c}1&-2&4&-5\\0&1&-1&2\\0&0&0&0\\0&0&0&0\end{array}\right)\xrightarrow{r_1+2r_2}\left(\begin{array}{ccc|c}1&0&2&-1\\0&1&-1&2\\0&0&0&0\\0&0&0&0\end{array}\right)$$，$R(\boldsymbol{A})=R(\boldsymbol{A},\boldsymbol{b})=2<3$，则方程组有无限多解，

其同解方程组为$\begin{cases}x=-2z-1,\\y=z+2,\end{cases}$其中 z 为自由未知数，于是方程组的通解为

$$\begin{pmatrix}x\\y\\z\end{pmatrix}=c\begin{pmatrix}-2\\1\\1\end{pmatrix}+\begin{pmatrix}-1\\2\\0\end{pmatrix}(c\in\mathbb{R}).$$

（3）增广矩阵 $(\boldsymbol{A},\boldsymbol{b})=\left(\begin{array}{cccc|c}2&1&-1&1&1\\4&2&-2&1&2\\2&1&-1&-1&1\end{array}\right)\xrightarrow[r_3-r_1]{r_2-2r_1}\left(\begin{array}{cccc|c}2&1&-1&1&1\\0&0&0&-1&0\\0&0&0&-2&0\end{array}\right)\xrightarrow[r_3-2r_2]{r_1+r_2}$

$$\left(\begin{array}{cccc|c}2&1&-1&0&1\\0&0&0&-1&0\\0&0&0&0&0\end{array}\right)\xrightarrow{\frac{r_1}{2},-r_2}\left(\begin{array}{cccc|c}1&\frac{1}{2}&-\frac{1}{2}&0&\frac{1}{2}\\0&0&0&1&0\\0&0&0&0&0\end{array}\right)$$，$R(\boldsymbol{A})=(\boldsymbol{A},\boldsymbol{b})=2<4$，则方程组有无限多

解，其同解方程组为$\begin{cases}x=-\frac{1}{2}y+\frac{1}{2}z+\frac{1}{2},\\w=0,\end{cases}$其中 y，z 为自由未知数，于是方程组的通解为

$$\begin{pmatrix}x\\y\\z\\w\end{pmatrix}=c_1\begin{pmatrix}-\frac{1}{2}\\1\\0\\0\end{pmatrix}+c_2\begin{pmatrix}\frac{1}{2}\\0\\1\\0\end{pmatrix}+\begin{pmatrix}\frac{1}{2}\\0\\0\\0\end{pmatrix}(c_1,c_2\in\mathbb{R}).$$

（4）增广矩阵 $(\boldsymbol{A},\boldsymbol{b})=\left(\begin{array}{cccc|c}2&1&-1&1&1\\3&-2&1&-3&4\\1&4&-3&5&-2\end{array}\right)\xrightarrow[\substack{r_2-3r_1\\r_3-2r_1}]{r_1\leftrightarrow r_3}\left(\begin{array}{cccc|c}1&4&-3&5&-2\\0&-14&10&-18&10\\0&-7&5&-9&5\end{array}\right)\xrightarrow[-\frac{r_2}{14}]{r_3-\frac{r_2}{2}}$

$$\left(\begin{array}{cccc|c}1&4&-3&5&-2\\0&1&-\frac{5}{7}&\frac{9}{7}&-\frac{5}{7}\\0&0&0&0&0\end{array}\right)\xrightarrow{r_1-4r_2}\left(\begin{array}{cccc|c}1&0&-\frac{1}{7}&-\frac{1}{7}&\frac{6}{7}\\0&1&-\frac{5}{7}&\frac{9}{7}&-\frac{5}{7}\\0&0&0&0&0\end{array}\right)$$，$R(\boldsymbol{A})=(\boldsymbol{A},\boldsymbol{b})=2<4$，则方程组有无

限多解，其同解方程组为$\begin{cases}x=\frac{1}{7}z+\frac{1}{7}w+\frac{6}{7},\\y=\frac{5}{7}z-\frac{9}{7}w-\frac{5}{7},\end{cases}$其中 z，w 为自由未知数，于是方程组的通解

为 $\begin{pmatrix} x \\ y \\ z \\ w \end{pmatrix} = c_1\begin{pmatrix} \frac{1}{7} \\ \frac{5}{7} \\ 1 \\ 0 \end{pmatrix} + c_2\begin{pmatrix} \frac{1}{7} \\ -\frac{9}{7} \\ 0 \\ 1 \end{pmatrix} + \begin{pmatrix} \frac{6}{7} \\ -\frac{5}{7} \\ 0 \\ 0 \end{pmatrix} (c_1, c_2 \in \mathbb{R})$.

16. **解：** 方程组的解 $\boldsymbol{x} = c_1\begin{pmatrix} 2 \\ -3 \\ 1 \\ 0 \end{pmatrix} + c_2\begin{pmatrix} -2 \\ 4 \\ 0 \\ 1 \end{pmatrix} = \begin{pmatrix} 2x_3 - 2x_4 \\ -3x_3 + 4x_4 \\ x_3 \\ x_4 \end{pmatrix}$，其中 x_3，x_4 为自由未知数，对应方程组 $\begin{cases} x_1 = 2x_3 - 2x_4, \\ x_2 = -3x_3 + 4x_4, \end{cases}$ 所以 $\boldsymbol{x}$ 对应的齐次线性方程组为 $\begin{cases} x_1 - 2x_3 + 2x_4 = 0, \\ x_2 + 3x_3 - 4x_4 = 0. \end{cases}$

17. **解：** 增广矩阵 $(\boldsymbol{A}, \boldsymbol{b}) = \left(\begin{array}{ccc:c} 1 & \lambda-1 & -2 & 1 \\ 0 & \lambda-2 & \lambda+1 & 3 \\ 0 & 0 & 2\lambda+1 & 5 \end{array}\right)$.

（1）当 $\lambda \neq 2$ 且 $\lambda \neq -\frac{1}{2}$ 时，$R(\boldsymbol{A}) = R(\boldsymbol{A}, \boldsymbol{b}) = 3$，方程组有唯一解.

（2）当 $\lambda = -\frac{1}{2}$ 时，$R(\boldsymbol{A}) = 2$，$R(\boldsymbol{A}, \boldsymbol{b}) = 3$，$R(\boldsymbol{A}) < R(\boldsymbol{A}, \boldsymbol{b})$，方程组无解.

（3）当 $\lambda = 2$ 时，$(\boldsymbol{A}, \boldsymbol{b}) = \left(\begin{array}{ccc:c} 1 & 1 & -2 & 1 \\ 0 & 0 & 3 & 3 \\ 0 & 0 & 5 & 5 \end{array}\right) \xrightarrow{\frac{r_2}{3}, r_1+2r_2, r_3-5r_2} \left(\begin{array}{ccc:c} 1 & 1 & 0 & 3 \\ 0 & 0 & 1 & 1 \\ 0 & 0 & 0 & 0 \end{array}\right)$，$R(\boldsymbol{A}) = (\boldsymbol{A}, \boldsymbol{b}) = 2 < 3$，则方程组有无限多解，其同解方程组为 $\begin{cases} x_1 = -x_2 + 3, \\ x_3 = 1, \end{cases}$ 其中 x_2 为自由未知数，于是方程组的通解为 $\begin{pmatrix} x_1 \\ x_2 \\ x_3 \end{pmatrix} = c\begin{pmatrix} -1 \\ 1 \\ 0 \end{pmatrix} + \begin{pmatrix} 3 \\ 0 \\ 1 \end{pmatrix} (c \in \mathbb{R})$.

18. **解：** 系数矩阵的行列式 $|\boldsymbol{A}| = \begin{vmatrix} \lambda & 1 & 1 \\ 1 & \lambda & 1 \\ 1 & 1 & \lambda \end{vmatrix} \xlongequal[r_1+r_3]{r_1+r_2} (\lambda+2)\begin{vmatrix} 1 & 1 & 1 \\ 1 & \lambda & 1 \\ 1 & 1 & \lambda \end{vmatrix} \xlongequal[r_3-r_1]{r_2-r_1} (\lambda+2)\begin{vmatrix} 1 & 1 & 1 \\ 0 & \lambda-1 & 0 \\ 0 & 0 & \lambda-1 \end{vmatrix} = (\lambda-1)^2(\lambda+2)$.

（1）当 $|\boldsymbol{A}| \neq 0$，即 $\lambda \neq 1$ 且 $\lambda \neq -2$ 时，$R(\boldsymbol{A}) = 3$，方程组有唯一解.

（2）当 $\lambda = -2$ 时，$(\boldsymbol{A}, \boldsymbol{b}) = \left(\begin{array}{ccc:c} -2 & 1 & 1 & 1 \\ 1 & -2 & 1 & -2 \\ 1 & 1 & -2 & 4 \end{array}\right) \xrightarrow[\substack{r_2+2r_1 \\ r_3-r_1}]{r_1 \leftrightarrow r_2} \left(\begin{array}{ccc:c} 1 & -2 & 1 & -2 \\ 0 & -3 & 3 & -3 \\ 0 & 3 & -3 & 6 \end{array}\right) \xrightarrow{r_3+r_2}$

$\begin{pmatrix}1&-2&1&\vdots&-2\\0&-3&3&\vdots&-3\\0&0&0&\vdots&3\end{pmatrix}$，可见 $R(\boldsymbol{A})=2$， $R(\boldsymbol{A},\boldsymbol{b})=3$， $R(\boldsymbol{A})<R(\boldsymbol{A},\boldsymbol{b})$，所以方程组无解.

（3）当 $\lambda=1$ 时，$(\boldsymbol{A},\boldsymbol{b})=\begin{pmatrix}1&1&1&\vdots&1\\1&1&1&\vdots&1\\1&1&1&\vdots&1\end{pmatrix}\xrightarrow[r_3-r_1]{r_2-r_1}\begin{pmatrix}1&1&1&\vdots&1\\0&0&0&\vdots&0\\0&0&0&\vdots&0\end{pmatrix}$， $R(\boldsymbol{A})=R(\boldsymbol{A},\boldsymbol{b})=1<3$，则方程组有无限多解，其同解方程为 $x_1=-x_2-x_3+1$，其中 x_2，x_3 为自由未知数，于是方程组的通解为 $\begin{pmatrix}x_1\\x_2\\x_3\end{pmatrix}=c_1\begin{pmatrix}-1\\1\\0\end{pmatrix}+c_2\begin{pmatrix}-1\\0\\1\end{pmatrix}+\begin{pmatrix}1\\0\\0\end{pmatrix}(c_1,c_2\in\mathbb{R})$.

方法总结

本题通过系数矩阵的行列式是否为 0 判定方程组的解，这一解法只适用于方程组的系数矩阵为方阵的情形.

19．解：增广矩阵 $(\boldsymbol{A},\boldsymbol{b})=\begin{pmatrix}-2&1&1&\vdots&-2\\1&-2&1&\vdots&\lambda\\1&1&-2&\vdots&\lambda^2\end{pmatrix}\xrightarrow[r_3-r_1]{\substack{r_1\leftrightarrow r_2\\ r_2+2r_1}}\begin{pmatrix}1&-2&1&\vdots&\lambda\\0&-3&3&\vdots&-2+2\lambda\\0&3&-3&\vdots&\lambda^2-\lambda\end{pmatrix}\xrightarrow{r_3+r_2,\,-\frac{r_2}{3}}$

$\begin{pmatrix}1&-2&1&\vdots&\lambda\\0&1&-1&\vdots&\frac{2}{3}(1-\lambda)\\0&0&0&\vdots&(\lambda-1)(\lambda+2)\end{pmatrix}$，$R(\boldsymbol{A})=2$，若方程组有解，则 $R(\boldsymbol{A},\boldsymbol{b})=2$，即 $(\lambda-1)(\lambda+2)=0$，解得 $\lambda=1$ 或 $\lambda=-2$.

（1）当 $\lambda=1$ 时，$(\boldsymbol{A},\boldsymbol{b})\sim\begin{pmatrix}1&-2&1&\vdots&1\\0&1&-1&\vdots&0\\0&0&0&\vdots&0\end{pmatrix}\xrightarrow{r_1+2r_2}\begin{pmatrix}1&0&-1&\vdots&1\\0&1&-1&\vdots&0\\0&0&0&\vdots&0\end{pmatrix}$，得同解方程组 $\begin{cases}x_1=x_3+1,\\x_2=x_3,\end{cases}$ 其中 x_3 为自由未知数，于是方程组的通解为 $\begin{pmatrix}x_1\\x_2\\x_3\end{pmatrix}=c\begin{pmatrix}1\\1\\1\end{pmatrix}+\begin{pmatrix}1\\0\\0\end{pmatrix}(c\in\mathbb{R})$.

（2）当 $\lambda=-2$ 时，$(\boldsymbol{A},\boldsymbol{b})\sim\begin{pmatrix}1&-2&1&\vdots&-2\\0&1&-1&\vdots&2\\0&0&0&\vdots&0\end{pmatrix}\xrightarrow{r_1+2r_2}\begin{pmatrix}1&0&-1&\vdots&2\\0&1&-1&\vdots&2\\0&0&0&\vdots&0\end{pmatrix}$，得同解方程组 $\begin{cases}x_1=x_3+2,\\x_2=x_3+2,\end{cases}$ 其中 x_3 为自由未知数，于是方程组的通解为 $\begin{pmatrix}x_1\\x_2\\x_3\end{pmatrix}=c\begin{pmatrix}1\\1\\1\end{pmatrix}+\begin{pmatrix}2\\2\\0\end{pmatrix}(c\in\mathbb{R})$.

20．**解：** 方程组的系数矩阵是方阵，其行列式 $|A|=\begin{vmatrix}2-\lambda & 2 & -2\\ 2 & 5-\lambda & -4\\ -2 & -4 & 5-\lambda\end{vmatrix}\overset{c_3+c_2}{=\!=}$

$(1-\lambda)\begin{vmatrix}2-\lambda & 2 & 0\\ 2 & 5-\lambda & 1\\ -2 & -4 & 1\end{vmatrix}\overset{r_2-r_3}{=\!=}(1-\lambda)\begin{vmatrix}2-\lambda & 2 & 0\\ 4 & 9-\lambda & 0\\ -2 & -4 & 1\end{vmatrix}=-(\lambda-1)^2(\lambda-10)$．

（1）当 $|A|\neq 0$，即 $\lambda\neq 1$ 且 $\lambda\neq 10$ 时，$R(A)=3$，方程组有唯一解．

（2）当 $\lambda=10$ 时，$(A,b)=\left(\begin{array}{ccc|c}-8 & 2 & -2 & 1\\ 2 & -5 & -4 & 2\\ -2 & -4 & -5 & -11\end{array}\right)\xrightarrow[r_2+4r_1]{r_1\leftrightarrow r_2,\ r_3+r_1}\left(\begin{array}{ccc|c}2 & -5 & -4 & 2\\ 0 & -18 & -18 & 9\\ 0 & -9 & -9 & -9\end{array}\right)\xrightarrow{r_3-\frac{1}{2}r_2}$

$\left(\begin{array}{ccc|c}2 & -5 & -4 & 2\\ 0 & -18 & -18 & 9\\ 0 & 0 & 0 & -\frac{27}{2}\end{array}\right)$，$R(A)=2$，$R(A,b)=3$，$R(A)<R(A,b)$，所以方程组无解．

（3）当 $\lambda=1$ 时，$(A,b)=\left(\begin{array}{ccc|c}1 & 2 & -2 & 1\\ 2 & 4 & -4 & 2\\ -2 & -4 & 4 & -2\end{array}\right)\xrightarrow[r_3+2r_1]{r_2-2r_1}\left(\begin{array}{ccc|c}1 & 2 & -2 & 1\\ 0 & 0 & 0 & 0\\ 0 & 0 & 0 & 0\end{array}\right)$，$R(A)=R(A,b)=$
$1<3$，方程组有无限多解，其同解方程为 $x_1=-2x_2+2x_3+1$，其中 x_2，x_3 为自由未知数，于是方程组的通解为 $\begin{pmatrix}x_1\\ x_2\\ x_3\end{pmatrix}=c_1\begin{pmatrix}-2\\ 1\\ 0\end{pmatrix}+c_2\begin{pmatrix}2\\ 0\\ 1\end{pmatrix}+\begin{pmatrix}1\\ 0\\ 0\end{pmatrix}(c_1,c_2\in\mathbb{R})$．

21．**证明：** 证明必要性．由 $R(A)=1$，得 A 的标准形为 $\begin{pmatrix}1 & \mathbf{0}\\ \mathbf{0} & O\end{pmatrix}_{m\times n}$，所以存在 m 阶可逆矩阵 P 和 n 阶可逆矩阵 Q，使得 $A=P\begin{pmatrix}1 & \mathbf{0}\\ \mathbf{0} & O\end{pmatrix}Q=P\begin{pmatrix}1\\ 0\\ \vdots\\ 0\end{pmatrix}(1,0,\cdots,0)Q=ab^{\mathrm{T}}$，其中 $a=P\begin{pmatrix}1\\ 0\\ \vdots\\ 0\end{pmatrix}$，$b^{\mathrm{T}}=(1,0,\cdots,0)Q$，又因为矩阵 P，Q 可逆，所以 a 为非零列向量，b^{T} 为非零行向量，必要性得证．

证明充分性．设 $a=(a_1,a_2,\cdots,a_m)^{\mathrm{T}}$，$b^{\mathrm{T}}=(b_1,b_2,\cdots,b_n)$，$a_1b_1\neq 0$．根据矩阵秩的性质，且 $A=ab^{\mathrm{T}}$，得 $R(A)=R(ab^{\mathrm{T}})\leqslant R(a)=1$．因为 a，b 是非零向量，则 ab^{T} 中至少有一个元素不为零，所以 $R(A)\geqslant 1$．综上，$R(A)=1$，充分性得证．

22．**证明：** 设 A 为 $m\times n$ 的矩阵，由 $R(A)=r$，得 A 的标准形为 $\begin{pmatrix}E_r & O\\ O & O\end{pmatrix}_{m\times n}$，所以存在

m 阶可逆矩阵 $\boldsymbol{P}$ 和 n 阶可逆矩阵 $\boldsymbol{Q}$，使得 $\boldsymbol{A}=\boldsymbol{P}\begin{pmatrix}\boldsymbol{E}_r & \boldsymbol{O}\\ \boldsymbol{O} & \boldsymbol{O}\end{pmatrix}\boldsymbol{Q}$．若 $\boldsymbol{P}=(\boldsymbol{p}_1,\boldsymbol{p}_2,\cdots,\boldsymbol{p}_m)$，$\boldsymbol{Q}=$

$$\begin{pmatrix}\boldsymbol{q}_1^{\mathrm{T}}\\ \boldsymbol{q}_2^{\mathrm{T}}\\ \vdots\\ \boldsymbol{q}_n^{\mathrm{T}}\end{pmatrix}，则\ \boldsymbol{A}=(\boldsymbol{p}_1,\boldsymbol{p}_2,\cdots,\boldsymbol{p}_r,\boldsymbol{p}_{r+1},\cdots,\boldsymbol{p}_m)\begin{pmatrix}1&0&\cdots&0&0&\cdots&0\\0&1&\cdots&0&0&\cdots&0\\ \vdots&\vdots&&\vdots&\vdots&&\vdots\\0&0&\cdots&1&0&\cdots&0\\0&0&\cdots&0&0&\cdots&0\\ \vdots&\vdots&&\vdots&\vdots&&\vdots\\0&0&\cdots&0&0&\cdots&0\end{pmatrix}\begin{pmatrix}\boldsymbol{q}_1^{\mathrm{T}}\\ \boldsymbol{q}_2^{\mathrm{T}}\\ \vdots\\ \boldsymbol{q}_r^{\mathrm{T}}\\ \boldsymbol{q}_{r+1}^{\mathrm{T}}\\ \vdots\\ \boldsymbol{q}_n^{\mathrm{T}}\end{pmatrix}=\boldsymbol{p}_1\boldsymbol{q}_1^{\mathrm{T}}+\boldsymbol{p}_2\boldsymbol{q}_2^{\mathrm{T}}+$$

$\cdots+\boldsymbol{p}_r\boldsymbol{q}_r^{\mathrm{T}}$，其中 $\boldsymbol{p}_1\boldsymbol{q}_1^{\mathrm{T}}+\boldsymbol{p}_2\boldsymbol{q}_2^{\mathrm{T}}+\cdots+\boldsymbol{p}_r\boldsymbol{q}_r^{\mathrm{T}}$ 即为 r 个秩为 1 的矩阵之和，得证.

23．**证明：** 设 $\boldsymbol{x}_1$ 满足 $\boldsymbol{Bx}_1=\boldsymbol{0}$，且 $\boldsymbol{A}$ 为列满秩矩阵，则 $\boldsymbol{ABx}_1=\boldsymbol{0}$，即 $\boldsymbol{Cx}_1=\boldsymbol{0}$，则 $\boldsymbol{x}_1$ 也是 $\boldsymbol{Cx}=\boldsymbol{0}$ 的解.

设 $\boldsymbol{x}_2$ 满足 $\boldsymbol{Cx}_2=\boldsymbol{0}$，即 $\boldsymbol{ABx}_2=\boldsymbol{0}$．因为 $\boldsymbol{A}$ 是列满秩矩阵，所以方程 $\boldsymbol{Ay}=\boldsymbol{0}$ 只有零解，即 $\boldsymbol{Bx}_2=\boldsymbol{0}$，则 $\boldsymbol{x}_2$ 也是 $\boldsymbol{Bx}=\boldsymbol{0}$ 的解．综上，方程 $\boldsymbol{Bx}=\boldsymbol{0}$ 与 $\boldsymbol{Cx}=\boldsymbol{0}$ 同解，得证.

24．**证明：** 因为方程 $\boldsymbol{AX}=\boldsymbol{E}_m$ 有解，所以 $R(\boldsymbol{A})=R(\boldsymbol{A},\boldsymbol{E}_m)$．矩阵 $(\boldsymbol{A},\boldsymbol{E}_m)$ 有 m 行，则 $R(\boldsymbol{A},\boldsymbol{E}_m)\leqslant m$；又因为 $R(\boldsymbol{A},\boldsymbol{E}_m)\geqslant R(\boldsymbol{E}_m)=m$，所以 $R(\boldsymbol{A},\boldsymbol{E}_m)=m$．综上，方程 $\boldsymbol{AX}=\boldsymbol{E}_m$ 有解的充分必要条件是 $R(\boldsymbol{A})=m$，得证.

直通考研真题

考研大纲要求

1．理解矩阵初等变换的概念，了解初等矩阵的性质（数一、数二性质，数三概念）和矩阵等价的概念，理解矩阵的秩的概念，掌握用初等变换求矩阵的秩和逆矩阵的方法.

2．（数一、数二）理解齐次线性方程组有非零解的充分必要条件及非齐次线性方程组有解的充分必要条件.

3．（数三）掌握非齐次线性方程组有解和无解的判定方法.

4．（数一、数三）掌握用初等行变换求解线性方程组的方法.（数二）会用初等行变换求解线性方程组.

考研真题精析

真题 1 （数一）若矩阵 $\boldsymbol{A}$ 经初等列变换化成 $\boldsymbol{B}$，则（　　）.

A．存在矩阵 $\boldsymbol{P}$，使得 $\boldsymbol{PA}=\boldsymbol{B}$　　B．存在矩阵 $\boldsymbol{P}$，使得 $\boldsymbol{BP}=\boldsymbol{A}$

C．存在矩阵 $\boldsymbol{P}$，使得 $\boldsymbol{PB}=\boldsymbol{A}$　　D．方程组 $\boldsymbol{Ax}=\boldsymbol{0}$ 与 $\boldsymbol{Bx}=\boldsymbol{0}$ 同解

解析：对矩阵 $\boldsymbol{A}$ 施以初等列变换，相当于在 $\boldsymbol{A}$ 右乘初等矩阵 $\boldsymbol{Q}$．由题可知，存在矩阵 $\boldsymbol{Q}=\boldsymbol{Q}_1\boldsymbol{Q}_2\cdots\boldsymbol{Q}_s$，使得 $\boldsymbol{A}\boldsymbol{Q}_1\boldsymbol{Q}_2\cdots\boldsymbol{Q}_s=\boldsymbol{B}$，即 $\boldsymbol{AQ}=\boldsymbol{B}$，$\boldsymbol{A}=\boldsymbol{BQ}^{-1}$．令 $\boldsymbol{P}=\boldsymbol{Q}^{-1}$，即 $\boldsymbol{A}=\boldsymbol{BP}$，B 选项正确．故选 B.

思路点拨：矩阵的初等变换与矩阵的乘法对应，这一性质可简称为“**左乘变行，右乘变列**”．若矩阵 $\boldsymbol{A}$ 经初等行变换化成 $\boldsymbol{B}$，则存在可逆矩阵 $\boldsymbol{Q}$，使得 $\boldsymbol{QA}=\boldsymbol{B}$，即 $\boldsymbol{A}=\boldsymbol{Q}^{-1}\boldsymbol{B}=\boldsymbol{PB}$．

真题 2　（数二、数三）设 $\boldsymbol{A}$ 为四阶方阵，$\boldsymbol{A}^*$ 为 $\boldsymbol{A}$ 的伴随矩阵，若线性方程组 $\boldsymbol{Ax}=\boldsymbol{0}$ 的基础解系中只有两个向量，则 $\boldsymbol{A}^*$ 的秩是（　　）.

A．0　　B．1　　C．2　　D．3

解析：由方程组 $\boldsymbol{Ax}=\boldsymbol{0}$ 的基础解系中只有两个向量，得方程组的通解中自由未知数的个数为 2，则 $R(\boldsymbol{A})=4-2=2<4-1$，所以 $R(\boldsymbol{A}^*)=0$．故选 A.

思路点拨：本题考查伴随矩阵的秩 $R(\boldsymbol{A}^*)=\begin{cases} n, & R(\boldsymbol{A})=n, \\ 1, & R(\boldsymbol{A})=n-1, \\ 0, & R(\boldsymbol{A})<n-1. \end{cases}$

真题 3　（数三）设矩阵 $\boldsymbol{A}=\begin{pmatrix} 1 & 1 & 1 \\ 1 & a & a^2 \\ 1 & b & b^2 \end{pmatrix}$，$\boldsymbol{b}=\begin{pmatrix} 1 \\ 2 \\ 4 \end{pmatrix}$，则线性方程组 $\boldsymbol{Ax}=\boldsymbol{b}$ 解的情况为（　　）.

A．无解　　B．有解

C．有无穷多解或无解　　D．有唯一解或无解

解析：增广矩阵 $(\boldsymbol{A},\boldsymbol{b})=\begin{pmatrix} 1 & 1 & 1 & 1 \\ 1 & a & a^2 & 2 \\ 1 & b & b^2 & 4 \end{pmatrix}\xrightarrow[r_3-r_1]{r_2-r_1}\begin{pmatrix} 1 & 1 & 1 & 1 \\ 0 & a-1 & a^2-1 & 1 \\ 0 & b-1 & b^2-1 & 3 \end{pmatrix}$．若 $a=b=1$，则 $R(\boldsymbol{A})=1$，$R(\boldsymbol{A},\boldsymbol{b})=2$，$R(\boldsymbol{A})<R(\boldsymbol{A},\boldsymbol{b})$，原方程组无解．若 $a=b\neq1$，则 $R(\boldsymbol{A})=2$，$R(\boldsymbol{A},\boldsymbol{b})=3$，$R(\boldsymbol{A})<R(\boldsymbol{A},\boldsymbol{b})$，原方程组无解．若 $a\neq b$，且 $a=1$ 或 $b=1$，则 $R(\boldsymbol{A})=2$，$R(\boldsymbol{A},\boldsymbol{b})=3$，$R(\boldsymbol{A})<R(\boldsymbol{A},\boldsymbol{b})$，原方程组无解．若 $a\neq b$，且 $a\neq1$，$b\neq1$，则 $R(\boldsymbol{A})=R(\boldsymbol{A},\boldsymbol{b})=3$，方程组有唯一解．故选 D.

第四章 向量组的线性相关性

扫一扫

第四章精讲课

本章导学

本章内容主要分为向量组和线性方程组两部分．向量组部分是从线性组合、线性相关或无关出发，讨论向量组中线性无关向量的个数，引出最大无关组和向量组秩的概念．线性方程组部分是利用向量组的理论，进一步讨论线性方程组的解的结构．

知识导图

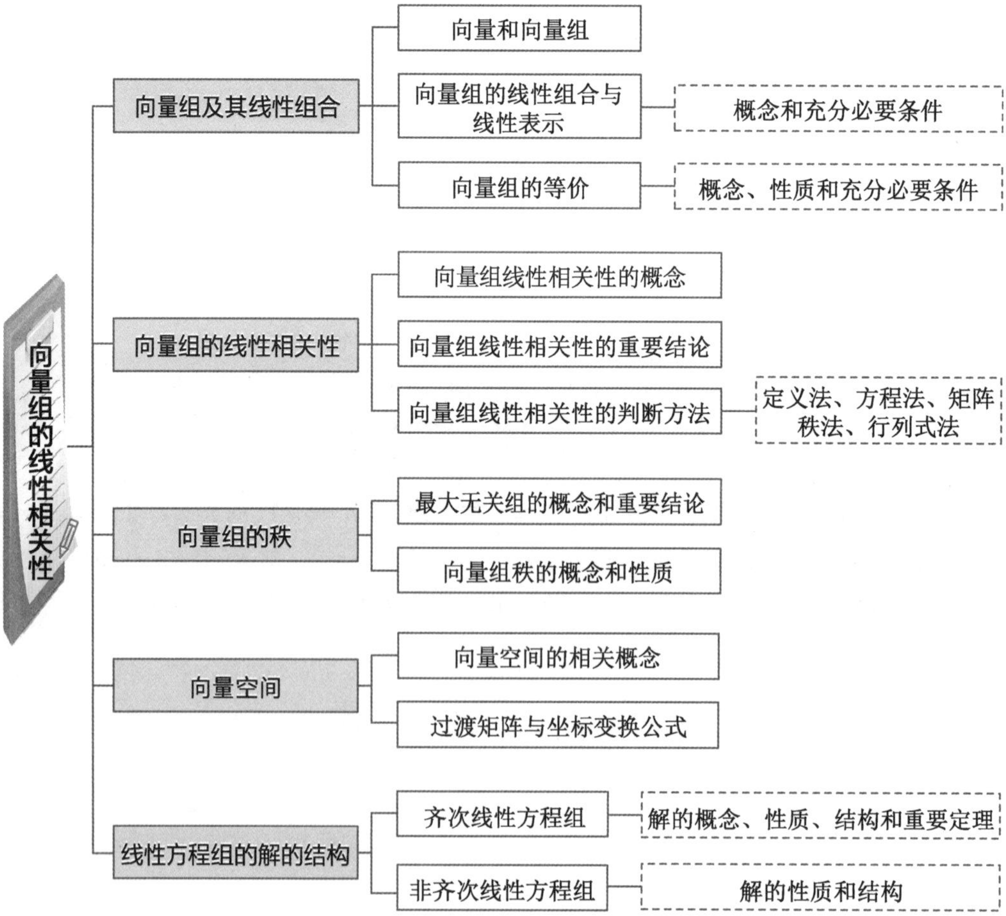

第一节 向量组及其线性组合

一、向量和向量组

向量和向量组的概念及说明如表 4-1 所示.

表 4-1

名 称	概 念	说 明
向 量	n 个有次序的数 $a_1, a_2, \cdots, a_n$ 所组成的数组称为 n 维向量，记作 $\boldsymbol{\alpha}=(a_1, a_2, \cdots, a_n)$，这 n 个数称为该向量的 n 个分量，第 i 个数 a_i 称为第 i 个分量. 向量 $\boldsymbol{\alpha}=(a_1, a_2, \cdots, a_n)$ 称为行向量，向量 $\boldsymbol{\beta}=\begin{pmatrix} b_1 \\ b_2 \\ \vdots \\ b_n \end{pmatrix}=(b_1, b_2, \cdots, b_n)^{\mathrm{T}}$ 称为列向量，所有分量都是零的向量称为零向量，记作 $\mathbf{0}=(0, 0, \cdots, 0)$	① n 维向量可写成行向量，也可写成列向量，本书未指明时，都当作列向量； ② 行向量可以看作 $1\times n$ 矩阵，列向量可以看作 $n\times 1$ 矩阵； ③ 向量的线性运算与矩阵的线性运算类似
向量组	若干个同维数的列向量（或同维数的行向量）所组成的集合叫作向量组. 特别地，三维向量的全体所组成的集合 $\mathbb{R}^3=\{\boldsymbol{r} \mid \boldsymbol{r}=(x, y, z)^{\mathrm{T}}, x, y, z\in\mathbb{R}\}$ 叫作三维向量空间	一个含有有限个向量的向量组可以构成矩阵

二、向量组的线性组合与线性表示

定义 给定向量组 A：$\boldsymbol{\alpha}_1, \boldsymbol{\alpha}_2, \cdots, \boldsymbol{\alpha}_m$，对于任何一组数 $k_1, k_2, \cdots, k_m$，表达式 $k_1\boldsymbol{\alpha}_1+k_2\boldsymbol{\alpha}_2+\cdots+k_m\boldsymbol{\alpha}_m$ 称为向量组 A 的一个线性组合，$k_1, k_2, \cdots, k_m$ 称为这个线性组合的系数.

向量和向量组能由向量组线性表示的概念和充分必要条件如表 4-2 所示.

表 4-2

线性表示	概 念	充分必要条件
向量由向量组表示	给定向量组 A：$\boldsymbol{a}_1, \boldsymbol{a}_2, \cdots, \boldsymbol{a}_m$ 和向量 $\boldsymbol{b}$，若存在一组数 $\lambda_1, \lambda_2, \cdots, \lambda_m$ 使 $\boldsymbol{b}=\lambda_1\boldsymbol{a}_1+\lambda_2\boldsymbol{a}_2+\cdots+\lambda_m\boldsymbol{a}_m$，则向量 $\boldsymbol{b}$ 是向量组 A 的线性组合，这时称向量 $\boldsymbol{b}$ 能由向量组 A 线性表示	矩阵 $\boldsymbol{A}=(\boldsymbol{a}_1, \boldsymbol{a}_2, \cdots, \boldsymbol{a}_m)$ 的秩等于矩阵 $\boldsymbol{B}=(\boldsymbol{a}_1, \boldsymbol{a}_2, \cdots, \boldsymbol{a}_m, \boldsymbol{b})$ 的秩，即 $R(\boldsymbol{A})=R(\boldsymbol{A}, \boldsymbol{b})$
向量组由向量组表示	设有两个向量组 A：$\boldsymbol{a}_1, \boldsymbol{a}_2, \cdots, \boldsymbol{a}_m$ 及 B：$\boldsymbol{b}_1, \boldsymbol{b}_2, \cdots, \boldsymbol{b}_l$，若向量组 B 中的每个向量都能由向量组 A 线性表示，则称向量组 B 能由向量组 A 线性表示	矩阵 $\boldsymbol{A}=(\boldsymbol{a}_1, \boldsymbol{a}_2, \cdots, \boldsymbol{a}_m)$ 的秩等于矩阵 $(\boldsymbol{A}, \boldsymbol{B})=(\boldsymbol{a}_1, \boldsymbol{a}_2, \cdots, \boldsymbol{a}_m, \boldsymbol{b}_1, \boldsymbol{b}_2, \cdots, \boldsymbol{b}_l)$ 的秩，即 $R(\boldsymbol{A})=R(\boldsymbol{A}, \boldsymbol{B})$

三、向量组的等价

向量组等价的概念、性质和充分必要条件如表 4-3 所示.

表 4-3

概　念	若向量组 A：$\boldsymbol{a}_1,\boldsymbol{a}_2,\cdots,\boldsymbol{a}_m$ 与向量组 B：$\boldsymbol{b}_1,\boldsymbol{b}_2,\cdots,\boldsymbol{b}_l$ 能相互线性表示，则称这两个向量组等价
性　质	① 反身性：任一向量组与它自身等价； ② 对称性：若向量组 A 与向量组 B 等价，则向量组 B 与向量组 A 也等价； ③ 传递性：若向量组 A 与向量组 B 等价，向量组 B 与向量组 C 等价，则向量组 A 与向量组 C 也等价
充分必要条件	向量组 A 与向量组 B 等价 $\Leftrightarrow R(\boldsymbol{A})=R(\boldsymbol{B})=R(\boldsymbol{A},\boldsymbol{B})$

典例精解

基本题型 1　向量的线性组合与运算

题型分析：利用向量的运算法则，对所求矩阵进行化简，然后代入计算. 注意在计算向量的乘法时 $\boldsymbol{\alpha\alpha}^{\mathrm{T}}$ 与 $\boldsymbol{\alpha}^{\mathrm{T}}\boldsymbol{\alpha}$ 的不同.

典例 1　设 n 维行向量 $\boldsymbol{\alpha}=\left(\frac{1}{2},0,\cdots,0,\frac{1}{2}\right)$，矩阵 $\boldsymbol{A}=\boldsymbol{E}-\boldsymbol{\alpha}^{\mathrm{T}}\boldsymbol{\alpha}$，$\boldsymbol{B}=\boldsymbol{E}+2\boldsymbol{\alpha}^{\mathrm{T}}\boldsymbol{\alpha}$，其中 $\boldsymbol{E}$ 为 n 阶单位矩阵，则 $\boldsymbol{AB}=$__________.

解析： $\boldsymbol{AB}=(\boldsymbol{E}-\boldsymbol{\alpha}^{\mathrm{T}}\boldsymbol{\alpha})(\boldsymbol{E}+2\boldsymbol{\alpha}^{\mathrm{T}}\boldsymbol{\alpha})=\boldsymbol{E}+\boldsymbol{\alpha}^{\mathrm{T}}\boldsymbol{\alpha}-2\boldsymbol{\alpha}^{\mathrm{T}}\boldsymbol{\alpha}\boldsymbol{\alpha}^{\mathrm{T}}\boldsymbol{\alpha}=\boldsymbol{E}+\boldsymbol{\alpha}^{\mathrm{T}}\boldsymbol{\alpha}-2\boldsymbol{\alpha}^{\mathrm{T}}(\boldsymbol{\alpha}\boldsymbol{\alpha}^{\mathrm{T}})\boldsymbol{\alpha}=\boldsymbol{E}+\boldsymbol{\alpha}^{\mathrm{T}}\boldsymbol{\alpha}-2\boldsymbol{\alpha}^{\mathrm{T}}\times\frac{1}{2}\times\boldsymbol{\alpha}=\boldsymbol{E}$. 故填 $\boldsymbol{E}$.

变式训练 1　设 $\boldsymbol{\alpha}$ 为三维列向量，且 $\boldsymbol{\alpha\alpha}^{\mathrm{T}}=\begin{pmatrix}1&-1&1\\-1&1&-1\\1&-1&1\end{pmatrix}$，则 $\boldsymbol{\alpha}^{\mathrm{T}}\boldsymbol{\alpha}=$__________.

典例 2　已知 $2(\boldsymbol{\alpha}_1+\boldsymbol{\alpha})-3(\boldsymbol{\alpha}_2-\boldsymbol{\alpha})=5(\boldsymbol{\alpha}_3-2\boldsymbol{\alpha})$，其中 $\boldsymbol{\alpha}_1=\begin{pmatrix}1\\1\\0\\1\end{pmatrix}$，$\boldsymbol{\alpha}_2=\begin{pmatrix}0\\1\\0\\1\end{pmatrix}$，$\boldsymbol{\alpha}_3=\begin{pmatrix}3\\2\\5\\1\end{pmatrix}$，求向量 $\boldsymbol{\alpha}$.

解析：由 $2(\boldsymbol{\alpha}_1+\boldsymbol{\alpha})-3(\boldsymbol{\alpha}_2-\boldsymbol{\alpha})=5(\boldsymbol{\alpha}_3-2\boldsymbol{\alpha})$，得

$$\boldsymbol{\alpha}=\frac{1}{15}(-2\boldsymbol{\alpha}_1+3\boldsymbol{\alpha}_2+5\boldsymbol{\alpha}_3)=\frac{1}{15}\left[-2\begin{pmatrix}1\\1\\0\\1\end{pmatrix}+3\begin{pmatrix}0\\1\\0\\1\end{pmatrix}+5\begin{pmatrix}3\\2\\5\\1\end{pmatrix}\right]=\frac{1}{15}\begin{pmatrix}13\\11\\25\\6\end{pmatrix}=\left(\frac{13}{15},\frac{11}{15},\frac{5}{3},\frac{2}{5}\right)^{\mathrm{T}}.$$

变式训练 2 已知 $3(\boldsymbol{\alpha}_1-\boldsymbol{\alpha})+2(\boldsymbol{\alpha}_2+\boldsymbol{\alpha})=5(\boldsymbol{\alpha}_3+\boldsymbol{\alpha})$，其中 $\boldsymbol{\alpha}_1=\begin{pmatrix}2\\5\\1\\3\end{pmatrix}$，$\boldsymbol{\alpha}_2=\begin{pmatrix}10\\1\\5\\10\end{pmatrix}$，$\boldsymbol{\alpha}_3=\begin{pmatrix}4\\1\\-1\\1\end{pmatrix}$，求向量 $\boldsymbol{\alpha}$.

基本题型 2 向量由向量组线性表示

题型分析： 向量线性组合的问题可转化为线性方程组解的问题，若方程组有解，则向量能写成向量组的线性组合. 对于本题型，可将向量组写成矩阵，并进行初等行变换，然后利用方程组有解的充分必要条件，判断向量是否为向量组的线性组合，进而写出线性组合的表示式或求出未知参数.

典例 3 判断向量 $\boldsymbol{\beta}_1=(4,3,-1,11)$ 与 $\boldsymbol{\beta}_2=(4,3,0,11)$ 是否为向量组 $\boldsymbol{\alpha}_1=(1,2,-1,5)$，$\boldsymbol{\alpha}_2=(2,-1,1,1)$ 的线性组合？若是，写出表示式.

解析： 设 $k_1\boldsymbol{\alpha}_1+k_2\boldsymbol{\alpha}_2=\boldsymbol{\beta}_1$，对矩阵 $(\boldsymbol{\alpha}_1^{\mathrm{T}},\boldsymbol{\alpha}_2^{\mathrm{T}},\boldsymbol{\beta}_1^{\mathrm{T}})$ 施以初等行变换，得 $\begin{pmatrix}1&2&4\\2&-1&3\\-1&1&-1\\5&1&11\end{pmatrix}$

$\xrightarrow[r_4-5r_1]{\substack{r_2-2r_1\\r_3+r_1}}\begin{pmatrix}1&2&4\\0&-5&-5\\0&3&3\\0&-9&-9\end{pmatrix}\xrightarrow{-\frac{r_2}{5}}\begin{pmatrix}1&2&4\\0&1&1\\0&3&3\\0&-9&-9\end{pmatrix}\xrightarrow[r_4+9r_2]{\substack{r_1-2r_2\\r_3-3r_2}}\begin{pmatrix}1&0&2\\0&1&1\\0&0&0\\0&0&0\end{pmatrix}$，从而向量组 $(\boldsymbol{\alpha}_1^{\mathrm{T}},\boldsymbol{\alpha}_2^{\mathrm{T}},\boldsymbol{\beta}_1^{\mathrm{T}})$ 的秩与向量组 $(\boldsymbol{\alpha}_1^{\mathrm{T}},\boldsymbol{\alpha}_2^{\mathrm{T}})$ 的秩都为 2，所以 $\boldsymbol{\beta}_1$ 能由 $\boldsymbol{\alpha}_1$，$\boldsymbol{\alpha}_2$ 线性表示，且由初等变换可知 $k_1=2$，$k_2=1$，即 $2\boldsymbol{\alpha}_1+\boldsymbol{\alpha}_2=\boldsymbol{\beta}_1$.

类似地，对矩阵 $(\boldsymbol{\alpha}_1^{\mathrm{T}},\boldsymbol{\alpha}_2^{\mathrm{T}},\boldsymbol{\beta}_2^{\mathrm{T}})$ 施以初等行变换，得 $\begin{pmatrix}1&2&4\\2&-1&3\\-1&1&0\\5&1&11\end{pmatrix}\xrightarrow[r_4-5r_1]{\substack{r_2-2r_1\\r_3+r_1}}\begin{pmatrix}1&2&4\\0&-5&-5\\0&3&4\\0&-9&-9\end{pmatrix}$

$\xrightarrow{-\frac{r_2}{5}}\begin{pmatrix}1&2&4\\0&1&1\\0&3&4\\0&-9&-9\end{pmatrix}\xrightarrow[r_4+9r_2]{\substack{r_1-2r_2\\r_3-3r_2}}\begin{pmatrix}1&0&2\\0&1&1\\0&0&1\\0&0&0\end{pmatrix}$，从而向量组 $(\boldsymbol{\alpha}_1^{\mathrm{T}},\boldsymbol{\alpha}_2^{\mathrm{T}},\boldsymbol{\beta}_2^{\mathrm{T}})$ 的秩为 3，向量组 $(\boldsymbol{\alpha}_1^{\mathrm{T}},\boldsymbol{\alpha}_2^{\mathrm{T}})$ 的秩为 2，所以 $\boldsymbol{\beta}_2$ 不能由 $\boldsymbol{\alpha}_1$，$\boldsymbol{\alpha}_2$ 线性表示.

变式训练 3 若向量 $\boldsymbol{\beta}=(1,0,k,2)^{\mathrm{T}}$ 能由向量组 $\boldsymbol{\alpha}_1=(1,3,0,5)^{\mathrm{T}}$，$\boldsymbol{\alpha}_2=(1,2,1,4)^{\mathrm{T}}$，$\boldsymbol{\alpha}_3=(1,1,2,3)^{\mathrm{T}}$，$\boldsymbol{\alpha}_4=(1,-3,6,-1)^{\mathrm{T}}$ 线性表示，则 $k=$________.

变式训练 4 设向量组(I)：$\boldsymbol{\alpha}_1,\boldsymbol{\alpha}_2,\cdots,\boldsymbol{\alpha}_{m-1}$，向量组(II)：$\boldsymbol{\alpha}_1,\boldsymbol{\alpha}_2,\cdots,\boldsymbol{\alpha}_{m-1},\boldsymbol{\beta}$，其中向量$\boldsymbol{\beta}$能由向量组$\boldsymbol{\alpha}_1,\boldsymbol{\alpha}_2,\cdots,\boldsymbol{\alpha}_m$线性表示，但不能由向量组(I)线性表示，则（　　）.

A．$\boldsymbol{\alpha}_m$不能由(I)线性表示，也不能由(II)线性表示

B．$\boldsymbol{\alpha}_m$不能由(I)线性表示，但能由(II)线性表示

C．$\boldsymbol{\alpha}_m$能由(I)线性表示，也能由(II)线性表示

D．$\boldsymbol{\alpha}_m$能由(I)线性表示，但不能由(II)线性表示

方法总结

设向量$\boldsymbol{\alpha}_1=(a_{11},a_{12},\cdots,a_{1n})^{\mathrm{T}}$，$\boldsymbol{\alpha}_2=(a_{21},a_{22},\cdots,a_{2n})^{\mathrm{T}}$，$\cdots$，$\boldsymbol{\alpha}_m=(a_{m1},a_{m2},\cdots,a_{mn})^{\mathrm{T}}$，$\boldsymbol{\beta}=(b_1,b_2,\cdots,b_n)^{\mathrm{T}}$，其中$m\leqslant n$，则有以下结论.

（1）向量$\boldsymbol{\beta}$能由向量组$\boldsymbol{\alpha}_1,\boldsymbol{\alpha}_2,\cdots,\boldsymbol{\alpha}_m$线性表示的充分必要条件是线性方程组$x_1\boldsymbol{\alpha}_1+x_2\boldsymbol{\alpha}_2+\cdots+x_m\boldsymbol{\alpha}_m=\boldsymbol{\beta}$有解，即方程组$\begin{cases}a_{11}x_1+a_{21}x_2+\cdots+a_{m1}x_m=b_1,\\a_{12}x_1+a_{22}x_2+\cdots+a_{m2}x_m=b_2,\\\qquad\cdots\\a_{1n}x_1+a_{2n}x_2+\cdots+a_{mn}x_m=b_n\end{cases}$有解.

（2）令矩阵$\boldsymbol{A}=(\boldsymbol{\alpha}_1,\boldsymbol{\alpha}_2,\cdots,\boldsymbol{\alpha}_m)$，$\boldsymbol{B}=(\boldsymbol{\alpha}_1,\boldsymbol{\alpha}_2,\cdots,\boldsymbol{\alpha}_m,\boldsymbol{\beta})$，则向量$\boldsymbol{\beta}$能由$\boldsymbol{\alpha}_1,\boldsymbol{\alpha}_2,\cdots,\boldsymbol{\alpha}_m$线性表示的充分必要条件是$R(\boldsymbol{A})=R(\boldsymbol{B})$.

（3）向量$\boldsymbol{\beta}$能由$\boldsymbol{\alpha}_1,\boldsymbol{\alpha}_2,\cdots,\boldsymbol{\alpha}_m$唯一线性表示$\Leftrightarrow R(\boldsymbol{A})=R(\boldsymbol{B})=m$.

（4）向量$\boldsymbol{\beta}$不能由$\boldsymbol{\alpha}_1,\boldsymbol{\alpha}_2,\cdots,\boldsymbol{\alpha}_m$线性表示$\Leftrightarrow R(\boldsymbol{A})<R(\boldsymbol{B})$.

典例 4 已知三维向量组$\boldsymbol{\alpha}_1=\begin{pmatrix}1+\lambda\\1\\1\end{pmatrix}$，$\boldsymbol{\alpha}_2=\begin{pmatrix}1\\1+\lambda\\1\end{pmatrix}$，$\boldsymbol{\alpha}_3=\begin{pmatrix}1\\1\\1+\lambda\end{pmatrix}$，$\boldsymbol{\beta}=\begin{pmatrix}0\\\lambda\\\lambda^2\end{pmatrix}$，求满足下列条件的$\lambda$的值.

（1）$\boldsymbol{\beta}$能由$\boldsymbol{\alpha}_1$，$\boldsymbol{\alpha}_2$，$\boldsymbol{\alpha}_3$线性表示，且表示式唯一；

（2）$\boldsymbol{\beta}$能由$\boldsymbol{\alpha}_1$，$\boldsymbol{\alpha}_2$，$\boldsymbol{\alpha}_3$线性表示，且表示式不唯一；

（3）$\boldsymbol{\beta}$不能由$\boldsymbol{\alpha}_1$，$\boldsymbol{\alpha}_2$，$\boldsymbol{\alpha}_3$线性表示.

解析：将向量组写成矩阵并施以初等行变换，得$(\boldsymbol{\alpha}_1,\boldsymbol{\alpha}_2,\boldsymbol{\alpha}_3,\boldsymbol{\beta})=\begin{pmatrix}1+\lambda&1&1&0\\1&1+\lambda&1&\lambda\\1&1&1+\lambda&\lambda^2\end{pmatrix}$

$$\xrightarrow[r_3-(1+\lambda)r_1]{\substack{r_1\leftrightarrow r_3\\ r_2-r_1}}\begin{pmatrix}1&1&1+\lambda&\lambda^2\\0&\lambda&-\lambda&\lambda-\lambda^2\\0&-\lambda&1-(1+\lambda)^2&-\lambda^2(1+\lambda)\end{pmatrix}\xrightarrow{r_3+r_2}\begin{pmatrix}1&1&1+\lambda&\lambda^2\\0&\lambda&-\lambda&\lambda-\lambda^2\\0&0&-\lambda(3+\lambda)&\lambda-2\lambda^2-\lambda^3\end{pmatrix}.$$

（1）当$\lambda\neq0$且$\lambda\neq-3$时，$R(\boldsymbol{\alpha}_1,\boldsymbol{\alpha}_2,\boldsymbol{\alpha}_3)=R(\boldsymbol{\alpha}_1,\boldsymbol{\alpha}_2,\boldsymbol{\alpha}_3,\boldsymbol{\beta})=3$，则$\boldsymbol{\beta}$能由$\boldsymbol{\alpha}_1$，$\boldsymbol{\alpha}_2$，$\boldsymbol{\alpha}_3$线性表示，且表示式唯一.

（2）当 $\lambda=0$ 时，$R(\boldsymbol{\alpha}_1,\boldsymbol{\alpha}_2,\boldsymbol{\alpha}_3)=R(\boldsymbol{\alpha}_1,\boldsymbol{\alpha}_2,\boldsymbol{\alpha}_3,\boldsymbol{\beta})<3$，则 $\boldsymbol{\beta}$ 能由 $\boldsymbol{\alpha}_1$，$\boldsymbol{\alpha}_2$，$\boldsymbol{\alpha}_3$ 线性表示，且表示式不唯一．

（3）当 $\lambda=-3$ 时，$R(\boldsymbol{\alpha}_1,\boldsymbol{\alpha}_2,\boldsymbol{\alpha}_3)=2$，$R(\boldsymbol{\alpha}_1,\boldsymbol{\alpha}_2,\boldsymbol{\alpha}_3,\boldsymbol{\beta})=3$，则 $\boldsymbol{\beta}$ 不能由 $\boldsymbol{\alpha}_1$，$\boldsymbol{\alpha}_2$，$\boldsymbol{\alpha}_3$ 线性表示．

变式训练 5 已知向量组 $\boldsymbol{\beta}=\begin{pmatrix}0\\4\\2\end{pmatrix}$，$\boldsymbol{\alpha}_1=\begin{pmatrix}1\\2\\3\end{pmatrix}$，$\boldsymbol{\alpha}_2=\begin{pmatrix}2\\3\\1\end{pmatrix}$，$\boldsymbol{\alpha}_3=\begin{pmatrix}3\\1\\2\end{pmatrix}$，问向量 $\boldsymbol{\beta}$ 是否能由向量组 $\boldsymbol{\alpha}_1$，$\boldsymbol{\alpha}_2$，$\boldsymbol{\alpha}_3$ 线性表示？

基本题型 3 向量组由向量组线性表示

题型分析：向量组之间能否线性表示的本质，就是向量组所构成的矩阵的秩是否相等，若相等，则向量组之间能相互线性表示．对于本题型，可对向量组构成的矩阵施以初等行变换，将其化为行阶梯形矩阵，根据矩阵秩的关系判断向量组之间能否线性表示．

典例 5 已知向量组(I)：$\boldsymbol{\alpha}_1=\begin{pmatrix}0\\1\\2\\3\end{pmatrix}$，$\boldsymbol{\alpha}_2=\begin{pmatrix}3\\0\\1\\2\end{pmatrix}$，$\boldsymbol{\alpha}_3=\begin{pmatrix}2\\3\\0\\1\end{pmatrix}$ 和(II)：$\boldsymbol{\beta}_1=\begin{pmatrix}2\\1\\1\\2\end{pmatrix}$，$\boldsymbol{\beta}_2=\begin{pmatrix}0\\-2\\1\\1\end{pmatrix}$，$\boldsymbol{\beta}_3=\begin{pmatrix}4\\4\\1\\3\end{pmatrix}$．证明：向量组(II)能由(I)线性表示，但向量组(I)不能由(II)线性表示．

证明：令矩阵 $\boldsymbol{A}=(\boldsymbol{\alpha}_1,\boldsymbol{\alpha}_2,\boldsymbol{\alpha}_3)$，$\boldsymbol{B}=(\boldsymbol{\beta}_1,\boldsymbol{\beta}_2,\boldsymbol{\beta}_3)$，对矩阵 $(\boldsymbol{A},\boldsymbol{B})$ 施以初等行变换，得

$$(\boldsymbol{A},\boldsymbol{B})=\left(\begin{array}{ccc:ccc}0&3&2&2&0&4\\1&0&3&1&-2&4\\2&1&0&1&1&1\\3&2&1&2&1&3\end{array}\right)\xrightarrow[\substack{r_3-2r_1\\r_4-3r_1}]{r_2\leftrightarrow r_1}\left(\begin{array}{ccc:ccc}1&0&3&1&-2&4\\0&3&2&2&0&4\\0&1&-6&-1&5&-7\\0&2&-8&-1&7&-9\end{array}\right)\xrightarrow[\substack{r_3-3r_2\\r_4-2r_2}]{r_2\leftrightarrow r_3}$$

$$\left(\begin{array}{ccc:ccc}1&0&3&1&-2&4\\0&1&-6&-1&5&-7\\0&0&20&5&-15&25\\0&0&4&1&-3&5\end{array}\right)\xrightarrow{\frac{1}{5}r_3,\,r_4-r_3}\left(\begin{array}{ccc:ccc}1&0&3&1&-2&4\\0&1&-6&-1&5&-7\\0&0&4&1&-3&5\\0&0&0&0&0&0\end{array}\right)，$$

则 $R(\boldsymbol{A})=R(\boldsymbol{A},\boldsymbol{B})=3$，所以向量组(II)能由(I)线性表示．

同理可得，
$$(\boldsymbol{B},\boldsymbol{A})=\left(\begin{array}{ccc:ccc}2&0&4&0&3&2\\1&-2&4&1&0&3\\1&1&1&2&1&0\\2&1&3&3&2&1\end{array}\right)\xrightarrow[\substack{r_2-r_1\\r_3-2r_1\\r_4-2r_1}]{r_1\leftrightarrow r_3}\left(\begin{array}{ccc:ccc}1&1&1&2&1&0\\0&-3&3&-1&-1&3\\0&-2&2&-4&1&2\\0&-1&1&-1&0&1\end{array}\right)\xrightarrow[\substack{r_3-2r_2\\r_4-3r_2}]{r_2\leftrightarrow r_4}$$

$$\left(\begin{array}{ccc:ccc}1&1&1&2&1&0\\0&-1&1&-1&0&1\\0&0&0&-2&1&0\\0&0&0&2&-1&0\end{array}\right)\xrightarrow{r_4+r_3}\left(\begin{array}{ccc:ccc}1&1&1&2&1&0\\0&-1&1&-1&0&1\\0&0&0&-2&1&0\\0&0&0&0&0&0\end{array}\right)$$，则 $R(\boldsymbol{B})=2$，而 $R(\boldsymbol{B},\boldsymbol{A})=3$，所以向量组(I)不能由(II)线性表示，得证.

变式训练 6 已知向量 $\boldsymbol{\alpha}_1$，$\boldsymbol{\alpha}_2$，$\boldsymbol{\alpha}_3$ 分别能由 $\boldsymbol{\beta}_1$，$\boldsymbol{\beta}_2$，$\boldsymbol{\beta}_3$ 线性表示，且 $\begin{cases}\boldsymbol{\alpha}_1=\boldsymbol{\beta}_1-\boldsymbol{\beta}_2+\boldsymbol{\beta}_3,\\\boldsymbol{\alpha}_2=\boldsymbol{\beta}_1+\boldsymbol{\beta}_2-\boldsymbol{\beta}_3,\\\boldsymbol{\alpha}_3=-\boldsymbol{\beta}_1+\boldsymbol{\beta}_2+\boldsymbol{\beta}_3.\end{cases}$ 试将 $\boldsymbol{\beta}_1$，$\boldsymbol{\beta}_2$，$\boldsymbol{\beta}_3$ 分别用 $\boldsymbol{\alpha}_1$，$\boldsymbol{\alpha}_2$，$\boldsymbol{\alpha}_3$ 线性表示.

第二节 向量组的线性相关性

一、向量组线性相关性的概念

向量组线性相关性的概念、三维向量线性相关的几何意义及说明如表 4-4 所示.

表 4-4

概　念	给定向量组 A：$\boldsymbol{a}_1,\boldsymbol{a}_2,\cdots,\boldsymbol{a}_m$，若存在不全为零的数 $k_1,k_2,\cdots,k_m$，使 $k_1\boldsymbol{a}_1+k_2\boldsymbol{a}_2+\cdots+k_m\boldsymbol{a}_m=\boldsymbol{0}$，则称向量组 A 线性相关；若当且仅当 $k_1=k_2=\cdots=k_m=0$ 时等式成立，则称向量组 A 线性无关
三维向量线性相关的几何意义	① 若两个三维向量 $\boldsymbol{a}_1$，$\boldsymbol{a}_2$ 线性相关，则存在不为 0 的数 k，使 $\boldsymbol{a}_1=k\boldsymbol{a}_2$，即 $\boldsymbol{a}_1$，$\boldsymbol{a}_2$ 共线； ② 若三个三维向量 $\boldsymbol{a}_1$，$\boldsymbol{a}_2$，$\boldsymbol{a}_3$ 线性相关，则存在不为 0 的数 k_1，k_2，k_3，使 $k_1\boldsymbol{a}_1+k_2\boldsymbol{a}_2+k_3\boldsymbol{a}_3=\boldsymbol{0}$，即 $\boldsymbol{a}_1$，$\boldsymbol{a}_2$，$\boldsymbol{a}_3$ 共面
说　明	向量组 A：$\boldsymbol{a}_1,\boldsymbol{a}_2,\cdots,\boldsymbol{a}_m$ 构成矩阵 $\boldsymbol{A}=(\boldsymbol{a}_1,\boldsymbol{a}_2,\cdots,\boldsymbol{a}_m)$，若向量组 A 线性相关，则 $x_1\boldsymbol{a}_1+x_2\boldsymbol{a}_2+\cdots+x_m\boldsymbol{a}_m=\boldsymbol{0}$，即方程组 $\boldsymbol{Ax}=\boldsymbol{0}$ 有非零解，$\|\boldsymbol{A}\|=0$，$R(\boldsymbol{A})<m$

二、向量组线性相关性的重要结论

向量组线性相关性的重要结论及说明如表 4-5 所示.

表 4-5

重要结论	说　明
向量组 A：$\boldsymbol{a}_1,\boldsymbol{a}_2,\cdots,\boldsymbol{a}_m$ $(m\geqslant 2)$ 线性相关的充分必要条件是向量组 A 中至少有一个向量能由其余 $m-1$ 个向量线性表示	$\boldsymbol{a}_m=x_1\boldsymbol{a}_1+x_2\boldsymbol{a}_2+\cdots+x_{m-1}\boldsymbol{a}_{m-1}$

表 4-5（续）

重要结论	说　明
向量组 A：$\boldsymbol{a}_1,\boldsymbol{a}_2,\cdots,\boldsymbol{a}_m$ $(m\geqslant 2)$ 线性相关的充分必要条件是向量组 A 构成矩阵 $\boldsymbol{A}=(\boldsymbol{a}_1,\boldsymbol{a}_2,\cdots,\boldsymbol{a}_m)$ 的秩小于向量个数 m，即 $R(\boldsymbol{A})<m$；向量组 A 线性无关的充分必要条件是 $R(\boldsymbol{A})=m$	构成满秩矩阵的向量组线性无关
若向量组 A：$\boldsymbol{a}_1,\boldsymbol{a}_2,\cdots,\boldsymbol{a}_m$ 线性相关，则向量组 B：$\boldsymbol{a}_1,\boldsymbol{a}_2,\cdots,\boldsymbol{a}_m,\boldsymbol{a}_{m+1}$ 也线性相关；反之，若向量组 B 线性无关，则向量组 A 也线性无关	$R(\boldsymbol{A})<m$，则 $R(\boldsymbol{A},\boldsymbol{a}_{m+1})<m+1$
m 个 n 维向量组成的向量组，当维数 n 小于向量个数 m 时一定线性相关．特别地，$n+1$ 个 n 维向量一定线性相关	若矩阵 $\boldsymbol{A}_{m\times n}=(\boldsymbol{a}_1,\boldsymbol{a}_2,\cdots,\boldsymbol{a}_m)$，当 $n<m$ 时，$R(\boldsymbol{A})<m$
若向量组 A：$\boldsymbol{a}_1,\boldsymbol{a}_2,\cdots,\boldsymbol{a}_m$ 线性无关，而向量组 B：$\boldsymbol{a}_1,\boldsymbol{a}_2,\cdots,\boldsymbol{a}_m,\boldsymbol{b}$ 线性相关，则向量 $\boldsymbol{b}$ 必能由向量组 A 线性表示，且表示式是唯一的	若 $m\leqslant R(\boldsymbol{B})<m+1$，则 $R(\boldsymbol{B})=m=R(\boldsymbol{A})$，故有 $(\boldsymbol{a}_1,\boldsymbol{a}_2,\cdots,\boldsymbol{a}_m)\boldsymbol{x}=\boldsymbol{b}$，即向量 $\boldsymbol{b}$ 能由向量组 A 线性表示
若向量组 A：$\boldsymbol{a}_1,\boldsymbol{a}_2,\cdots,\boldsymbol{a}_m$ 中含有零向量，则向量组 A 一定线性相关	构成的矩阵 $\boldsymbol{A}$ 中含有零行，则 $R(\boldsymbol{A})<m$

三、向量组线性相关性的判断方法

对于给定向量组 A：$\boldsymbol{a}_1,\boldsymbol{a}_2,\cdots,\boldsymbol{a}_m$，其线性相关性的判断方法如表 4-6 所示．

表 4-6

方　法	内　容	线性相关	线性无关
定义法	根据是否存在不全为零的数 $k_1,k_2,\cdots,k_m$ 使得 $k_1\boldsymbol{a}_1+k_2\boldsymbol{a}_2+\cdots+k_m\boldsymbol{a}_m=\boldsymbol{0}$ 来判断相关性	存在	不存在
方程法	根据方程组 $x_1\boldsymbol{a}_1+x_2\boldsymbol{a}_2+\cdots+x_m\boldsymbol{a}_m=\boldsymbol{0}$ 是否有非零解来判断相关性	有非零解	只有零解
矩阵秩法	根据矩阵 $\boldsymbol{A}=(\boldsymbol{a}_1,\boldsymbol{a}_2,\cdots,\boldsymbol{a}_m)$ 的秩与 m 的大小关系来判断相关性	$R(\boldsymbol{A})<m$	$R(\boldsymbol{A})=m$
行列式法	若向量组所构成的矩阵为方阵，根据方阵的行列式 $\lvert\boldsymbol{A}\rvert=\lvert\boldsymbol{a}_1,\boldsymbol{a}_2,\cdots,\boldsymbol{a}_m\rvert$ 是否为零来判断相关性	$\lvert\boldsymbol{A}\rvert=0$	$\lvert\boldsymbol{A}\rvert\neq 0$

典例精解

基本题型 1 掌握向量组线性相关和线性无关的概念

题型分析：本题型主要是根据向量组线性相关和线性无关的定义，结合“线性相关”“线性无关”与“线性表示”的关系解决问题.

“线性相关”与“线性表示”的关系：若向量组线性相关 $\Leftrightarrow$ 向量组中至少有一个向量能由其余向量线性表示.

“线性无关”与“线性表示”的关系：若向量组线性无关 $\Leftrightarrow$ 向量组中任意一个向量都不能由其余向量线性表示.

典例 1 “n 维向量组 $\boldsymbol{\alpha}_1,\boldsymbol{\alpha}_2,\cdots,\boldsymbol{\alpha}_s\ (3\leqslant s\leqslant n)$ 线性无关”的充分必要条件是（　　）.

A．存在一组不全为零的数 $k_1,k_2,\cdots,k_s$，使 $k_1\boldsymbol{\alpha}_1+k_2\boldsymbol{\alpha}_2+\cdots+k_s\boldsymbol{\alpha}_s\neq\mathbf{0}$

B．$\boldsymbol{\alpha}_1,\boldsymbol{\alpha}_2,\cdots,\boldsymbol{\alpha}_s$ 中任意两个向量都线性无关

C．$\boldsymbol{\alpha}_1,\boldsymbol{\alpha}_2,\cdots,\boldsymbol{\alpha}_s$ 中存在一个向量不能由其余向量线性表示

D．$\boldsymbol{\alpha}_1,\boldsymbol{\alpha}_2,\cdots,\boldsymbol{\alpha}_s$ 中任意一个向量都不能由其余向量线性表示

解析：根据向量组线性无关的定义可知，若向量组 $\boldsymbol{\alpha}_1,\boldsymbol{\alpha}_2,\cdots,\boldsymbol{\alpha}_s$ 线性无关，则等式 $k_1\boldsymbol{\alpha}_1+k_2\boldsymbol{\alpha}_2+\cdots+k_s\boldsymbol{\alpha}_s=\mathbf{0}$ 当且仅当 $k_1,k_2,\cdots,k_s$ 全为零时成立，因此，$\boldsymbol{\alpha}_1,\boldsymbol{\alpha}_2,\cdots,\boldsymbol{\alpha}_s$ 中任意一个向量都不能由其余向量线性表示，只有 D 选项正确，A，B 和 C 选项都是该向量组线性无关的必要条件，而不是充分条件．故选 D.

变式训练 1 已知 $\boldsymbol{\alpha}_1,\boldsymbol{\alpha}_2,\cdots,\boldsymbol{\alpha}_m$ 均为 n 维向量，则下列结论正确的是（　　）.

A．若 $k_1\boldsymbol{\alpha}_1+k_2\boldsymbol{\alpha}_2+\cdots+k_m\boldsymbol{\alpha}_m=\mathbf{0}$，则向量组 $\boldsymbol{\alpha}_1,\boldsymbol{\alpha}_2,\cdots,\boldsymbol{\alpha}_m$ 线性相关

B．若对于任意一组不全为零的数 $k_1,k_2,\cdots,k_m$，都有 $k_1\boldsymbol{\alpha}_1+k_2\boldsymbol{\alpha}_2+\cdots+k_m\boldsymbol{\alpha}_m\neq\mathbf{0}$，则向量组 $\boldsymbol{\alpha}_1,\boldsymbol{\alpha}_2,\cdots,\boldsymbol{\alpha}_m$ 线性无关

C．若向量组 $\boldsymbol{\alpha}_1,\boldsymbol{\alpha}_2,\cdots,\boldsymbol{\alpha}_m$ 线性相关，则对于任意一组不全为零的 $k_1,k_2,\cdots,k_m$，都有 $k_1\boldsymbol{\alpha}_1+k_2\boldsymbol{\alpha}_2+\cdots+k_m\boldsymbol{\alpha}_m=\mathbf{0}$

D．若 $0\boldsymbol{\alpha}_1+0\boldsymbol{\alpha}_2+\cdots+0\boldsymbol{\alpha}_m=\mathbf{0}$，则向量组 $\boldsymbol{\alpha}_1,\boldsymbol{\alpha}_2,\cdots,\boldsymbol{\alpha}_m$ 线性无关

基本题型 2 判断向量组的线性相关性

题型分析：判断向量组的线性相关性主要有方程法、矩阵秩法、行列式法等.

典例 2 已知 $\boldsymbol{\alpha}_1=\begin{pmatrix}1\\1\\1\end{pmatrix}$，$\boldsymbol{\alpha}_2=\begin{pmatrix}0\\2\\5\end{pmatrix}$，$\boldsymbol{\alpha}_3=\begin{pmatrix}2\\4\\7\end{pmatrix}$．判断向量组 $\boldsymbol{\alpha}_1$，$\boldsymbol{\alpha}_2$，$\boldsymbol{\alpha}_3$ 及向量组 $\boldsymbol{\alpha}_1$，$\boldsymbol{\alpha}_2$ 的线性相关性.

解析：（矩阵秩法）矩阵 $(\boldsymbol{\alpha}_1,\boldsymbol{\alpha}_2,\boldsymbol{\alpha}_3)=\begin{pmatrix}1&0&2\\1&2&4\\1&5&7\end{pmatrix}\xrightarrow[r_3-r_1]{r_2-r_1}\begin{pmatrix}1&0&2\\0&2&2\\0&5&5\end{pmatrix}\xrightarrow[r_3-5r_2]{\frac{r_2}{2}}\begin{pmatrix}1&0&2\\0&1&1\\0&0&0\end{pmatrix}$，

则 $R(\boldsymbol{\alpha}_1,\boldsymbol{\alpha}_2,\boldsymbol{\alpha}_3)=2<3$，$R(\boldsymbol{\alpha}_1,\boldsymbol{\alpha}_2)=2$，所以向量组 $\boldsymbol{\alpha}_1$，$\boldsymbol{\alpha}_2$，$\boldsymbol{\alpha}_3$ 线性相关，向量组 $\boldsymbol{\alpha}_1$，$\boldsymbol{\alpha}_2$ 线性无关．

变式训练 2　向量组 $\boldsymbol{\alpha}_1=\begin{pmatrix}1\\1\\0\end{pmatrix}$，$\boldsymbol{\alpha}_2=\begin{pmatrix}1\\2\\0\end{pmatrix}$，$\boldsymbol{\alpha}_3=\begin{pmatrix}1\\1\\4\end{pmatrix}$，$\boldsymbol{\alpha}_4=\begin{pmatrix}1\\1\\9\end{pmatrix}$ 的线性关系是__________．

> **思路点拨：**灵活运用向量组线性相关性的重要结论判断向量组的线性关系．例如，"**线性相关向量组构成矩阵的秩小于向量的个数**""**$n+1$ 个 n 维向量必线性相关**"．

典例 3　向量组 $\boldsymbol{\alpha}_1=\begin{pmatrix}1\\1\\0\\0\\1\end{pmatrix}$，$\boldsymbol{\alpha}_2=\begin{pmatrix}0\\2\\1\\0\\2\end{pmatrix}$，$\boldsymbol{\alpha}_3=\begin{pmatrix}0\\3\\0\\1\\3\end{pmatrix}$ 的线性关系是__________．

解析：（方程法）设存在一组数 k_1，k_2，k_3，使得 $k_1\boldsymbol{\alpha}_1+k_2\boldsymbol{\alpha}_2+k_3\boldsymbol{\alpha}_3=\boldsymbol{0}$，解得 $k_1=k_2=k_3=0$，所以向量组 $\boldsymbol{\alpha}_1$，$\boldsymbol{\alpha}_2$，$\boldsymbol{\alpha}_3$ 线性无关．故填"线性无关"．

变式训练 3　若向量组 $\boldsymbol{\alpha}_1$，$\boldsymbol{\alpha}_2$，$\boldsymbol{\alpha}_3$，$\boldsymbol{\alpha}_4$ 线性无关，则（　　）．

A．$\boldsymbol{\alpha}_1+\boldsymbol{\alpha}_2$，$\boldsymbol{\alpha}_2+\boldsymbol{\alpha}_3$，$\boldsymbol{\alpha}_3+\boldsymbol{\alpha}_4$，$\boldsymbol{\alpha}_4+\boldsymbol{\alpha}_1$ 线性无关

B．$\boldsymbol{\alpha}_1-\boldsymbol{\alpha}_2$，$\boldsymbol{\alpha}_2-\boldsymbol{\alpha}_3$，$\boldsymbol{\alpha}_3-\boldsymbol{\alpha}_4$，$\boldsymbol{\alpha}_4-\boldsymbol{\alpha}_1$ 线性无关

C．$\boldsymbol{\alpha}_1+\boldsymbol{\alpha}_2$，$\boldsymbol{\alpha}_2+\boldsymbol{\alpha}_3$，$\boldsymbol{\alpha}_3+\boldsymbol{\alpha}_4$，$\boldsymbol{\alpha}_4-\boldsymbol{\alpha}_1$ 线性无关

D．$\boldsymbol{\alpha}_1+\boldsymbol{\alpha}_2$，$\boldsymbol{\alpha}_2+\boldsymbol{\alpha}_3$，$\boldsymbol{\alpha}_3-\boldsymbol{\alpha}_4$，$\boldsymbol{\alpha}_4-\boldsymbol{\alpha}_1$ 线性无关

> **思路点拨：**利用方程法判断向量组的线性相关性，即"**列出等式，考查系数**"．若关于系数的方程组只有零解，则向量组线性无关；若方程组有非零解，则向量组线性相关．

典例 4　已知向量组 $\boldsymbol{\alpha}_1=\begin{pmatrix}\lambda-5\\1\\-3\end{pmatrix}$，$\boldsymbol{\alpha}_2=\begin{pmatrix}1\\\lambda-5\\3\end{pmatrix}$，$\boldsymbol{\alpha}_3=\begin{pmatrix}-3\\3\\\lambda-3\end{pmatrix}$．当 λ 取何值时，向量组 $\boldsymbol{\alpha}_1$，$\boldsymbol{\alpha}_2$，$\boldsymbol{\alpha}_3$ 线性相关？当 λ 取何值时，向量组 $\boldsymbol{\alpha}_1$，$\boldsymbol{\alpha}_2$，$\boldsymbol{\alpha}_3$ 线性无关？

解析：（行列式法）记矩阵 $\boldsymbol{A}=(\boldsymbol{\alpha}_1,\boldsymbol{\alpha}_2,\boldsymbol{\alpha}_3)$，则向量组 $\boldsymbol{\alpha}_1$，$\boldsymbol{\alpha}_2$，$\boldsymbol{\alpha}_3$ 线性相关的充分必要条件是 $|\boldsymbol{A}|=0$，向量组 $\boldsymbol{\alpha}_1$，$\boldsymbol{\alpha}_2$，$\boldsymbol{\alpha}_3$ 线性无关的充分必要条件是 $|\boldsymbol{A}|\neq 0$．又因为 $|\boldsymbol{A}|=\begin{vmatrix}\lambda-5&1&-3\\1&\lambda-5&3\\-3&3&\lambda-3\end{vmatrix}=\lambda(\lambda-4)(\lambda-9)$，所以，当 $\lambda=0$，4 或 9 时，向量组 $\boldsymbol{\alpha}_1$，$\boldsymbol{\alpha}_2$，$\boldsymbol{\alpha}_3$ 线性

相关；当 $\lambda\neq 0$，$\lambda\neq 4$ 且 $\lambda\neq 9$ 时，向量组 $\boldsymbol{\alpha}_1$，$\boldsymbol{\alpha}_2$，$\boldsymbol{\alpha}_3$ 线性无关.

典例 5 已知向量组 $\boldsymbol{\alpha}_1=(1,1,1)^{\mathrm T}$，$\boldsymbol{\alpha}_2=(1,2,3)^{\mathrm T}$，$\boldsymbol{\alpha}_3=(1,3,t)^{\mathrm T}$.

（1）t 为何值时，向量组 $\boldsymbol{\alpha}_1$，$\boldsymbol{\alpha}_2$，$\boldsymbol{\alpha}_3$ 线性相关？

（2）t 为何值时，向量组 $\boldsymbol{\alpha}_1$，$\boldsymbol{\alpha}_2$，$\boldsymbol{\alpha}_3$ 线性无关？

（3）当向量组 $\boldsymbol{\alpha}_1$，$\boldsymbol{\alpha}_2$，$\boldsymbol{\alpha}_3$ 线性相关时，将向量 $\boldsymbol{\alpha}_3$ 表示为向量 $\boldsymbol{\alpha}_1$ 和 $\boldsymbol{\alpha}_2$ 的线性组合.

解析：设存在数 k_1，k_2，k_3，使得 $k_1\boldsymbol{\alpha}_1+k_2\boldsymbol{\alpha}_2+k_3\boldsymbol{\alpha}_3=\mathbf{0}$，即 $\begin{cases}k_1+k_2+k_3=0,\\k_1+2k_2+3k_3=0,\\k_1+3k_2+tk_3=0,\end{cases}$ 该方程组的系数行列式 $\begin{vmatrix}1&1&1\\1&2&3\\1&3&t\end{vmatrix}=t-5$.

（1）当 $t-5=0$，即 $t=5$ 时，方程组有非零解，此时向量组 $\boldsymbol{\alpha}_1$，$\boldsymbol{\alpha}_2$，$\boldsymbol{\alpha}_3$ 线性相关.

（2）当 $t-5\neq 0$，即 $t\neq 5$ 时，方程组只有零解，此时向量组 $\boldsymbol{\alpha}_1$，$\boldsymbol{\alpha}_2$，$\boldsymbol{\alpha}_3$ 线性无关.

（3）当 $t=5$ 时，向量组 $\boldsymbol{\alpha}_1$，$\boldsymbol{\alpha}_2$，$\boldsymbol{\alpha}_3$ 线性相关. 设 $\boldsymbol{\alpha}_3=x_1\boldsymbol{\alpha}_1+x_2\boldsymbol{\alpha}_2$，则有 $\begin{cases}x_1+x_2=1,\\x_1+2x_2=3,\\x_1+3x_2=5,\end{cases}$ 解得 $x_1=-1$，$x_2=2$，所以向量 $\boldsymbol{\alpha}_3=-\boldsymbol{\alpha}_1+2\boldsymbol{\alpha}_2$.

方法总结

若向量组中向量个数与向量维数相同，可利用行列式来讨论向量组的线性相关性.

（1）n 维列向量组 $\boldsymbol{\alpha}_1,\boldsymbol{\alpha}_2,\cdots,\boldsymbol{\alpha}_n$ 线性相关的充分必要条件是 $|\boldsymbol{\alpha}_1,\boldsymbol{\alpha}_2,\cdots,\boldsymbol{\alpha}_n|=0$；

（2）n 维列向量组 $\boldsymbol{\alpha}_1,\boldsymbol{\alpha}_2,\cdots,\boldsymbol{\alpha}_n$ 线性无关的充分必要条件是 $|\boldsymbol{\alpha}_1,\boldsymbol{\alpha}_2,\cdots,\boldsymbol{\alpha}_n|\neq 0$.

变式训练 4 已知向量组 $\boldsymbol{\alpha}_1=\begin{pmatrix}6\\a+1\\3\end{pmatrix}$，$\boldsymbol{\alpha}_2=\begin{pmatrix}a\\2\\-2\end{pmatrix}$，$\boldsymbol{\alpha}_3=\begin{pmatrix}a\\1\\0\end{pmatrix}$.

（1）当 a 为何值时，向量组 $\boldsymbol{\alpha}_1$，$\boldsymbol{\alpha}_2$ 线性相关、线性无关？

（2）当 a 为何值时，向量组 $\boldsymbol{\alpha}_1$，$\boldsymbol{\alpha}_2$，$\boldsymbol{\alpha}_3$ 线性相关、线性无关？

变式训练 5 当 x 为何值时，下列向量组线性无关？

（1）$\boldsymbol{\alpha}_1=\begin{pmatrix}2\\1\\3\end{pmatrix}$，$\boldsymbol{\alpha}_2=\begin{pmatrix}x\\3\\2\end{pmatrix}$，$\boldsymbol{\alpha}_3=\begin{pmatrix}3\\2\\-1\end{pmatrix}$；　　（2）$\boldsymbol{\alpha}_1=\begin{pmatrix}1\\-2\\4\end{pmatrix}$，$\boldsymbol{\alpha}_2=\begin{pmatrix}0\\1\\2\end{pmatrix}$，$\boldsymbol{\alpha}_3=\begin{pmatrix}-2\\3\\x\end{pmatrix}$.

基本题型 3 证明向量组线性无关

题型分析：本题型可利用方程法，将“证明向量组线性无关”转化为“证明方程组只有零解”的问题.

典例 6　已知向量组 $\boldsymbol{\alpha}_1$，$\boldsymbol{\alpha}_2$，$\boldsymbol{\alpha}_3$ 线性无关. 证明：向量组 $\boldsymbol{\alpha}_1+2\boldsymbol{\alpha}_2$，$2\boldsymbol{\alpha}_1+3\boldsymbol{\alpha}_3$，$3\boldsymbol{\alpha}_3+\boldsymbol{\alpha}_1$ 线性无关.

证明： 设存在一组数 k_1，k_2，k_3，使得 $k_1(\boldsymbol{\alpha}_1+2\boldsymbol{\alpha}_2)+k_2(2\boldsymbol{\alpha}_1+3\boldsymbol{\alpha}_3)+k_3(3\boldsymbol{\alpha}_3+\boldsymbol{\alpha}_1)=\mathbf{0}$，即 $(k_1+2k_2+k_3)\boldsymbol{\alpha}_1+2k_1\boldsymbol{\alpha}_2+(3k_2+3k_3)\boldsymbol{\alpha}_3=\mathbf{0}$，又向量组 $\boldsymbol{\alpha}_1$，$\boldsymbol{\alpha}_2$，$\boldsymbol{\alpha}_3$ 线性无关，则 $\begin{cases}k_1+2k_2+k_3=0,\\2k_1=0,\\3k_2+3k_3=0,\end{cases}$

解得 $k_1=k_2=k_3=0$，所以向量组 $\boldsymbol{\alpha}_1+2\boldsymbol{\alpha}_2$，$2\boldsymbol{\alpha}_1+3\boldsymbol{\alpha}_3$，$3\boldsymbol{\alpha}_3+\boldsymbol{\alpha}_1$ 线性无关，得证.

思路点拨： 本题利用向量组线性无关的定义列出等式，求解关于系数 k_1，k_2，k_3 的方程组，解得方程组只有零解，即系数 k_1，k_2，k_3 全为零，从而证明向量组线性无关.

变式训练 6　已知向量组 $\boldsymbol{\alpha}_1$，$\boldsymbol{\alpha}_2$，$\boldsymbol{\alpha}_3$ 线性无关，证明：向量组 $\boldsymbol{\alpha}_1+\boldsymbol{\alpha}_2$，$3\boldsymbol{\alpha}_2+2\boldsymbol{\alpha}_3$，$\boldsymbol{\alpha}_1-2\boldsymbol{\alpha}_2+\boldsymbol{\alpha}_3$ 线性无关.

基本题型 4　根据向量组的线性关系求参数

题型分析： 本题型可根据向量组线性相关和线性无关的定义，将问题转化为含参数的线性方程组求解的问题，再根据方程组解的等价条件解出相应的参数.

典例 7　已知向量组 $\boldsymbol{\alpha}_1$，$\boldsymbol{\alpha}_2$，$\boldsymbol{\alpha}_3$ 线性无关，向量组 $\boldsymbol{\alpha}_1+\boldsymbol{\alpha}_2$，$\boldsymbol{\alpha}_2+\boldsymbol{\alpha}_3$，$k\boldsymbol{\alpha}_3+l\boldsymbol{\alpha}_1$ 线性相关，则常数 k 与 l 应满足的条件是（　　）.

A. $k=l=1$　　B. $k-l=1$　　C. $k+l=1$　　D. $k+l=0$

解析： 因为向量组 $\boldsymbol{\alpha}_1+\boldsymbol{\alpha}_2$，$\boldsymbol{\alpha}_2+\boldsymbol{\alpha}_3$，$k\boldsymbol{\alpha}_3+l\boldsymbol{\alpha}_1$ 线性相关，则存在不全为零的数 x_1，x_2，x_3，使得 $x_1(\boldsymbol{\alpha}_1+\boldsymbol{\alpha}_2)+x_2(\boldsymbol{\alpha}_2+\boldsymbol{\alpha}_3)+x_3(k\boldsymbol{\alpha}_3+l\boldsymbol{\alpha}_1)=\mathbf{0}$，即 $(x_1+lx_3)\boldsymbol{\alpha}_1+(x_1+x_2)\boldsymbol{\alpha}_2+(x_2+kx_3)\boldsymbol{\alpha}_3=\mathbf{0}$，由向量组 $\boldsymbol{\alpha}_1$，$\boldsymbol{\alpha}_2$，$\boldsymbol{\alpha}_3$ 线性无关，得方程组 $\begin{cases}x_1+lx_3=0,\\x_1+x_2=0,\\x_2+kx_3=0,\end{cases}$ 又因为 x_1，x_2，x_3 不全为零，即方程组有非零解，所以其系数行列式为零，即 $\begin{vmatrix}1&0&l\\1&1&0\\0&1&k\end{vmatrix}=k+l=0$. 故选 D.

变式训练 7　已知矩阵 $\boldsymbol{A}=\begin{pmatrix}1&2&-2\\2&1&2\\3&0&4\end{pmatrix}$，向量 $\boldsymbol{\alpha}=\begin{pmatrix}a\\1\\1\end{pmatrix}$，且向量组 $\boldsymbol{A\alpha}$ 与 $\boldsymbol{\alpha}$ 线性相关，则 $a=$__________.

第三节 向量组的秩

一、最大无关组的概念和重要结论

最大无关组的概念和重要结论如表 4-7 所示.

表 4-7

概　念	设有向量组 A，如果在 A 中能选出 r 个向量 $\boldsymbol{a}_1,\boldsymbol{a}_2,\cdots,\boldsymbol{a}_r$ 满足：① 向量组 $A_0:\boldsymbol{a}_1,\boldsymbol{a}_2,\cdots,\boldsymbol{a}_r$ 线性无关；② 向量组 A 中任意 $r+1$ 个向量都线性相关，那么称向量组 A_0 是向量组 A 的一个最大线性无关向量组（简称最大无关组）
重要结论	① 一个向量组与它的任一最大无关组等价； ② 一个向量组的任意两个最大无关组等价； ③ 一个向量组的所有最大无关组所含向量的个数相等； ④ 若一个向量组线性无关，则该向量组的最大无关组是它本身； ⑤ 只含零向量的向量组没有最大无关组

二、向量组秩的概念和性质

向量组秩的概念、性质及说明如表 4-8 所示.

表 4-8

概　念	向量组 A 的最大无关组所含向量的个数 r 称为向量组 A 的秩，记作 R_A
性　质	① 若向量组 A 的秩为 r，则 A 中任意 r 个线性无关的向量均构成向量组 A 的最大无关组； ② 若向量组 A 与向量组 B 等价，则 $R_A=R_B$； ③ 若向量组 B 能由向量组 A 线性表示，则 $R_B\leqslant R_A$； ④ 矩阵的秩等于它的列向量组的秩，也等于它的行向量组的秩； ⑤ 向量组 $\boldsymbol{b}_1,\boldsymbol{b}_2,\cdots,\boldsymbol{b}_l$ 能由向量组 $\boldsymbol{a}_1,\boldsymbol{a}_2,\cdots,\boldsymbol{a}_m$ 线性表示的充分必要条件是 $R(\boldsymbol{a}_1,\boldsymbol{a}_2,\cdots,\boldsymbol{a}_m)=R(\boldsymbol{a}_1,\boldsymbol{a}_2,\cdots,\boldsymbol{a}_m,\boldsymbol{b}_1,\boldsymbol{b}_2,\cdots,\boldsymbol{b}_l)$
说　明	$R(\boldsymbol{a}_1,\boldsymbol{a}_2,\cdots,\boldsymbol{a}_m)$ 既可以理解为矩阵的秩，也可以理解为向量组的秩

典例精解

基本题型 1 求向量组的秩

题型分析： 对于本题型，可利用向量组的秩即为向量组所构成矩阵的秩来求解. 即先确定由向量组构成的矩阵，然后利用初等行变换求矩阵的秩，进而得到向量组的秩.

典例 1 设矩阵 $\boldsymbol{A}=\begin{pmatrix}1&0&1\\1&1&2\\0&1&1\end{pmatrix}$，三维列向量组 $\boldsymbol{\alpha}_1$，$\boldsymbol{\alpha}_2$，$\boldsymbol{\alpha}_3$ 线性无关，则向量组 $\boldsymbol{A\alpha}_1$，$\boldsymbol{A\alpha}_2$，$\boldsymbol{A\alpha}_3$ 的秩为__________.

解析：由 $\boldsymbol{A}=\begin{pmatrix}1&0&1\\1&1&2\\0&1&1\end{pmatrix}\xrightarrow{r_2-r_1}\begin{pmatrix}1&0&1\\0&1&1\\0&1&1\end{pmatrix}\xrightarrow{r_3-r_2}\begin{pmatrix}1&0&1\\0&1&1\\0&0&0\end{pmatrix}$，得 $R(\boldsymbol{A})=2$．由向量组 $\boldsymbol{\alpha}_1$，$\boldsymbol{\alpha}_2$，$\boldsymbol{\alpha}_3$ 线性无关，得矩阵 $\boldsymbol{B}=(\boldsymbol{\alpha}_1,\boldsymbol{\alpha}_2,\boldsymbol{\alpha}_3)$ 可逆，则 $\boldsymbol{B}=\boldsymbol{P}_1\boldsymbol{P}_2\cdots\boldsymbol{P}_s$，其中 $\boldsymbol{P}_1,\boldsymbol{P}_2,\cdots,\boldsymbol{P}_s$ 为初等矩阵，所以 $R(\boldsymbol{A\alpha}_1,\boldsymbol{A\alpha}_2,\boldsymbol{A\alpha}_3)=R[\boldsymbol{A}(\boldsymbol{\alpha}_1,\boldsymbol{\alpha}_2,\boldsymbol{\alpha}_3)]=R(\boldsymbol{AB})=R(\boldsymbol{AP}_1\boldsymbol{P}_2\cdots\boldsymbol{P}_s)=R(\boldsymbol{A})=2$．故填 2.

变式训练 1 已知向量组 $\boldsymbol{\alpha}_1=\begin{pmatrix}1\\1\\2\\2\\1\end{pmatrix}$，$\boldsymbol{\alpha}_2=\begin{pmatrix}0\\2\\1\\5\\-1\end{pmatrix}$，$\boldsymbol{\alpha}_3=\begin{pmatrix}2\\0\\3\\-1\\3\end{pmatrix}$，$\boldsymbol{\alpha}_4=\begin{pmatrix}1\\1\\0\\4\\-2\end{pmatrix}$，则 $R(\boldsymbol{\alpha}_1,\boldsymbol{\alpha}_2,\boldsymbol{\alpha}_3,\boldsymbol{\alpha}_4)=$__________.

典例 2 已知向量组 $\boldsymbol{\alpha}_1=\begin{pmatrix}1\\2\\-1\\1\end{pmatrix}$，$\boldsymbol{\alpha}_2=\begin{pmatrix}2\\0\\t\\0\end{pmatrix}$，$\boldsymbol{\alpha}_3=\begin{pmatrix}0\\-4\\5\\-2\end{pmatrix}$ 的秩为 2，则 $t=$__________.

解析： $(\boldsymbol{\alpha}_1,\boldsymbol{\alpha}_2,\boldsymbol{\alpha}_3)=\begin{pmatrix}1&2&0\\2&0&-4\\-1&t&5\\1&0&-2\end{pmatrix}\xrightarrow[r_4-r_1]{\substack{r_2-2r_1\\r_3+r_1}}\begin{pmatrix}1&2&0\\0&-4&-4\\0&t+2&5\\0&-2&-2\end{pmatrix}\xrightarrow[r_4+2r_2]{-\frac{1}{4}r_2}\begin{pmatrix}1&2&0\\0&1&1\\0&t+2&5\\0&0&0\end{pmatrix}$，由向量组的秩为 2，得 $t+2=5$，$t=3$．故填 3.

变式训练 2 已知向量组 $\boldsymbol{\alpha}_1=\begin{pmatrix}a\\b\\0\end{pmatrix}$，$\boldsymbol{\alpha}_2=\begin{pmatrix}a\\2b\\1\end{pmatrix}$，$\boldsymbol{\alpha}_3=\begin{pmatrix}1\\2\\3\end{pmatrix}$，$\boldsymbol{\alpha}_4=\begin{pmatrix}2\\4\\6\end{pmatrix}$．若 $R(\boldsymbol{\alpha}_1,\boldsymbol{\alpha}_2,\boldsymbol{\alpha}_3,\boldsymbol{\alpha}_4)=3$，则 a，b 应满足的条件是__________.

基本题型 2 求向量组的最大无关组

题型分析：本题型要根据向量组最大无关组的定义来求解，即先将向量组写成矩阵，再将矩阵化为行阶梯形，则行阶梯形矩阵的 r 个非零行的首非零元所在的列对应的 r 个列向量，即为向量组的一个最大无关组（最大无关组不唯一）.

典例 3 已知向量组$\boldsymbol{\alpha}_1=\begin{pmatrix}1\\3\\2\\0\end{pmatrix}$，$\boldsymbol{\alpha}_2=\begin{pmatrix}7\\0\\14\\3\end{pmatrix}$，$\boldsymbol{\alpha}_3=\begin{pmatrix}2\\-1\\0\\1\end{pmatrix}$，$\boldsymbol{\alpha}_4=\begin{pmatrix}5\\1\\6\\2\end{pmatrix}$，$\boldsymbol{\alpha}_5=\begin{pmatrix}2\\-1\\4\\1\end{pmatrix}$.

（1）求向量组的秩；

（2）求向量组的一个最大无关组，并将其余向量用该最大无关组线性表示.

解析：（1）$(\boldsymbol{\alpha}_1,\boldsymbol{\alpha}_2,\boldsymbol{\alpha}_3,\boldsymbol{\alpha}_4,\boldsymbol{\alpha}_5)=\begin{pmatrix}1&7&2&5&2\\3&0&-1&1&-1\\2&14&0&6&4\\0&3&1&2&1\end{pmatrix}\xrightarrow[r_3-2r_1]{r_2-3r_1}\begin{pmatrix}1&7&2&5&2\\0&-21&-7&-14&-7\\0&0&-4&-4&0\\0&3&1&2&1\end{pmatrix}$

$\xrightarrow{-\frac{r_2}{7},-\frac{r_3}{4},r_4-r_2}\begin{pmatrix}1&7&2&5&2\\0&3&1&2&1\\0&0&1&1&0\\0&0&0&0&0\end{pmatrix}$，则向量组的秩为3.

（2）将（1）中矩阵化成行最简形，$\begin{pmatrix}1&7&2&5&2\\0&3&1&2&1\\0&0&1&1&0\\0&0&0&0&0\end{pmatrix}\xrightarrow[r_2-r_3]{r_1-2r_3}\begin{pmatrix}1&7&0&3&2\\0&3&0&1&1\\0&0&1&1&0\\0&0&0&0&0\end{pmatrix}$

$\xrightarrow{\frac{r_2}{3},r_1-7r_2}\begin{pmatrix}1&0&0&\frac{2}{3}&-\frac{1}{3}\\0&1&0&\frac{1}{3}&\frac{1}{3}\\0&0&1&1&0\\0&0&0&0&0\end{pmatrix}$，则$\boldsymbol{\alpha}_1$，$\boldsymbol{\alpha}_2$，$\boldsymbol{\alpha}_3$为该向量组的一个最大无关组，且向量

$$\boldsymbol{\alpha}_4=\frac{2}{3}\boldsymbol{\alpha}_1+\frac{1}{3}\boldsymbol{\alpha}_2+\boldsymbol{\alpha}_3,\quad \boldsymbol{\alpha}_5=-\frac{1}{3}\boldsymbol{\alpha}_1+\frac{1}{3}\boldsymbol{\alpha}_2+0\boldsymbol{\alpha}_3.$$

思路点拨：本题中，向量组$\boldsymbol{\alpha}_1$，$\boldsymbol{\alpha}_2$，$\boldsymbol{\alpha}_4$和$\boldsymbol{\alpha}_1$，$\boldsymbol{\alpha}_2$，$\boldsymbol{\alpha}_5$也是原向量组的最大无关组.

典例 4 求向量组$\boldsymbol{\alpha}_1=\begin{pmatrix}1\\-2\\0\\3\end{pmatrix}$，$\boldsymbol{\alpha}_2=\begin{pmatrix}2\\-5\\-3\\6\end{pmatrix}$，$\boldsymbol{\alpha}_3=\begin{pmatrix}0\\1\\3\\0\end{pmatrix}$，$\boldsymbol{\alpha}_4=\begin{pmatrix}2\\-1\\4\\-7\end{pmatrix}$，$\boldsymbol{\alpha}_5=\begin{pmatrix}5\\-8\\1\\2\end{pmatrix}$的秩和一个最大无关组，并将其余向量用该最大无关组线性表示.

解析：$(\boldsymbol{\alpha}_1,\boldsymbol{\alpha}_2,\boldsymbol{\alpha}_3,\boldsymbol{\alpha}_4,\boldsymbol{\alpha}_5)=\begin{pmatrix}1&2&0&2&5\\-2&-5&1&-1&-8\\0&-3&3&4&1\\3&6&0&-7&2\end{pmatrix}\xrightarrow[r_3-3r_1]{r_2+2r_1}\begin{pmatrix}1&2&0&2&5\\0&-1&1&3&2\\0&-3&3&4&1\\0&0&0&-13&-13\end{pmatrix}$

$$\xrightarrow[-\frac{1}{13}r_4]{r_3-3r_2}\begin{pmatrix}1&2&0&2&5\\0&-1&1&3&2\\0&0&0&-5&-5\\0&0&0&1&1\end{pmatrix}\xrightarrow[r_4-r_3]{-\frac{1}{5}r_3}\begin{pmatrix}1&2&0&2&5\\0&-1&1&3&2\\0&0&0&1&1\\0&0&0&0&0\end{pmatrix}$$，所以向量组的秩为 3，$\boldsymbol{\alpha}_1$，$\boldsymbol{\alpha}_2$，$\boldsymbol{\alpha}_4$ 为该向量组的一个最大无关组．对矩阵继续施以初等变换，将其化为行最简形，即

$$\begin{pmatrix}1&2&0&2&5\\0&-1&1&3&2\\0&0&0&1&1\\0&0&0&0&0\end{pmatrix}\xrightarrow[r_1-2r_2]{-r_2}\begin{pmatrix}1&0&2&8&9\\0&1&-1&-3&-2\\0&0&0&1&1\\0&0&0&0&0\end{pmatrix}\xrightarrow[r_2+3r_3]{r_1-8r_3}\begin{pmatrix}1&0&2&0&1\\0&1&-1&0&1\\0&0&0&1&1\\0&0&0&0&0\end{pmatrix}$$，所以向量

$$\boldsymbol{\alpha}_3=2\boldsymbol{\alpha}_1-\boldsymbol{\alpha}_2,\quad \boldsymbol{\alpha}_5=\boldsymbol{\alpha}_1+\boldsymbol{\alpha}_2+\boldsymbol{\alpha}_4\,.$$

方法总结

求向量组的最大无关组，并将其余向量用该最大无关组线性表示的一般步骤如下．

（1）**写出矩阵：**将所给向量组写成矩阵 $\boldsymbol{A}$．

（2）**将矩阵化为行阶梯形：**对矩阵 $\boldsymbol{A}$ 施以初等变换，使其化为行阶梯形，此行阶梯形矩阵的秩 r 即为矩阵 $\boldsymbol{A}$ 的秩，则向量组的秩为 r．

（3）**写出最大无关组：**行阶梯形矩阵的 r 个非零行的首非零元所在的列对应的 r 个列向量，即为向量组的一个最大无关组（最大无关组不唯一）．

（4）**用最大无关组表示其余向量：**对矩阵 $\boldsymbol{A}$ 继续施以初等变换，使其化为行最简形，最后用最大无关组表示其余向量．

变式训练 3 求向量组 $\boldsymbol{\alpha}_1=\begin{pmatrix}1\\1\\1\\3\end{pmatrix}$，$\boldsymbol{\alpha}_2=\begin{pmatrix}-1\\-3\\5\\1\end{pmatrix}$，$\boldsymbol{\alpha}_3=\begin{pmatrix}3\\2\\-1\\4\end{pmatrix}$，$\boldsymbol{\alpha}_4=\begin{pmatrix}-2\\-6\\10\\2\end{pmatrix}$ 的秩及一个最大无关组，并将其余向量用该最大无关组线性表示．

基本题型 3 证明和计算抽象向量组的秩

题型分析：本题型要灵活运用向量组的秩与向量组线性相关性的关系，证明或计算向量组的秩．注意，证明题中可利用反证法．

典例 5 设向量组 $\boldsymbol{\alpha}_1,\boldsymbol{\alpha}_2,\cdots,\boldsymbol{\alpha}_m$ 中任一向量 $\boldsymbol{\alpha}_i$ 都不是它前面 $i-1$ 个向量的线性组合，且 $\boldsymbol{\alpha}_1\neq\boldsymbol{0}$．证明：向量组 $\boldsymbol{\alpha}_1,\boldsymbol{\alpha}_2,\cdots,\boldsymbol{\alpha}_m$ 的秩为 m．

证明：利用反证法．假设向量组 $\boldsymbol{\alpha}_1,\boldsymbol{\alpha}_2,\cdots,\boldsymbol{\alpha}_m$ 的秩小于 m，即向量组 $\boldsymbol{\alpha}_1,\boldsymbol{\alpha}_2,\cdots,\boldsymbol{\alpha}_m$ 线性相关，则存在不全为零的数 $k_1,k_2,\cdots,k_m$，使得 $k_1\boldsymbol{\alpha}_1+k_2\boldsymbol{\alpha}_2+\cdots+k_m\boldsymbol{\alpha}_m=\boldsymbol{0}$．因为 $\boldsymbol{\alpha}_m$ 不能由它前面的 $m-1$ 个向量线性表示，则 $k_m=0$，否则 $\boldsymbol{\alpha}_m=-\dfrac{k_1}{k_m}\boldsymbol{\alpha}_1-\dfrac{k_2}{k_m}\boldsymbol{\alpha}_2-\cdots-\dfrac{k_{m-1}}{k_m}\boldsymbol{\alpha}_{m-1}$，所

以$k_1\boldsymbol{\alpha}_1+k_2\boldsymbol{\alpha}_2+\cdots+k_{m-1}\boldsymbol{\alpha}_{m-1}=\mathbf{0}$．同理可证，$k_{m-1}=k_{m-2}=\cdots=k_2=0$，则$k_1\boldsymbol{\alpha}_1=\mathbf{0}$，又$\boldsymbol{\alpha}_1\neq\mathbf{0}$，所以$k_1=0$，这与$k_1,k_2,\cdots,k_m$不全为零矛盾，所以向量组$\boldsymbol{\alpha}_1,\boldsymbol{\alpha}_2,\cdots,\boldsymbol{\alpha}_m$线性无关，从而向量组$\boldsymbol{\alpha}_1,\boldsymbol{\alpha}_2,\cdots,\boldsymbol{\alpha}_m$的秩为$m$，得证．

思路点拨：① 要证明向量组$\boldsymbol{\alpha}_1,\boldsymbol{\alpha}_2,\cdots,\boldsymbol{\alpha}_m$的秩为$m$，相当于证明向量组$\boldsymbol{\alpha}_1,\boldsymbol{\alpha}_2,\cdots,\boldsymbol{\alpha}_m$线性无关；② 本题利用反证法证明向量组$\boldsymbol{\alpha}_1,\boldsymbol{\alpha}_2,\cdots,\boldsymbol{\alpha}_m$线性无关更容易．

典例 6 已知四维向量组$\boldsymbol{\alpha}_1$，$\boldsymbol{\alpha}_2$，$\boldsymbol{\alpha}_3$，$\boldsymbol{\alpha}_4$，令矩阵$\boldsymbol{A}=(\boldsymbol{\alpha}_1,\boldsymbol{\alpha}_2,\boldsymbol{\alpha}_3,\boldsymbol{\alpha}_4)$，且方程组$\boldsymbol{Ax}=\mathbf{0}$的通解为$\boldsymbol{x}=c\begin{pmatrix}1\\0\\1\\0\end{pmatrix}(c\in\mathbb{R})$．求向量组$\boldsymbol{\alpha}_1$，$\boldsymbol{\alpha}_2$，$\boldsymbol{\alpha}_3$，$\boldsymbol{\alpha}_4$的最大无关组．

解析：因为方程组$\boldsymbol{Ax}=\mathbf{0}$的通解为$\boldsymbol{x}=c\begin{pmatrix}1\\0\\1\\0\end{pmatrix}(c\in\mathbb{R})$，通解中只有1个自由未知数，所以$R(\boldsymbol{A})=4-1=3$，即向量组$\boldsymbol{\alpha}_1$，$\boldsymbol{\alpha}_2$，$\boldsymbol{\alpha}_3$，$\boldsymbol{\alpha}_4$的最大无关组包含3个向量．又因为$\boldsymbol{A}\begin{pmatrix}1\\0\\1\\0\end{pmatrix}=\mathbf{0}$，即$\boldsymbol{\alpha}_1+\boldsymbol{\alpha}_3=\mathbf{0}$，则$\boldsymbol{\alpha}_1$，$\boldsymbol{\alpha}_3$线性相关，所以向量组的最大无关组是$\boldsymbol{\alpha}_1$，$\boldsymbol{\alpha}_2$，$\boldsymbol{\alpha}_4$或$\boldsymbol{\alpha}_2$，$\boldsymbol{\alpha}_3$，$\boldsymbol{\alpha}_4$．

令$k_1\boldsymbol{\alpha}_1+k_2\boldsymbol{\alpha}_2+k_4\boldsymbol{\alpha}_4=\mathbf{0}$，即$k_1\boldsymbol{\alpha}_1+k_2\boldsymbol{\alpha}_2+0\boldsymbol{\alpha}_3+k_4\boldsymbol{\alpha}_4=\mathbf{0}$，则$\begin{pmatrix}k_1\\k_2\\0\\k_4\end{pmatrix}$是$\boldsymbol{Ax}=\mathbf{0}$的解，于是存在常数$c$，使得$\begin{pmatrix}k_1\\k_2\\0\\k_4\end{pmatrix}=c\begin{pmatrix}1\\0\\1\\0\end{pmatrix}(c\in\mathbb{R})$，则$k_2=k_4=0$，故有$k_1\boldsymbol{\alpha}_1=\mathbf{0}$．又$\boldsymbol{\alpha}_1\neq\mathbf{0}$，因为当$\boldsymbol{\alpha}_1=\mathbf{0}$时，$\boldsymbol{\alpha}_3=\mathbf{0}$，$R(\boldsymbol{A})=3$不成立，所以$k_1=0$，于是向量组$\boldsymbol{\alpha}_1$，$\boldsymbol{\alpha}_2$，$\boldsymbol{\alpha}_4$线性无关，且$R(\boldsymbol{A})=3$，因此$\boldsymbol{\alpha}_1$，$\boldsymbol{\alpha}_2$，$\boldsymbol{\alpha}_4$是向量组$\boldsymbol{\alpha}_1$，$\boldsymbol{\alpha}_2$，$\boldsymbol{\alpha}_3$，$\boldsymbol{\alpha}_4$的一个最大无关组．同理，$\boldsymbol{\alpha}_2$，$\boldsymbol{\alpha}_3$，$\boldsymbol{\alpha}_4$也是该向量组的一个最大无关组．

变式训练 4 设三维向量组$\boldsymbol{\alpha}_1$，$\boldsymbol{\alpha}_2$，$\boldsymbol{\alpha}_3$线性无关，且向量$\boldsymbol{\gamma}_1=\boldsymbol{\alpha}_1+\boldsymbol{\alpha}_2-\boldsymbol{\alpha}_3$，$\boldsymbol{\gamma}_2=3\boldsymbol{\alpha}_1-\boldsymbol{\alpha}_2$，$\boldsymbol{\gamma}_3=4\boldsymbol{\alpha}_1-\boldsymbol{\alpha}_3$，$\boldsymbol{\gamma}_4=2\boldsymbol{\alpha}_1-2\boldsymbol{\alpha}_2+\boldsymbol{\alpha}_3$．求向量组$\boldsymbol{\gamma}_1$，$\boldsymbol{\gamma}_2$，$\boldsymbol{\gamma}_3$，$\boldsymbol{\gamma}_4$的秩．

基本题型 4 判定向量组的等价

题型分析：本题型要注意区分"同型矩阵等价"和"向量组等价"的概念. 注意，

同型矩阵等价 $\Leftrightarrow$ 矩阵的秩相同，

向量组等价 $\Rightarrow$ 向量组的秩相同，

即"向量组的秩相同"是"向量组等价"的必要条件.

典例 7 若 n 维列向量组 $\boldsymbol{\alpha}_1,\boldsymbol{\alpha}_2,\cdots,\boldsymbol{\alpha}_m\ (m<n)$ 线性无关，则 n 维列向量组 $\boldsymbol{\beta}_1,\boldsymbol{\beta}_2,\cdots,\boldsymbol{\beta}_m$ 线性无关的充分必要条件是（　　）.

A. 向量组 $\boldsymbol{\alpha}_1,\boldsymbol{\alpha}_2,\cdots,\boldsymbol{\alpha}_m$ 能由向量组 $\boldsymbol{\beta}_1,\boldsymbol{\beta}_2,\cdots,\boldsymbol{\beta}_m$ 线性表示

B. 向量组 $\boldsymbol{\beta}_1,\boldsymbol{\beta}_2,\cdots,\boldsymbol{\beta}_m$ 能由向量组 $\boldsymbol{\alpha}_1,\boldsymbol{\alpha}_2,\cdots,\boldsymbol{\alpha}_m$ 线性表示

C. 向量组 $\boldsymbol{\alpha}_1,\boldsymbol{\alpha}_2,\cdots,\boldsymbol{\alpha}_m$ 与向量组 $\boldsymbol{\beta}_1,\boldsymbol{\beta}_2,\cdots,\boldsymbol{\beta}_m$ 等价

D. 矩阵 $\boldsymbol{A}=(\boldsymbol{\alpha}_1,\boldsymbol{\alpha}_2,\cdots,\boldsymbol{\alpha}_m)$ 与矩阵 $\boldsymbol{B}=(\boldsymbol{\beta}_1,\boldsymbol{\beta}_2,\cdots,\boldsymbol{\beta}_m)$ 等价

解析：由向量组 $\boldsymbol{\alpha}_1,\boldsymbol{\alpha}_2,\cdots,\boldsymbol{\alpha}_m\ (m<n)$ 线性无关，得 $R(\boldsymbol{\alpha}_1,\boldsymbol{\alpha}_2,\cdots,\boldsymbol{\alpha}_m)=m$．向量组 $\boldsymbol{\beta}_1,\boldsymbol{\beta}_2,\cdots,\boldsymbol{\beta}_m$ 线性无关的充分必要条件是其秩为 m．若矩阵 $\boldsymbol{A}$ 与 $\boldsymbol{B}$ 等价，则 $R(\boldsymbol{B})=R(\boldsymbol{A})=m$，所以 D 选项正确．故选 D.

典例 8 已知向量组 $\boldsymbol{\alpha}_1=\begin{pmatrix}\lambda\\1\\1\end{pmatrix}$，$\boldsymbol{\alpha}_2=\begin{pmatrix}1\\\lambda\\1\end{pmatrix}$，$\boldsymbol{\alpha}_3=\begin{pmatrix}1\\1\\\lambda\end{pmatrix}$，$\boldsymbol{\alpha}_4=\begin{pmatrix}1\\\lambda\\\lambda^2\end{pmatrix}$. 若向量组 $\boldsymbol{\alpha}_1$，$\boldsymbol{\alpha}_2$，$\boldsymbol{\alpha}_3$ 与 $\boldsymbol{\alpha}_1$，$\boldsymbol{\alpha}_2$，$\boldsymbol{\alpha}_4$ 等价，求 λ 的取值范围.

解析：因为行列式 $|\boldsymbol{\alpha}_1,\boldsymbol{\alpha}_2,\boldsymbol{\alpha}_3|=\begin{vmatrix}\lambda&1&1\\1&\lambda&1\\1&1&\lambda\end{vmatrix}=(\lambda+2)(\lambda-1)^2$，行列式 $|\boldsymbol{\alpha}_1,\boldsymbol{\alpha}_2,\boldsymbol{\alpha}_4|=\begin{vmatrix}\lambda&1&1\\1&\lambda&\lambda\\1&1&\lambda^2\end{vmatrix}=(\lambda+1)^2(\lambda-1)^2$.

当 $\lambda=1$ 时，$\boldsymbol{\alpha}_1=\boldsymbol{\alpha}_2=\boldsymbol{\alpha}_3=\boldsymbol{\alpha}_4=\begin{pmatrix}1\\1\\1\end{pmatrix}$，此时向量组 $\boldsymbol{\alpha}_1$，$\boldsymbol{\alpha}_2$，$\boldsymbol{\alpha}_3$ 与 $\boldsymbol{\alpha}_1$，$\boldsymbol{\alpha}_2$，$\boldsymbol{\alpha}_4$ 等价.

当 $\lambda=-2$ 时，$R(\boldsymbol{\alpha}_1,\boldsymbol{\alpha}_2,\boldsymbol{\alpha}_3)<3$，$R(\boldsymbol{\alpha}_1,\boldsymbol{\alpha}_2,\boldsymbol{\alpha}_4)=3$，此时两向量组不等价.

当 $\lambda=-1$ 时，$R(\boldsymbol{\alpha}_1,\boldsymbol{\alpha}_2,\boldsymbol{\alpha}_3)=3$，$R(\boldsymbol{\alpha}_1,\boldsymbol{\alpha}_2,\boldsymbol{\alpha}_4)<3$，此时两向量组不等价.

综上所述，两向量组等价时，λ 的取值范围是 $\{\lambda\,|\,\lambda\in\mathbb{R},\lambda\neq-1,\lambda\neq-2\}$.

变式训练 5 设 $\boldsymbol{A}$，$\boldsymbol{B}$，$\boldsymbol{C}$ 均为 n 阶方阵，且 $\boldsymbol{AB}=\boldsymbol{C}$，矩阵 $\boldsymbol{B}$ 可逆，则（　　）.

A. 方阵 $\boldsymbol{C}$ 的行向量组与方阵 $\boldsymbol{A}$ 的行向量组等价

B. 方阵 $\boldsymbol{C}$ 的列向量组与方阵 $\boldsymbol{A}$ 的列向量组等价

C. 方阵 $\boldsymbol{C}$ 的行向量组与方阵 $\boldsymbol{B}$ 的行向量组等价

D. 方阵 $\boldsymbol{C}$ 的行向量组与方阵 $\boldsymbol{B}$ 的行向量组等价

第四节 向量空间

一、向量空间的相关概念

向量空间的相关概念和说明如表 4-9 所示.

表 4-9

名 称	相关概念	说 明
向量空间	设 V 为 n 维向量的集合，如果集合 V 非空，且集合 V 对于向量的加法及数乘两种运算封闭，那么就称集合 V 为**向量空间**，n 元齐次线性方程组的解集 $S=\{\boldsymbol{x}\mid\boldsymbol{Ax}=\boldsymbol{0}\}$ 是一个向量空间，称为齐次线性方程组的**解空间**	**封闭**是指在集合 V 中可以进行向量的加法和数乘两种运算
向量组生成的向量空间	由向量组 $\boldsymbol{a}_1,\boldsymbol{a}_2,\cdots,\boldsymbol{a}_m$ 所生成的向量空间为 $L=\{\lambda_1\boldsymbol{a}_1+\lambda_2\boldsymbol{a}_2+\cdots+\lambda_m\boldsymbol{a}_m\mid\lambda_1,\lambda_2,\cdots,\lambda_m\in\mathbb{R}\}$，记作 $\mathrm{Span}\{\boldsymbol{a}_1,\boldsymbol{a}_2,\cdots\boldsymbol{a}_m\}$	两等价向量组生成的向量空间相等
子空间	设有向量空间 V_1 和 V_2，若 $V_1\subseteq V_2$，就称 V_1 是 V_2 的**子空间**	① 若 $V_1\subseteq V_2$，则 $\dim V_1\leqslant\dim V_2$； ② 向量空间 $\mathbb{R}^n$ 的基不唯一； ③ 若向量空间 V 没有基，则 V 的维数为 0，0 维向量空间只含一个零向量 $\boldsymbol{0}$
向量空间的基和维数	设 V 为向量空间，如果 r 个向量 $\boldsymbol{a}_1,\boldsymbol{a}_2,\cdots,\boldsymbol{a}_r\in V$，且满足 ① $\boldsymbol{a}_1,\boldsymbol{a}_2,\cdots,\boldsymbol{a}_r$ 线性无关；② V 中任一向量均可由 $\boldsymbol{a}_1,\boldsymbol{a}_2,\cdots,\boldsymbol{a}_r$ 线性表示，那么向量组 $\boldsymbol{a}_1,\boldsymbol{a}_2,\cdots,\boldsymbol{a}_r$ 称为向量空间 V 的**一个基**，r 称为向量空间 V 的**维数**，记作 $\dim V=r$，并称 V 为 **r 维向量空间**	
坐标	如果在向量空间 V 中取定一个基 $\boldsymbol{a}_1,\boldsymbol{a}_2,\cdots,\boldsymbol{a}_r$，那么 V 中任一向量 $\boldsymbol{x}$ 可唯一表示为 $\boldsymbol{x}=\lambda_1\boldsymbol{a}_1+\lambda_2\boldsymbol{a}_2+\cdots+\lambda_r\boldsymbol{a}_r$，则有序数组 $\lambda_1,\lambda_2,\cdots,\lambda_r$ 称为向量 $\boldsymbol{x}$ 在基 $\boldsymbol{a}_1,\boldsymbol{a}_2,\cdots,\boldsymbol{a}_r$ 下的**坐标**，记作 $(\lambda_1,\lambda_2,\cdots,\lambda_r)^{\mathrm{T}}$；特别地，$\boldsymbol{e}_1,\boldsymbol{e}_2,\cdots,\boldsymbol{e}_n$ 叫作 $\mathbb{R}^n$ 中的**自然基**，则任一向量 $\boldsymbol{x}=(x_1,x_2,\cdots,x_n)$ 可表示为 $\boldsymbol{x}=x_1\boldsymbol{e}_1+x_2\boldsymbol{e}_2+\cdots+x_n\boldsymbol{e}_n$	同一向量在同一基底下的坐标是唯一的

疑难辨析

关于向量组 $\boldsymbol{a}_1,\boldsymbol{a}_2,\cdots,\boldsymbol{a}_r$ 生成的向量空间 V：

（1）向量空间 V 的基是向量组 $\boldsymbol{a}_1,\boldsymbol{a}_2,\cdots,\boldsymbol{a}_r$ 的一个最大无关组；

（2）向量空间 V 的维数等于向量组 $\boldsymbol{a}_1,\boldsymbol{a}_2,\cdots,\boldsymbol{a}_r$ 的秩.

二、过渡矩阵与坐标变换公式

定义 1 在向量空间 V 中取定两个基 $\boldsymbol{a}_1,\boldsymbol{a}_2,\cdots,\boldsymbol{a}_n$ 与 $\boldsymbol{b}_1,\boldsymbol{b}_2,\cdots,\boldsymbol{b}_n$. 设 $\boldsymbol{b}_i=p_{1i}\boldsymbol{a}_1+p_{2i}\boldsymbol{a}_2+\cdots+p_{ni}\boldsymbol{a}_n\ (i=1,2,\cdots,n)$，则
$$\begin{cases}\boldsymbol{b}_1=p_{11}\boldsymbol{a}_1+p_{21}\boldsymbol{a}_2+\cdots+p_{n1}\boldsymbol{a}_n,\\ \boldsymbol{b}_2=p_{12}\boldsymbol{a}_1+p_{22}\boldsymbol{a}_2+\cdots+p_{n2}\boldsymbol{a}_n,\\ \cdots\cdots\\ \boldsymbol{b}_n=p_{1n}\boldsymbol{a}_1+p_{2n}\boldsymbol{a}_2+\cdots+p_{nn}\boldsymbol{a}_n\end{cases}$$
可写为矩阵

$$(\boldsymbol{b}_1,\boldsymbol{b}_2,\cdots,\boldsymbol{b}_n)=(\boldsymbol{a}_1,\boldsymbol{a}_2,\cdots,\boldsymbol{a}_n)\boldsymbol{P},$$

此式称为基变换公式，矩阵 $\boldsymbol{P}=\begin{pmatrix} p_{11} & p_{12} & \cdots & p_{1n} \\ p_{21} & p_{22} & \cdots & p_{2n} \\ \vdots & \vdots & & \vdots \\ p_{n1} & p_{n2} & \cdots & p_{nn} \end{pmatrix}$ 称为从基 $\boldsymbol{a}_1,\boldsymbol{a}_2,\cdots,\boldsymbol{a}_n$ 到基 $\boldsymbol{b}_1,\boldsymbol{b}_2,\cdots,\boldsymbol{b}_n$ 的过渡矩阵.

显然 $|\boldsymbol{P}|\neq 0$，因此过渡矩阵一定是可逆的.

定义 2 设 $\boldsymbol{a}_1,\boldsymbol{a}_2,\cdots,\boldsymbol{a}_n$ 与 $\boldsymbol{b}_1,\boldsymbol{b}_2,\cdots,\boldsymbol{b}_n$ 是向量空间 V 的两个基. $\forall\boldsymbol{\alpha}\in V$，设 $\boldsymbol{\alpha}$ 在基 $\boldsymbol{a}_1,\boldsymbol{a}_2,\cdots,\boldsymbol{a}_n$ 下的坐标为 $\boldsymbol{x}$，在基 $\boldsymbol{b}_1,\boldsymbol{b}_2,\cdots,\boldsymbol{b}_n$ 下的坐标为 $\boldsymbol{y}$，即 $\boldsymbol{\alpha}=x_1\boldsymbol{a}_1+x_2\boldsymbol{a}_2+\cdots+x_n\boldsymbol{a}_n=(\boldsymbol{a}_1,\boldsymbol{a}_2,\cdots,\boldsymbol{a}_n)\boldsymbol{x}$，$\boldsymbol{x}=\begin{Bmatrix} x_1 \\ x_2 \\ \vdots \\ x_n \end{Bmatrix}$，$\boldsymbol{\alpha}=y_1\boldsymbol{b}_1+y_2\boldsymbol{b}_2+\cdots+y_n\boldsymbol{b}_n=(\boldsymbol{b}_1,\boldsymbol{b}_2,\cdots,\boldsymbol{b}_n)\boldsymbol{y}$，$\boldsymbol{y}=\begin{Bmatrix} y_1 \\ y_2 \\ \vdots \\ y_n \end{Bmatrix}$. 若从 $\boldsymbol{a}_1,\boldsymbol{a}_2,\cdots,\boldsymbol{a}_n$ 到 $\boldsymbol{b}_1,\boldsymbol{b}_2,\cdots,\boldsymbol{b}_n$ 的过渡矩阵为 $\boldsymbol{P}$，则 $\boldsymbol{\alpha}=(\boldsymbol{b}_1,\boldsymbol{b}_2,\cdots,\boldsymbol{b}_n)\boldsymbol{y}=(\boldsymbol{a}_1,\boldsymbol{a}_2,\cdots,\boldsymbol{a}_n)\boldsymbol{P}\boldsymbol{y}$，从而 $\boldsymbol{x}=\boldsymbol{P}\boldsymbol{y}$，此式即称为坐标变换公式.

若记矩阵 $\boldsymbol{A}=(\boldsymbol{a}_1,\boldsymbol{a}_2,\cdots,\boldsymbol{a}_n)$，$\boldsymbol{B}=(\boldsymbol{b}_1,\boldsymbol{b}_2,\cdots,\boldsymbol{b}_n)$，则从基 $\boldsymbol{a}_1,\boldsymbol{a}_2,\cdots,\boldsymbol{a}_n$ 到基 $\boldsymbol{b}_1,\boldsymbol{b}_2,\cdots,\boldsymbol{b}_n$ 的坐标变换公式为 $\boldsymbol{B}=\boldsymbol{A}\boldsymbol{P}$，过渡矩阵 $\boldsymbol{P}=\boldsymbol{A}^{-1}\boldsymbol{B}$.

典例精解

基本题型 1 求过渡矩阵

题型分析： 求过渡矩阵的基本思路是利用逆矩阵和矩阵的乘法求解过渡矩阵.

典例 1 设 $\boldsymbol{\alpha}_1$，$\boldsymbol{\alpha}_2$，$\boldsymbol{\alpha}_3$ 是三维向量空间的一组基，则由基 $\boldsymbol{\alpha}_1$，$\frac{1}{2}\boldsymbol{\alpha}_2$，$\boldsymbol{\alpha}_3$ 到基 $\boldsymbol{\alpha}_1+\boldsymbol{\alpha}_2$，$\boldsymbol{\alpha}_2+\boldsymbol{\alpha}_3$，$\boldsymbol{\alpha}_3+\boldsymbol{\alpha}_1$ 的过渡矩阵为（　　）.

A. $\begin{pmatrix} 1 & 0 & 1 \\ 2 & 2 & 0 \\ 0 & 1 & 1 \end{pmatrix}$　　B. $\begin{pmatrix} 1 & 2 & 0 \\ 0 & 2 & 3 \\ 1 & 0 & 3 \end{pmatrix}$

C. $\begin{pmatrix} \frac{1}{2} & \frac{1}{4} & -\frac{1}{6} \\ -\frac{1}{2} & \frac{1}{4} & \frac{1}{6} \\ \frac{1}{2} & -\frac{1}{4} & \frac{1}{6} \end{pmatrix}$　　D. $\begin{pmatrix} \frac{1}{2} & -\frac{1}{2} & \frac{1}{2} \\ \frac{1}{4} & \frac{1}{4} & -\frac{1}{4} \\ -\frac{1}{6} & \frac{1}{6} & \frac{1}{6} \end{pmatrix}$

解析：观察可知，$(\boldsymbol{\alpha}_1+\boldsymbol{\alpha}_2,\boldsymbol{\alpha}_2+\boldsymbol{\alpha}_3,\boldsymbol{\alpha}_3+\boldsymbol{\alpha}_1)=\left(\boldsymbol{\alpha}_1,\frac{1}{2}\boldsymbol{\alpha}_2,\boldsymbol{\alpha}_3\right)\begin{pmatrix}1&0&1\\2&2&0\\0&1&1\end{pmatrix}$，则过渡矩阵为 $\begin{pmatrix}1&0&1\\2&2&0\\0&1&1\end{pmatrix}$. 故选 A.

典例 2 设三维向量空间的两组基为 $\boldsymbol{\alpha}_1=\begin{pmatrix}1\\1\\1\end{pmatrix}$，$\boldsymbol{\alpha}_2=\begin{pmatrix}0\\1\\1\end{pmatrix}$，$\boldsymbol{\alpha}_3=\begin{pmatrix}0\\0\\1\end{pmatrix}$ 和 $\boldsymbol{\beta}_1=\begin{pmatrix}1\\0\\1\end{pmatrix}$，$\boldsymbol{\beta}_2=\begin{pmatrix}0\\1\\-1\end{pmatrix}$，$\boldsymbol{\beta}_3=\begin{pmatrix}1\\2\\0\end{pmatrix}$，求 $\boldsymbol{\alpha}_1$，$\boldsymbol{\alpha}_2$，$\boldsymbol{\alpha}_3$ 到 $\boldsymbol{\beta}_1$，$\boldsymbol{\beta}_2$，$\boldsymbol{\beta}_3$ 的过渡矩阵 $\boldsymbol{Q}$.

解析：令矩阵 $\boldsymbol{A}=(\boldsymbol{\alpha}_1,\boldsymbol{\alpha}_2,\boldsymbol{\alpha}_3)=\begin{pmatrix}1&0&0\\1&1&0\\1&1&1\end{pmatrix}$，$\boldsymbol{B}=(\boldsymbol{\beta}_1,\boldsymbol{\beta}_2,\boldsymbol{\beta}_3)=\begin{pmatrix}1&0&1\\0&1&2\\1&-1&0\end{pmatrix}$，根据过渡矩阵的定义可知，$\boldsymbol{B}=\boldsymbol{AQ}$，则 $\boldsymbol{Q}=\boldsymbol{A}^{-1}\boldsymbol{B}$，于是

$$(\boldsymbol{A},\boldsymbol{B})=\left(\begin{array}{ccc|ccc}1&0&0&1&0&1\\1&1&0&0&1&2\\1&1&1&1&-1&0\end{array}\right)\xrightarrow[r_3-r_1]{r_2-r_1}\left(\begin{array}{ccc|ccc}1&0&0&1&0&1\\0&1&0&-1&1&1\\0&1&1&0&-1&-1\end{array}\right)\xrightarrow{r_3-r_2}\left(\begin{array}{ccc|ccc}1&0&0&1&0&1\\0&1&0&-1&1&1\\0&0&1&1&-2&-2\end{array}\right)=(\boldsymbol{E},\boldsymbol{A}^{-1}\boldsymbol{B})$$

所以 $\boldsymbol{Q}=\begin{pmatrix}1&0&1\\-1&1&1\\1&-2&-2\end{pmatrix}$.

变式训练 1 二维向量空间的基 $\boldsymbol{\alpha}_1=\begin{pmatrix}1\\0\end{pmatrix}$，$\boldsymbol{\alpha}_2=\begin{pmatrix}1\\-1\end{pmatrix}$ 到基 $\boldsymbol{\beta}_1=\begin{pmatrix}1\\1\end{pmatrix}$，$\boldsymbol{\beta}_2=\begin{pmatrix}1\\2\end{pmatrix}$ 的过渡矩阵为____________.

变式训练 2 设 $\boldsymbol{\alpha}_1$，$\boldsymbol{\alpha}_2$，$\boldsymbol{\alpha}_3$ 和 $\boldsymbol{\beta}_1$，$\boldsymbol{\beta}_2$，$\boldsymbol{\beta}_3$ 是向量空间的两组基，其中 $\boldsymbol{\alpha}_1=\begin{pmatrix}1\\1\\0\end{pmatrix}$，$\boldsymbol{\alpha}_2=\begin{pmatrix}0\\1\\1\end{pmatrix}$，$\boldsymbol{\alpha}_3=\begin{pmatrix}0\\0\\1\end{pmatrix}$，由基 $\boldsymbol{\alpha}_1$，$\boldsymbol{\alpha}_2$，$\boldsymbol{\alpha}_3$ 到基 $\boldsymbol{\beta}_1$，$\boldsymbol{\beta}_2$，$\boldsymbol{\beta}_3$ 的过渡矩阵 $\boldsymbol{A}=\begin{pmatrix}1&1&-2\\-2&0&3\\4&-1&-6\end{pmatrix}$，求基向量 $\boldsymbol{\beta}_1$，$\boldsymbol{\beta}_2$，$\boldsymbol{\beta}_3$.

变式训练 3 设 $\mathbb{R}^3$ 的一组基为 $\boldsymbol{\varepsilon}_1=\begin{pmatrix}1\\2\\0\end{pmatrix}$，$\boldsymbol{\varepsilon}_2=\begin{pmatrix}1\\-1\\2\end{pmatrix}$，$\boldsymbol{\varepsilon}_3=\begin{pmatrix}0\\1\\-1\end{pmatrix}$. 由基 $\boldsymbol{\eta}_1$，$\boldsymbol{\eta}_2$，$\boldsymbol{\eta}_3$ 到基 $\boldsymbol{\varepsilon}_1$，

$\boldsymbol{\varepsilon}_2$，$\boldsymbol{\varepsilon}_3$的过渡矩阵为$\boldsymbol{P}=\begin{pmatrix}2&1&6\\0&1&1\\1&0&2\end{pmatrix}$，求基向量$\boldsymbol{\eta}_1$，$\boldsymbol{\eta}_2$，$\boldsymbol{\eta}_3$.

基本题型 2 求向量空间的维数

题型分析：求向量空间维数的基本思路是，先将基向量写成矩阵，再利用矩阵的初等变换求矩阵的秩，所得即为向量空间的维数.

典例 3 由向量组$\boldsymbol{\alpha}_1=\begin{pmatrix}1\\3\\1\\-1\end{pmatrix}$，$\boldsymbol{\alpha}_2=\begin{pmatrix}2\\-1\\-1\\4\end{pmatrix}$，$\boldsymbol{\alpha}_3=\begin{pmatrix}5\\1\\-1\\7\end{pmatrix}$，$\boldsymbol{\alpha}_4=\begin{pmatrix}2\\6\\2\\-3\end{pmatrix}$生成的向量空间的维数是________.

解析：$(\boldsymbol{\alpha}_1,\boldsymbol{\alpha}_2,\boldsymbol{\alpha}_3,\boldsymbol{\alpha}_4)=\begin{pmatrix}1&2&5&2\\3&-1&1&6\\1&-1&-1&2\\-1&4&7&-3\end{pmatrix}\xrightarrow[r_4+r_1]{\substack{r_2-3r_1\\r_3-r_1}}\begin{pmatrix}1&2&5&2\\0&-7&-14&0\\0&-3&-6&0\\0&6&12&-1\end{pmatrix}\xrightarrow{r}\begin{pmatrix}1&2&5&2\\0&1&2&0\\0&0&0&1\\0&0&0&0\end{pmatrix}$，

则向量组的值为3，所以由$\boldsymbol{\alpha}_1$，$\boldsymbol{\alpha}_2$，$\boldsymbol{\alpha}_3$，$\boldsymbol{\alpha}_4$生成的向量空间的维数是3．故填3.

思路点拨：向量空间的维数，即生成向量空间的向量组的秩．本题中向量组$\boldsymbol{\alpha}_1$，$\boldsymbol{\alpha}_2$，$\boldsymbol{\alpha}_3$，$\boldsymbol{\alpha}_4$的秩为3，所以由它们生成的向量空间的维数是3.

变式训练 4 已知向量组$\boldsymbol{\alpha}_1=\begin{pmatrix}1\\2\\-1\\0\end{pmatrix}$，$\boldsymbol{\alpha}_2=\begin{pmatrix}1\\1\\0\\2\end{pmatrix}$，$\boldsymbol{\alpha}_3=\begin{pmatrix}2\\1\\1\\a\end{pmatrix}$．若由向量组$\boldsymbol{\alpha}_1$，$\boldsymbol{\alpha}_2$，$\boldsymbol{\alpha}_3$生成的向量空间的维数是2，则$a=$__________.

基本题型 3 向量组基的应用

题型分析：关于向量组基的问题，通常以下面两条性质作为切入点进行解答.

（1）向量组的基所含向量的个数与向量空间的维数相等，并且等于向量组的秩；

（2）向量组的基是线性无关的.

典例 4 已知$\boldsymbol{\alpha}_1=\begin{pmatrix}1\\-1\\1\end{pmatrix}$，$\boldsymbol{\alpha}_2=\begin{pmatrix}1\\-2\\2\end{pmatrix}$，$\boldsymbol{\alpha}_3=\begin{pmatrix}1\\a\\5\end{pmatrix}$是向量空间$\mathbb{R}^3$的一组基，求$a$.

解析：因为$\boldsymbol{\alpha}_1$，$\boldsymbol{\alpha}_2$，$\boldsymbol{\alpha}_3$是向量空间$\mathbb{R}^3$的一组基，所以向量组$\boldsymbol{\alpha}_1$，$\boldsymbol{\alpha}_2$，$\boldsymbol{\alpha}_3$线性无关．记矩阵$\boldsymbol{A}=(\boldsymbol{\alpha}_1,\boldsymbol{\alpha}_2,\boldsymbol{\alpha}_3)$，则其行列式$|\boldsymbol{A}|=\begin{vmatrix}1&1&1\\-1&-2&a\\1&2&5\end{vmatrix}=-(a+5)\neq0$，所以$a\neq-5$.

思路点拨：在向量空间 $\mathbb{R}^n$ 中，n 个线性无关的向量 $\boldsymbol{\alpha}_1,\boldsymbol{\alpha}_2,\cdots,\boldsymbol{\alpha}_n$ 称为 $\mathbb{R}^n$ 的一组基．注意：向量空间基向量的个数与向量空间的维数相等．

变式训练 5 已知 $\boldsymbol{\alpha}_1=\begin{pmatrix}2\\1\\-2\end{pmatrix}$，$\boldsymbol{\alpha}_2=\begin{pmatrix}0\\3\\1\end{pmatrix}$，$\boldsymbol{\alpha}_3=\begin{pmatrix}0\\0\\k-2\end{pmatrix}$ 是向量空间 $\mathbb{R}^3$ 的一组基，求 k．

第五节 线性方程组的解的结构

一、齐次线性方程组

齐次线性方程组解的相关概念和性质等如表 4-10 所示．

表 4-10

解的相关概念	若 $x_1=\xi_{11},x_2=\xi_{21},\cdots,x_n=\xi_{n1}$ 为方程组 $\boldsymbol{Ax}=\boldsymbol{0}$ 的解，则 $\boldsymbol{x}=\boldsymbol{\xi}_1=\begin{pmatrix}\xi_{11}\\\xi_{21}\\\vdots\\\xi_{n1}\end{pmatrix}$ 称为方程组 $\boldsymbol{Ax}=\boldsymbol{0}$ 的解向量；齐次线性方程组的解空间的一个基称为该齐次线性方程组的基础解系；n 元齐次线性方程组的解集 $S=\{\boldsymbol{x}\mid\boldsymbol{Ax}=\boldsymbol{0}\}$ 是一个向量空间，称为齐次线性方程组的解空间 说明：① 方程组 $\boldsymbol{Ax}=\boldsymbol{0}$ 的解集的最大无关组即为该方程组的基础解系； ② 方程组 $\boldsymbol{Ax}=\boldsymbol{0}$ 的每一个解均可由其基础解系线性表示
解的性质	① 若 $\boldsymbol{x}=\boldsymbol{\xi}_1$，$\boldsymbol{x}=\boldsymbol{\xi}_2$ 为方程组 $\boldsymbol{Ax}=\boldsymbol{0}$ 的解，则 $\boldsymbol{x}=\boldsymbol{\xi}_1+\boldsymbol{\xi}_2$ 也是方程组 $\boldsymbol{Ax}=\boldsymbol{0}$ 的解； ② 若 $\boldsymbol{x}=\boldsymbol{\xi}_1$ 为方程组 $\boldsymbol{Ax}=\boldsymbol{0}$ 的解，k 为实数，则 $\boldsymbol{x}=k\boldsymbol{\xi}_1$ 也是方程组 $\boldsymbol{Ax}=\boldsymbol{0}$ 的解
解的结构	若 $\boldsymbol{\xi}_1,\boldsymbol{\xi}_2,\cdots,\boldsymbol{\xi}_t$ 为方程组 $\boldsymbol{Ax}=\boldsymbol{0}$ 的解空间的一个基，则方程组 $\boldsymbol{Ax}=\boldsymbol{0}$ 的通解为 $\boldsymbol{x}=k_1\boldsymbol{\xi}_1+k_2\boldsymbol{\xi}_2+\cdots+k_t\boldsymbol{\xi}_t$（$k_1,k_2,\cdots,k_t\in\mathbb{R}$） 说明：方程组 $\boldsymbol{Ax}=\boldsymbol{0}$ 的通解为其基础解系的线性组合
重要定理	① 设 $m\times n$ 矩阵 $\boldsymbol{A}$ 的秩 $R(\boldsymbol{A})=r$，则 n 元齐次线性方程组 $\boldsymbol{Ax}=\boldsymbol{0}$ 的解空间的维数 $\dim S=n-r$（即该齐次线性方程组的自由未知数的个数）； ② 当 $R(\boldsymbol{A})=r<n$ 时，n 元齐次线性方程组 $\boldsymbol{Ax}=\boldsymbol{0}$ 的基础解系含 $n-r$ 个解向量

二、非齐次线性方程组

非齐次线性方程组解的性质和结构如表 4-11 所示．

表 4-11

解的性质	① 设 $x=\eta_1$ 及 $x=\eta_2$ 都是方程组 $Ax=b$ 的解，则 $x=\eta_1-\eta_2$ 为对应的齐次线性方程组 $Ax=0$ 的解； ② 设 $x=\eta$ 是方程组 $Ax=b$ 的解，$x=\xi$ 是方程组 $Ax=0$ 的解，则 $x=\xi+\eta$ 仍是方程组 $Ax=b$ 的解
解的结构	若 η 为方程组 $Ax=b$ 的一个特解，$\xi_1,\xi_2,\cdots,\xi_{n-r}$ 为方程组 $Ax=0$ 的基础解系，则方程组 $Ax=b$ 的通解为 $x=k_1\xi_1+k_2\xi_2+\cdots+k_{n-r}\xi_{n-r}+\eta$ （$k_1,k_2,\cdots,k_t\in\mathbb{R}$）； 非齐次线性方程组解的结构可总结为： 非齐次方程组的通解 = 对应的齐次方程组的通解 + 非齐次方程组的一个特解

典例精解

基本题型 1 掌握齐次线性方程组有解、无解的充分必要条件

题型分析：本题型通常根据以下结论进行解答.

（1）方程组 $A_{m\times n}x=0$ 有非零解的充分必要条件有：① $R(A)<n$；② A 的列向量组线性相关；③ 当 $m=n$ 时，$|A|=0$；

（2）方程组 $A_{m\times n}x=0$ 只有零解的充分必要条件有：① $R(A)=n$；② A 的列向量组线性无关；③ 当 $m=n$ 时，$|A|\neq 0$.

典例 1 “齐次线性方程组 $Ax=0$ 只有零解”的充分必要条件是（　　）.

A．系数矩阵 A 的行向量组线性无关　　B．系数矩阵 A 的列向量组线性无关

C．系数矩阵 A 的行向量组线性相关　　D．系数矩阵 A 的列向量组线性相关

解析：设 A 为 $m\times n$ 矩阵，“齐次线性方程组 $Ax=0$ 只有零解”的充分必要条件是“系数矩阵 A 的列向量组线性无关”．故选 B.

变式训练 1 “齐次线性方程组 $Ax=0$ 有非零解”的充分必要条件是（　　）.

A．系数矩阵 A 的任意两个列向量线性相关

B．系数矩阵 A 的任意两个行向量线性相关

C．系数矩阵 A 中至少有一个列向量是其余列向量的线性组合

D．系数矩阵 A 中任一列向量是其余列向量的线性组合

典例 2 设齐次线性方程组 $Ax=0$ 有非零解，且矩阵 $A=\begin{pmatrix}1&2&3\\2&t&1\\-1&3&2\\-2&1&-1\end{pmatrix}$，则 $t=$________.

解析：矩阵 $\boldsymbol{A}=\begin{pmatrix}1&2&3\\2&t&1\\-1&3&2\\-2&1&-1\end{pmatrix}\xrightarrow[r_4+2r_1]{r_2-2r_1 \atop r_3+r_1}\begin{pmatrix}1&2&3\\0&t-4&-5\\0&5&5\\0&5&5\end{pmatrix}\xrightarrow[\frac{1}{5}r_2]{r_4-r_3 \atop {r_2\leftrightarrow r_3 \atop r_3+r_2}}\begin{pmatrix}1&2&3\\0&1&1\\0&1+t&0\\0&0&0\end{pmatrix}$，由齐次线性方程组 $\boldsymbol{Ax}=\boldsymbol{0}$ 有非零解，得 $R(\boldsymbol{A})<3$，则 $1+t=0$，解得 $t=-1$．故填 -1．

变式训练 2 方程组 $\begin{cases}\lambda x_1+x_2+x_3=0,\\x_1+\lambda x_2+x_3=0,\\x_1+x_2+\lambda x_3=0\end{cases}$ 有非零解的充分必要条件是 $\lambda=$________．

基本题型 2 掌握齐次线性方程组基础解系的概念

题型分析：（1）求一个方程组的基础解系，通常可以求已知基础解系的等价向量组．

（2）本题型要注意基础解系所含向量具有以下特点：① 都是解向量；② 线性无关；③ 个数为 $n-R(\boldsymbol{A})$．其中，①容易被忽略，要特别注意，③说明基础解系与矩阵的秩有着密切的联系，解题时要注意两者的渗透和转化．

典例 3 已知 $\boldsymbol{\alpha}_1$，$\boldsymbol{\alpha}_2$，$\boldsymbol{\alpha}_3$ 是齐次线性方程组 $\boldsymbol{Ax}=\boldsymbol{0}$ 的一个基础解系，则 $\boldsymbol{Ax}=\boldsymbol{0}$ 的基础解系还可以表示为（　　）．

A．一个与 $\boldsymbol{\alpha}_1$，$\boldsymbol{\alpha}_2$，$\boldsymbol{\alpha}_3$ 等价的向量组　　B．一个与 $\boldsymbol{\alpha}_1$，$\boldsymbol{\alpha}_2$，$\boldsymbol{\alpha}_3$ 等秩的向量组

C．$\boldsymbol{\alpha}_1$，$\boldsymbol{\alpha}_1+\boldsymbol{\alpha}_2$，$\boldsymbol{\alpha}_1+\boldsymbol{\alpha}_2+\boldsymbol{\alpha}_3$　　D．$\boldsymbol{\alpha}_1-\boldsymbol{\alpha}_2$，$\boldsymbol{\alpha}_2-\boldsymbol{\alpha}_3$，$\boldsymbol{\alpha}_3-\boldsymbol{\alpha}_1$

解析：一个与 $\boldsymbol{\alpha}_1$，$\boldsymbol{\alpha}_2$，$\boldsymbol{\alpha}_3$ 等价的向量组中，若向量个数大于3，则该向量组一定线性相关，不符合基础解系中的向量必线性无关的要求，A 选项错误．一个与 $\boldsymbol{\alpha}_1$，$\boldsymbol{\alpha}_2$，$\boldsymbol{\alpha}_3$ 等秩的向量组中的向量不一定是 $\boldsymbol{Ax}=\boldsymbol{0}$ 的解向量，B 选项错误．C 选项中的向量组能构成 $\boldsymbol{Ax}=\boldsymbol{0}$ 的一个基础解系，满足基础解系的条件：① 向量组中有 3 个向量；② 向量组线性无关；③ 每个向量均为解向量，C 选项正确．由 $\boldsymbol{\alpha}_2-\boldsymbol{\alpha}_3=-(\boldsymbol{\alpha}_1-\boldsymbol{\alpha}_2)-(\boldsymbol{\alpha}_3-\boldsymbol{\alpha}_1)$ 可知，所给 3 个向量线性相关，不能构成基础解系，D 选项错误．故选 C．

方法总结

$\boldsymbol{\alpha}_1,\boldsymbol{\alpha}_2,\cdots,\boldsymbol{\alpha}_n$ 是齐次线性方程组 $\boldsymbol{Ax}=\boldsymbol{0}$ 的基础解系的条件：

（1）向量组 $\boldsymbol{\alpha}_1,\boldsymbol{\alpha}_2,\cdots,\boldsymbol{\alpha}_n$ 线性无关；

（2）方程组的任一解向量均可由 $\boldsymbol{\alpha}_1,\boldsymbol{\alpha}_2,\cdots,\boldsymbol{\alpha}_n$ 线性表示．

典例 4 已知向量组 $\boldsymbol{\alpha}_1=\begin{pmatrix}1\\2\\0\\-2\end{pmatrix}$，$\boldsymbol{\alpha}_2=\begin{pmatrix}0\\3\\1\\0\end{pmatrix}$，$\boldsymbol{\alpha}_3=\begin{pmatrix}-1\\4\\2\\a\end{pmatrix}$ 和 $\boldsymbol{\beta}_1=\begin{pmatrix}1\\8\\2\\-2\end{pmatrix}$，$\boldsymbol{\beta}_2=\begin{pmatrix}1\\5\\1\\-a\end{pmatrix}$，$\boldsymbol{\beta}_3=\begin{pmatrix}-5\\2\\b\\10\end{pmatrix}$ 都是齐次线性方程组 $\boldsymbol{Ax}=\boldsymbol{0}$ 的基础解系，求 a，b 的值．

解析：以 $\boldsymbol{\alpha}_1,\boldsymbol{\alpha}_2,\boldsymbol{\alpha}_3,\boldsymbol{\beta}_1,\boldsymbol{\beta}_2,\boldsymbol{\beta}_3$ 为列向量构成矩阵，并对矩阵施以初等行变换，得

$$(\boldsymbol{\alpha}_1,\boldsymbol{\alpha}_2,\boldsymbol{\alpha}_3,\boldsymbol{\beta}_1,\boldsymbol{\beta}_2,\boldsymbol{\beta}_3)=\begin{pmatrix}1&0&-1&1&1&-5\\2&3&4&8&5&2\\0&1&2&2&1&b\\-2&0&a&-2&-a&10\end{pmatrix}\xrightarrow[r_4+2r_1]{r_2-2r_1}\begin{pmatrix}1&0&-1&1&1&-5\\0&3&6&6&3&12\\0&1&2&2&1&b\\0&0&a-2&0&2-a&0\end{pmatrix}$$

$$\xrightarrow[\substack{r_3\leftrightarrow r_4\\ r_4-r_2}]{\frac{1}{3}r_2}\begin{pmatrix}1&0&-1&1&1&-5\\0&1&2&2&1&4\\0&0&a-2&0&2-a&0\\0&0&0&0&0&b-4\end{pmatrix}$$，因为 $\boldsymbol{\alpha}_1,\boldsymbol{\alpha}_2,\boldsymbol{\alpha}_3$ 和 $\boldsymbol{\beta}_1,\boldsymbol{\beta}_2,\boldsymbol{\beta}_3$ 都是方程组 $\boldsymbol{Ax}=\boldsymbol{0}$ 的基础解系，则向量组 $\boldsymbol{\alpha}_1,\boldsymbol{\alpha}_2,\boldsymbol{\alpha}_3$ 和 $\boldsymbol{\beta}_1,\boldsymbol{\beta}_2,\boldsymbol{\beta}_3$ 都是线性无关的，且两向量组等价，所以 $R(\boldsymbol{\alpha}_1,\boldsymbol{\alpha}_2,\boldsymbol{\alpha}_3,\boldsymbol{\beta}_1,\boldsymbol{\beta}_2,\boldsymbol{\beta}_3)=R(\boldsymbol{\alpha}_1,\boldsymbol{\alpha}_2,\boldsymbol{\alpha}_3)=R(\boldsymbol{\beta}_1,\boldsymbol{\beta}_2,\boldsymbol{\beta}_3)=3$，故有 $a\neq 2$，$b=4$．

变式训练 3 设向量组 $\boldsymbol{\alpha}_1$，$\boldsymbol{\alpha}_2$，$\boldsymbol{\alpha}_3$ 为齐次线性方程组 $\boldsymbol{Ax}=\boldsymbol{0}$ 的一个基础解系，则下列向量组也是该方程组的基础解系的是（　　）.

A. $\boldsymbol{\alpha}_1-\boldsymbol{\alpha}_3$，$3\boldsymbol{\alpha}_2-\boldsymbol{\alpha}_3$，$-\boldsymbol{\alpha}_1-3\boldsymbol{\alpha}_2+2\boldsymbol{\alpha}_3$

B. $\boldsymbol{\alpha}_1+2\boldsymbol{\alpha}_2+\boldsymbol{\alpha}_3$，$\boldsymbol{\alpha}_1+\boldsymbol{\alpha}_2$，$\boldsymbol{\alpha}_2+\boldsymbol{\alpha}_3$

C. 与 $\boldsymbol{\alpha}_1$，$\boldsymbol{\alpha}_2$，$\boldsymbol{\alpha}_3$ 等价的同维向量组 $\boldsymbol{\alpha}_1$，$\boldsymbol{\alpha}_2$，$\boldsymbol{\alpha}_3$，$\boldsymbol{\alpha}_4$

D. 与 $\boldsymbol{\alpha}_1$，$\boldsymbol{\alpha}_2$，$\boldsymbol{\alpha}_3$ 等价的同维向量组 $\boldsymbol{\beta}_1$，$\boldsymbol{\beta}_2$，$\boldsymbol{\beta}_3$

基本题型 3 求齐次线性方程组的基础解系和通解

题型分析：本题型需要掌握齐次线性方程组基础解系和通解的概念，然后利用矩阵的初等变换求解齐次线性方程组.

典例 5 求齐次线性方程组 $\begin{cases}x_1+x_2+x_5=0,\\x_1+x_2-x_3=0,\\x_3+x_4+x_5=0\end{cases}$ 的基础解系.

解析：对系数矩阵 $\boldsymbol{A}$ 施以初等行变换，将其化为行最简形，$\boldsymbol{A}=\begin{pmatrix}1&1&0&0&1\\1&1&-1&0&0\\0&0&1&1&1\end{pmatrix}$

$$\xrightarrow{r_2-r_1}\begin{pmatrix}1&1&0&0&1\\0&0&-1&0&-1\\0&0&1&1&1\end{pmatrix}\xrightarrow[-r_2]{r_3+r_2}\begin{pmatrix}1&1&0&0&1\\0&0&1&0&1\\0&0&0&1&0\end{pmatrix}$$，得同解方程组 $\begin{cases}x_1=-x_2-x_5,\\x_3=-x_5,\\x_4=0,\end{cases}$ 令自由未知数 $\begin{pmatrix}x_2\\x_5\end{pmatrix}=\begin{pmatrix}1\\0\end{pmatrix}$ 和 $\begin{pmatrix}0\\1\end{pmatrix}$，得方程组的基础解系 $\boldsymbol{\xi}_1=\begin{pmatrix}-1\\1\\0\\0\\0\end{pmatrix}$，$\boldsymbol{\xi}_2=\begin{pmatrix}-1\\0\\-1\\0\\1\end{pmatrix}$.

典例 6 设矩阵 $A=\begin{pmatrix}1&2&1&2\\0&1&t&t\\1&t&0&1\end{pmatrix}$，且方程组 $Ax=0$ 的基础解系中含有 2 个解向量，求方程组 $Ax=0$ 的通解.

解析： 对系数矩阵 A 施以初等行变换，将其化为行最简形，$A=\begin{pmatrix}1&2&1&2\\0&1&t&t\\1&t&0&1\end{pmatrix}\xrightarrow{r_3-r_1}\begin{pmatrix}1&2&1&2\\0&1&t&t\\0&t-2&-1&-1\end{pmatrix}\xrightarrow{r_3-(t-2)r_2}\begin{pmatrix}1&2&1&2\\0&1&t&t\\0&0&-(t-1)^2&-(t-1)^2\end{pmatrix}$，因为方程组 $Ax=0$ 的基础解系中含有 2 个解向量，所以 $R(A)=2$，从而 $-(t-1)^2=0$，解得 $t=1$，此时 $A\sim\begin{pmatrix}1&0&-1&0\\0&1&1&1\\0&0&0&0\end{pmatrix}$，得同解方程组 $\begin{cases}x_1=x_3,\\x_2=-x_3-x_4,\end{cases}$ 令自由未知数 $\begin{pmatrix}x_3\\x_4\end{pmatrix}=\begin{pmatrix}1\\0\end{pmatrix}$ 和 $\begin{pmatrix}0\\1\end{pmatrix}$，得方程组的基础解系 $\boldsymbol{\xi}_1=\begin{pmatrix}1\\-1\\1\\0\end{pmatrix}$，$\boldsymbol{\xi}_2=\begin{pmatrix}0\\-1\\0\\1\end{pmatrix}$，于是方程组的通解为 $\begin{pmatrix}x_1\\x_2\\x_3\\x_4\end{pmatrix}=c_1\boldsymbol{\xi}_1+c_2\boldsymbol{\xi}_2=c_1\begin{pmatrix}1\\-1\\1\\0\end{pmatrix}+c_2\begin{pmatrix}0\\-1\\0\\1\end{pmatrix}(c_1,c_2\in\mathbb{R})$.

方法总结

求解齐次线性方程组 $A_{m\times n}x=0$ 的一般步骤.

（1）**将系数矩阵化为行最简形：** 通过初等行变换，将系数矩阵 A 化为行最简形，得 A 的秩 r 和基础解系所含向量的个数 $n-r$；

（2）**写出同解方程组：** 根据 A 的行最简形写出原方程组的同解方程组；

（3）**自由未知数取值：** 根据同解方程组，从 n 个未知数 $x_1,x_2,\cdots,x_n$ 中取 $n-r$ 个自由未知数，令 $\begin{pmatrix}x_{r+1}\\x_{r+2}\\\vdots\\x_n\end{pmatrix}=\begin{pmatrix}1\\0\\\vdots\\0\end{pmatrix},\begin{pmatrix}0\\1\\\vdots\\0\end{pmatrix},\cdots,\begin{pmatrix}0\\0\\\vdots\\1\end{pmatrix}$；

（4）**写出基础解系：** 将自由未知数的取值分别代入同解方程组，求得原方程组的 $n-r$ 个解向量 $\boldsymbol{\xi}_1,\boldsymbol{\xi}_2,\cdots,\boldsymbol{\xi}_{n-r}$，即为方程组的基础解系；

（5）**写出通解：** 解向量为 $\boldsymbol{\xi}_1,\boldsymbol{\xi}_2,\cdots,\boldsymbol{\xi}_{n-r}$ 的方程组的通解为

$$x=c_1\boldsymbol{\xi}_1+c_2\boldsymbol{\xi}_2+\cdots+c_{n-r}\boldsymbol{\xi}_{n-r}\ (c_1,c_2,\cdots,c_{n-r}\in\mathbb{R}).$$

变式训练 4 设 $A=(\boldsymbol{\alpha}_1,\boldsymbol{\alpha}_2,\boldsymbol{\alpha}_3)$ 为三阶方阵，若 $\boldsymbol{\alpha}_1$，$\boldsymbol{\alpha}_2$ 线性无关，且 $\boldsymbol{\alpha}_3=-\boldsymbol{\alpha}_1+2\boldsymbol{\alpha}_2$，则线性方程组 $Ax=0$ 的通解为__________.

变式训练 5 求齐次线性方程组$\begin{cases}x_1+x_2-x_3-x_4=0,\\2x_1-5x_2+3x_3+2x_4=0,\\7x_1-7x_2+3x_3+x_4=0\end{cases}$的基础解系与通解.

基本题型 4 掌握非齐次线性方程组有解的充分必要条件

题型分析：本题型需要掌握"非齐次线性方程组 $\boldsymbol{Ax}=\boldsymbol{b}$ 有解"的充分必要条件是"$R(\boldsymbol{A})=R(\boldsymbol{A},\boldsymbol{b})$"，进而判断非齐次线性方程组解的情况.

典例 7 非齐次线性方程组 $\boldsymbol{Ax}=\boldsymbol{b}$ 的系数矩阵 $\boldsymbol{A}$ 是 4×5 矩阵，且 $\boldsymbol{A}$ 的行向量组线性无关，则下列命题错误的是（　　）.

A. 齐次线性方程组 $\boldsymbol{A}^{\mathrm{T}}\boldsymbol{x}=\boldsymbol{0}$ 只有零解

B. 齐次线性方程组 $\boldsymbol{A}^{\mathrm{T}}\boldsymbol{Ax}=\boldsymbol{0}$ 必有非零解

C. 对于任意列向量 $\boldsymbol{b}$，方程组 $\boldsymbol{Ax}=\boldsymbol{b}$ 必有无限多解

D. 对于任意列向量 $\boldsymbol{b}$，方程组 $\boldsymbol{A}^{\mathrm{T}}\boldsymbol{x}=\boldsymbol{b}$ 必有唯一解

解析：因为 $\boldsymbol{A}$ 是 4×5 矩阵，且 $\boldsymbol{A}$ 的行向量组线性无关，又 $\boldsymbol{A}$ 的秩与 $\boldsymbol{A}$ 的行秩相等，所以 $R(\boldsymbol{A})=4$．因为 $\boldsymbol{A}^{\mathrm{T}}$ 是 5×4 矩阵，而 $R(\boldsymbol{A}^{\mathrm{T}})=R(\boldsymbol{A})=4$，所以方程组 $\boldsymbol{A}^{\mathrm{T}}\boldsymbol{x}=\boldsymbol{0}$ 只有零解，A 选项说法正确. 因为 $\boldsymbol{A}^{\mathrm{T}}\boldsymbol{A}$ 是五阶方阵，且 $R(\boldsymbol{A}^{\mathrm{T}}\boldsymbol{A})\leqslant R(\boldsymbol{A})=4<5$，所以方程组 $\boldsymbol{A}^{\mathrm{T}}\boldsymbol{Ax}=\boldsymbol{0}$ 必有非零解，B 选项说法正确. 因为 $\boldsymbol{A}$ 是 4×5 矩阵，且 $\boldsymbol{A}$ 的行向量组线性无关，则添加分量后依然线性无关，所以 $R(\boldsymbol{A})=R(\boldsymbol{A},\boldsymbol{b})=4<5$，因此 $\boldsymbol{Ax}=\boldsymbol{b}$ 有无限多解，C 选项说法正确. 因为 $\boldsymbol{A}^{\mathrm{T}}$ 的列向量是 4 个线性无关的五维向量，它们不能表示任一五维向量，所以可能 $R(\boldsymbol{A},\boldsymbol{b})=5$，即方程组 $\boldsymbol{A}^{\mathrm{T}}\boldsymbol{x}=\boldsymbol{b}$ 可能无解，D 选项说法错误．故选 D.

典例 8 （1）已知方程组$\begin{pmatrix}1&2&1\\2&3&a+2\\1&a&-2\end{pmatrix}\begin{pmatrix}x_1\\x_2\\x_3\end{pmatrix}=\begin{pmatrix}1\\3\\0\end{pmatrix}$无解，则 $a=$__________.

（2）已知方程组$\begin{pmatrix}a&1&1\\1&a&1\\1&1&a\end{pmatrix}\begin{pmatrix}x_1\\x_2\\x_3\end{pmatrix}=\begin{pmatrix}1\\1\\-2\end{pmatrix}$有无限多解，则 $a=$__________.

解析：（1）化增广矩阵成阶梯形，$(\boldsymbol{A},\boldsymbol{b})=\left(\begin{array}{ccc:c}1&2&1&1\\2&3&a+2&3\\1&a&-2&0\end{array}\right)\xrightarrow[r_3-r_1]{r_2-2r_1}\left(\begin{array}{ccc:c}1&2&1&1\\0&-1&a&1\\0&a-2&-3&-1\end{array}\right)$

$\xrightarrow{r_3+(a-2)r_2}\begin{pmatrix}1&2&1&1\\0&-1&a&1\\0&0&(a-3)(a+1)&a-3\end{pmatrix}$，又方程组无解，则 $R(\boldsymbol{A})<R(\boldsymbol{A},\boldsymbol{b})$，故有

$\begin{cases}(a-3)(a+1)=0,\\a-3\neq0,\end{cases}$ 解得 $a=-1$．故填 -1.

（2）化增广矩阵成阶梯形，$(\boldsymbol{A},\boldsymbol{b})=\left(\begin{array}{ccc|c}a&1&1&1\\1&a&1&1\\1&1&a&-2\end{array}\right)\xrightarrow{r_1\leftrightarrow r_3}\left(\begin{array}{ccc|c}1&1&a&-2\\1&a&1&1\\a&1&1&1\end{array}\right)\xrightarrow[r_3-ar_1]{r_2-r_1}$

$\left(\begin{array}{ccc|c}1&1&a&-2\\0&a-1&1-a&3\\0&1-a&1-a^2&1+2a\end{array}\right)\xrightarrow{r_3+r_2}\left(\begin{array}{ccc|c}1&1&a&-2\\0&a-1&1-a&3\\0&0&(1-a)(a+2)&2(a+2)\end{array}\right)$，又方程组有无限多解，则 $R(\boldsymbol{A})<n$，故有 $(1-a)(a+2)=0$，解得 $a=1$ 或 -2．当 $a=1$ 时，$R(\boldsymbol{A})=1$，$R(\boldsymbol{A},\boldsymbol{b})=2$，$R(\boldsymbol{A})<R(\boldsymbol{A},\boldsymbol{b})$，方程组无解；当 $a=-2$ 时，$R(\boldsymbol{A})=R(\boldsymbol{A},\boldsymbol{b})=2$，方程组有无限多解，符合题意．故填 -2．

变式训练 6 设 $\boldsymbol{A}$ 是 $m\times n$ 矩阵，非齐次线性方程组 $\boldsymbol{Ax}=\boldsymbol{b}$ 有解的充分条件是（　　）．

A．$R(\boldsymbol{A})=m$　　B．$\boldsymbol{A}$ 的行向量组线性相关

C．$R(\boldsymbol{A})=n$　　D．$\boldsymbol{A}$ 的列向量组线性相关

基本题型 5　掌握非齐次线性方程组的解的结构

题型分析：（1）非齐次线性方程组的通解包括其导出组的基础解系和自身的一个特解．这类题目比较灵活，一般情况下答案不唯一，其主要原因是当非齐次线性方程组有无限多解时，对应的导出组的基础解系不唯一．

（2）解答此类题目时，应注重理论分析，善于利用题目所给条件进行求解，尽量避免做大量的运算．

典例 9 已知 $\boldsymbol{A}_{m\times n}\boldsymbol{x}=\boldsymbol{b}$ 有无限多解，$R(\boldsymbol{A})=r<n$，则该方程组的线性无关的解向量的个数最多有（　　）．

A．$n-r$　　B．r　　C．$n-r+1$　　D．$r+1$

解析：由 $R(\boldsymbol{A})=r$，得 $\boldsymbol{Ax}=\boldsymbol{0}$ 的基础解系中有 $n-r$ 个线性无关的解向量 $\boldsymbol{\alpha}_1,\boldsymbol{\alpha}_2,\cdots,\boldsymbol{\alpha}_{n-r}$．设 $\boldsymbol{\beta}$ 为 $\boldsymbol{Ax}=\boldsymbol{b}$ 的解向量，则 $\boldsymbol{\beta},\boldsymbol{\alpha}_1,\boldsymbol{\alpha}_2,\cdots,\boldsymbol{\alpha}_{n-r}$ 线性无关．而方程组 $\boldsymbol{Ax}=\boldsymbol{b}$ 的通解可表示为 $\boldsymbol{\beta}+k_1\boldsymbol{\alpha}_1+k_2\boldsymbol{\alpha}_2+\cdots+k_{n-r}\boldsymbol{\alpha}_{n-r}$，即方程组 $\boldsymbol{Ax}=\boldsymbol{b}$ 的任一解均可由 $\boldsymbol{\beta},\boldsymbol{\alpha}_1,\boldsymbol{\alpha}_2,\cdots,\boldsymbol{\alpha}_{n-r}$ 线性表示，所以方程组 $\boldsymbol{Ax}=\boldsymbol{b}$ 最多有 $n-r+1$ 个线性无关的解向量．故选 C．

变式训练 7 已知 $\boldsymbol{\alpha}_1$，$\boldsymbol{\alpha}_2$，$\boldsymbol{\alpha}_3$ 是方程组 $\boldsymbol{Ax}=\boldsymbol{b}$ 的三个不同的解，则向量组 $\boldsymbol{\alpha}_1-\boldsymbol{\alpha}_2$，$\boldsymbol{\alpha}_1+\boldsymbol{\alpha}_2-2\boldsymbol{\alpha}_3$，$\dfrac{2}{3}(\boldsymbol{\alpha}_2-\boldsymbol{\alpha}_1)$，$\boldsymbol{\alpha}_1-3\boldsymbol{\alpha}_2+2\boldsymbol{\alpha}_3$ 中，是导出组 $\boldsymbol{Ax}=\boldsymbol{0}$ 的解向量的共有（　　）．

A．4 个　　B．3 个　　C．2 个　　D．1 个

基本题型 6　求非齐次线性方程组的通解

题型分析：本题型需要掌握非齐次线性方程组通解的结构，再利用矩阵的初等变换化简增广矩阵，进而求得导出组的基础解系和原方程组的一个特解，最后写出通解．

典例 10 求线性方程组$\begin{cases}x_1+5x_2-x_3-x_4=-1,\\x_1-2x_2+x_3+3x_4=3,\\3x_1+8x_2-x_3+x_4=1,\\x_1-9x_2+3x_3+7x_4=7\end{cases}$的通解.

解析：增广矩阵$(\boldsymbol{A},\boldsymbol{b})=\left(\begin{array}{cccc|c}1&5&-1&-1&-1\\1&-2&1&3&3\\3&8&-1&1&1\\1&-9&3&7&7\end{array}\right)\xrightarrow[r_4-r_1]{\substack{r_2-r_1\\r_3-3r_1}}\left(\begin{array}{cccc|c}1&5&-1&-1&-1\\0&-7&2&4&4\\0&-7&2&4&4\\0&-14&4&8&8\end{array}\right)\xrightarrow[r_4-2r_2]{r_3-r_2}$

$\left(\begin{array}{cccc|c}1&5&-1&-1&-1\\0&-7&2&4&4\\0&0&0&0&0\\0&0&0&0&0\end{array}\right)\xrightarrow[r_1-5r_2]{-\frac{1}{7}r_2}\left(\begin{array}{cccc|c}1&0&\frac{3}{7}&\frac{13}{7}&\frac{13}{7}\\0&1&-\frac{2}{7}&-\frac{4}{7}&-\frac{4}{7}\\0&0&0&0&0\\0&0&0&0&0\end{array}\right)$，则$R(\boldsymbol{A})=R(\boldsymbol{A},\boldsymbol{b})=2<4$，原方程组有无限多解，其同解方程组为$\begin{cases}x_1=-\frac{3}{7}x_3-\frac{13}{7}x_4+\frac{13}{7},\\x_2=\frac{2}{7}x_3+\frac{4}{7}x_4-\frac{4}{7}.\end{cases}$取$\begin{pmatrix}x_3\\x_4\end{pmatrix}=\begin{pmatrix}1\\0\end{pmatrix}$和$\begin{pmatrix}0\\1\end{pmatrix}$，得对应齐次线性方程组的基础解系$\boldsymbol{\xi}_1=\begin{pmatrix}-\frac{3}{7}\\\frac{2}{7}\\1\\0\end{pmatrix}$，$\boldsymbol{\xi}_2=\begin{pmatrix}-\frac{13}{7}\\\frac{4}{7}\\0\\1\end{pmatrix}$. 取$\begin{pmatrix}x_3\\x_4\end{pmatrix}=\begin{pmatrix}0\\0\end{pmatrix}$，得原方程组的一个特解$\boldsymbol{\eta}=\left(\frac{13}{7},-\frac{4}{7},0,0\right)^{\mathrm{T}}$，于是原方程组的通解为

$$\begin{pmatrix}x_1\\x_2\\x_3\\x_4\end{pmatrix}=c_1\boldsymbol{\xi}_1+c_2\boldsymbol{\xi}_2+\boldsymbol{\eta}=c_1\begin{pmatrix}-\frac{3}{7}\\\frac{2}{7}\\1\\0\end{pmatrix}+c_2\begin{pmatrix}-\frac{13}{7}\\\frac{4}{7}\\0\\1\end{pmatrix}+\begin{pmatrix}\frac{13}{7}\\-\frac{4}{7}\\0\\0\end{pmatrix}(c_1,c_2\in\mathbb{R}).$$

方法总结

求解非齐次线性方程组$\boldsymbol{A}_{m\times n}\boldsymbol{x}=\boldsymbol{b}$的一般步骤.

（1）**将增广矩阵化为行最简形**：通过初等行变换，将增广矩阵$(\boldsymbol{A},\boldsymbol{b})$化为行最简形，得出$\boldsymbol{A}$和$(\boldsymbol{A},\boldsymbol{b})$的秩，确定方程组解的情况；

（2）**写出同解方程组**：根据$(\boldsymbol{A},\boldsymbol{b})$的行最简形写出原方程组的同解方程组；

（3）**求导出组的基础解系**：根据同解方程组，从n个未知数$x_1,x_2,\cdots,x_n$中取$n-r$

个自由未知数，令 $\begin{pmatrix} x_{r+1} \\ x_{r+2} \\ \vdots \\ x_n \end{pmatrix} = \begin{pmatrix} 1 \\ 0 \\ \vdots \\ 0 \end{pmatrix}, \begin{pmatrix} 0 \\ 1 \\ \vdots \\ 0 \end{pmatrix}, \cdots, \begin{pmatrix} 0 \\ 0 \\ \vdots \\ 1 \end{pmatrix}$，将自由未知数的取值分别代入同解方程组，求得 $n-r$ 个解向量 $\boldsymbol{\xi}_1, \boldsymbol{\xi}_2, \cdots, \boldsymbol{\xi}_{n-r}$，即为导出组 $\boldsymbol{Ax}=\boldsymbol{0}$ 的基础解系；

（4）**求原方程组的特解**：将自由未知数全部取零，求得原方程组的一个特解 $\boldsymbol{\eta}$；

（5）**写出原方程组的通解**：根据导出组的基础解系 $\boldsymbol{\xi}_1, \boldsymbol{\xi}_2, \cdots, \boldsymbol{\xi}_{n-r}$ 和原方程组的特解 $\boldsymbol{\eta}$，得原方程组的通解为 $\boldsymbol{x} = c_1\boldsymbol{\xi}_1 + c_2\boldsymbol{\xi}_2 + \cdots + c_{n-r}\boldsymbol{\xi}_{n-r} + \boldsymbol{\eta}\ (c_1, c_2, \cdots, c_{n-r} \in \mathbb{R})$.

变式训练 8 求方程组 $\begin{cases} 2x_1 - x_2 + 4x_3 - 3x_4 = -4, \\ x_1 + x_3 - x_4 = -3, \\ 3x_1 + x_2 + x_3 = 1, \\ 7x_1 + 7x_3 - 3x_4 = 3 \end{cases}$ 的通解.

典例 11 已知线性方程组 $\begin{cases} \lambda x_1 + x_2 + x_3 = \lambda - 3, \\ x_1 + \lambda x_2 + x_3 = -2, \\ x_1 + x_2 + \lambda x_3 = -2, \end{cases}$ 问 λ 为何值时，方程组无解、有唯一解或有无限多解？当方程组有无限多解时，求其导出组的基础解系和通解.

解析：增广矩阵 $(\boldsymbol{A}, \boldsymbol{b}) = \left(\begin{array}{ccc|c} \lambda & 1 & 1 & \lambda-3 \\ 1 & \lambda & 1 & -2 \\ 1 & 1 & \lambda & -2 \end{array}\right) \xrightarrow{r_1 \leftrightarrow r_3} \left(\begin{array}{ccc|c} 1 & 1 & \lambda & -2 \\ 1 & \lambda & 1 & -2 \\ \lambda & 1 & 1 & \lambda-3 \end{array}\right) \xrightarrow[r_3-\lambda r_1]{r_2-r_1}$

$\left(\begin{array}{ccc|c} 1 & 1 & \lambda & -2 \\ 0 & \lambda-1 & 1-\lambda & 0 \\ 0 & 1-\lambda & 1-\lambda^2 & 3\lambda-3 \end{array}\right) \xrightarrow{r_3+r_2} \left(\begin{array}{ccc|c} 1 & 1 & \lambda & -2 \\ 0 & \lambda-1 & 1-\lambda & 0 \\ 0 & 0 & 2-\lambda-\lambda^2 & 3\lambda-3 \end{array}\right)$.

（1）当 $2-\lambda-\lambda^2=0$ 且 $3\lambda-3 \neq 0$，即 $\lambda=-2$ 时，$R(\boldsymbol{A})=2$，$R(\boldsymbol{A},\boldsymbol{b})=3$，$R(\boldsymbol{A})<R(\boldsymbol{A},\boldsymbol{b})$，方程组无解.

（2）当 $2-\lambda-\lambda^2 \neq 0$，即 $\lambda \neq -2$ 且 $\lambda \neq 1$ 时，$R(\boldsymbol{A})=R(\boldsymbol{A},\boldsymbol{b})=3$，方程组有唯一解.

（3）当 $\lambda=1$ 时，$(\boldsymbol{A},\boldsymbol{b}) \sim \left(\begin{array}{ccc|c} 1 & 1 & 1 & -2 \\ 0 & 0 & 0 & 0 \\ 0 & 0 & 0 & 0 \end{array}\right)$，$R(\boldsymbol{A})=R(\boldsymbol{A},\boldsymbol{b})<3$，方程组有无限多解，其同解方程为 $x_1=-x_2-x_3-2$. 取 $\begin{pmatrix} x_2 \\ x_3 \end{pmatrix} = \begin{pmatrix} 1 \\ 0 \end{pmatrix}$ 和 $\begin{pmatrix} 0 \\ 1 \end{pmatrix}$，得导出组的基础解系 $\boldsymbol{\xi}_1 = \begin{pmatrix} -1 \\ 1 \\ 0 \end{pmatrix}$，$\boldsymbol{\xi}_2 = \begin{pmatrix} -1 \\ 0 \\ 1 \end{pmatrix}$；取 $\begin{pmatrix} x_3 \\ x_4 \end{pmatrix} = \begin{pmatrix} 0 \\ 0 \end{pmatrix}$，得原方程组的一个特解 $\boldsymbol{\eta} = \begin{pmatrix} -2 \\ 0 \\ 0 \end{pmatrix}$，于是原方程组的通解为

$$\begin{pmatrix} x_1 \\ x_2 \\ x_3 \end{pmatrix} = c_1\boldsymbol{\xi}_1 + c_2\boldsymbol{\xi}_2 + \boldsymbol{\eta} = c_1\begin{pmatrix} -1 \\ 1 \\ 0 \end{pmatrix} + c_2\begin{pmatrix} -1 \\ 0 \\ 1 \end{pmatrix} + \begin{pmatrix} -2 \\ 0 \\ 0 \end{pmatrix} (c_1, c_2 \in \mathbb{R}).$$

典例 12 已知线性方程组 $\begin{cases} x_1 + x_2 + kx_3 = 4, \\ -x_1 + kx_2 + x_3 = k^2, \\ x_1 - x_2 + 2x_3 = -4, \end{cases}$ 问 k 为何值时，方程组无解、有唯一解或有无限多解？当方程组有解时，求其全部解.

解析： 系数矩阵的行列式为 $|\boldsymbol{A}| = \begin{vmatrix} 1 & 1 & k \\ -1 & k & 1 \\ 1 & -1 & 2 \end{vmatrix} \xlongequal[r_3 - r_1]{r_2 + r_1} \begin{vmatrix} 1 & 1 & k \\ 0 & k+1 & k+1 \\ 0 & -2 & 2-k \end{vmatrix} = -(k-4)(k+1)$，当 $|\boldsymbol{A}| \neq 0$，即 $k \neq -1$ 且 $k \neq 4$ 时，方程组有唯一解，利用克拉默法则，得方程组的解为

$$x_1 = \frac{k^2 + 2k}{k+1}, \quad x_2 = \frac{k^2 + 2k + 4}{k+1}, \quad x_3 = \frac{-2k}{k+1}.$$

当 $k = -1$ 时，方程组的增广矩阵 $(\boldsymbol{A}, \boldsymbol{b}) = \left(\begin{array}{ccc:c} 1 & 1 & -1 & 4 \\ -1 & -1 & 1 & 1 \\ 1 & -1 & 2 & -4 \end{array}\right) \xrightarrow[r_3 - r_1]{r_2 + r_1} \left(\begin{array}{ccc:c} 1 & 1 & -1 & 4 \\ 0 & 0 & 0 & 5 \\ 0 & -2 & 3 & -8 \end{array}\right)$，此时 $R(\boldsymbol{A}) = 2$，$R(\boldsymbol{A}, \boldsymbol{b}) = 3$，$R(\boldsymbol{A}) < R(\boldsymbol{A}, \boldsymbol{b})$，方程组无解.

当 $k = 4$ 时，方程组的增广矩阵 $(\boldsymbol{A}, \boldsymbol{b}) = \left(\begin{array}{ccc:c} 1 & 1 & 4 & 4 \\ -1 & 4 & 1 & 16 \\ 1 & -1 & 2 & -4 \end{array}\right) \xrightarrow[r_3 - r_1]{r_2 + r_1} \left(\begin{array}{ccc:c} 1 & 1 & 4 & 4 \\ 0 & 5 & 5 & 20 \\ 0 & -2 & -2 & -8 \end{array}\right)$

$\xrightarrow[r_3 + 2r_2]{\frac{r_2}{5}} \left(\begin{array}{ccc:c} 1 & 0 & 3 & 0 \\ 0 & 1 & 1 & 4 \\ 0 & 0 & 0 & 0 \end{array}\right)$，此时 $R(\boldsymbol{A}) = R(\boldsymbol{A}, \boldsymbol{b}) = 2 < 3$，方程组有无限多解，其同解方程组为 $\begin{cases} x_1 = -3x_3, \\ x_2 = -x_3 + 4, \end{cases}$ 则方程组的通解为 $\boldsymbol{x} = c\begin{pmatrix} -3 \\ -1 \\ 1 \end{pmatrix} + \begin{pmatrix} 0 \\ 4 \\ 0 \end{pmatrix} (c \in \mathbb{R})$.

变式训练 9 λ 为何值时，方程组 $\begin{cases} 2x_1 + \lambda x_2 - x_3 = 1, \\ \lambda x_1 - x_2 + x_3 = 2, \\ 4x_1 + 5x_2 - 5x_3 = -1 \end{cases}$ 无解、有唯一解或有无限多解？当方程组有无限多解时，求其通解.

基本题型 7 求多个线性方程组的公共解

题型分析： 对于这类题型，将多个方程组联立，即可求出公共解.

典例 13 已知方程组 (I) $\begin{cases} x_1 + x_4 = 0, \\ x_2 + x_3 = 0 \end{cases}$ 和 (II) $\begin{cases} x_1 + 2x_3 = 0, \\ 2x_2 + x_4 = 0, \end{cases}$ 求两方程组的公共解.

解析：将方程组(I)与(II)联立，得方程组$\begin{cases}x_1+x_4=0,\\x_2+x_3=0,\\x_1+2x_3=0,\\2x_2+x_4=0,\end{cases}$其系数矩阵$\begin{pmatrix}1&0&0&1\\0&1&1&0\\1&0&2&0\\0&2&0&1\end{pmatrix}$

$\xrightarrow[r_4-2r_2]{r_3-r_1}\begin{pmatrix}1&0&0&1\\0&1&1&0\\0&0&2&-1\\0&0&-2&1\end{pmatrix}\xrightarrow{r_4+r_3,\frac{1}{2}r_3,r_2-r_3}\begin{pmatrix}1&0&0&1\\0&1&0&\frac{1}{2}\\0&0&1&-\frac{1}{2}\\0&0&0&0\end{pmatrix}$，得同解方程组$\begin{cases}x_1=-x_4,\\x_2=-\frac{1}{2}x_4,\\x_3=\frac{1}{2}x_4,\end{cases}$取

$x_4=2$，得基础解系$\boldsymbol{\xi}=\begin{pmatrix}-2\\-1\\1\\2\end{pmatrix}$，于是两方程组的公共解为$\begin{pmatrix}x_1\\x_2\\x_3\\x_4\end{pmatrix}=c\begin{pmatrix}-2\\-1\\1\\2\end{pmatrix}(c\in\mathbb{R})$.

典例 14 已知四元齐次线性方程组(I)$\begin{cases}x_1+x_2=0,\\x_2-x_4=0,\end{cases}$且齐次线性方程组(II)的通解为

$\boldsymbol{x}=c_1\begin{pmatrix}0\\1\\1\\0\end{pmatrix}+c_2\begin{pmatrix}-1\\2\\2\\1\end{pmatrix}(c_1,c_2\in\mathbb{R})$.

（1）求方程组(I)的基础解系；

（2）方程组(I)与(II)是否有非零公共解？若有，求出所有的非零公共解；若没有，则说明理由.

解析：（1）由方程组(I)得$\begin{cases}x_1=-x_2,\\x_2=x_4,\end{cases}$取$\begin{pmatrix}x_2\\x_3\end{pmatrix}=\begin{pmatrix}1\\0\end{pmatrix}$和$\begin{pmatrix}0\\1\end{pmatrix}$，得方程组(I)的基础解系为

$\boldsymbol{\xi}_1=\begin{pmatrix}-1\\1\\0\\1\end{pmatrix}$，$\boldsymbol{\xi}_2=\begin{pmatrix}0\\0\\1\\0\end{pmatrix}$.

（2）将方程组(II)的通解代入方程组(I)，得$\begin{cases}-c_2+c_1+2c_2=0,\\c_1+2c_2-c_2=0,\end{cases}$解得$c_1=-c_2$. 当

$c_1=-c_2\neq0$时，得向量$c_1\begin{pmatrix}0\\1\\1\\0\end{pmatrix}+c_2\begin{pmatrix}-1\\2\\2\\1\end{pmatrix}=c_2\begin{pmatrix}-1\\1\\1\\1\end{pmatrix}$满足方程组(I)，该向量也是方程组(II)的解，

此时方程组(I)与(II)有非零公共解，非零公共解为$c\begin{pmatrix}-1\\1\\1\\1\end{pmatrix}(c\in\mathbb{R})$.

变式训练 10　已知方程组$\begin{cases}2x_1+x_3=1,\\x_1+ax_2+x_3=0\end{cases}$与$\begin{cases}x_1+2x_2+x_3=0,\\ax_1+x_2=2\end{cases}$有公共解，求$a$的值.

章末总结

一、向量组线性相关性的判别

1. 定义法

根据向量组线性相关或线性无关的定义，列出$k_1\boldsymbol{\alpha}_1+k_2\boldsymbol{\alpha}_2+\cdots+k_m\boldsymbol{\alpha}_m=\mathbf{0}$，讨论系数$k_i$是否全为零．若$k_i$均为零，则向量组线性无关；若存在$k_i$不为零，则向量组线性相关.

2. 讨论秩

若向量组的秩等于向量的个数，则向量组线性无关；若向量组的秩小于向量的个数，则向量组线性相关.

3. 讨论行列式

当向量组所构成的矩阵为方阵时，若方阵的行列式不为零，则向量组线性无关；若方阵的行列式为零，则向量组线性相关.

二、向量的线性表示

“向量$\boldsymbol{\beta}$能由向量组$\boldsymbol{\alpha}_1,\boldsymbol{\alpha}_2,\cdots,\boldsymbol{\alpha}_n$线性表示”与下列命题等价：

（1）存在常数$k_1,k_2,\cdots,k_l$，使得$k_1\boldsymbol{\alpha}_1+k_2\boldsymbol{\alpha}_2+\cdots+k_n\boldsymbol{\alpha}_n=\boldsymbol{\beta}$；

（2）方程组$\boldsymbol{Ax}=\boldsymbol{\beta}$有解，其中$\boldsymbol{A}=(\boldsymbol{\alpha}_1,\boldsymbol{\alpha}_2,\cdots,\boldsymbol{\alpha}_n)$；

（3）$R(\boldsymbol{\alpha}_1,\boldsymbol{\alpha}_2,\cdots,\boldsymbol{\alpha}_n)=R(\boldsymbol{\alpha}_1,\boldsymbol{\alpha}_2,\cdots,\boldsymbol{\alpha}_n,\boldsymbol{\beta})$.

三、关于向量组之间的线性表示的常用结论

（1）若向量组A线性无关，向量组$A\cup\{\boldsymbol{\beta}\}$线性相关，则$\boldsymbol{\beta}$能由$A$唯一地线性表示.

（2）若向量组A线性无关，向量组$A\cup B$线性相关，则B能由A唯一地线性表示.

（3）若向量组B能由向量组A线性表示，则向量组B的秩不大于向量组A的秩.

四、齐次线性方程组的解

1. 齐次线性方程组的解的性质

（1）若 $\boldsymbol{x}=\boldsymbol{\xi}_1$，$\boldsymbol{x}=\boldsymbol{\xi}_2$ 为方程组 $\boldsymbol{Ax}=\boldsymbol{0}$ 的解，则 $\boldsymbol{x}=\boldsymbol{\xi}_1+\boldsymbol{\xi}_2$ 也是方程组 $\boldsymbol{Ax}=\boldsymbol{0}$ 的解.

（2）若 $\boldsymbol{x}=\boldsymbol{\xi}_1$ 为方程组 $\boldsymbol{Ax}=\boldsymbol{0}$ 的解，k 为实数，则 $\boldsymbol{x}=k\boldsymbol{\xi}_1$ 也是方程组 $\boldsymbol{Ax}=\boldsymbol{0}$ 的解.

2. 齐次线性方程组的通解

若 $\boldsymbol{\xi}_1,\boldsymbol{\xi}_2,\cdots,\boldsymbol{\xi}_l$ 为齐次线性方程组 $\boldsymbol{Ax}=\boldsymbol{0}$ 的一个基础解系，则 $\boldsymbol{x}=k_1\boldsymbol{\xi}_1+k_2\boldsymbol{\xi}_2+\cdots+k_l\boldsymbol{\xi}_l$ 为 $\boldsymbol{Ax}=\boldsymbol{0}$ 的通解. 齐次线性方程组的基础解系并不唯一，它的通解形式也不唯一.

3. 关于齐次线性方程组的常用结论

（1）齐次线性方程组解集的秩，即为方程组基础解系中解向量的个数.

（2）设 n 元齐次线性方程组 $\boldsymbol{Ax}=\boldsymbol{0}$ 的系数矩阵的秩 $R(\boldsymbol{A})=r$，则方程组 $\boldsymbol{Ax}=\boldsymbol{0}$ 的解集 $S=\{\boldsymbol{x}\mid\boldsymbol{Ax}=\boldsymbol{0}\}$ 的秩为 $R_S=n-r$.

五、非齐次线性方程组的解

1. 非齐次线性方程组的解的性质

（1）设 $\boldsymbol{x}=\boldsymbol{\eta}_1$ 及 $\boldsymbol{x}=\boldsymbol{\eta}_2$ 都是方程组 $\boldsymbol{Ax}=\boldsymbol{b}$ 的解，则 $\boldsymbol{x}=\boldsymbol{\eta}_1-\boldsymbol{\eta}_2$ 为对应的齐次线性方程组 $\boldsymbol{Ax}=\boldsymbol{0}$ 的解.

（2）设 $\boldsymbol{x}=\boldsymbol{\eta}$ 是方程组 $\boldsymbol{Ax}=\boldsymbol{b}$ 的解，$\boldsymbol{x}=\boldsymbol{\xi}$ 是方程组 $\boldsymbol{Ax}=\boldsymbol{0}$ 的解，则 $\boldsymbol{x}=\boldsymbol{\xi}+\boldsymbol{\eta}$ 仍是方程组 $\boldsymbol{Ax}=\boldsymbol{b}$ 的解.

2. 非齐次线性方程组的解的结构

非齐次方程组的通解 = 对应的齐次方程组的通解 + 非齐次方程组的一个特解.

六、利用矩阵的初等行变换解线性方程组

设 n 元线性方程组 $\boldsymbol{Ax}=\boldsymbol{b}$ 的系数矩阵的秩 $R(\boldsymbol{A})=r$.

（1）利用初等行变换，可将增广矩阵 $(\boldsymbol{A},\boldsymbol{b})$ 化为行最简形

$$(\boldsymbol{A},\boldsymbol{b})\sim\begin{pmatrix}1&0&\cdots&0&b_{11}&\cdots&b_{1,n-r}&d_1\\0&1&\cdots&0&b_{21}&\cdots&b_{2,n-r}&d_2\\\vdots&\vdots&&\vdots&\vdots&&\vdots&\vdots\\0&0&\cdots&1&b_{r1}&\cdots&b_{r,n-r}&d_r\\0&0&\cdots&0&0&\cdots&0&d_{r+1}\\0&0&\cdots&0&0&\cdots&0&0\\\vdots&\vdots&&\vdots&\vdots&&\vdots&\vdots\\0&0&\cdots&0&0&\cdots&0&0\end{pmatrix}.$$

（2）若 $R(\boldsymbol{A})<R(\boldsymbol{A},\boldsymbol{b})$，则方程组 $\boldsymbol{Ax}=\boldsymbol{b}$ 无解.

（3）若 $R(\boldsymbol{A})=R(\boldsymbol{A},\boldsymbol{b})=n$，则方程组 $\boldsymbol{Ax}=\boldsymbol{b}$ 有唯一解.

（4）若 $R(\boldsymbol{A})=R(\boldsymbol{A},\boldsymbol{b})=r<n$，则方程组 $\boldsymbol{Ax}=\boldsymbol{b}$ 有无限多解，分别求导出组的基础解系和原方程组的特解，相加即为方程组 $\boldsymbol{Ax}=\boldsymbol{b}$ 的通解.

扫一扫

习题四题干

教材总习题四全解（教材 P109～P113）

1. **证明：** 记矩阵 $\boldsymbol{A}=(\boldsymbol{a}_1,\boldsymbol{a}_2,\boldsymbol{a}_3)$，$\boldsymbol{B}=(\boldsymbol{b}_1,\boldsymbol{b}_2,\boldsymbol{b}_3)$，则

$$\boldsymbol{A}=\begin{pmatrix}0&3&2\\1&0&3\\2&1&0\\3&2&1\end{pmatrix}\xrightarrow[\substack{r_3-2r_1\\r_4-3r_1}]{r_1\leftrightarrow r_2}\begin{pmatrix}1&0&3\\0&3&2\\0&1&-6\\0&2&-8\end{pmatrix}\xrightarrow[\substack{r_3-3r_2\\r_4-2r_2}]{r_2\leftrightarrow r_3}\begin{pmatrix}1&0&3\\0&1&-6\\0&0&20\\0&0&4\end{pmatrix}\xrightarrow{\frac{1}{5}r_3,\,r_4-r_3}\begin{pmatrix}1&0&3\\0&1&-6\\0&0&4\\0&0&0\end{pmatrix}$$

，$R(\boldsymbol{A})=3$；

$$\boldsymbol{B}=\begin{pmatrix}2&0&4\\1&-2&4\\1&1&1\\2&1&3\end{pmatrix}\xrightarrow[\substack{r_2-r_1\\r_3-2r_1\\r_4-2r_1}]{r_1\leftrightarrow r_3}\begin{pmatrix}1&1&1\\0&-3&3\\0&-2&2\\0&-1&1\end{pmatrix}\xrightarrow[\substack{r_3-2r_2\\r_4-3r_2}]{r_2\leftrightarrow r_4}\begin{pmatrix}1&1&1\\0&-1&1\\0&0&0\\0&0&0\end{pmatrix}$$

，$R(\boldsymbol{B})=2$. 因此，$R(\boldsymbol{A},\boldsymbol{B})=R(\boldsymbol{A})$，向量组 B 能由向量组 A 线性表示；$R(\boldsymbol{B},\boldsymbol{A})=R(\boldsymbol{A})>R(\boldsymbol{B})$，向量组 A 不能由向量组 B 线性表示，得证.

2. **证明：** 记矩阵 $\boldsymbol{A}=(\boldsymbol{a}_1,\boldsymbol{a}_2)$，$\boldsymbol{B}=(\boldsymbol{b}_1,\boldsymbol{b}_2,\boldsymbol{b}_3)$，则

$$\boldsymbol{A}=\begin{pmatrix}0&1\\1&1\\1&0\end{pmatrix}\xrightarrow[r_3-r_1]{r_1\leftrightarrow r_2}\begin{pmatrix}1&1\\0&1\\0&-1\end{pmatrix}\xrightarrow{r_3+r_2}\begin{pmatrix}1&1\\0&1\\0&0\end{pmatrix}$$

，$R(\boldsymbol{A})=2$；

$$\boldsymbol{B}=\begin{pmatrix}-1&1&3\\0&2&2\\1&1&-1\end{pmatrix}\xrightarrow{r_3+r_1}\begin{pmatrix}-1&1&3\\0&2&2\\0&2&2\end{pmatrix}\xrightarrow{r_3-r_2}\begin{pmatrix}-1&1&3\\0&2&2\\0&0&0\end{pmatrix}$$

，$R(\boldsymbol{B})=2$，所以 $R(\boldsymbol{A})=R(\boldsymbol{B})$，向量组 A 与向量组 B 等价，得证.

3. **解：**（1）将向量组写成矩阵 $\boldsymbol{A}$，则 $|\boldsymbol{A}|=\begin{vmatrix}-1&2&1\\3&1&4\\1&0&1\end{vmatrix}=7-7=0$，$R(\boldsymbol{A})<3$，所以该向量组线性相关.

（2）将向量组写成矩阵 $\boldsymbol{B}$，则 $|\boldsymbol{B}|=\begin{vmatrix}2&-1&0\\3&4&0\\0&0&2\end{vmatrix}=2\times11=22\neq0$，$R(\boldsymbol{A})=3$，所以该向量组线性无关.

4．解：将向量组写成矩阵 $\boldsymbol{A}$，则 $\boldsymbol{A}=\begin{pmatrix} a & 1 & 1 \\ 1 & a & -1 \\ 1 & -1 & a \end{pmatrix} \xrightarrow[r_3-r_1]{\substack{r_1\leftrightarrow r_2 \\ r_2-ar_1}} \begin{pmatrix} 1 & a & -1 \\ 0 & 1-a^2 & 1+a \\ 0 & -1-a & 1+a \end{pmatrix} \xrightarrow{c_2\leftrightarrow c_3}$

$\begin{pmatrix} 1 & -1 & a \\ 0 & 1+a & 1-a^2 \\ 0 & 1+a & -1-a \end{pmatrix} \xrightarrow{c_3-c_2} \begin{pmatrix} 1 & -1 & a \\ 0 & 1+a & 1-a^2 \\ 0 & 0 & (a-2)(a+1) \end{pmatrix}$，当 $(a-2)(a+1)=0$ 时，解得 $a=-1$ 或 2，此时 $R(\boldsymbol{A})<3$，向量组 $\boldsymbol{a}_1$，$\boldsymbol{a}_2$，$\boldsymbol{a}_3$ 线性相关.

5．证明：（1）根据矩阵秩的性质，有 $R(\boldsymbol{A})=R(\boldsymbol{a}\boldsymbol{a}^{\mathrm{T}}+\boldsymbol{b}\boldsymbol{b}^{\mathrm{T}})\leqslant R(\boldsymbol{a}\boldsymbol{a}^{\mathrm{T}})+R(\boldsymbol{b}\boldsymbol{b}^{\mathrm{T}})\leqslant R(\boldsymbol{a})+R(\boldsymbol{b})\leqslant 1+1=2$，即 $R(\boldsymbol{A})\leqslant 2$，得证.

（2）若 $\boldsymbol{a}$，$\boldsymbol{b}$ 线性相关，当 $\boldsymbol{a}$，$\boldsymbol{b}$ 均为零向量时，$\boldsymbol{A}=\boldsymbol{O}$，$R(\boldsymbol{A})=0\leqslant 1$，结论成立；当 $\boldsymbol{a}$，$\boldsymbol{b}$ 不全为零向量时，设 $\boldsymbol{a}\neq\boldsymbol{0}$，由 $\boldsymbol{a}$，$\boldsymbol{b}$ 线性相关，得 $\boldsymbol{a}$ 与 $\boldsymbol{b}$ 对应成比例，$\boldsymbol{b}=\lambda\boldsymbol{a}$（$\lambda$ 可能为 0），则 $\boldsymbol{A}=\boldsymbol{a}\boldsymbol{a}^{\mathrm{T}}+\boldsymbol{b}\boldsymbol{b}^{\mathrm{T}}=(1+\lambda^2)\boldsymbol{a}\boldsymbol{a}^{\mathrm{T}}$，所以 $R(\boldsymbol{A})=R[(1+\lambda^2)\boldsymbol{a}\boldsymbol{a}^{\mathrm{T}}]=R(\boldsymbol{a}\boldsymbol{a}^{\mathrm{T}})\leqslant R(\boldsymbol{a})=1$，得证.

6．解：因为 $\boldsymbol{a}_1+\boldsymbol{b}$，$\boldsymbol{a}_2+\boldsymbol{b}$ 线性相关，所以 $(\boldsymbol{a}_1+\boldsymbol{b})-(\boldsymbol{a}_2+\boldsymbol{b})$，$\boldsymbol{a}_2+\boldsymbol{b}$ 线性相关，即 $\boldsymbol{a}_1-\boldsymbol{a}_2$，$\boldsymbol{a}_2+\boldsymbol{b}$ 线性相关．又因为 $\boldsymbol{a}_1$，$\boldsymbol{a}_2$ 线性无关，则 $\boldsymbol{a}_1-\boldsymbol{a}_2\neq\boldsymbol{0}$，所以存在 $\lambda(\lambda\in\mathbb{R})$ 使 $\boldsymbol{a}_2+\boldsymbol{b}=\lambda(\boldsymbol{a}_1-\boldsymbol{a}_2)$，故有 $\boldsymbol{b}=\lambda\boldsymbol{a}_1-(\lambda+1)\boldsymbol{a}_2$．

7．解：不一定．若向量组 A：$\boldsymbol{a}_1=\begin{pmatrix}1\\0\end{pmatrix},\boldsymbol{a}_2=\begin{pmatrix}2\\0\end{pmatrix}$，向量组 B：$\boldsymbol{b}_1=\begin{pmatrix}0\\3\end{pmatrix},\boldsymbol{b}_2=\begin{pmatrix}0\\1\end{pmatrix}$，则向量组 A 和向量组 B 线性相关，但向量组 $\boldsymbol{a}_1+\boldsymbol{b}_1=\begin{pmatrix}1\\3\end{pmatrix}$，$\boldsymbol{a}_2+\boldsymbol{b}_2=\begin{pmatrix}2\\1\end{pmatrix}$ 线性无关；若将 $\boldsymbol{a}_1$ 改为 $\begin{pmatrix}6\\0\end{pmatrix}$，则向量组 A 仍线性相关，而此时向量组 $\boldsymbol{a}_1+\boldsymbol{b}_1=\begin{pmatrix}6\\3\end{pmatrix}$，$\boldsymbol{a}_2+\boldsymbol{b}_2=\begin{pmatrix}2\\1\end{pmatrix}$ 线性相关.

8．解：（1）若向量 $\boldsymbol{a}_1=\begin{pmatrix}1\\0\end{pmatrix}$，$\boldsymbol{a}_2=\begin{pmatrix}0\\0\end{pmatrix}$，则 $\boldsymbol{a}_1$，$\boldsymbol{a}_2$ 线性相关，但 $\boldsymbol{a}_1$ 不能由 $\boldsymbol{a}_2$ 线性表示.

思路点拨：向量组 A 线性相关的充分必要条件是，向量组 A 中至少有一个向量能由其余向量线性表示，并不是说每一个向量均可由其余向量线性表示.

（2）若向量 $\boldsymbol{a}_1=\begin{pmatrix}1\\0\end{pmatrix}$，$\boldsymbol{a}_2=\begin{pmatrix}0\\1\end{pmatrix}$，$\boldsymbol{b}_1=\begin{pmatrix}-1\\0\end{pmatrix}$，$\boldsymbol{b}_2=\begin{pmatrix}0\\-1\end{pmatrix}$，取 $\lambda_1=\lambda_2=1$，则 $\lambda_1\boldsymbol{a}_1+\lambda_2\boldsymbol{a}_2+\lambda_1\boldsymbol{b}_1+\lambda_2\boldsymbol{b}_2=\boldsymbol{0}$ 成立，但 $\boldsymbol{a}_1$，$\boldsymbol{a}_2$ 线性无关，$\boldsymbol{b}_1$，$\boldsymbol{b}_2$ 也线性无关.

（3）若向量 $\boldsymbol{a}_1=\begin{pmatrix}1\\0\end{pmatrix}$，$\boldsymbol{a}_2=\begin{pmatrix}0\\0\end{pmatrix}$，$\boldsymbol{b}_1=\begin{pmatrix}0\\0\end{pmatrix}$，$\boldsymbol{b}_2=\begin{pmatrix}0\\1\end{pmatrix}$，有 $\lambda_1\boldsymbol{a}_1+\lambda_2\boldsymbol{a}_2+\lambda_1\boldsymbol{b}_1+\lambda_2\boldsymbol{b}_2=\lambda_1\begin{pmatrix}0\\1\end{pmatrix}+\lambda_2\begin{pmatrix}1\\0\end{pmatrix}=\begin{pmatrix}\lambda_2\\\lambda_1\end{pmatrix}=\boldsymbol{0}$，解得 $\lambda_1=\lambda_2=0$，但向量组 $\boldsymbol{a}_1$，$\boldsymbol{a}_2$ 和向量组 $\boldsymbol{b}_1$，$\boldsymbol{b}_2$ 都线性相关.

（4）若向量 $\boldsymbol{a}_1=\begin{pmatrix}1\\0\end{pmatrix}$，$\boldsymbol{a}_2=\begin{pmatrix}0\\0\end{pmatrix}$，$\boldsymbol{b}_1=\begin{pmatrix}0\\0\end{pmatrix}$，$\boldsymbol{b}_2=\begin{pmatrix}0\\1\end{pmatrix}$，则向量组 $\boldsymbol{a}_1$，$\boldsymbol{a}_2$ 和向量组 $\boldsymbol{b}_1$，$\boldsymbol{b}_2$ 都线性相关，由 $\lambda_1\boldsymbol{a}_1+\lambda_2\boldsymbol{a}_2=\boldsymbol{0}$，$\lambda_1\boldsymbol{b}_1+\lambda_2\boldsymbol{b}_2=\boldsymbol{0}$，得 $\begin{cases}1\times\lambda_1+0\times\lambda_2=0,\\0\times\lambda_1+1\times\lambda_2=0,\end{cases}$ 解得 $\lambda_1=\lambda_2=0$，所以存在满足条件的全为零的数.

9．**证明：** 因为 $\boldsymbol{b}_1+\boldsymbol{b}_3-\boldsymbol{b}_2-\boldsymbol{b}_4=(\boldsymbol{a}_1+\boldsymbol{a}_2)+(\boldsymbol{a}_3+\boldsymbol{a}_4)-(\boldsymbol{a}_2+\boldsymbol{a}_3)-(\boldsymbol{a}_4+\boldsymbol{a}_1)=\boldsymbol{0}$，所以向量组 $\boldsymbol{b}_1$，$\boldsymbol{b}_2$，$\boldsymbol{b}_3$，$\boldsymbol{b}_4$ 线性相关，得证.

10．**证明：** 将向量组 $\boldsymbol{b}_1,\boldsymbol{b}_2,\cdots,\boldsymbol{b}_r$ 由 $\boldsymbol{a}_1,\boldsymbol{a}_2,\cdots,\boldsymbol{a}_r$ 线性表示的关系式写成矩阵形式，$(\boldsymbol{b}_1,\boldsymbol{b}_2,\cdots,\boldsymbol{b}_r)=(\boldsymbol{a}_1,\boldsymbol{a}_2,\cdots,\boldsymbol{a}_r)\boldsymbol{P}$，其中 $\boldsymbol{P}=\begin{pmatrix}1&\cdots&1\\&\ddots&\vdots\\&&1\end{pmatrix}$，则 $|\boldsymbol{P}|=1$，所以矩阵 $\boldsymbol{P}$ 可逆，$R(\boldsymbol{b}_1,\boldsymbol{b}_2,\cdots,\boldsymbol{b}_r)=R(\boldsymbol{a}_1,\boldsymbol{a}_2,\cdots,\boldsymbol{a}_r)$．因为 $\boldsymbol{a}_1,\boldsymbol{a}_2,\cdots,\boldsymbol{a}_r$ 线性无关，则 $R(\boldsymbol{a}_1,\boldsymbol{a}_2,\cdots,\boldsymbol{a}_r)=r$，所以 $R(\boldsymbol{b}_1,\boldsymbol{b}_2,\cdots,\boldsymbol{b}_r)=r$，向量组 $\boldsymbol{b}_1,\boldsymbol{b}_2,\cdots,\boldsymbol{b}_r$ 线性无关，得证.

11．**解：**（1）$(\boldsymbol{b}_1,\boldsymbol{b}_2,\boldsymbol{b}_3)=(\boldsymbol{a}_1,\boldsymbol{a}_2,\boldsymbol{a}_3)\begin{pmatrix}1&0&5\\1&2&3\\0&3&0\end{pmatrix}$，且行列式 $\begin{vmatrix}1&0&5\\1&2&3\\0&3&0\end{vmatrix}=6\neq0$，则 $R(\boldsymbol{b}_1,\boldsymbol{b}_2,\boldsymbol{b}_3)=R(\boldsymbol{a}_1,\boldsymbol{a}_2,\boldsymbol{a}_3)=3$，向量组 $\boldsymbol{b}_1$，$\boldsymbol{b}_2$，$\boldsymbol{b}_3$ 线性无关.

（2）$(\boldsymbol{b}_1,\boldsymbol{b}_2,\boldsymbol{b}_3)=(\boldsymbol{a}_1,\boldsymbol{a}_2,\boldsymbol{a}_3)\begin{pmatrix}1&2&3\\2&2&1\\3&4&3\end{pmatrix}$，且行列式 $\begin{vmatrix}1&2&3\\2&2&1\\3&4&3\end{vmatrix}=2\neq0$，则 $R(\boldsymbol{b}_1,\boldsymbol{b}_2,\boldsymbol{b}_3)=R(\boldsymbol{a}_1,\boldsymbol{a}_2,\boldsymbol{a}_3)=3$，向量组 $\boldsymbol{b}_1$，$\boldsymbol{b}_2$，$\boldsymbol{b}_3$ 线性无关.

（3）$(\boldsymbol{b}_1,\boldsymbol{b}_2,\boldsymbol{b}_3)=(\boldsymbol{a}_1,\boldsymbol{a}_2,\boldsymbol{a}_3)\begin{pmatrix}1&0&1\\-1&2&1\\0&1&1\end{pmatrix}$，且行列式 $\begin{vmatrix}1&0&1\\-1&2&1\\0&1&1\end{vmatrix}=0$，则 $R(\boldsymbol{b}_1,\boldsymbol{b}_2,\boldsymbol{b}_3)\leqslant2$，向量组 $\boldsymbol{b}_1$，$\boldsymbol{b}_2$，$\boldsymbol{b}_3$ 线性相关.

12．**证明：** 证明必要性．记矩阵 $\boldsymbol{A}=(\boldsymbol{a}_1,\boldsymbol{a}_2,\cdots,\boldsymbol{a}_s)$，$\boldsymbol{B}=(\boldsymbol{b}_1,\boldsymbol{b}_2,\cdots,\boldsymbol{b}_r)$，则 $\boldsymbol{B}=\boldsymbol{AK}$．若向量组 B 线性无关，则 $R(\boldsymbol{B})=r$，又 $\boldsymbol{B}=\boldsymbol{AK}$，所以 $R(\boldsymbol{B})\leqslant R(\boldsymbol{K})$．因为矩阵 $\boldsymbol{K}$ 含 r 列，则 $R(\boldsymbol{K})\leqslant r$，所以 $r=R(\boldsymbol{B})\leqslant R(\boldsymbol{K})\leqslant r$，即 $R(\boldsymbol{K})=r$，必要性得证.

证明充分性．设 $R(\boldsymbol{K})=r$，若 $\boldsymbol{Bx}=\boldsymbol{0}$，$\boldsymbol{B}=\boldsymbol{AK}$，则 $\boldsymbol{AKx}=\boldsymbol{0}$．因为向量组 A 线性无关，则 $R(\boldsymbol{A})=s$，$\boldsymbol{Kx}=\boldsymbol{0}$．又 $R(\boldsymbol{K})=r$，则 $\boldsymbol{x}=\boldsymbol{0}$，向量组 B 线性无关，充分性得证.

13．**解：**（1）矩阵 $(\boldsymbol{a}_1,\boldsymbol{a}_2,\boldsymbol{a}_3)=\begin{pmatrix}1&9&-2\\2&100&-4\\-1&10&2\\4&4&-8\end{pmatrix}\xrightarrow[r_4-4r_1]{\substack{r_2-2r_1\\r_3+r_1}}\begin{pmatrix}1&9&-2\\0&82&0\\0&19&0\\0&-32&0\end{pmatrix}\xrightarrow{r}\begin{pmatrix}1&9&-2\\0&1&0\\0&0&0\\0&0&0\end{pmatrix}$，则 $R(\boldsymbol{a}_1,\boldsymbol{a}_2,\boldsymbol{a}_3)=2$，$\boldsymbol{a}_1$，$\boldsymbol{a}_2$ 是它的一个最大无关组.

（2）矩阵 $(\boldsymbol{a}_1,\boldsymbol{a}_2,\boldsymbol{a}_3)=\begin{pmatrix}1&4&1\\2&-1&-3\\1&-5&-4\\3&-6&-7\end{pmatrix}\xrightarrow[r_4-3r_1]{\substack{r_2-2r_1\\r_3-r_1}}\begin{pmatrix}1&4&1\\0&-9&-5\\0&-9&-5\\0&-18&-10\end{pmatrix}\xrightarrow{r}\begin{pmatrix}1&4&1\\0&9&5\\0&0&0\\0&0&0\end{pmatrix}$，则 $R(\boldsymbol{a}_1,\boldsymbol{a}_2,\boldsymbol{a}_3)=2$，$\boldsymbol{a}_1,\boldsymbol{a}_2$ 是它的一个最大无关组.

14．解：（1）$(\boldsymbol{a}_1,\boldsymbol{a}_2,\boldsymbol{a}_3,\boldsymbol{a}_4)=\begin{pmatrix}25&31&17&43\\75&94&53&132\\75&94&54&134\\25&32&20&48\end{pmatrix}\xrightarrow[r_2-3r_1]{\substack{r_3-r_2\\r_4-r_1}}\begin{pmatrix}25&31&17&43\\0&1&2&3\\0&0&1&2\\0&1&3&5\end{pmatrix}\xrightarrow{r_4-r_2-r_3}$

$\begin{pmatrix}25&31&17&43\\0&1&2&3\\0&0&1&2\\0&0&0&0\end{pmatrix}\xrightarrow[r_2-2r_3]{r_1-17r_3}\begin{pmatrix}25&31&0&9\\0&1&0&-1\\0&0&1&2\\0&0&0&0\end{pmatrix}\xrightarrow{\frac{r_1-31r_2}{25}}\begin{pmatrix}1&0&0&\frac{8}{5}\\0&1&0&-1\\0&0&1&2\\0&0&0&0\end{pmatrix}$，所以向量组的秩为 3，$\boldsymbol{a}_1,\boldsymbol{a}_2,\boldsymbol{a}_3$ 是该向量组的一个最大无关组，且向量 $\boldsymbol{a}_4=\frac{8}{5}\boldsymbol{a}_1-\boldsymbol{a}_2+2\boldsymbol{a}_3$.

（2）$(\boldsymbol{a}_1,\boldsymbol{a}_2,\boldsymbol{a}_3,\boldsymbol{a}_4,\boldsymbol{a}_5)=\begin{pmatrix}1&1&2&2&1\\0&2&1&5&-1\\2&0&3&-1&3\\1&1&0&4&-1\end{pmatrix}\xrightarrow[r_4-r_1]{r_3-2r_1}\begin{pmatrix}1&1&2&2&1\\0&2&1&5&-1\\0&-2&-1&-5&1\\0&0&-2&2&-2\end{pmatrix}\xrightarrow[r_3\leftrightarrow r_4]{\substack{r_3+r_2\\-\frac{r_4}{2}}}$

$\begin{pmatrix}1&1&2&2&1\\0&2&1&5&-1\\0&0&1&-1&1\\0&0&0&0&0\end{pmatrix}\xrightarrow[r_2-r_3]{r_1-2r_3}\begin{pmatrix}1&1&0&4&-1\\0&2&0&6&-2\\0&0&1&-1&1\\0&0&0&0&0\end{pmatrix}\xrightarrow{\frac{r_2}{2},\,r_1-r_2}\begin{pmatrix}1&0&0&1&0\\0&1&0&3&-1\\0&0&1&-1&1\\0&0&0&0&0\end{pmatrix}$，所以向量组的秩为3，$\boldsymbol{a}_1,\boldsymbol{a}_2,\boldsymbol{a}_3$ 是该向量组的一个最大无关组，且向量 $\boldsymbol{a}_4=\boldsymbol{a}_1+3\boldsymbol{a}_2-\boldsymbol{a}_3$，$\boldsymbol{a}_5=-\boldsymbol{a}_2+\boldsymbol{a}_3$.

15．解：$\begin{pmatrix}1&2&a&2\\2&3&3&b\\1&1&1&3\end{pmatrix}\xrightarrow[r_3-r_1]{r_2-2r_1}\begin{pmatrix}1&2&a&2\\0&-1&3-2a&b-4\\0&-1&1-a&1\end{pmatrix}\xrightarrow{r_3-r_2}\begin{pmatrix}1&2&a&2\\0&-1&3-2a&b-4\\0&0&a-2&5-b\end{pmatrix}$，因为向量组的秩为 2，所以 $a=2$，$b=5$.

16．解：因为 $R_A=R_B=2$，则向量组 $\boldsymbol{a}_1,\boldsymbol{a}_2$ 线性无关，向量组 $\boldsymbol{a}_1,\boldsymbol{a}_2,\boldsymbol{a}_3$ 线性相关，所以 $\boldsymbol{a}_3$ 可表示为 $\boldsymbol{a}_3=k_1\boldsymbol{a}_1+k_2\boldsymbol{a}_2$，故有 $(\boldsymbol{a}_1,\boldsymbol{a}_2,2\boldsymbol{a}_3-3\boldsymbol{a}_4)=(\boldsymbol{a}_1,\boldsymbol{a}_2,2k_1\boldsymbol{a}_1+2k_2\boldsymbol{a}_2-3\boldsymbol{a}_4)=(\boldsymbol{a}_1,\boldsymbol{a}_2,\boldsymbol{a}_4)\begin{pmatrix}1&0&2k_1\\0&1&2k_2\\0&0&-3\end{pmatrix}$. 因为 $\begin{vmatrix}1&0&2k_1\\0&1&2k_2\\0&0&-3\end{vmatrix}=-3\neq0$，所以 $R_D=R_C=3$.

17. 证明：证明必要性. 任给一 n 维向量 $\boldsymbol{b}$，则 $n+1$ 个向量 $\boldsymbol{a}_1,\boldsymbol{a}_2,\cdots,\boldsymbol{a}_n,\boldsymbol{b}$ 线性相关. 因为向量组 A 线性无关，所以向量 $\boldsymbol{b}$ 能由向量组 A 线性表示，必要性得证.

证明充分性．若任一 n 维向量能由向量组 A：$\boldsymbol{a}_1,\boldsymbol{a}_2,\cdots,\boldsymbol{a}_m$ 线性表示，则 n 维单位向量 $\boldsymbol{e}_1,\boldsymbol{e}_2,\cdots,\boldsymbol{e}_n$ 能由向量组 A 线性表示，所以 $n=R(\boldsymbol{e}_1,\boldsymbol{e}_2,\cdots,\boldsymbol{e}_n)\leqslant R(\boldsymbol{a}_1,\boldsymbol{a}_2,\cdots,\boldsymbol{a}_n)\leqslant n$，$R(\boldsymbol{a}_1,\boldsymbol{a}_2,\cdots,\boldsymbol{a}_n)=n$，故有向量组 A 线性无关．充分性得证．

18．**证明：** 记矩阵 $\boldsymbol{A}=(\boldsymbol{a}_1,\boldsymbol{a}_2,\cdots,\boldsymbol{a}_m)$．由矩阵 $\boldsymbol{A}$ 的列向量组线性相关，得 $R(\boldsymbol{A})<m$．设 $\widetilde{\boldsymbol{A}}$ 是 $\boldsymbol{A}$ 的行阶梯形矩阵，由题可知 $\widetilde{\boldsymbol{A}}$ 的第 1 列一定含首元，则 $\widetilde{\boldsymbol{A}}$ 中一定存在不含首元的列 $\widetilde{\boldsymbol{a}}_k$，所以 $k\geqslant 2$．因为 $\widetilde{\boldsymbol{a}}_k$ 能由 $\widetilde{\boldsymbol{a}}_1,\widetilde{\boldsymbol{a}}_2,\cdots,\widetilde{\boldsymbol{a}}_{k-1}$ 线性表示，所以 $\boldsymbol{A}$ 中对应的 $\boldsymbol{a}_k$ 也能由 $\boldsymbol{a}_1,\boldsymbol{a}_2,\cdots,\boldsymbol{a}_{k-1}$ 线性表示，得证．

19．**证明：** 记矩阵 $\boldsymbol{A}=(\boldsymbol{\alpha}_1,\boldsymbol{\alpha}_2,\cdots,\boldsymbol{\alpha}_n)$，矩阵 $\boldsymbol{B}=(\boldsymbol{\beta}_1,\boldsymbol{\beta}_2,\cdots,\boldsymbol{\beta}_n)$，则方程组可写为矩阵形式 $\boldsymbol{B}=\boldsymbol{AK}$，其中矩阵 $\boldsymbol{K}=\begin{pmatrix}0&1&\cdots&1\\1&0&\cdots&1\\\vdots&\vdots&&\vdots\\1&1&\cdots&0\end{pmatrix}$，且行列式 $|\boldsymbol{K}|=(n-1)(-1)^{n-1}\neq 0\ (n\geqslant 2)$，所以矩阵 $\boldsymbol{K}$ 可逆，由 $\boldsymbol{B}=\boldsymbol{AK}$ 得 $\boldsymbol{A}=\boldsymbol{BK}^{-1}$，因此 $\boldsymbol{\alpha}_1,\boldsymbol{\alpha}_2,\cdots,\boldsymbol{\alpha}_n$ 能由 $\boldsymbol{\beta}_1,\boldsymbol{\beta}_2,\cdots,\boldsymbol{\beta}_n$ 线性表示，从而向量组 $\boldsymbol{\alpha}_1,\boldsymbol{\alpha}_2,\cdots,\boldsymbol{\alpha}_n$ 与向量组 $\boldsymbol{\beta}_1,\boldsymbol{\beta}_2,\cdots,\boldsymbol{\beta}_n$ 等价，得证．

20．**解：**（1）因为向量组 $\boldsymbol{x}$，$\boldsymbol{Ax}$，$\boldsymbol{A}^2\boldsymbol{x}$ 线性无关，所以 $R(\boldsymbol{P})=3$，矩阵 $\boldsymbol{P}$ 可逆．由 $\boldsymbol{AP}=\boldsymbol{PB}$，得 $\boldsymbol{B}=\boldsymbol{P}^{-1}\boldsymbol{AP}$．因为 $\boldsymbol{AP}=\boldsymbol{A}(\boldsymbol{x},\boldsymbol{y},\boldsymbol{z})=(\boldsymbol{Ax},\boldsymbol{Ay},\boldsymbol{Az})=(\boldsymbol{y},\boldsymbol{z},3\boldsymbol{Ax}-\boldsymbol{A}^2\boldsymbol{x})=(\boldsymbol{y},\boldsymbol{z},3\boldsymbol{y}-\boldsymbol{z})=(\boldsymbol{x},\boldsymbol{y},\boldsymbol{z})\begin{pmatrix}0&0&0\\1&0&3\\0&1&-1\end{pmatrix}=\boldsymbol{P}\begin{pmatrix}0&0&0\\1&0&3\\0&1&-1\end{pmatrix}$，所以 $\boldsymbol{B}=\boldsymbol{P}^{-1}\boldsymbol{AP}=\begin{pmatrix}0&0&0\\1&0&3\\0&1&-1\end{pmatrix}$．

（2）由（1）可知 $|\boldsymbol{B}|=0$，将 $\boldsymbol{B}=\boldsymbol{P}^{-1}\boldsymbol{AP}$ 两边取行列式，得 $|\boldsymbol{A}|=|\boldsymbol{B}|=0$．

21．**解：**（1）V_1 是向量空间．因为 $x_1+x_2+\cdots+x_n=0$，若 $\forall\boldsymbol{x}=(x_1,x_2,\cdots,x_n)^{\mathrm{T}}\in V_1$，$\boldsymbol{y}=(y_1,y_2,\cdots,y_n)^{\mathrm{T}}\in V_1$，则 $\boldsymbol{x}+\boldsymbol{y}=(x_1+y_1,x_2+y_2,\cdots,x_n+y_n)^{\mathrm{T}}$，$\lambda\boldsymbol{x}=(\lambda x_1,\lambda x_2,\cdots,\lambda x_n)^{\mathrm{T}}$．因为 $\sum\limits_{k=1}^{n}(x_k+y_k)=\sum\limits_{k=1}^{n}x_k+\sum\limits_{k=1}^{n}y_k=0+0=0$，$\sum\limits_{k=1}^{n}(\lambda x_k)=\lambda\sum\limits_{k=1}^{n}x_k=\lambda\cdot 0=0$，所以 $\boldsymbol{x}+\boldsymbol{y}\in V_1$，$\lambda\boldsymbol{x}\in V_1$，于是 V_1 对于向量的加法和数乘运算封闭，且 V_1 非空，因此 V_1 是向量空间．

（2）V_2 不是向量空间．若取 $\boldsymbol{a}=(1,0,\cdots,0)^{\mathrm{T}}\in V_2$，$\boldsymbol{b}=(0,1,\cdots,0)^{\mathrm{T}}\in V_2$，则 $\boldsymbol{a}+\boldsymbol{b}=(1,1,\cdots,0)^{\mathrm{T}}\notin V_2$，即 V_2 对向量加法运算不封闭，因此 V_2 不是向量空间．

22．**证明：** 因为对应分量不成比例，所以 $\boldsymbol{a}_1$，$\boldsymbol{a}_2$ 线性无关，$\boldsymbol{b}_1$，$\boldsymbol{b}_2$ 也线性无关．又因为矩阵 $(\boldsymbol{a}_1,\boldsymbol{a}_2,\boldsymbol{b}_1,\boldsymbol{b}_2)=\begin{pmatrix}1&1&2&0\\1&0&-1&1\\0&1&3&-1\\0&1&3&-1\end{pmatrix}\xrightarrow{r_2-r_1}\begin{pmatrix}1&1&2&0\\0&-1&-3&1\\0&1&3&-1\\0&1&3&-1\end{pmatrix}\xrightarrow[r_4+r_2]{r_3+r_2}\begin{pmatrix}1&1&2&0\\0&-1&-3&1\\0&0&0&0\\0&0&0&0\end{pmatrix}$，则 $R(\boldsymbol{a}_1,\boldsymbol{a}_2)=R(\boldsymbol{b}_1,\boldsymbol{b}_2)=R(\boldsymbol{a}_1,\boldsymbol{a}_2,\boldsymbol{b}_1,\boldsymbol{b}_2)=2$，所以向量组 $\boldsymbol{a}_1$，$\boldsymbol{a}_2$ 与 $\boldsymbol{b}_1$，$\boldsymbol{b}_2$ 等价，向量空间 $L_1=L_2$，得证．

23．解：因为矩阵 $(\boldsymbol{a}_1,\boldsymbol{a}_2,\boldsymbol{a}_3,\boldsymbol{v}_1,\boldsymbol{v}_2)=\begin{pmatrix}1&2&3&5&-9\\-1&1&1&0&-8\\0&3&2&7&-13\end{pmatrix}\xrightarrow{r_2+r_1}\begin{pmatrix}1&2&3&5&-9\\0&3&4&5&-17\\0&3&2&7&-13\end{pmatrix}$

$\xrightarrow{r_3-r_2,-\frac{r_3}{2}}\begin{pmatrix}1&2&3&5&-9\\0&3&4&5&-17\\0&0&1&-1&-2\end{pmatrix}\xrightarrow[r_2-4r_3]{r_1-3r_3}\begin{pmatrix}1&2&0&8&-3\\0&3&0&9&-9\\0&0&1&-1&-2\end{pmatrix}\xrightarrow[r_1-2r_2]{\frac{r_2}{3}}\begin{pmatrix}1&0&0&2&3\\0&1&0&3&-3\\0&0&1&-1&-2\end{pmatrix}$，则

$R(\boldsymbol{a}_1,\boldsymbol{a}_2,\boldsymbol{a}_3)=3$，所以 $\boldsymbol{a}_1$，$\boldsymbol{a}_2$，$\boldsymbol{a}_3$ 是 $\mathbb{R}^3$ 的一个基，$\boldsymbol{v}_1$，$\boldsymbol{v}_2$ 可用这个基表示为

$$\boldsymbol{v}_1=2\boldsymbol{a}_1+3\boldsymbol{a}_2-\boldsymbol{a}_3,\quad \boldsymbol{v}_2=3\boldsymbol{a}_1-3\boldsymbol{a}_2-2\boldsymbol{a}_3.$$

24．解：（1）记矩阵 $\boldsymbol{A}=(\boldsymbol{a}_1,\boldsymbol{a}_2,\boldsymbol{a}_3)$，$\boldsymbol{B}=(\boldsymbol{b}_1,\boldsymbol{b}_2,\boldsymbol{b}_2)$．因为 $\boldsymbol{a}_1$，$\boldsymbol{a}_2$，$\boldsymbol{a}_3$ 与 $\boldsymbol{b}_1$，$\boldsymbol{b}_2$，$\boldsymbol{b}_3$ 均为 $\mathbb{R}^3$ 的基，所以矩阵 $\boldsymbol{A}$ 和 $\boldsymbol{B}$ 均可逆．由过渡矩阵定义，得 $\boldsymbol{B}=\boldsymbol{AP}$，即 $\boldsymbol{P}=\boldsymbol{A}^{-1}\boldsymbol{B}$，则

$(\boldsymbol{A},\boldsymbol{B})=\begin{pmatrix}1&1&1&1&2&3\\1&0&0&2&3&4\\1&-1&1&1&4&3\end{pmatrix}\xrightarrow{r_2\leftrightarrow r_1}\begin{pmatrix}1&0&0&2&3&4\\1&1&1&1&2&3\\1&-1&1&1&4&3\end{pmatrix}\xrightarrow[r_3-r_1+r_2]{r_2-r_1}\begin{pmatrix}1&0&0&2&3&4\\0&1&1&-1&-1&-1\\0&0&2&-2&0&-2\end{pmatrix}$

$\xrightarrow{\frac{r_3}{2},r_2-r_3}\begin{pmatrix}1&0&0&2&3&4\\0&1&0&0&-1&0\\0&0&1&-1&0&-1\end{pmatrix}=(\boldsymbol{E},\boldsymbol{A}^{-1}\boldsymbol{B})$，所以过渡矩阵 $\boldsymbol{P}=\boldsymbol{A}^{-1}\boldsymbol{B}=\begin{pmatrix}2&3&4\\0&-1&0\\-1&0&-1\end{pmatrix}$．

（2）设向量 $\boldsymbol{x}$ 在后一基中的坐标为 $\begin{pmatrix}y_1\\y_2\\y_3\end{pmatrix}$，则 $(\boldsymbol{a}_1,\boldsymbol{a}_2,\boldsymbol{a}_3)\begin{pmatrix}1\\1\\3\end{pmatrix}=(\boldsymbol{b}_1,\boldsymbol{b}_2,\boldsymbol{b}_3)\begin{pmatrix}y_1\\y_2\\y_3\end{pmatrix}$，

$\begin{pmatrix}y_1\\y_2\\y_3\end{pmatrix}=(\boldsymbol{b}_1,\boldsymbol{b}_2,\boldsymbol{b}_3)^{-1}(\boldsymbol{a}_1,\boldsymbol{a}_2,\boldsymbol{a}_3)\begin{pmatrix}1\\1\\3\end{pmatrix}=\boldsymbol{B}^{-1}\boldsymbol{A}\begin{pmatrix}1\\1\\3\end{pmatrix}=\boldsymbol{P}^{-1}\begin{pmatrix}1\\1\\3\end{pmatrix}$．因为 $\boldsymbol{P}^{-1}=-\frac{1}{2}\begin{pmatrix}1&3&4\\0&2&0\\-1&-3&-2\end{pmatrix}$，所以

$$\begin{pmatrix}y_1\\y_2\\y_3\end{pmatrix}=-\frac{1}{2}\begin{pmatrix}1&3&4\\0&2&0\\-1&-3&-2\end{pmatrix}\begin{pmatrix}1\\1\\3\end{pmatrix}=\begin{pmatrix}-8\\-1\\5\end{pmatrix}.$$

25．解：（1）系数矩阵 $\boldsymbol{A}=\begin{pmatrix}1&-8&10&2\\2&4&5&-1\\3&8&6&-2\end{pmatrix}\xrightarrow[r_3-3r_1]{r_2-2r_1}\begin{pmatrix}1&-8&10&2\\0&20&-15&-5\\0&32&-24&-8\end{pmatrix}\xrightarrow{\frac{r_2}{5},r_3-8r_2}$

$\begin{pmatrix}1&-8&10&2\\0&4&-3&-1\\0&0&0&0\end{pmatrix}\xrightarrow{r_1+2r_2}\begin{pmatrix}1&0&4&0\\0&-4&3&1\\0&0&0&0\end{pmatrix}$，$R(\boldsymbol{A})=2<4$，则方程组有无限多解，其同解方

程组为 $\begin{cases}x_1=-4x_3,\\x_4=4x_2-3x_3,\end{cases}$ 取 $\begin{pmatrix}x_2\\x_3\end{pmatrix}=\begin{pmatrix}1\\0\end{pmatrix}$ 和 $\begin{pmatrix}0\\1\end{pmatrix}$，得基础解系 $\boldsymbol{\xi}_1=\begin{pmatrix}0\\1\\0\\4\end{pmatrix}$，$\boldsymbol{\xi}_2=\begin{pmatrix}-4\\0\\1\\-3\end{pmatrix}$．

（2）系数矩阵 $A=\begin{pmatrix}2&-3&-2&1\\3&5&4&-2\\8&7&6&-3\end{pmatrix}\xrightarrow[r_3+3r_1]{r_2+2r_1}\begin{pmatrix}2&-3&-2&1\\7&-1&0&0\\14&-2&0&0\end{pmatrix}\xrightarrow[\substack{r_1+3r_2\\r_3+2r_2}]{-r_2}\begin{pmatrix}-19&0&-2&1\\-7&1&0&0\\0&0&0&0\end{pmatrix}$，

$R(A)=2<4$，则方程组有无限多解，其同解方程组为 $\begin{cases}x_2=7x_1,\\x_4=19x_1+2x_3,\end{cases}$ 取 $\begin{pmatrix}x_1\\x_3\end{pmatrix}=\begin{pmatrix}1\\0\end{pmatrix}$ 和 $\begin{pmatrix}0\\1\end{pmatrix}$，

得基础解系 $\boldsymbol{\xi}_1=\begin{pmatrix}1\\7\\0\\19\end{pmatrix}$，$\boldsymbol{\xi}_2=\begin{pmatrix}0\\0\\1\\2\end{pmatrix}$.

（3）系数矩阵 $A=(n,n-1,\cdots,1)$，则 $R(A)=1$，所以有 $n-1$ 个线性无关的解向量构成此方程的基础解系．由题可知 $x_n=-nx_1-(n-1)x_2-\cdots-2x_{n-1}$，分别取 $\begin{pmatrix}x_1\\x_2\\\vdots\\x_{n-1}\end{pmatrix}=\begin{pmatrix}1\\0\\\vdots\\0\end{pmatrix},\begin{pmatrix}0\\1\\\vdots\\0\end{pmatrix},\cdots,$ $\begin{pmatrix}0\\0\\\vdots\\1\end{pmatrix}$ 代入上式，得基础解系 $\boldsymbol{\xi}_1=\begin{pmatrix}1\\0\\\vdots\\-n\end{pmatrix},\boldsymbol{\xi}_2=\begin{pmatrix}0\\1\\\vdots\\-(n-1)\end{pmatrix},\cdots,\boldsymbol{\xi}_{n-1}=\begin{pmatrix}0\\\vdots\\1\\-2\end{pmatrix}$.

26．**解：** 设矩阵 $\boldsymbol{B}=(\boldsymbol{b}_1,\boldsymbol{b}_2)$，因为 $R(\boldsymbol{B})=2$，所以 $\boldsymbol{b}_1$，$\boldsymbol{b}_2$ 线性无关．由 $\boldsymbol{AB}=\boldsymbol{O}$，得 $\boldsymbol{A}(\boldsymbol{b}_1,\boldsymbol{b}_2)=(\boldsymbol{0},\boldsymbol{0})$，即 $\boldsymbol{b}_1$，$\boldsymbol{b}_2$ 是齐次线性方程组 $\boldsymbol{Ax}=\boldsymbol{0}$ 的解．由矩阵 $\boldsymbol{A}=\begin{pmatrix}2&-2&1&3\\9&-5&2&8\end{pmatrix}$ $\xrightarrow[-r_2]{r_2-2r_1}\begin{pmatrix}2&-2&1&3\\-5&1&0&-2\end{pmatrix}\xrightarrow{r_1+2r_2}\begin{pmatrix}-8&0&1&-1\\-5&1&0&-2\end{pmatrix}$，得同解方程组 $\begin{cases}x_2=5x_1+2x_4,\\x_3=8x_1+x_4,\end{cases}$ 取 $\begin{pmatrix}x_1\\x_4\end{pmatrix}=\begin{pmatrix}1\\0\end{pmatrix}$ 和 $\begin{pmatrix}0\\1\end{pmatrix}$，得基础解系 $\boldsymbol{b}_1=\begin{pmatrix}1\\5\\8\\0\end{pmatrix}$，$\boldsymbol{b}_2=\begin{pmatrix}0\\2\\1\\1\end{pmatrix}$，所以矩阵 $\boldsymbol{B}=(\boldsymbol{b}_1,\boldsymbol{b}_2)=\begin{pmatrix}1&0\\5&2\\8&1\\0&1\end{pmatrix}$.

27．**解：（方法一）** 由基础解系 $\boldsymbol{\xi}_1=(0,1,2,3)^{\mathrm{T}}$，$\boldsymbol{\xi}_2=(3,2,1,0)^{\mathrm{T}}$，得原方程组的通解为 $\begin{pmatrix}x_1\\x_2\\x_3\\x_4\end{pmatrix}=k_1\begin{pmatrix}0\\1\\2\\3\end{pmatrix}+k_2\begin{pmatrix}3\\2\\1\\0\end{pmatrix}(k_1,k_2\in\mathbb{R})$，则有 $\begin{cases}x_1=3k_2,\\x_2=k_1+2k_2,\\x_3=2k_1+k_2,\\x_4=3k_1,\end{cases}$ 整理得 $\begin{cases}2x_1-3x_2+x_4=0,\\x_1-3x_3+2x_4=0,\end{cases}$ 即为所求齐次线性方程组．

（方法二） 设所求齐次线性方程组为 $\boldsymbol{Ax}=\boldsymbol{0}$，则方程组有 4 个未知数．因为基础解系含 2 个解向量，则 $R(\boldsymbol{A})=4-2=2<4$，所以方程组中方程的个数 $n\geqslant 2$．记 $\boldsymbol{B}=(\boldsymbol{\xi}_1,\boldsymbol{\xi}_2)$，

$\boldsymbol{\xi}_1$，$\boldsymbol{\xi}_2$ 是方程组 $\boldsymbol{Ax}=\mathbf{0}$ 的基础解系，则 $\boldsymbol{AB}=\boldsymbol{O}$．由 $\boldsymbol{B}^{\mathrm{T}}=\begin{pmatrix}0&1&2&3\\3&2&1&0\end{pmatrix}\xrightarrow{\frac{r_2-2r_1}{3}}$

$\begin{pmatrix}0&1&2&3\\1&0&-1&-2\end{pmatrix}$，得 $\boldsymbol{B}^{\mathrm{T}}\boldsymbol{x}=\mathbf{0}$ 的同解方程组为 $\begin{cases}x_1=x_3+2x_4,\\x_2=-2x_3-3x_4,\end{cases}$ 取 $\begin{pmatrix}x_3\\x_4\end{pmatrix}=\begin{pmatrix}1\\0\end{pmatrix}$ 和 $\begin{pmatrix}0\\1\end{pmatrix}$，得基础解系 $\boldsymbol{\eta}_1=\begin{pmatrix}1\\-2\\1\\0\end{pmatrix}$，$\boldsymbol{\eta}_2=\begin{pmatrix}2\\-3\\0\\1\end{pmatrix}$，所以矩阵 $\boldsymbol{A}$ 可取 $\boldsymbol{A}=\begin{pmatrix}\boldsymbol{\eta}_1^{\mathrm{T}}\\\boldsymbol{\eta}_2^{\mathrm{T}}\end{pmatrix}=\begin{pmatrix}1&-2&1&0\\2&-3&0&1\end{pmatrix}$，对应齐次线性方程组 $\begin{cases}x_1-2x_2+x_3=0,\\2x_1-3x_2+x_4=0.\end{cases}$

28．**解**：（1）方程组Ⅰ的系数矩阵 $\begin{pmatrix}1&1&0&0\\0&1&0&-1\end{pmatrix}\xrightarrow{r_1-r_2}\begin{pmatrix}1&0&0&1\\0&1&0&-1\end{pmatrix}$，得同解方程组 $\begin{cases}x_1=-x_4,\\x_2=x_4,\end{cases}$ 取 $\begin{pmatrix}x_3\\x_4\end{pmatrix}=\begin{pmatrix}1\\0\end{pmatrix}$ 和 $\begin{pmatrix}0\\1\end{pmatrix}$，得基础解系 $\boldsymbol{\xi}_1=\begin{pmatrix}0\\0\\1\\0\end{pmatrix}$，$\boldsymbol{\xi}_2=\begin{pmatrix}-1\\1\\0\\1\end{pmatrix}$.

方程组Ⅱ的系数矩阵 $\begin{pmatrix}1&-1&1&0\\0&1&-1&1\end{pmatrix}\xrightarrow{r_1+r_2}\begin{pmatrix}1&0&0&1\\0&1&-1&1\end{pmatrix}$，得同解方程组 $\begin{cases}x_1=-x_4,\\x_2=x_3-x_4,\end{cases}$ 取 $\begin{pmatrix}x_3\\x_4\end{pmatrix}=\begin{pmatrix}1\\0\end{pmatrix}$ 和 $\begin{pmatrix}0\\1\end{pmatrix}$，得基础解系 $\boldsymbol{\xi}_1=\begin{pmatrix}0\\1\\1\\0\end{pmatrix}$，$\boldsymbol{\xi}_2=\begin{pmatrix}-1\\-1\\0\\1\end{pmatrix}$.

（2）由方程组Ⅰ的基础解系 $\boldsymbol{\xi}_1=\begin{pmatrix}0\\0\\1\\0\end{pmatrix}$，$\boldsymbol{\xi}_2=\begin{pmatrix}-1\\1\\0\\1\end{pmatrix}$，得通解为 $c_1\begin{pmatrix}0\\0\\1\\0\end{pmatrix}+c_2\begin{pmatrix}-1\\1\\0\\1\end{pmatrix}$，即 $(-c_2,c_2,c_1,c_2)$，将其代入方程组Ⅱ，得 $\begin{cases}-c_2-c_2+c_1=0,\\c_2-c_1+c_2=0,\end{cases}$ 解得 $c_1=2c_2$，所以方程组Ⅰ与Ⅱ的公共解为 $\boldsymbol{x}=k\begin{pmatrix}-1\\1\\2\\1\end{pmatrix},k\in\mathbb{R}$.

思路点拨：本题也以将方程组Ⅰ与Ⅱ联立，然后求所得方程组的通解.

29．**证明**：因为 n 阶方阵 $\boldsymbol{A}$ 满足 $\boldsymbol{A}^2=\boldsymbol{A}$，则 $\boldsymbol{A}(\boldsymbol{A}-\boldsymbol{E})=\boldsymbol{O}$，所以 $R(\boldsymbol{A})+R(\boldsymbol{A}-\boldsymbol{E})\leqslant n$．又

因为 $R(\boldsymbol{A}+\boldsymbol{B})\leqslant R(\boldsymbol{A})+R(\boldsymbol{B})$，则 $R[\boldsymbol{A}+(\boldsymbol{E}-\boldsymbol{A})]\leqslant R(\boldsymbol{A})+R(\boldsymbol{E}-\boldsymbol{A})$，即 $n\leqslant R(\boldsymbol{A})+R(\boldsymbol{E}-\boldsymbol{A})$，所以 $R(\boldsymbol{A})+R(\boldsymbol{A}-\boldsymbol{E})=n$，得证.

30. 证明：(1) 当 $R(\boldsymbol{A})=n$ 时，$|\boldsymbol{A}|\neq 0$，所以 $|\boldsymbol{A}^*|=|\boldsymbol{A}|^{n-1}\neq 0$，$\boldsymbol{A}^*$ 为满秩矩阵，$R(\boldsymbol{A}^*)=n$，得证.

(2) 当 $R(\boldsymbol{A})=n-1$ 时，矩阵 $\boldsymbol{A}$ 中至少有一个 $n-1$ 阶子式不为零，则 $\boldsymbol{A}^*$ 中至少有一个元素不为零，所以 $R(\boldsymbol{A}^*)\geqslant 1$．当 $R(\boldsymbol{A})=n-1$ 时，$|\boldsymbol{A}|=0$，则 $\boldsymbol{A}\boldsymbol{A}^*=|\boldsymbol{A}|\boldsymbol{E}=\boldsymbol{O}$，故有 $R(\boldsymbol{A})+R(\boldsymbol{A}^*)\leqslant n$，将 $R(\boldsymbol{A})=n-1$ 代入，解得 $R(\boldsymbol{A}^*)\leqslant 1$，所以 $R(\boldsymbol{A}^*)=1$，得证.

(3) 当 $R(\boldsymbol{A})\leqslant n-2$ 时，阵秩 $\boldsymbol{A}$ 的所有 $n-1$ 阶子式均为零，则伴随矩阵 $\boldsymbol{A}^*$ 的所有元素均为零，即 $\boldsymbol{A}^*=\boldsymbol{O}$，故有 $R(\boldsymbol{A}^*)=0$，得证.

31. 解：(1) 增广矩阵 $(\boldsymbol{A},\boldsymbol{b})=\left(\begin{array}{cccc|c}1&1&0&0&5\\2&1&1&2&1\\5&3&2&2&3\end{array}\right)\xrightarrow[r_3-5r_1]{r_2-2r_1}\left(\begin{array}{cccc|c}1&1&0&0&5\\0&-1&1&2&-9\\0&-2&2&2&-22\end{array}\right)\xrightarrow[\substack{r_1-r_2\\r_3+2r_2}]{-r_2}$

$\left(\begin{array}{cccc|c}1&0&1&2&-4\\0&1&-1&-2&9\\0&0&0&-2&-4\end{array}\right)\xrightarrow{-\frac{1}{2}r_3,\,r_1-2r_3,\,r_2+2r_3}\left(\begin{array}{cccc|c}1&0&1&0&-8\\0&1&-1&0&13\\0&0&0&1&2\end{array}\right)$，得同解方程组 $\begin{cases}x_1=-x_3-8,\\x_2=x_3+13,\\x_4=2,\end{cases}$ 取 $x_3=0$ 得特解 $\boldsymbol{\eta}=\begin{pmatrix}-8\\13\\0\\2\end{pmatrix}$；取 $x_3=1$ 得对应的齐次线性方程组的基础解系 $\boldsymbol{\xi}=\begin{pmatrix}-1\\1\\1\\0\end{pmatrix}$.

(2) 增广矩阵 $(\boldsymbol{A},\boldsymbol{b})=\left(\begin{array}{cccc|c}1&-5&2&-3&11\\5&3&6&-1&-1\\2&4&2&1&-6\end{array}\right)\xrightarrow[r_3-2r_1]{r_2-5r_1}\left(\begin{array}{cccc|c}1&-5&2&-3&11\\0&28&-4&14&-56\\0&14&-2&7&-28\end{array}\right)\xrightarrow{-\frac{r_2}{4},\,r_1-2r_2,\,r_3+2r_2}$

$\left(\begin{array}{cccc|c}1&9&0&4&-17\\0&-7&1&-\frac{7}{2}&14\\0&0&0&0&0\end{array}\right)$，得同解方程组 $\begin{cases}x_1=-9x_2-4x_4-17,\\x_3=7x_2+\frac{7}{2}x_4+14,\end{cases}$ 取 $\begin{pmatrix}x_2\\x_4\end{pmatrix}=\begin{pmatrix}0\\0\end{pmatrix}$ 得特解 $\boldsymbol{\eta}=\begin{pmatrix}-17\\0\\14\\0\end{pmatrix}$；取 $\begin{pmatrix}x_2\\x_4\end{pmatrix}=\begin{pmatrix}1\\0\end{pmatrix}$ 和 $\begin{pmatrix}0\\1\end{pmatrix}$，得对应的齐次线性方程组的基础解系 $\boldsymbol{\xi}_1=\begin{pmatrix}-9\\1\\7\\0\end{pmatrix}$，$\boldsymbol{\xi}_2=\begin{pmatrix}-4\\0\\\frac{7}{2}\\1\end{pmatrix}$.

32. 解：记非齐次线性方程组为 $\boldsymbol{A}\boldsymbol{x}=\boldsymbol{b}$，对应的齐次线性方程组为 $\boldsymbol{A}\boldsymbol{x}=\boldsymbol{0}$，则方程组的基础解系的个数为 $n-R(\boldsymbol{A})=4-3=1$．记向量 $\boldsymbol{\xi}=2\boldsymbol{\eta}_1-(\boldsymbol{\eta}_2+\boldsymbol{\eta}_3)=2\begin{pmatrix}2\\3\\4\\5\end{pmatrix}-\begin{pmatrix}1\\2\\3\\4\end{pmatrix}=\begin{pmatrix}3\\4\\5\\6\end{pmatrix}\neq\boldsymbol{0}$，

则有 $A\boldsymbol{\xi}=A(2\boldsymbol{\eta}_1-\boldsymbol{\eta}_2-\boldsymbol{\eta}_3)=2A\boldsymbol{\eta}_1-A\boldsymbol{\eta}_2-A\boldsymbol{\eta}_3=2\boldsymbol{b}-\boldsymbol{b}-\boldsymbol{b}=\boldsymbol{0}$，所以 $\boldsymbol{\xi}$ 是 $A\boldsymbol{x}=\boldsymbol{0}$ 的一个基础解系，原方程组的通解为 $\boldsymbol{x}=k\boldsymbol{\xi}+\boldsymbol{\eta}_1=k\begin{pmatrix}3\\4\\5\\6\end{pmatrix}+\begin{pmatrix}2\\3\\4\\5\end{pmatrix}(k\in\mathbb{R})$.

33．解：记矩阵 $A=(\boldsymbol{a}_3,\boldsymbol{a}_2,\boldsymbol{a}_1)$，则有方程组 $A\boldsymbol{x}=\boldsymbol{b}$，其增广矩阵 $(A,\boldsymbol{b})=$

$$\left(\begin{array}{ccc|c}-1&-2&\alpha&1\\1&1&2&\beta\\4&5&10&-1\end{array}\right)\xrightarrow[r_3-4r_1]{\substack{r_1\leftrightarrow r_2\\ r_2+r_1}}\left(\begin{array}{ccc|c}1&1&2&\beta\\0&-1&\alpha+2&\beta+1\\0&1&2&-1-4\beta\end{array}\right)\xrightarrow[r_3-r_2]{\substack{r_1-r_3\\ -r_2}}\left(\begin{array}{ccc|c}1&0&0&1+5\beta\\0&1&-\alpha-2&-\beta-1\\0&0&\alpha+4&-3\beta\end{array}\right).$$

（1）若向量 $\boldsymbol{b}$ 不能由向量组 A 线性表示，则方程组 $A\boldsymbol{x}=\boldsymbol{b}$ 无解，$R(A)<R(A,\boldsymbol{b})$，故有 $\begin{cases}\alpha+4=0,\\-3\beta\neq0,\end{cases}$ 解得 $\begin{cases}\alpha=-4,\\\beta\neq0.\end{cases}$

（2）若向量 $\boldsymbol{b}$ 能由向量组 A 线性表示，且表示式唯一，则方程组 $A\boldsymbol{x}=\boldsymbol{b}$ 有唯一解，$R(A)=R(A,\boldsymbol{b})=3$，故有 $\alpha+4\neq0$，解得 $\alpha\neq-4$.

（3）若向量 $\boldsymbol{b}$ 能由向量组 A 线性表示，且表示式不唯一，则方程组 $A\boldsymbol{x}=\boldsymbol{b}$ 有无限多解，$R(A)=R(A,\boldsymbol{b})<3$，故有 $\begin{cases}\alpha+4=0,\\-3\beta=0,\end{cases}$ 解得 $\begin{cases}\alpha=-4,\\\beta=0,\end{cases}$ 此时 $(A,\boldsymbol{b})\sim\left(\begin{array}{ccc|c}1&0&0&1\\0&1&2&-1\\0&0&0&0\end{array}\right)$，得同解方程组为 $\begin{cases}x_1=1,\\x_2=-2x_3-1,\end{cases}$ 取 $x_3=0$ 得特解 $\boldsymbol{\eta}=\begin{pmatrix}1\\-1\\0\end{pmatrix}$，取 $x_3=1$ 得对应的齐次线性方程组的基础解系 $\boldsymbol{\xi}=\begin{pmatrix}0\\-2\\1\end{pmatrix}$，则方程组 $A\boldsymbol{x}=\boldsymbol{b}$ 通解为 $\boldsymbol{x}=c\begin{pmatrix}0\\-2\\1\end{pmatrix}+\begin{pmatrix}1\\-1\\0\end{pmatrix}=\begin{pmatrix}1\\-2c-1\\c\end{pmatrix},c\in\mathbb{R}$. 所以向量 $\boldsymbol{b}$ 由向量组 A 线性表示的一般表示式为 $\boldsymbol{b}=A\boldsymbol{x}=(\boldsymbol{a}_3,\boldsymbol{a}_2,\boldsymbol{a}_1)\begin{pmatrix}1\\-2c-1\\c\end{pmatrix}=c\boldsymbol{a}_1-(2c+1)\boldsymbol{a}_2+\boldsymbol{a}_3,c\in\mathbb{R}$.

34．证明：由题可知，三直线 l_1，l_2，l_3 相交于一点 $\Leftrightarrow$ 非齐次线性方程组 $(\boldsymbol{a},\boldsymbol{b})\begin{pmatrix}x\\y\end{pmatrix}=-\boldsymbol{c}$ 有唯一解 $\Leftrightarrow R(\boldsymbol{a},\boldsymbol{b})=R(\boldsymbol{a},\boldsymbol{b},\boldsymbol{c})=2\Leftrightarrow$ 向量组 $\boldsymbol{a}$，$\boldsymbol{b}$ 线性无关，且向量组 $\boldsymbol{a}$，$\boldsymbol{b}$，$\boldsymbol{c}$ 线性相关，得证.

35．解：由题可知，$A\boldsymbol{x}=\boldsymbol{b}$ 为四元方程组．因为 $\boldsymbol{a}_2$，$\boldsymbol{a}_3$，$\boldsymbol{a}_4$ 线性无关，所以 $R(A)\geqslant3$；由 $\boldsymbol{a}_1$ 能由 $\boldsymbol{a}_2$，$\boldsymbol{a}_3$ 线性表示，得 $\boldsymbol{a}_1$，$\boldsymbol{a}_2$，$\boldsymbol{a}_3$ 线性相关，故有 $\boldsymbol{a}_1$，$\boldsymbol{a}_2$，$\boldsymbol{a}_3$，$\boldsymbol{a}_4$ 线性相关，所以 $R(A)=3$，则对应齐次线性方程组的基础解系中解向量的个数为 $4-3=1$．由 $\boldsymbol{a}_1=2\boldsymbol{a}_2-\boldsymbol{a}_3$，

得 $\boldsymbol{a}_1-2\boldsymbol{a}_2+\boldsymbol{a}_3=(\boldsymbol{a}_1,\boldsymbol{a}_2,\boldsymbol{a}_3,\boldsymbol{a}_4)\begin{pmatrix}1\\-2\\1\\0\end{pmatrix}=0$，所以 $\boldsymbol{x}=(1,-2,1,0)^{\mathrm{T}}$ 是方程组 $\boldsymbol{A}\boldsymbol{x}=\boldsymbol{0}$ 的基础解系.

由 $\boldsymbol{b}=\boldsymbol{a}_1+\boldsymbol{a}_2+\boldsymbol{a}_3+\boldsymbol{a}_4$，得 $x=(1,1,1,1)^{\mathrm{T}}$ 是方程组 $\boldsymbol{A}\boldsymbol{x}=\boldsymbol{b}$ 的解，于是方程组 $\boldsymbol{A}\boldsymbol{x}=\boldsymbol{b}$ 的通解为 $\boldsymbol{x}=c\begin{pmatrix}1\\-2\\1\\0\end{pmatrix}+\begin{pmatrix}1\\1\\1\\1\end{pmatrix},c\in\mathbb{R}$.

36. **证明：**（1）设 $k_0\boldsymbol{\eta}^*+k_1\boldsymbol{\xi}_1+k_2\boldsymbol{\xi}_2+\cdots+k_{n-r}\boldsymbol{\xi}_{n-r}=\boldsymbol{0}$，用矩阵 $\boldsymbol{A}$ 左乘该式两边，得 $\boldsymbol{A}(k_0\boldsymbol{\eta}^*+k_1\boldsymbol{\xi}_1+k_2\boldsymbol{\xi}_2+\cdots+k_{n-r}\boldsymbol{\xi}_{n-r})=\boldsymbol{0}$，即 $k_0\boldsymbol{A}\boldsymbol{\eta}^*+k_1\boldsymbol{A}\boldsymbol{\xi}_1+k_2\boldsymbol{A}\boldsymbol{\xi}_2+\cdots+k_{n-r}\boldsymbol{A}\boldsymbol{\xi}_{n-r}=k_0\boldsymbol{b}=\boldsymbol{0}$，又因为 $\boldsymbol{b}\neq\boldsymbol{0}$，所以 $k_0=0$，故有 $k_1\boldsymbol{\xi}_1+k_2\boldsymbol{\xi}_2+\cdots+k_{n-r}\boldsymbol{\xi}_{n-r}=\boldsymbol{0}$. 因为向量组 $\boldsymbol{\xi}_1,\boldsymbol{\xi}_2,\cdots,\boldsymbol{\xi}_{n-r}$ 是对应齐次线性方程组的基础解系，则 $\boldsymbol{\xi}_1,\boldsymbol{\xi}_2,\cdots,\boldsymbol{\xi}_{n-r}$ 线性无关，所以 $k_1=k_2=\cdots=k_{n-r}=0$，因此 $\boldsymbol{\eta}^*,\boldsymbol{\xi}_1,\boldsymbol{\xi}_2,\cdots,\boldsymbol{\xi}_{n-r}$ 线性无关，得证.

（2）设 $\lambda_0\boldsymbol{\eta}^*+\lambda_1(\boldsymbol{\eta}^*+\boldsymbol{\xi}_1)+\cdots+\lambda_{n-r}(\boldsymbol{\eta}^*+\boldsymbol{\xi}_{n-r})=\boldsymbol{0}$，即 $(\lambda_0+\lambda_1+\cdots+\lambda_{n-r})\boldsymbol{\eta}^*+\lambda_1\boldsymbol{\xi}_1+\lambda_2\boldsymbol{\xi}_2+\cdots+\lambda_{n-r}\boldsymbol{\xi}_{n-r}=\boldsymbol{0}$. 由（1）可知，向量组 $\boldsymbol{\eta}^*,\boldsymbol{\xi}_1,\cdots,\boldsymbol{\xi}_{n-r}$ 线性无关，则 $\lambda_1=\lambda_2=\cdots=\lambda_{n-r}=0$ 且 $\lambda_0=0$，所以所给向量组线性无关，得证.

37. **证明：** 由 $\boldsymbol{x}=k_1\boldsymbol{\eta}_1+k_2\boldsymbol{\eta}_2+\cdots+k_s\boldsymbol{\eta}_s$，得 $\boldsymbol{A}\boldsymbol{x}=\boldsymbol{A}(k_1\boldsymbol{\eta}_1+k_2\boldsymbol{\eta}_2+\cdots+k_s\boldsymbol{\eta}_s)=k_1(\boldsymbol{A}\boldsymbol{\eta}_1)+k_2(\boldsymbol{A}\boldsymbol{\eta}_2)+\cdots+k_s(\boldsymbol{A}\boldsymbol{\eta}_s)=k_1\boldsymbol{b}+k_2\boldsymbol{b}+\cdots+k_s\boldsymbol{b}=(k_1+k_2+\cdots+k_s)\boldsymbol{b}=\boldsymbol{b}$，即 $\boldsymbol{A}\boldsymbol{x}=\boldsymbol{b}$，所以 $\boldsymbol{x}=k_1\boldsymbol{\eta}_1+k_2\boldsymbol{\eta}_2+\cdots+k_s\boldsymbol{\eta}_s$ 也是方程组 $\boldsymbol{A}\boldsymbol{x}=\boldsymbol{b}$ 的解，得证.

38. **证明：** 由 $\boldsymbol{x}=k_1\boldsymbol{\eta}_1+k_2\boldsymbol{\eta}_2+\cdots+k_{n-r+1}\boldsymbol{\eta}_{n-r+1}$，得 $\boldsymbol{A}\boldsymbol{x}=\boldsymbol{A}(k_1\boldsymbol{\eta}_1+k_2\boldsymbol{\eta}_2+\cdots+k_{n-r+1}\boldsymbol{\eta}_{n-r+1})=k_1(\boldsymbol{A}\boldsymbol{\eta}_1)+k_2(\boldsymbol{A}\boldsymbol{\eta}_2)+\cdots+k_{n-r+1}(\boldsymbol{A}\boldsymbol{\eta}_{n-r+1})=k_1\boldsymbol{b}+k_2\boldsymbol{b}+\cdots+k_{n-r+1}\boldsymbol{b}=(k_1+k_2+\cdots+k_{n-r+1})\boldsymbol{b}=\boldsymbol{b}$，即 $\boldsymbol{A}\boldsymbol{x}=\boldsymbol{b}$，所以向量 $\boldsymbol{x}$ 是方程组 $\boldsymbol{A}\boldsymbol{x}=\boldsymbol{b}$ 的解.

设向量 $\boldsymbol{\beta}$ 是方程组 $\boldsymbol{A}\boldsymbol{x}=\boldsymbol{b}$ 的任一解，记向量 $\boldsymbol{\xi}_i=\boldsymbol{\eta}_i-\boldsymbol{\eta}_{n-r+1},i=1,2,\cdots,n-r$，则 $\boldsymbol{\xi}_i$ 是对应齐次线性方程组的解，且 $\boldsymbol{\xi}_1,\boldsymbol{\xi}_2,\cdots,\boldsymbol{\xi}_{n-r}$ 线性无关，所以 $\boldsymbol{\xi}_i$ 是对应齐次线性方程组的一个基础解系. 又因为 $\boldsymbol{\eta}_{n-r+1}$ 是方程组 $\boldsymbol{A}\boldsymbol{x}=\boldsymbol{b}$ 的解，即存在数 $\lambda_1,\lambda_2,\cdots,\lambda_{n-r}$，使方程组 $\boldsymbol{A}\boldsymbol{x}=\boldsymbol{b}$ 的任一解可表示为

$$\begin{aligned}\boldsymbol{\beta}&=\lambda_1\boldsymbol{\xi}_1+\cdots+\lambda_{n-r}\boldsymbol{\xi}_{n-r}+\boldsymbol{\eta}_{n-r+1}\\&=\lambda_1(\boldsymbol{\eta}_1-\boldsymbol{\eta}_{n-r+1})+\cdots+\lambda_{n-r}(\boldsymbol{\eta}_{n-r}-\boldsymbol{\eta}_{n-r+1})+\boldsymbol{\eta}_{n-r+1}\\&=\lambda_1\boldsymbol{\eta}_1+\cdots+\lambda_{n-r}\boldsymbol{\eta}_{n-r}+(1-\lambda_1-\lambda_2-\cdots-\lambda_{n-r})\boldsymbol{\eta}_{n-r+1}\\&=\lambda_1\boldsymbol{\eta}_1+\cdots+\lambda_{n-r}\boldsymbol{\eta}_{n-r}+\lambda_{n-r+1}\boldsymbol{\eta}_{n-r+1},\end{aligned}$$

其中 $\lambda_{n-r+1}=1-\lambda_1-\lambda_2-\cdots-\lambda_{n-r}$，得证.

直通考研真题

考研大纲要求

1. 理解 n 维向量、向量的线性组合与线性表示的概念.

2. (数三)掌握向量的加法和数乘运算法则.

3. 理解向量组线性相关、线性无关的概念,掌握向量组线性相关、线性无关的有关性质及判别法.

4. 理解向量组的极大线性无关组(即最大无关组)和向量组的秩的概念,会求向量组的极大线性无关组及秩.

5. 理解向量组等价的概念,理解矩阵的秩与其行(列)向量组的秩之间的关系.

6. (数一)了解 n 维向量空间、子空间、基底、维数、坐标等概念.

7. (数一)了解基变换和坐标变换公式,会求过渡矩阵.

8. 理解齐次线性方程组的基础解系、通解(数一、数二)及解空间(数一)的概念,掌握齐次线性方程组的基础解系和通解的求法.

9. 理解非齐次线性方程组解的结构及通解的概念.

考研真题精析

真题 1 (数一、数二、数三)已知向量 $\boldsymbol{\alpha}_1=\begin{pmatrix}1\\2\\3\end{pmatrix}$, $\boldsymbol{\alpha}_2=\begin{pmatrix}2\\1\\1\end{pmatrix}$, $\boldsymbol{\beta}_1=\begin{pmatrix}2\\5\\9\end{pmatrix}$, $\boldsymbol{\beta}_2=\begin{pmatrix}1\\0\\1\end{pmatrix}$,若 $\boldsymbol{\gamma}$ 既能由 $\boldsymbol{\alpha}_1$,$\boldsymbol{\alpha}_2$ 线性表示,也能由 $\boldsymbol{\beta}_1$,$\boldsymbol{\beta}_2$ 线性表示,则 $\boldsymbol{\gamma}=$( ).

A. $k\begin{pmatrix}3\\3\\4\end{pmatrix},k\in\mathbb{R}$ B. $k\begin{pmatrix}3\\5\\10\end{pmatrix},k\in\mathbb{R}$ C. $k\begin{pmatrix}-1\\1\\2\end{pmatrix},k\in\mathbb{R}$ D. $k\begin{pmatrix}1\\5\\8\end{pmatrix},k\in\mathbb{R}$

解析: 已知 $\boldsymbol{\gamma}$ 既能由 $\boldsymbol{\alpha}_1$,$\boldsymbol{\alpha}_2$ 线性表示,也能由 $\boldsymbol{\beta}_1$,$\boldsymbol{\beta}_2$ 线性表示,不妨设 $\boldsymbol{\gamma}=x_1\boldsymbol{\alpha}_1+x_2\boldsymbol{\alpha}_2=y_1\boldsymbol{\beta}_1+y_2\boldsymbol{\beta}_2$,则有 $x_1\boldsymbol{\alpha}_1+x_2\boldsymbol{\alpha}_2-y_1\boldsymbol{\beta}_1-y_2\boldsymbol{\beta}_2=\boldsymbol{0}$,该线性方程组的系数矩阵 $(\boldsymbol{\alpha}_1,\boldsymbol{\alpha}_2,-\boldsymbol{\beta}_1,-\boldsymbol{\beta}_2)=\begin{pmatrix}1&2&-2&-1\\2&1&-5&0\\3&1&-9&-1\end{pmatrix}\xrightarrow[r_3-3r_1]{r_2-2r_1}\begin{pmatrix}1&2&-2&-1\\0&-3&-1&2\\0&-5&-3&2\end{pmatrix}\xrightarrow{\frac{r_2-r_3}{2}}\begin{pmatrix}1&2&-2&-1\\0&1&1&0\\0&-5&-3&2\end{pmatrix}\xrightarrow{r_1-2r_2,\ \frac{r_3+5r_2}{2}}$

$\begin{pmatrix}1&0&-4&-1\\0&1&1&0\\0&0&1&1\end{pmatrix}\xrightarrow[r_2-r_3]{r_1+4r_3}\begin{pmatrix}1&0&0&3\\0&1&0&-1\\0&0&1&1\end{pmatrix}$,则 $(x_1,x_2,y_1,y_2)^{\mathrm{T}}=c(-3,1,-1,1)^{\mathrm{T}},c\in\mathbb{R}$,故有 $\boldsymbol{\gamma}=-c\boldsymbol{\beta}_1+c\boldsymbol{\beta}_2=c(-1,-5,-8)^{\mathrm{T}}=-c(1,5,8)^{\mathrm{T}}=k(1,5,8)^{\mathrm{T}},k\in\mathbb{R}$. 故选 D.

思路点拨： 本题由向量的关系得出线性方程组，通过求线性方程组的基础解系，进而得出线性相关的向量组的线性表示.

真题 2 （数一、数二、数三）设 $\boldsymbol{\alpha}_1=\begin{pmatrix}\lambda\\1\\1\end{pmatrix}$，$\boldsymbol{\alpha}_2=\begin{pmatrix}1\\\lambda\\1\end{pmatrix}$，$\boldsymbol{\alpha}_3=\begin{pmatrix}1\\1\\\lambda\end{pmatrix}$，$\boldsymbol{\alpha}_4=\begin{pmatrix}1\\\lambda\\\lambda^2\end{pmatrix}$，若 $\boldsymbol{\alpha}_1$，$\boldsymbol{\alpha}_2$，$\boldsymbol{\alpha}_3$ 与 $\boldsymbol{\alpha}_1$，$\boldsymbol{\alpha}_2$，$\boldsymbol{\alpha}_4$ 等价，则 λ 的取值范围是（　　）.

A. $\{\lambda\mid\lambda\in\mathbb{R}\}$　　B. $\{\lambda\mid\lambda\in\mathbb{R},\lambda\neq-2\}$

C. $\{\lambda\mid\lambda\in\mathbb{R},\lambda\neq-1,\lambda\neq-2\}$　　D. $\{\lambda\mid\lambda\in\mathbb{R},\lambda\neq-1\}$

解析： 由于 $|(\boldsymbol{\alpha}_1,\boldsymbol{\alpha}_2,\boldsymbol{\alpha}_3)|=\begin{vmatrix}\lambda&1&1\\1&\lambda&1\\1&1&\lambda\end{vmatrix}=\lambda^3-3\lambda+2=(\lambda-1)^2(\lambda+2)$，$|(\boldsymbol{\alpha}_1,\boldsymbol{\alpha}_2,\boldsymbol{\alpha}_4)|=\begin{vmatrix}\lambda&1&1\\1&\lambda&\lambda\\1&1&\lambda^2\end{vmatrix}=\lambda^4-2\lambda^2+1=(\lambda-1)^2(\lambda+1)^2$.

当 $\lambda=1$ 时，$\boldsymbol{\alpha}_1=\boldsymbol{\alpha}_2=\boldsymbol{\alpha}_3=\boldsymbol{\alpha}_4=(1,1,1)$，两向量组等价.

当 $\lambda=-2$ 时，$R(\boldsymbol{\alpha}_1,\boldsymbol{\alpha}_2,\boldsymbol{\alpha}_3)<3$，$R(\boldsymbol{\alpha}_1,\boldsymbol{\alpha}_2,\boldsymbol{\alpha}_4)=3$，两向量组不等价.

当 $\lambda=-1$ 时，$R(\boldsymbol{\alpha}_1,\boldsymbol{\alpha}_2,\boldsymbol{\alpha}_3)=3$，$R(\boldsymbol{\alpha}_1,\boldsymbol{\alpha}_2,\boldsymbol{\alpha}_4)<3$，两向量组不等价.

当 $\lambda\neq-1$ 且 $\lambda\neq-2$ 时，$R(\boldsymbol{\alpha}_1,\boldsymbol{\alpha}_2,\boldsymbol{\alpha}_3)=3$，$R(\boldsymbol{\alpha}_1,\boldsymbol{\alpha}_2,\boldsymbol{\alpha}_4)=3$，两向量组等价.

因此，当 $\lambda=-2$ 或 $\lambda=-1$ 时，两向量组不等价，所以 λ 的取值范围是 $\{\lambda\mid\lambda\in\mathbb{R},\lambda\neq-1,\lambda\neq-2\}$. 故选 C.

思路点拨： 利用等价向量组的秩相等的关系，分别讨论使得两向量组等价、不等价的参数 λ 的值.

第五章　相似矩阵及二次型

本章导学

本章介绍关于方阵的重要结论．首先给出向量的内积、长度及正交性的概念；然后引入方阵的特征值与特征向量的定义、性质和计算方法；最后介绍相似矩阵的定义和性质，矩阵对角化和对称矩阵正交对角化的方法，以及二次型的标准形、规范形和正定性．

知识导图

- 相似矩阵及二次型
  - 向量的内积、长度及正交性
    - n 维向量的相关概念和性质
    - 正交性的相关概念
      - 正交向量组、标准正交基、正交矩阵
    - 施密特正交化和正交变换
  - 方阵的特征值与特征向量
    - 概念
      - 特征值、特征向量、特征方程、特征多项式
    - 特征值与特征向量的性质
  - 相似矩阵
    - 相似矩阵的概念和性质
    - 方阵的对角化
      - 定义、作用和性质
      - 方阵对角化的一般步骤
  - 对称矩阵的对角化
    - 对称矩阵的定义、运算和性质
    - 正交对角化的一般步骤
  - 二次型及其标准形
    - 二次型的相关概念
    - 矩阵的合同
      - 合同矩阵、合同对角化
  - 用配方法化二次型成标准形
    - 化二次型成标准形
      - 含平方项和交叉项
      - 只含交叉项
    - 化二次型成规范形
  - 正定二次型
    - 概念、判定

第一节 向量的内积、长度及正交性

扫一扫

第五章精讲课（上）

一、n 维向量的相关概念和性质

向量的内积、长度和正交的概念、性质及说明如表 5-1 所示.

表 5-1

名 称	概 念	性质及说明	说 明
向量的内积	设有 n 维向量 $\boldsymbol{x}=\begin{pmatrix}x_1\\x_2\\\vdots\\x_n\end{pmatrix}$，$\boldsymbol{y}=\begin{pmatrix}y_1\\y_2\\\vdots\\y_n\end{pmatrix}$，令 $(\boldsymbol{x},\boldsymbol{y})=x_1y_1+x_2y_2+\cdots+x_ny_n=\boldsymbol{x}^{\mathrm{T}}\boldsymbol{y}$，$(\boldsymbol{x},\boldsymbol{y})$ 称为向量 $\boldsymbol{x}$ 与 $\boldsymbol{y}$ 的内积	① $(\boldsymbol{x},\boldsymbol{y})=(\boldsymbol{y},\boldsymbol{x})$； ② $(\lambda\boldsymbol{x},\boldsymbol{y})=\lambda(\boldsymbol{x},\boldsymbol{y})$； ③ $(\boldsymbol{x}+\boldsymbol{y},\boldsymbol{z})=(\boldsymbol{x},\boldsymbol{z})+(\boldsymbol{y},\boldsymbol{z})$； ④ 当 $\boldsymbol{x}=\boldsymbol{0}$ 时，$(\boldsymbol{x},\boldsymbol{x})=0$；当 $\boldsymbol{x}\neq\boldsymbol{0}$ 时，$(\boldsymbol{x},\boldsymbol{x})>0$； ⑤ $(\boldsymbol{x},\boldsymbol{y})^2\leqslant(\boldsymbol{x},\boldsymbol{x})(\boldsymbol{y},\boldsymbol{y})$，该式称为施瓦茨不等式	n 维向量的内积是直角坐标系中向量数量积在 n 维向量空间中的推广
向量的长度	令 $\Vert\boldsymbol{x}\Vert=\sqrt{(\boldsymbol{x},\boldsymbol{x})}=\sqrt{x_1^2+x_2^2+\cdots+x_n^2}$，$\Vert\boldsymbol{x}\Vert$ 称为 n 维向量 $\boldsymbol{x}$ 的长度（或范数），当 $\Vert\boldsymbol{x}\Vert=1$ 时，称 $\boldsymbol{x}$ 为单位向量	① 非负性：当 $\boldsymbol{x}\neq\boldsymbol{0}$ 时，$\Vert\boldsymbol{x}\Vert>0$；当 $\boldsymbol{x}=\boldsymbol{0}$ 时，$\Vert\boldsymbol{x}\Vert=0$； ② 齐次性：$\Vert\lambda\boldsymbol{x}\Vert=\lvert\lambda\rvert\,\Vert\boldsymbol{x}\Vert$	取 $\boldsymbol{x}=\dfrac{\boldsymbol{a}}{\Vert\boldsymbol{a}\Vert}(\boldsymbol{a}\neq\boldsymbol{0})$，由 $\boldsymbol{a}$ 到 $\boldsymbol{x}$ 的过程称为把向量 $\boldsymbol{a}$ 单位化
向量的正交	当 $\boldsymbol{x}\neq\boldsymbol{0}$，$\boldsymbol{y}\neq\boldsymbol{0}$ 时，$\theta=\arccos\dfrac{(\boldsymbol{x},\boldsymbol{y})}{\Vert\boldsymbol{x}\Vert\,\Vert\boldsymbol{y}\Vert}$ 称为 n 维向量 $\boldsymbol{x}$ 与 $\boldsymbol{y}$ 的夹角. 当 $(\boldsymbol{x},\boldsymbol{y})=0$ 时，称向量 $\boldsymbol{x}$ 与 $\boldsymbol{y}$ 正交	① 二维、三维空间中，$\boldsymbol{x}$ 与 $\boldsymbol{y}$ 正交，即 $\boldsymbol{x}$ 与 $\boldsymbol{y}$ 垂直； ② 零向量与任何向量都正交	

二、正交性的相关概念和正交变换

正交性的相关概念及性质如表 5-2 所示.

表 5-2

名 称	概 念	性 质
正交向量组	若一组非零向量中任意两个向量都正交，则称该向量组为正交向量组	若 n 维向量组 $\boldsymbol{a}_1,\boldsymbol{a}_2,\cdots,\boldsymbol{a}_r$ 是一组两两正交的非零向量，则向量组 $\boldsymbol{a}_1,\boldsymbol{a}_2,\cdots,\boldsymbol{a}_r$ 线性无关
标准正交基	设 n 维向量 $\boldsymbol{\xi}_1,\boldsymbol{\xi}_2,\cdots,\boldsymbol{\xi}_r$ 是向量空间 $V\ (V\subseteq\mathbb{R}^n)$ 的一个基，若 $\boldsymbol{\xi}_1,\boldsymbol{\xi}_2,\cdots,\boldsymbol{\xi}_r$ 两两正交，且都是单位向量，则称 $\boldsymbol{\xi}_1,\boldsymbol{\xi}_2,\cdots,\boldsymbol{\xi}_r$ 是 V 的一个标准正交基	V 中任一向量 $\boldsymbol{a}$ 均可由 V 的标准正交基 $\boldsymbol{\xi}_1,\boldsymbol{\xi}_2,\cdots,\boldsymbol{\xi}_r$ 线性表示，即 $\boldsymbol{a}=\lambda_1\boldsymbol{\xi}_1+\lambda_2\boldsymbol{\xi}_2+\cdots+\lambda_r\boldsymbol{\xi}_r$， 其中系数 $\lambda_i=\boldsymbol{\xi}_i^{\mathrm{T}}\boldsymbol{a}=(\boldsymbol{a},\boldsymbol{\xi}_i)$
正交矩阵	若 n 阶方阵 $\boldsymbol{A}$ 满足 $\boldsymbol{A}^{\mathrm{T}}\boldsymbol{A}=\boldsymbol{E}$（即 $\boldsymbol{A}^{-1}=\boldsymbol{A}^{\mathrm{T}}$），则称 $\boldsymbol{A}$ 为正交矩阵	① 方阵 $\boldsymbol{A}$ 为正交矩阵 $\Leftrightarrow$ $\boldsymbol{A}$ 的列（行）向量都是单位向量，且两两正交 $\Leftrightarrow$ $\boldsymbol{A}$ 的列（行）向量组是 $\mathbb{R}^n$ 的标准正交基； ② 若 $\boldsymbol{A}$ 为正交矩阵，则 $\boldsymbol{A}^{-1}=\boldsymbol{A}^{\mathrm{T}}$ 也是正交矩阵，且 $\lvert\boldsymbol{A}\rvert=1$ 或 -1； ③ 若 $\boldsymbol{A}$ 和 $\boldsymbol{B}$ 都是正交矩阵，则 $\boldsymbol{AB}$ 也是正交矩阵

施密特正交化和正交变换的定义及说明如表 5-3 所示.

表 5-3

名　称	定　义	说　明
施密特正交化	设 $\boldsymbol{a}_1,\boldsymbol{a}_2,\cdots,\boldsymbol{a}_r$ 是向量空间 V 的一个基，取 $\boldsymbol{b}_1=\boldsymbol{a}_1$，$\boldsymbol{b}_2=\boldsymbol{a}_2-\dfrac{(\boldsymbol{a}_2,\boldsymbol{b}_1)}{(\boldsymbol{b}_1,\boldsymbol{b}_1)}\boldsymbol{b}_1$，…，$\boldsymbol{b}_r=\boldsymbol{a}_r-\dfrac{(\boldsymbol{a}_r,\boldsymbol{b}_1)}{(\boldsymbol{b}_1,\boldsymbol{b}_1)}\boldsymbol{b}_1-\dfrac{(\boldsymbol{a}_r,\boldsymbol{b}_2)}{(\boldsymbol{b}_2,\boldsymbol{b}_2)}\boldsymbol{b}_2-\cdots-\dfrac{(\boldsymbol{a}_r,\boldsymbol{b}_{r-1})}{(\boldsymbol{b}_{r-1},\boldsymbol{b}_{r-1})}\boldsymbol{b}_{r-1}$，容易验证 $\boldsymbol{b}_1,\boldsymbol{b}_2,\cdots,\boldsymbol{b}_r$ 两两相交，且 $\boldsymbol{b}_1,\boldsymbol{b}_2,\cdots,\boldsymbol{b}_r$ 与 $\boldsymbol{a}_1,\boldsymbol{a}_2,\cdots,\boldsymbol{a}_r$ 等价，然后将 $\boldsymbol{b}_1,\boldsymbol{b}_2,\cdots,\boldsymbol{b}_r$ 单位化，即取 $\boldsymbol{\xi}_1=\dfrac{\boldsymbol{b}_1}{\Vert\boldsymbol{b}_1\Vert}$，$\boldsymbol{\xi}_2=\dfrac{\boldsymbol{b}_2}{\Vert\boldsymbol{b}_2\Vert}$，…，$\boldsymbol{\xi}_r=\dfrac{\boldsymbol{b}_r}{\Vert\boldsymbol{b}_r\Vert}$，就是 V 的一个标准正交基．上述过程是将向量组 $\boldsymbol{a}_1,\boldsymbol{a}_2,\cdots,\boldsymbol{a}_r$ 标准正交化，该过程称为施密特正交化	① $\dfrac{(\boldsymbol{a}_2,\boldsymbol{b}_1)}{(\boldsymbol{b}_1,\boldsymbol{b}_1)}\boldsymbol{b}_1$ 可理解为 $\boldsymbol{a}_2$ 在 $\boldsymbol{b}_1$ 的投影向量，则 $\boldsymbol{a}_2-\dfrac{(\boldsymbol{a}_2,\boldsymbol{b}_1)}{(\boldsymbol{b}_1,\boldsymbol{b}_1)}\boldsymbol{b}_1$ 与 $\boldsymbol{b}_1$ 正交，如下图； 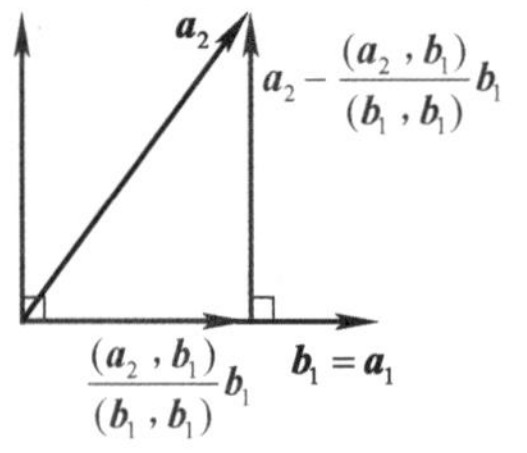 ② 施密特正交化可将“任意坐标系”化为“直角坐标系”
正交变换	若 $\boldsymbol{P}$ 为正交矩阵，则线性变换 $\boldsymbol{y}=\boldsymbol{P}\boldsymbol{x}$ 称为正交变换	经正交变换，向量的长度保持不变，即 $\Vert\boldsymbol{y}\Vert=\sqrt{\boldsymbol{y}^{\mathrm{T}}\boldsymbol{y}}=\sqrt{\boldsymbol{x}^{\mathrm{T}}\boldsymbol{P}^{\mathrm{T}}\boldsymbol{P}\boldsymbol{x}}=\sqrt{\boldsymbol{x}^{\mathrm{T}}\boldsymbol{x}}=\Vert\boldsymbol{x}\Vert$

典例精解

基本题型 1　计算向量的内积

题型分析：本题型需要掌握向量内积的概念，能根据向量内积的计算公式计算向量的内积，该题型相对简单.

典例 1　设向量 $\boldsymbol{x}=\begin{pmatrix}-2\\1\\0\\3\end{pmatrix}$，$\boldsymbol{y}=\begin{pmatrix}3\\-6\\8\\4\end{pmatrix}$，则 $(\boldsymbol{x},\boldsymbol{y})=$（　　）.

A．0　　B．−1　　C．1　　D．2

解析：由 $\boldsymbol{x}$，$\boldsymbol{y}$ 都是列向量，得 $(\boldsymbol{x},\boldsymbol{y})=(-2)\times3+1\times(-6)+0\times8+3\times4=0$．故选 A.

思路点拨：n 维向量的内积的计算公式是 $(\boldsymbol{x},\boldsymbol{y})=\sum\limits_{i=1}^{n}x_iy_i=x_1y_1+x_2y_2+\cdots+x_ny_n$.

变式训练 1　设向量 $\boldsymbol{x}=\begin{pmatrix}-2\\1\\1\\3\end{pmatrix}$，$\boldsymbol{y}=\begin{pmatrix}3\\3\\1\\2\end{pmatrix}$，则 $(\boldsymbol{x},\boldsymbol{y})=$（　　）.

A．1　　B．2　　C．3　　D．4

基本题型 2　计算向量的长度、单位向量及向量之间的夹角

题型分析：本题型需要熟记向量的长度、两向量夹角的计算公式，能利用公式计算向量的长度和夹角；能够将任意向量单位化，掌握将任意向量单位化的方法.

典例 2　在三维空间中有一向量 $\boldsymbol{x}=\begin{pmatrix}1\\2\\-1\end{pmatrix}$，该向量的长度 $\|\boldsymbol{x}\|=$________.

解析：向量 $\boldsymbol{x}$ 的长度为 $\|\boldsymbol{x}\|=\sqrt{(\boldsymbol{x},\boldsymbol{x})}=\sqrt{x_1^2+x_2^2+x_3^2}=\sqrt{6}$. 故填 $\sqrt{6}$.

思路点拨：n 维向量的长度的计算公式为 $\|\boldsymbol{x}\|=\sqrt{(\boldsymbol{x},\boldsymbol{x})}=\sqrt{x_1^2+x_2^2+\cdots+x_n^2}$.

变式训练 2　计算向量 $\boldsymbol{\alpha}=\begin{pmatrix}-2\\1\\1\\3\end{pmatrix}$ 的长度.

典例 3　将本节典例 2 中的向量单位化，可得____________.

解析：由本节典例 2 的计算可知，向量的长度 $\|\boldsymbol{x}\|=\sqrt{6}$，又单位向量的长度为 1，所以将向量 $\boldsymbol{x}$ 单位化得 $\frac{1}{\sqrt{6}}\begin{pmatrix}1\\2\\-1\end{pmatrix}$. 故填 $\frac{1}{\sqrt{6}}\begin{pmatrix}1\\2\\-1\end{pmatrix}$.

变式训练 3　写出将本节变式训练 2 中的向量单位化后的向量.

典例 4　设向量 $\boldsymbol{\alpha}=(3,2,1,2)$，$\boldsymbol{\beta}=(3,-2,2,1)$，求 $\boldsymbol{\alpha}$ 与 $\boldsymbol{\beta}$ 的夹角.

解析：$(\boldsymbol{\alpha},\boldsymbol{\beta})=3\times3+2\times(-2)+1\times2+2\times1=9$，$\|\boldsymbol{\alpha}\|=\sqrt{3^2+2^2+1^2+2^2}=3\sqrt{2}$，$\|\boldsymbol{\beta}\|=\sqrt{3^2+(-2)^2+2^2+1^2}=3\sqrt{2}$，所以向量 $\boldsymbol{\alpha}$ 与 $\boldsymbol{\beta}$ 的夹角是 $\theta=\arccos\frac{(\boldsymbol{\alpha},\boldsymbol{\beta})}{\|\boldsymbol{\alpha}\|\,\|\boldsymbol{\beta}\|}=\arccos\frac{1}{2}=\frac{\pi}{3}$.

变式训练 4　求向量 $\boldsymbol{\alpha}=(1,2,2,3)$ 与 $\boldsymbol{\beta}=(3,1,5,1)$ 的夹角.

基本题型 3　向量组的正交性

题型分析：本题型需要掌握正交向量组的概念，并能运用施密特正交化的方法将向量组标准正交化.

典例 5　已知向量 $\boldsymbol{\alpha}_1=\begin{pmatrix}1\\-1\\1\end{pmatrix}$ 与 $\boldsymbol{\alpha}_2=\begin{pmatrix}-2\\0\\2\end{pmatrix}$ 正交，求一个非零向量 $\boldsymbol{\alpha}_3$，使得 $\boldsymbol{\alpha}_1$，$\boldsymbol{\alpha}_2$，$\boldsymbol{\alpha}_3$ 两两正交.

解析：令 $\boldsymbol{\alpha}_3=\begin{pmatrix}x_1\\x_2\\x_3\end{pmatrix}$，则有齐次线性方程组 $\begin{pmatrix}1&-1&1\\-2&0&2\end{pmatrix}\begin{pmatrix}x_1\\x_2\\x_3\end{pmatrix}=\begin{pmatrix}0\\0\end{pmatrix}$，易求得该线性方程组的基础解系为 $\begin{pmatrix}1\\2\\1\end{pmatrix}$，所以可取 $\boldsymbol{\alpha}_3=\begin{pmatrix}1\\2\\1\end{pmatrix}$.

变式训练 5 已知向量组 $\boldsymbol{\alpha}_1=\begin{pmatrix}1\\0\\-1\\1\end{pmatrix}$，$\boldsymbol{\alpha}_2=\begin{pmatrix}1\\-1\\0\\1\end{pmatrix}$，$\boldsymbol{\alpha}_3=\begin{pmatrix}-1\\1\\1\\0\end{pmatrix}$，且向量 $\boldsymbol{\beta}$ 与 $\boldsymbol{\alpha}_1$，$\boldsymbol{\alpha}_2$，$\boldsymbol{\alpha}_3$ 均正交，求向量 $\boldsymbol{\beta}$.

典例 6 将向量组 $\boldsymbol{\alpha}_1=\begin{pmatrix}1\\0\\1\end{pmatrix}$，$\boldsymbol{\alpha}_2=\begin{pmatrix}1\\-1\\1\end{pmatrix}$，$\boldsymbol{\alpha}_3=\begin{pmatrix}1\\1\\-1\end{pmatrix}$ 化为标准正交向量组.

解析：利用施密特正交化的方法，取 $\boldsymbol{\beta}_1=\boldsymbol{\alpha}_1=\begin{pmatrix}1\\0\\1\end{pmatrix}$，$\boldsymbol{\beta}_2=\boldsymbol{\alpha}_2-\dfrac{(\boldsymbol{\alpha}_2,\boldsymbol{\beta}_1)}{(\boldsymbol{\beta}_1,\boldsymbol{\beta}_1)}\boldsymbol{\beta}_1=\begin{pmatrix}1\\-1\\1\end{pmatrix}-\begin{pmatrix}1\\0\\1\end{pmatrix}=\begin{pmatrix}0\\-1\\0\end{pmatrix}$，$\boldsymbol{\beta}_3=\boldsymbol{\alpha}_3-\dfrac{(\boldsymbol{\alpha}_3,\boldsymbol{\beta}_2)}{(\boldsymbol{\beta}_2,\boldsymbol{\beta}_2)}\boldsymbol{\beta}_2-\dfrac{(\boldsymbol{\alpha}_3,\boldsymbol{\beta}_1)}{(\boldsymbol{\beta}_1,\boldsymbol{\beta}_1)}\boldsymbol{\beta}_1=\begin{pmatrix}1\\1\\-1\end{pmatrix}+\begin{pmatrix}0\\-1\\0\end{pmatrix}-\begin{pmatrix}0\\0\\0\end{pmatrix}=\begin{pmatrix}1\\0\\-1\end{pmatrix}$，再将 $\boldsymbol{\beta}_1$，$\boldsymbol{\beta}_2$，$\boldsymbol{\beta}_3$ 单位化，得 $\boldsymbol{\gamma}_1=\dfrac{\boldsymbol{\beta}_1}{\|\boldsymbol{\beta}_1\|}=\dfrac{1}{\sqrt{2}}\begin{pmatrix}1\\0\\1\end{pmatrix}$，$\boldsymbol{\gamma}_2=\dfrac{\boldsymbol{\beta}_2}{\|\boldsymbol{\beta}_2\|}=\begin{pmatrix}0\\-1\\0\end{pmatrix}$，$\boldsymbol{\gamma}_3=\dfrac{\boldsymbol{\beta}_3}{\|\boldsymbol{\beta}_3\|}=\dfrac{1}{\sqrt{2}}\begin{pmatrix}1\\0\\-1\end{pmatrix}$.

变式训练 6 已知向量组 $\boldsymbol{\alpha}_1=\begin{pmatrix}-1\\1\\1\end{pmatrix}$，$\boldsymbol{\alpha}_2=\begin{pmatrix}1\\-1\\1\end{pmatrix}$，$\boldsymbol{\alpha}_3=\begin{pmatrix}1\\1\\-1\end{pmatrix}$，将其化为标准正交向量组.

基本题型 4 掌握正交矩阵的相关性质

题型分析：本题型需要熟练掌握正交矩阵的概念和性质，熟知正交矩阵 $\boldsymbol{A}$ 满足 $\boldsymbol{A}^{\mathrm{T}}\boldsymbol{A}=\boldsymbol{E}$，且 $\boldsymbol{A}^{-1}=\boldsymbol{A}^{\mathrm{T}}$，进而求解相关问题.

典例 7 设分块矩阵 $\boldsymbol{X}=\begin{pmatrix}\boldsymbol{A}&\boldsymbol{B}\\\boldsymbol{O}&\boldsymbol{C}\end{pmatrix}$ 是正交矩阵，其中 $\boldsymbol{A}_{m\times m}$，$\boldsymbol{C}_{n\times n}$. 证明：$\boldsymbol{A}$，$\boldsymbol{C}$ 均为正交矩阵，且 $\boldsymbol{B}=\boldsymbol{O}$.

证明：由分块 $\boldsymbol{X}=\begin{pmatrix}\boldsymbol{A}&\boldsymbol{B}\\\boldsymbol{O}&\boldsymbol{C}\end{pmatrix}$ 是正交矩阵，得 $\begin{pmatrix}\boldsymbol{A}&\boldsymbol{B}\\\boldsymbol{O}&\boldsymbol{C}\end{pmatrix}\begin{pmatrix}\boldsymbol{A}&\boldsymbol{B}\\\boldsymbol{O}&\boldsymbol{C}\end{pmatrix}^{\mathrm{T}}=\begin{pmatrix}\boldsymbol{A}&\boldsymbol{B}\\\boldsymbol{O}&\boldsymbol{C}\end{pmatrix}\begin{pmatrix}\boldsymbol{A}^{\mathrm{T}}&\boldsymbol{O}^{\mathrm{T}}\\\boldsymbol{B}^{\mathrm{T}}&\boldsymbol{C}^{\mathrm{T}}\end{pmatrix}=$

$\begin{pmatrix} AA^{\mathrm{T}}+BB^{\mathrm{T}} & BC^{\mathrm{T}} \\ CB^{\mathrm{T}} & CC^{\mathrm{T}} \end{pmatrix}=\begin{pmatrix} E_m & O \\ O & E_n \end{pmatrix}$，则 $AA^{\mathrm{T}}+BB^{\mathrm{T}}=E_m$， $BC^{\mathrm{T}}=O$， $CB^{\mathrm{T}}=O$， $CC^{\mathrm{T}}=E_n$，所以 C 为正交矩阵，且 $B=O$，于是 $AA^{\mathrm{T}}=E_m$，因此 A， C 均为正交矩阵，得证.

变式训练 7 设 A 为对称矩阵，B 为反对称矩阵，且 $AB=BA$，$A-B$ 是可逆矩阵. 证明：$(A+B)(A-B)^{-1}$ 是正交矩阵.

典例 8 若 $A=\begin{pmatrix} a & b \\ c & 2b \end{pmatrix}$ 为正交矩阵，求 a，b，c 的值.

解析：由正交矩阵的定义可知，A 满足 $A^{\mathrm{T}}A=E$，即 $A^{\mathrm{T}}A=\begin{pmatrix} a & c \\ b & 2b \end{pmatrix}\begin{pmatrix} a & b \\ c & 2b \end{pmatrix}=\begin{pmatrix} 1 & 0 \\ 0 & 1 \end{pmatrix}$，

所以 $\begin{cases} a^2+c^2=1, \\ ab+2bc=0, \\ 5b^2=1, \end{cases}$ 解得 $\begin{cases} a=\dfrac{2}{\sqrt{5}}, \\ b=\pm\dfrac{1}{\sqrt{5}}, \\ c=-\dfrac{1}{\sqrt{5}} \end{cases}$ 或 $\begin{cases} a=-\dfrac{2}{\sqrt{5}}, \\ b=\pm\dfrac{1}{\sqrt{5}}, \\ c=\dfrac{1}{\sqrt{5}}. \end{cases}$

变式训练 8 若 $A=\begin{pmatrix} 0 & 1 & 0 \\ a & 0 & c \\ b & 0 & \frac{1}{2} \end{pmatrix}$ 为正交矩阵，求 a，b，c 的值.

典例 9 证明下列命题成立.

（1）若 A 是正交矩阵，则 A^{T}，A^{-1}，A^* 均为正交矩阵；

（2）矩阵 A 是正交矩阵的充分必要条件是 $|A|=\pm1$，且 $|A|=1$ 时，$a_{ij}=A_{ij}$；$|A|=-1$ 时，$a_{ij}=-A_{ij}$.

证明：（1）由 A 是正交矩阵，得 $A^{\mathrm{T}}=A^{-1}$，且 $A^{\mathrm{T}}(A^{\mathrm{T}})^{\mathrm{T}}=(A^{\mathrm{T}}A)^{\mathrm{T}}=(A^{-1}A)^{\mathrm{T}}=E$，显然 A^{T}，A^{-1} 都是正交矩阵. 又因为 A 是正交矩阵，则 $|A|=\pm1$，$A^*=\dfrac{1}{|A|}A^{-1}$，$(A^*)^{\mathrm{T}}=\dfrac{1}{|A|}(A^{-1})^{\mathrm{T}}$，所以 $A^*(A^*)^{\mathrm{T}}=\left(\dfrac{1}{|A|}\right)^2A^{-1}(A^{-1})^{\mathrm{T}}=E$，$A^*$ 是正交矩阵，得证.

（2）证明必要性. 若 A 是正交矩阵，则 $AA^{\mathrm{T}}=E$，因此 $|A|^2=1$，即 $|A|=\pm1$. 当 $|A|=1$ 时，$AA^*=E$，即 $A^{\mathrm{T}}=A^{-1}=A^*$，所以 $A_{ij}=a_{ij}$. 当 $|A|=-1$ 时，$AA^*=-E$，即 $-A^{-1}=-A^{\mathrm{T}}=A^*$，所以 $A_{ij}=-a_{ij}$.

证明充分性. 若 $|A|=\pm1$，则 $AA^*=|A|E$. 当 $|A|=1$ 时，$a_{ij}=A_{ij}$，有 $A^*=A^{\mathrm{T}}$，所以 $AA^{\mathrm{T}}=AA^*=|A|E=E$. 当 $|A|=-1$ 时，$a_{ij}=-A_{ij}$，有 $A^*=-A^{\mathrm{T}}$，$AA^*=-E$，即 $-AA^{\mathrm{T}}=-E$，所以 $AA^{\mathrm{T}}=E$，A 是正交矩阵，得证.

变式训练 9 设 n 阶对称矩阵 A 满足 $A^2-4A+3E=O$，证明：$A-2E$ 为正交矩阵.

第二节 方阵的特征值与特征向量

一、特征值与特征向量的相关概念

特征值与特征向量的相关概念及说明如表 5-4 所示.

表 5-4

名　称	相关概念	说　明
特征值	设 $\boldsymbol{A}$ 是 n 阶方阵，如果数 λ 和 n 维非零列向量 $\boldsymbol{x}$ 使关系式 $\boldsymbol{Ax}=\lambda\boldsymbol{x}$ 成立，那么这样的数 λ 称为矩阵 $\boldsymbol{A}$ 的特征值	① 特征值是针对方阵而言的，方阵的特征值 λ 是方程 $\lvert\boldsymbol{A}-\lambda\boldsymbol{E}\rvert=0$ 的解； ② 特征向量 $\boldsymbol{x}$ 是方程组 $(\boldsymbol{A}-\lambda\boldsymbol{E})\boldsymbol{x}=\boldsymbol{0}$ 的非零解，即 $\boldsymbol{x}\neq\boldsymbol{0}$； ③ $\lvert\boldsymbol{A}-\lambda\boldsymbol{E}\rvert=\begin{vmatrix} a_{11}-\lambda & a_{12} & \cdots & a_{1n} \\ & a_{22}-\lambda & \cdots & a_{2n} \\ \vdots & \vdots & & \vdots \\ a_{n1} & a_{n2} & \cdots & a_{nn}-\lambda \end{vmatrix}$； ④ n 次方程 $\lvert\boldsymbol{A}-\lambda\boldsymbol{E}\rvert=0$ 在复数范围内有 n 个解，即 n 阶方阵 $\boldsymbol{A}$ 有 n 个特征值
特征向量	使 $\boldsymbol{Ax}=\lambda\boldsymbol{x}$ 成立的非零列向量 $\boldsymbol{x}$ 称为 $\boldsymbol{A}$ 的对应于特征值 λ 的特征向量	
特征方程	关系式 $\boldsymbol{Ax}=\lambda\boldsymbol{x}$ 也可写成齐次线性方程组 $(\boldsymbol{A}-\lambda\boldsymbol{E})\boldsymbol{x}=\boldsymbol{0}$，该式称为矩阵 $\boldsymbol{A}$ 的特征方程，方程有非零解的充分必要条件是 $\lvert\boldsymbol{A}-\lambda\boldsymbol{E}\rvert=0$	
特征多项式	$\lvert\boldsymbol{A}-\lambda\boldsymbol{E}\rvert$ 是 λ 的 n 次多项式，称为矩阵 $\boldsymbol{A}$ 的特征多项式，记作 $f(\lambda)$	

二、特征值与特征向量的性质

特征值与特征向量的性质和重要结论如表 5-5 所示.

表 5-5

特征值的性质	设 n 阶方阵 $\boldsymbol{A}=(a_{ij})$ 的特征值为 $\lambda_1,\lambda_2,\cdots,\lambda_n$，则 ① $\lambda_1+\lambda_2+\cdots+\lambda_n=a_{11}+a_{22}+\cdots+a_{nn}$，其中 $a_{11}+a_{22}+\cdots+a_{nn}$ 称为 $\boldsymbol{A}$ 的迹，记作 $\mathrm{tr}(\boldsymbol{A})$； ② $\lambda_1\lambda_2\cdots\lambda_n=\lvert\boldsymbol{A}\rvert$
特征向量的性质	① 若 $\boldsymbol{x}$ 是 $\boldsymbol{A}$ 对应于特征值 λ 的特征向量，则 $\boldsymbol{x}$ 一定是非零向量； ② 若 λ 是 $\boldsymbol{A}$ 的 r 重特征值，则对应于 λ 的线性无关的特征向量最多有 r 个； ③ 若 $\boldsymbol{x}_1,\boldsymbol{x}_2,\cdots,\boldsymbol{x}_m$ 都是 $\boldsymbol{A}$ 对应于同一特征值 λ 的特征向量，且 $k_1\boldsymbol{x}_1+k_2\boldsymbol{x}_2+\cdots+k_m\boldsymbol{x}_m\neq\boldsymbol{0}$，则 $k_1\boldsymbol{x}_1+k_2\boldsymbol{x}_2+\cdots+k_m\boldsymbol{x}_m$ 也是 $\boldsymbol{A}$ 对应于特征值 λ 的特征向量； ④ 设 λ_1，λ_2 是 $\boldsymbol{A}$ 的两个不同的特征值，$\boldsymbol{x}_1$，$\boldsymbol{x}_2$ 是 $\boldsymbol{A}$ 对应于特征值 λ_1，λ_2 的特征向量，则 $\boldsymbol{x}_1+\boldsymbol{x}_2$ 不是 $\boldsymbol{A}$ 的特征向量； ⑤ 设 $\lambda_1,\lambda_2,\cdots,\lambda_m$ 是方阵 $\boldsymbol{A}$ 的 m 个特征值，$\boldsymbol{p}_1,\boldsymbol{p}_2,\cdots,\boldsymbol{p}_m$ 依次是与之对应的特征向量，若 $\lambda_1,\lambda_2,\cdots,\lambda_m$ 各不相等，则 $\boldsymbol{p}_1,\boldsymbol{p}_2,\cdots,\boldsymbol{p}_m$ 线性无关； ⑥ 设 λ_1 和 λ_2 是方阵 $\boldsymbol{A}$ 的两个不同的特征值，$\boldsymbol{\xi}_1,\boldsymbol{\xi}_2,\cdots,\boldsymbol{\xi}_s$ 和 $\boldsymbol{\eta}_1,\boldsymbol{\eta}_2,\cdots,\boldsymbol{\eta}_t$ 分别是对应于 λ_1 和 λ_2 的线性无关的特征向量，则 $\boldsymbol{\xi}_1,\boldsymbol{\xi}_2,\cdots,\boldsymbol{\xi}_s,\boldsymbol{\eta}_1,\boldsymbol{\eta}_2,\cdots,\boldsymbol{\eta}_t$ 线性无关

表 5-5（续）

重要结论	若方阵 $\boldsymbol{A}$ 的特征值为 λ，则 ① $k\boldsymbol{A}$ 的特征值为 $k\lambda$（k 为任意常数）； ② $\boldsymbol{A}^m$ 的特征值为 λ^m（m 为正整数）； ③ $\varphi(\boldsymbol{A})$ 的特征值为 $\varphi(\lambda)$（其中 $\varphi(x)=a_0+a_1x+\cdots+a_nx^n$ 为多项式）； ④ $\boldsymbol{A}^{\mathrm{T}}$ 的特征值为 λ，$\boldsymbol{A}^{-1}$ 的特征值为 $\dfrac{1}{\lambda}(\lambda\neq 0)$，$\boldsymbol{A}^*$ 的特征值为 $\dfrac{\lvert\boldsymbol{A}\rvert}{\lambda}$； ⑤ 零矩阵有 n 重特征值 0，单位矩阵有 n 重特征值 1； ⑥ $\boldsymbol{AB}$ 与 $\boldsymbol{BA}$ 的特征值相同； ⑦ 若 $\boldsymbol{A}$ 为正交矩阵，则 $\boldsymbol{A}^{-1}\boldsymbol{A}=\boldsymbol{E}$，且 $\boldsymbol{A}^{\mathrm{T}}\boldsymbol{A}=\boldsymbol{E}$，$\boldsymbol{A}^{-1}=\boldsymbol{A}^{\mathrm{T}}$，特征值 $\dfrac{1}{\lambda}=\lambda$，得正交矩阵的特征值 $\lambda=1$ 或 -1

典例精解

基本题型 1　掌握方阵特征值和特征向量的概念

题型分析：本题型需要掌握方阵特征值和特征向量的概念，理解方阵特征值与特征向量之间的关系，进而求解相关问题.

典例 1　判断 -1 是否为方阵 $\boldsymbol{A}=\begin{pmatrix}2&-1&2\\5&-3&3\\-1&0&-2\end{pmatrix}$ 的特征值.

解析：若 -1 是方阵 $\boldsymbol{A}$ 的特征值，则存在非零列向量 $\boldsymbol{\alpha}$，使得 $\boldsymbol{A\alpha}=-\boldsymbol{\alpha}$. 设 $\boldsymbol{\alpha}=\begin{pmatrix}\alpha_1\\\alpha_2\\\alpha_3\end{pmatrix}$，则 $\begin{pmatrix}2&-1&2\\5&-3&3\\-1&0&-2\end{pmatrix}\begin{pmatrix}\alpha_1\\\alpha_2\\\alpha_3\end{pmatrix}=(-1)\times\begin{pmatrix}\alpha_1\\\alpha_2\\\alpha_3\end{pmatrix}$，解齐次线性方程组，得 $\boldsymbol{\alpha}=c\begin{pmatrix}1\\1\\-1\end{pmatrix}(c\in\mathbb{R})$，所以 -1 是方阵 $\boldsymbol{A}$ 的特征值.

思路点拨：特征向量一定是非零向量，并且一个特征向量总是对应某一个特征值，但一个特征值对应的特征向量不是唯一的.

变式训练 1　已知 1 是方阵 $\boldsymbol{A}=\begin{pmatrix}1&1&1\\1&3&a\\1&a&1\end{pmatrix}$ 的一个特征值，求 a 的值.

基本题型 2　求方阵的特征值和特征向量

题型分析：本题型一般先根据方阵的特征多项式求出方阵的特征值，再分别求解不同特征值对应的特征向量.

典例 2 求方阵 $A=\begin{pmatrix}2&-1&0\\0&-3&0\\4&0&1\end{pmatrix}$ 的特征值和特征向量.

解析： 方阵 $A=\begin{pmatrix}2&-1&0\\0&-3&0\\4&0&1\end{pmatrix}$ 的特征多项式 $|A-\lambda E|=\begin{vmatrix}2-\lambda&-1&0\\0&-3-\lambda&0\\4&0&1-\lambda\end{vmatrix}=$ $(1-\lambda)(2-\lambda)(-3-\lambda)=0$，因此 A 的特征值是 $\lambda_1=1$，$\lambda_2=2$ 和 $\lambda_3=-3$.

当 $\lambda_1=1$ 时，有方程组 $(A-E)x=0$，由 $A-E=\begin{pmatrix}1&-1&0\\0&-4&0\\4&0&0\end{pmatrix}\xrightarrow{r}\begin{pmatrix}1&0&0\\0&1&0\\0&0&0\end{pmatrix}$，得同解方程组 $\begin{cases}x_1=0,\\x_2=0,\end{cases}$ 取 $x_3=1$，得特征向量 $p_1=(0,0,1)^{\mathrm T}$.

当 $\lambda_2=2$ 时，有方程组 $(A-2E)x=0$，由 $A-2E=\begin{pmatrix}0&-1&0\\0&-5&0\\4&0&-1\end{pmatrix}\xrightarrow{r}\begin{pmatrix}4&0&-1\\0&1&0\\0&0&0\end{pmatrix}$，得同解方程组 $\begin{cases}4x_1-x_3=0,\\x_2=0,\end{cases}$ 取 $x_3=4$，得特征向量 $p_2=(1,0,4)^{\mathrm T}$.

当 $\lambda_3=-3$ 时，有方程组 $(A+3E)x=0$，由 $A+3E=\begin{pmatrix}5&-1&0\\0&0&0\\4&0&4\end{pmatrix}\xrightarrow{r}\begin{pmatrix}5&-1&0\\0&0&0\\1&0&1\end{pmatrix}$，得同解方程组 $\begin{cases}5x_1-x_2=0,\\x_1+x_3=0,\end{cases}$ 取 $x_1=1$，得特征向量 $p_3=(1,5,-1)^{\mathrm T}$.

变式训练 2 求方阵 $A=\begin{pmatrix}1&-1&0\\4&-3&0\\1&0&3\end{pmatrix}$ 的特征值和特征向量.

基本题型 3 掌握特征值和特征向量的基本性质

题型分析： 本题型需要熟练掌握特征值和特征向量的基本性质，并可由方阵 A 的特征值，计算 kA，A^m，$\varphi(A)$，$A^{\mathrm T}$，A^{-1}，A^* 的特征值.

典例 3 设 A 为三阶方阵，且 A 的特征值为 1，-1，2，求 $|A^*+3A-2E|$.

解析： 由方阵特征值的性质可知，$|A|=\lambda_1\lambda_2\lambda_3=1\times(-1)\times2=-2$，所以方阵 A 可逆. 由 $AA^*=|A|E$，得 $|A^*+3A-2E|=\dfrac{|A|}{|A|}|A^*+3A-2E|=\dfrac{1}{|A|}|AA^*+3A^2-2A|=-\dfrac{1}{2}|-2E+3A^2-2A|$.

令 $f(A)=-2E+3A^2-2A$，则 $f(A)$ 的特征值为 $f(1)=-1$，$f(-1)=3$，$f(2)=6$，所以

$$|A^*+3A-2E|=-\frac{1}{2}|-2E+3A^2-2A|=-\frac{1}{2}\times(-1)\times3\times6=9.$$

变式训练 3 设 $\boldsymbol{A}$ 为 n 阶方阵，且 $(\boldsymbol{A}+\boldsymbol{E})^m=\boldsymbol{O}$，$m$ 为正整数，证明：方阵 $\boldsymbol{A}$ 可逆.

典例 4 已知 $\boldsymbol{A}=\begin{pmatrix}3&2&2\\2&3&2\\2&2&3\end{pmatrix}$，求 $\boldsymbol{A}$ 的伴随矩阵 $\boldsymbol{A}^*$ 的特征值.

解析：方阵 $\boldsymbol{A}$ 的特征多项式 $|\boldsymbol{A}-\lambda\boldsymbol{E}|=\begin{vmatrix}3-\lambda&2&2\\2&3-\lambda&2\\2&2&3-\lambda\end{vmatrix}=(7-\lambda)(1-\lambda)^2$，因此 $\boldsymbol{A}$ 的特征值是 $\lambda_1=\lambda_2=1$，$\lambda_3=7$. 又因为 $|\boldsymbol{A}|=7$，所以 $\boldsymbol{A}^*$ 的特征值为 $\dfrac{|\boldsymbol{A}|}{\lambda}$，即 7，7，1.

变式训练 4 已知三阶方阵 $\boldsymbol{A}=\begin{pmatrix}a&1&b\\1&2&4\\-1&1&-1\end{pmatrix}$ 的迹为 3，且 $|\boldsymbol{A}|=-24$，求 a，b 的值.

典例 5 已知方阵 $\boldsymbol{A}=\begin{pmatrix}1&-3&3\\3&a&3\\6&-6&b\end{pmatrix}$ 的两个特征值为 $\lambda_1=-2$，$\lambda_2=4$，求参数 a 与 b.

解析：由方阵 $\boldsymbol{A}$ 的特征值 $\lambda_1=-2$，$\lambda_2=4$，得 $\boldsymbol{A}$ 的特征多项式 $|\boldsymbol{A}+2\boldsymbol{E}|=\begin{vmatrix}3&-3&3\\3&a+2&3\\6&-6&b+2\end{vmatrix}$ $\overset{r_2-r_1}{=\!=}\begin{vmatrix}3&-3&3\\0&a+5&0\\6&-6&b+2\end{vmatrix}=3(a+5)(b-4)=0$，$|\boldsymbol{A}-4\boldsymbol{E}|=\begin{vmatrix}-3&-3&3\\3&a-4&3\\6&-6&b-4\end{vmatrix}\overset{\substack{c_2-c_1\\c_3+c_1}}{=\!=}\begin{vmatrix}-3&0&0\\3&a-7&6\\6&-12&b+2\end{vmatrix}=$ $-3[(a-7)(b+2)+72]=0$，解得 $a=-5$，$b=4$.

变式训练 5 已知方阵 $\boldsymbol{A}=\begin{pmatrix}7&4&-1\\4&7&-1\\-4&-4&x\end{pmatrix}$ 的特征值为 $\lambda_1=\lambda_2=3$，$\lambda_3=12$，则 $x=$______.

典例 6 设 λ_1，λ_2 是方阵 $\boldsymbol{A}$ 的两个不同的特征值，对应的特征向量分别为 $\boldsymbol{x}_1$，$\boldsymbol{x}_2$，则 $\boldsymbol{x}_1$，$\boldsymbol{A}(\boldsymbol{x}_1+\boldsymbol{x}_2)$ 线性无关的充分必要条件是（　　）.

A. $\lambda_1=0$　　B. $\lambda_2=0$　　C. $\lambda_1\neq0$　　D. $\lambda_2\neq0$

解析：由题可知，$\boldsymbol{A}\boldsymbol{x}_1=\lambda_1\boldsymbol{x}_1$，$\boldsymbol{A}\boldsymbol{x}_2=\lambda_2\boldsymbol{x}_2$，$\lambda_1\neq\lambda_2$，则 $\boldsymbol{A}(\boldsymbol{x}_1+\boldsymbol{x}_2)=\boldsymbol{A}\boldsymbol{x}_1+\boldsymbol{A}\boldsymbol{x}_2=\lambda_1\boldsymbol{x}_1+\lambda_2\boldsymbol{x}_2$. 因为“$\boldsymbol{x}_1$，$\boldsymbol{A}(\boldsymbol{x}_1+\boldsymbol{x}_2)$ 线性无关”的充分必要条件是“方程组 $k_1\boldsymbol{x}_1+k_2\boldsymbol{A}(\boldsymbol{x}_1+\boldsymbol{x}_2)=\boldsymbol{0}$ 只有零解”，即“方程组 $(k_1+\lambda_1k_2)\boldsymbol{x}_1+k_2\lambda_2\boldsymbol{x}_2=\boldsymbol{0}$ 只有零解”，所以 $\begin{cases}k_1+\lambda_1k_2=0,\\k_2\lambda_2=0\end{cases}$ 只有零解，即行列式 $\begin{vmatrix}1&\lambda_1\\0&\lambda_2\end{vmatrix}\neq0$，解得 $\lambda_2\neq0$. 故选 D.

变式训练 6 已知方阵 A 各列的元素之和为 -1，则下列说法正确的是（　　）.

A. A 有一个特征值 -1，且对应的特征向量为 $(1,1,\cdots,1)^{\mathrm{T}}$

B. A 有一个特征值 -1，但不一定有对应的特征向量 $(1,1,\cdots,1)^{\mathrm{T}}$

C. -1 不是 A 的一个特征值

D. 仅由题设条件无法确定 -1 是否为 A 的一个特征值

典例 7 设向量 $\boldsymbol{\alpha}=\begin{pmatrix}a_1\\a_2\\\vdots\\a_n\end{pmatrix}$，$\boldsymbol{\beta}=\begin{pmatrix}b_1\\b_2\\\vdots\\b_n\end{pmatrix}$ 都是非零向量，且满足条件 $\boldsymbol{\alpha}^{\mathrm{T}}\boldsymbol{\beta}=0$，记 n 阶方阵 $\boldsymbol{A}=\boldsymbol{\alpha}\boldsymbol{\beta}^{\mathrm{T}}$. 求：

（1）$\boldsymbol{A}^2$；

（2）方阵 $\boldsymbol{A}$ 的特征值和特征向量.

解析：（1）由 $\boldsymbol{A}=\boldsymbol{\alpha}\boldsymbol{\beta}^{\mathrm{T}}$ 和 $\boldsymbol{\alpha}^{\mathrm{T}}\boldsymbol{\beta}=\boldsymbol{\beta}^{\mathrm{T}}\boldsymbol{\alpha}=0$，得 $\boldsymbol{A}^2=(\boldsymbol{\alpha}\boldsymbol{\beta}^{\mathrm{T}})(\boldsymbol{\alpha}\boldsymbol{\beta}^{\mathrm{T}})=\boldsymbol{\alpha}(\boldsymbol{\beta}^{\mathrm{T}}\boldsymbol{\alpha})\boldsymbol{\beta}^{\mathrm{T}}=\boldsymbol{O}$.

（2）设 λ 为 $\boldsymbol{A}$ 的任一特征值，$\boldsymbol{A}$ 对应特征值 λ 的特征向量为 $\boldsymbol{x}\,(\boldsymbol{x}\neq\boldsymbol{0})$，则有 $\boldsymbol{A}\boldsymbol{x}=\lambda\boldsymbol{x}$，于是 $\boldsymbol{A}^2\boldsymbol{x}=\lambda\boldsymbol{A}\boldsymbol{x}=\lambda^2\boldsymbol{x}$. 因为 $\boldsymbol{A}^2=\boldsymbol{O}$，则 $\lambda^2\boldsymbol{x}=\boldsymbol{0}$，又 $\boldsymbol{x}\neq\boldsymbol{0}$，所以 $\lambda=0$，即方阵 $\boldsymbol{A}$ 的特征值全为零. 不妨设向量 $\boldsymbol{\alpha},\boldsymbol{\beta}$ 中分量 $a_1\neq0,b_1\neq0$，对方程组 $(\boldsymbol{A}-0\boldsymbol{E})\boldsymbol{x}=\boldsymbol{0}$ 的系数矩阵施以初等行变换，

$$\boldsymbol{A}=\begin{pmatrix}a_1b_1&a_1b_2&\cdots&a_1b_n\\a_2b_1&a_2b_2&\cdots&a_2b_n\\\vdots&\vdots&&\vdots\\a_nb_1&a_nb_2&\cdots&a_nb_n\end{pmatrix}\xrightarrow{\frac{r_1}{a_1},\left(\frac{r_i}{a_i}-r_1\right)(i=2,3,\cdots,n)}\begin{pmatrix}b_1&b_2&\cdots&b_n\\0&0&\cdots&0\\\vdots&\vdots&&\vdots\\0&0&\cdots&0\end{pmatrix},$$

所以方程组的基础解系为 $\boldsymbol{\alpha}_1=\begin{pmatrix}-\frac{b_2}{b_1}\\1\\0\\\vdots\\0\end{pmatrix},\boldsymbol{\alpha}_2=\begin{pmatrix}-\frac{b_3}{b_1}\\0\\1\\\vdots\\0\end{pmatrix},\cdots,\boldsymbol{\alpha}_{n-1}=\begin{pmatrix}-\frac{b_n}{b_1}\\0\\0\\\vdots\\1\end{pmatrix}$，于是方阵 $\boldsymbol{A}$ 对应特征值 $\lambda=0$ 的特征向量为 $c_1\boldsymbol{\alpha}_1+c_2\boldsymbol{\alpha}_2+\cdots+c_{n-1}\boldsymbol{\alpha}_{n-1}$（$c_1,c_2,\cdots,c_{n-1}$ 不全为 0）.

> **思路点拨：**本题求方阵 $\boldsymbol{A}$ 的特征值时，因为零矩阵的特征值全为零，且 $\boldsymbol{A}^2=\boldsymbol{O}$，所以方阵 $\boldsymbol{A}$ 的特征值全为零. 求方阵 $\boldsymbol{A}$ 的特征向量，即求方程组 $(\boldsymbol{A}-\lambda\boldsymbol{E})\boldsymbol{x}=\boldsymbol{A}\boldsymbol{x}=\boldsymbol{0}$ 的非零解.

变式训练 7 设 $\boldsymbol{A}=(a_{ij})$ 为三阶方阵，A_{ij} 为 a_{ij} 的代数余子式. 若方阵 $\boldsymbol{A}$ 的每行元素之和均为 2，且 $|\boldsymbol{A}|=3$，则 $A_{11}+A_{21}+A_{31}=$__________.

第三节 相似矩阵

一、相似矩阵的概念和性质

相似矩阵的相关概念和性质如表 5-6 所示.

表 5-6

相关概念	设 $\boldsymbol{A}, \boldsymbol{B}$ 都是 n 阶方阵，若有可逆矩阵 $\boldsymbol{P}$，使 $\boldsymbol{P}^{-1}\boldsymbol{AP}=\boldsymbol{B}$，则称 $\boldsymbol{B}$ 是 $\boldsymbol{A}$ 的相似矩阵，或称矩阵 $\boldsymbol{A}$ 与 $\boldsymbol{B}$ 相似，记作 $\boldsymbol{A}\sim\boldsymbol{B}$； 对 $\boldsymbol{A}$ 进行运算 $\boldsymbol{P}^{-1}\boldsymbol{AP}$ 称为对 $\boldsymbol{A}$ 进行相似变换，可逆矩阵 $\boldsymbol{P}$ 称为把 $\boldsymbol{A}$ 变成 $\boldsymbol{B}$ 的相似变换矩阵
性　质	① 若矩阵 $\boldsymbol{A}$ 与 $\boldsymbol{B}$ 相似，则 $\boldsymbol{A}$ 与 $\boldsymbol{B}$ 的特征多项式相同，即 $\lvert\boldsymbol{A}-\lambda\boldsymbol{E}\rvert=\lvert\boldsymbol{B}-\lambda\boldsymbol{E}\rvert$，从而 $\boldsymbol{A}$ 与 $\boldsymbol{B}$ 的特征值也相同，$\operatorname{tr}(\boldsymbol{A})=\operatorname{tr}(\boldsymbol{B})$； ② 若 $\boldsymbol{A}\sim\boldsymbol{B}$，$\boldsymbol{B}\sim\boldsymbol{C}$，则 $\boldsymbol{A}\sim\boldsymbol{A}$（反身性），$\boldsymbol{B}\sim\boldsymbol{A}$（对称性），$\boldsymbol{A}\sim\boldsymbol{C}$（传递性）； ③ 若矩阵 $\boldsymbol{A}$ 与 $\boldsymbol{B}$ 相似，则 $\lvert\boldsymbol{A}\rvert=\lvert\boldsymbol{B}\rvert$，$R(\boldsymbol{A})=R(\boldsymbol{B})$，$\boldsymbol{A}^{\mathrm{T}}\sim\boldsymbol{B}^{\mathrm{T}}$，$\boldsymbol{A}^k\sim\boldsymbol{B}^k$； ④ 若矩阵 $\boldsymbol{A}$ 与 $\boldsymbol{B}$ 相似，且矩阵 $\boldsymbol{A}$ 可逆，则矩阵 $\boldsymbol{B}$ 也可逆，且 $\boldsymbol{A}^{-1}$ 与 $\boldsymbol{B}^{-1}$ 相似； ⑤ 若 n 阶方阵 $\boldsymbol{A}$ 与对角矩阵 $\boldsymbol{\Lambda}=\operatorname{diag}(\lambda_1,\lambda_2,\cdots,\lambda_n)$ 相似，则 $\lambda_1,\lambda_2,\cdots,\lambda_n$ 即为 $\boldsymbol{A}$ 的 n 个特征值
说　明	相似矩阵一定是等价矩阵，等价矩阵不一定是相似矩阵（等价矩阵的性质见第 3 章第 1 节）

二、方阵的对角化

1. 可对角化的定义、作用和性质

可对角化的定义、作用和性质如表 5-7 所示.

表 5-7

定　义	对于 n 阶方阵 $\boldsymbol{A}$，若存在可逆矩阵 $\boldsymbol{P}$，使 $\boldsymbol{P}^{-1}\boldsymbol{AP}=\boldsymbol{\Lambda}=\operatorname{diag}(\lambda_1,\lambda_2,\cdots,\lambda_n)$（即 n 阶方阵 $\boldsymbol{A}$ 与对角矩阵 $\boldsymbol{\Lambda}$ 相似），则称方阵 $\boldsymbol{A}$ 可对角化
作　用	若方阵 $\boldsymbol{A}$ 可对角化，即存在可逆矩阵 $\boldsymbol{P}$，使 $\boldsymbol{A}=\boldsymbol{P\Lambda P}^{-1}$，则 ① 方阵 $\boldsymbol{A}$ 的 k 次幂为 $\boldsymbol{A}^k=\boldsymbol{P\Lambda}^k\boldsymbol{P}^{-1}=\boldsymbol{P}\operatorname{diag}(\lambda_1^{\ k},\lambda_2^{\ k},\cdots,\lambda_n^{\ k})\boldsymbol{P}^{-1}$； ② 方阵 $\boldsymbol{A}$ 的多项式为 $\varphi(\boldsymbol{A})=\boldsymbol{P}\varphi(\boldsymbol{\Lambda})\boldsymbol{P}^{-1}$
性　质	① n 阶方阵 $\boldsymbol{A}$ 可对角化的必要不充分条件是 $\boldsymbol{A}$ 有 n 个互不相等的特征值； ② n 阶方阵 $\boldsymbol{A}$ 可对角化的充分必要条件是 $\boldsymbol{A}$ 有 n 个线性无关的特征向量

2. 方阵对角化的一般步骤

将 n 阶方阵 $\boldsymbol{A}$ 对角化的一般步骤如下.

（1）求特征值：解方程 $\lvert\boldsymbol{A}-\lambda\boldsymbol{E}\rvert=0$，求出所有特征值 $\lambda_1,\lambda_2,\cdots,\lambda_n$.

（2）求特征向量：对每一个特征值 λ_i，求解方程组 $(\boldsymbol{A}-\lambda_i\boldsymbol{E})\boldsymbol{x}=\boldsymbol{0}$，得出属于特征值 λ_i

的特征向量 $\boldsymbol{p}_i$.

（3）判断是否可对角化：若线性无关的特征向量的总数等于 n，则方阵 $\boldsymbol{A}$ 可对角化；若线性无关的特征向量的总数小于 n，则方阵 $\boldsymbol{A}$ 不可对角化.

（4）（若可对角化）写出可逆矩阵和对角矩阵：根据特征向量写出可逆矩阵 $\boldsymbol{P}$，使 $\boldsymbol{A}=\boldsymbol{P\Lambda P}^{-1}$，根据特征值写出对角矩阵 $\boldsymbol{\Lambda}=\mathrm{diag}(\lambda_1,\lambda_2,\cdots,\lambda_n)$.

疑难辨析

可逆矩阵 $\boldsymbol{P}$ 的列向量 $\boldsymbol{p}_i$ 为方阵 $\boldsymbol{A}$ 对应于特征值 λ_i 的特征向量.

将矩阵 $\boldsymbol{P}$ 用其列向量表示为 $\boldsymbol{P}=(\boldsymbol{p}_1,\boldsymbol{p}_2,\cdots,\boldsymbol{p}_n)$. 由 $\boldsymbol{P}^{-1}\boldsymbol{AP}=\boldsymbol{\Lambda}$，得 $\boldsymbol{AP}=\boldsymbol{P\Lambda}$，则

$$\boldsymbol{A}(\boldsymbol{p}_1,\boldsymbol{p}_2,\cdots,\boldsymbol{p}_n)=(\boldsymbol{p}_1,\boldsymbol{p}_2,\cdots,\boldsymbol{p}_n)\begin{pmatrix}\lambda_1&&&\\&\lambda_2&&\\&&\ddots&\\&&&\lambda_n\end{pmatrix}=(\lambda_1\boldsymbol{p}_1,\lambda_2\boldsymbol{p}_2,\cdots,\lambda_n\boldsymbol{p}_n)\text{，即 }\boldsymbol{Ap}_i=\lambda_i\boldsymbol{p}_i\text{，}$$

$i=1,2,\cdots,n$. 根据特征向量的定义，得可逆矩阵 $\boldsymbol{P}$ 的列向量 $\boldsymbol{p}_i$ 就是方阵 $\boldsymbol{A}$ 对应于特征值 λ_i 的特征向量.

典例精解

基本题型 1　方阵对角化

题型分析：本题型一般先根据方阵的特征多项式求出方阵的特征值，然后分别求解不同特征值对应的特征向量，再根据特征向量写出变换矩阵及对角矩阵.

典例 1　判断方阵 $\boldsymbol{A}=\begin{pmatrix}0&2&-2\\2&4&4\\-2&4&-3\end{pmatrix}$ 是否可对角化. 若可对角化，求出可逆矩阵 $\boldsymbol{P}$，使得 $\boldsymbol{P}^{-1}\boldsymbol{AP}$ 为对角矩阵.

解析：方阵 $\boldsymbol{A}$ 的特征多项式 $|\boldsymbol{A}-\lambda\boldsymbol{E}|=\begin{vmatrix}-\lambda&2&-2\\2&4-\lambda&4\\-2&4&-3-\lambda\end{vmatrix}\overset{r_3+r_2}{=\!=}\begin{vmatrix}-\lambda&2&-2\\2&4-\lambda&4\\0&8-\lambda&1-\lambda\end{vmatrix}=$ $(1-\lambda)(\lambda-6)(\lambda+6)$，所以 $\boldsymbol{A}$ 的特征值为 $\lambda_1=1$，$\lambda_2=6$，$\lambda_3=-6$.

当 $\lambda_1=1$ 时，有方程组 $(\boldsymbol{A}-\boldsymbol{E})\boldsymbol{x}=\boldsymbol{0}$，由 $\boldsymbol{A}-\boldsymbol{E}=\begin{pmatrix}-1&2&-2\\2&3&4\\-2&4&-4\end{pmatrix}\xrightarrow[r_3-2r_1]{r_2+2r_1}\begin{pmatrix}-1&2&-2\\0&7&0\\0&0&0\end{pmatrix}$

$\xrightarrow{r}\begin{pmatrix}1&0&2\\0&1&0\\0&0&0\end{pmatrix}$，得特征向量 $\boldsymbol{p}_1=(-2,0,1)^{\mathrm{T}}$.

当 $\lambda_2=6$ 时，有方程组 $(\boldsymbol{A}-6\boldsymbol{E})\boldsymbol{x}=\boldsymbol{0}$，由 $\boldsymbol{A}-6\boldsymbol{E}=\begin{pmatrix}-6&2&-2\\2&-2&4\\-2&4&-9\end{pmatrix}\xrightarrow[r_3+r_2]{r_1+3r_2}\begin{pmatrix}0&-4&10\\2&-2&4\\0&2&-5\end{pmatrix}$

$\xrightarrow{r}\begin{pmatrix}2&0&-1\\0&2&-5\\0&0&0\end{pmatrix}$，得特征向量 $\boldsymbol{p}_2=(1,5,2)^{\mathrm{T}}$.

当 $\lambda_3=-6$ 时，有方程组 $(\boldsymbol{A}+6\boldsymbol{E})\boldsymbol{x}=\boldsymbol{0}$，由 $\boldsymbol{A}+6\boldsymbol{E}=\begin{pmatrix}6&2&-2\\2&10&4\\-2&4&3\end{pmatrix}\xrightarrow[r_3+r_2]{r_1-3r_2}$

$\begin{pmatrix}0&-28&-14\\2&10&4\\0&14&7\end{pmatrix}\xrightarrow{r}\begin{pmatrix}2&0&-1\\0&2&1\\0&0&0\end{pmatrix}$，得特征向量 $\boldsymbol{p}_3=(1,-1,2)^{\mathrm{T}}$.

三阶方阵 $\boldsymbol{A}$ 的 3 个特征值互不相等，所以方阵 $\boldsymbol{A}$ 可对角化．令 $\boldsymbol{P}=(\boldsymbol{p}_1,\boldsymbol{p}_2,\boldsymbol{p}_3)=$
$\begin{pmatrix}-2&1&1\\0&5&-1\\1&2&2\end{pmatrix}$，则 $\boldsymbol{P}^{-1}\boldsymbol{A}\boldsymbol{P}=\begin{pmatrix}1&0&0\\0&6&0\\0&0&-6\end{pmatrix}$.

思路点拨：如果 λ 是方阵 $\boldsymbol{A}$ 的 n 重特征值，那么称 n 是该特征值的**代数重数**；对应于特征值 λ 的线性方程组 $(\boldsymbol{A}-\lambda\boldsymbol{E})\boldsymbol{x}=\boldsymbol{0}$ 的基础解系所含解向量的个数称为该特征值的**几何重数**．若方阵的特征值的代数重数不等于其几何重数，则该方阵不能对角化．

变式训练 1 判断方阵 $\boldsymbol{A}=\begin{pmatrix}-3&1&2\\2&-2&4\\3&3&2\end{pmatrix}$ 是否可对角化．若可对角化，求出可逆矩阵 $\boldsymbol{P}$，使得 $\boldsymbol{P}^{-1}\boldsymbol{A}\boldsymbol{P}$ 为对角矩阵．

典例 2 设方阵 $\boldsymbol{A}=\begin{pmatrix}1&-1&1\\x&4&y\\-3&-3&5\end{pmatrix}$ 有 3 个线性无关的特征向量，且 $\lambda=2$ 是 $\boldsymbol{A}$ 的二重特征值．求可逆矩阵 $\boldsymbol{P}$，使得 $\boldsymbol{P}^{-1}\boldsymbol{A}\boldsymbol{P}$ 为对角矩阵．

解析：由 $\lambda=2$ 是方阵 $\boldsymbol{A}$ 的二重特征值，得 $\boldsymbol{A}$ 对应于 $\lambda=2$ 的线性无关的特征向量有 2 个，则 $R(\boldsymbol{A}-2\boldsymbol{E})=1$．又因为 $\boldsymbol{A}-2\boldsymbol{E}=\begin{pmatrix}-1&-1&1\\x&2&y\\-3&-3&3\end{pmatrix}\xrightarrow[\substack{r_3-3r_1\\-r_1}]{r_2+2r_1}\begin{pmatrix}1&1&-1\\x-2&0&y+2\\0&0&0\end{pmatrix}$，所以 $x=2$，
$y=-2$，$\boldsymbol{A}=\begin{pmatrix}1&-1&1\\2&4&-2\\-3&-3&5\end{pmatrix}$.

方阵 A 的特征多项式 $|A-\lambda E|=\begin{vmatrix}1-\lambda & -1 & 1\\ 2 & 4-\lambda & -2\\ -3 & -3 & 5-\lambda\end{vmatrix}\xlongequal{c_1-c_2}\begin{vmatrix}2-\lambda & -1 & 1\\ \lambda-2 & 4-\lambda & -2\\ 0 & -3 & 5-\lambda\end{vmatrix}\xlongequal{r_2+r_1}$

$\begin{vmatrix}2-\lambda & -1 & 1\\ 0 & 3-\lambda & -1\\ 0 & -3 & 5-\lambda\end{vmatrix}=-(\lambda-2)^2(\lambda-6)$，所以 A 的特征值为 $\lambda_1=\lambda_2=2$，$\lambda_3=6$.

当 $\lambda_1=\lambda_2=2$ 时，有方程组 $(A-2E)x=0$，由 $A-2E=\begin{pmatrix}-1 & -1 & 1\\ 2 & 2 & -2\\ -3 & -3 & 3\end{pmatrix}\xrightarrow{r}\begin{pmatrix}1 & 1 & -1\\ 0 & 0 & 0\\ 0 & 0 & 0\end{pmatrix}$，

得特征向量 $p_1=(1,-1,0)^{\mathrm{T}}$，$p_2=(1,0,1)^{\mathrm{T}}$.

当 $\lambda_3=6$ 时，有方程组 $(A-6E)x=0$，由 $A-6E=\begin{pmatrix}-5 & -1 & 1\\ 2 & -2 & -2\\ -3 & -3 & -1\end{pmatrix}\xrightarrow{\frac{1}{2}r_2,\ r_1+5r_2,\ r_3+3r_2}$

$\begin{pmatrix}0 & -6 & -4\\ 1 & -1 & -1\\ 0 & -6 & -4\end{pmatrix}\xrightarrow{r}\begin{pmatrix}0 & 3 & 2\\ 1 & -1 & -1\\ 0 & 0 & 0\end{pmatrix}$，得特征向量 $p_3=(1,-2,3)^{\mathrm{T}}$.

令矩阵 $P=(p_1,p_2,p_3)=\begin{pmatrix}1 & 1 & 1\\ -1 & 0 & -2\\ 0 & 1 & 3\end{pmatrix}$，则 $P^{-1}AP=\Lambda=\begin{pmatrix}2 & 0 & 0\\ 0 & 2 & 0\\ 0 & 0 & 6\end{pmatrix}$.

变式训练 2 设三阶方阵 A 的特征值分别为 2，2，−1，对应的特征向量依次为 $\alpha_1=\begin{pmatrix}1\\ 4\\ 0\end{pmatrix}$，$\alpha_2=\begin{pmatrix}0\\ -1\\ 1\end{pmatrix}$，$\alpha_3=\begin{pmatrix}1\\ 0\\ 1\end{pmatrix}$. 求方阵 A.

基本题型 2 方阵对角化的应用

题型分析：若方阵 A 与对角矩阵 Λ 相似，则可利用对角矩阵计算 A^n，$\varphi(A)$，或者求参数等. 注意运用公式 $A^k=P\Lambda^kP^{-1}=P\operatorname{diag}(\lambda_1{}^k,\lambda_2{}^k,\cdots,\lambda_n{}^k)P^{-1}$，$\varphi(A)=P\varphi(\Lambda)P^{-1}$.

典例 3 已知方阵 $A=\begin{pmatrix}3 & -1 & 0\\ -1 & 3 & 0\\ 1 & 0 & 3\end{pmatrix}$，求 A^n.

解析：设方阵 A 与对角矩阵 Λ 相似，则 $A=P\Lambda P^{-1}$，$A^n=(P\Lambda P^{-1})(P\Lambda P^{-1})\cdots(P\Lambda P^{-1})=P\Lambda^nP^{-1}$. 因此，若要计算 A^n，可以先判断 A 是否可以对角化，再求与 A 相似的对角矩阵.

方阵 A 的特征多项式 $|A-\lambda E|=\begin{vmatrix}3-\lambda & -1 & 0\\ -1 & 3-\lambda & 0\\ 1 & 0 & 3-\lambda\end{vmatrix}=(3-\lambda)(\lambda-2)(\lambda-4)$，所以 A 的特征值为 $\lambda_1=2$，$\lambda_2=3$，$\lambda_3=4$.

当 $\lambda_1=2$ 时，有方程组 $(A-2E)x=0$，由 $A-2E=\begin{pmatrix}1 & -1 & 0\\ -1 & 1 & 0\\ 1 & 0 & 1\end{pmatrix}\xrightarrow{r}\begin{pmatrix}0 & 0 & 0\\ -1 & 1 & 0\\ 1 & 0 & 1\end{pmatrix}$，得特征向量 $p_1=(-1,-1,1)^{\mathrm{T}}$.

当 $\lambda_2=3$ 时，有方程组 $(A-3E)x=0$，由 $A-3E=\begin{pmatrix}0 & -1 & 0\\ -1 & 0 & 0\\ 1 & 0 & 0\end{pmatrix}\xrightarrow{r}\begin{pmatrix}0 & 1 & 0\\ 1 & 0 & 0\\ 0 & 0 & 0\end{pmatrix}$，得特征向量 $p_2=(0,0,1)^{\mathrm{T}}$.

当 $\lambda_3=4$ 时，有方程组 $(A-4E)x=0$，由 $A-4E=\begin{pmatrix}-1 & -1 & 0\\ -1 & -1 & 0\\ 1 & 0 & -1\end{pmatrix}\xrightarrow{r}\begin{pmatrix}0 & 0 & 0\\ 1 & 1 & 0\\ 1 & 0 & -1\end{pmatrix}$，得特征向量 $p_3=(1,-1,1)^{\mathrm{T}}$.

三阶方阵 A 有3个线性无关的特征向量，所以方阵 A 可对角化. 令 $P=(p_1,p_2,p_3)=\begin{pmatrix}-1 & 0 & 1\\ -1 & 0 & -1\\ 1 & 1 & 1\end{pmatrix}$，则 $P^{-1}=-\frac{1}{2}\begin{pmatrix}1 & 1 & 0\\ 0 & -2 & -2\\ -1 & 1 & 0\end{pmatrix}$，$P^{-1}AP=\Lambda=\begin{pmatrix}2 & 0 & 0\\ 0 & 3 & 0\\ 0 & 0 & 4\end{pmatrix}$.

因为 $A=P\Lambda P^{-1}$，所以 $A^n=P\Lambda^nP^{-1}=-\frac{1}{2}\begin{pmatrix}-1 & 0 & 1\\ -1 & 0 & -1\\ 1 & 1 & 1\end{pmatrix}\begin{pmatrix}2 & 0 & 0\\ 0 & 3 & 0\\ 0 & 0 & 4\end{pmatrix}^n\begin{pmatrix}1 & 1 & 0\\ 0 & -2 & -2\\ -1 & 1 & 0\end{pmatrix}=\frac{1}{2}\begin{pmatrix}2^n+4^n & 2^n-4^n & 0\\ 2^n-4^n & 2^n+4^n & 0\\ -2^n+4^n & 2\times3^n-2^n-4^n & 2\times3^n\end{pmatrix}$.

变式训练3 已知方阵 $A=\begin{pmatrix}1 & 1 & -1\\ 0 & 0 & 1\\ 0 & -2 & 3\end{pmatrix}$，求 A^{100}.

典例4 已知矩阵 A 与 B 相似，其中 $A=\begin{pmatrix}2 & 0 & 0\\ 0 & a & 2\\ 0 & 2 & 3\end{pmatrix}$，$B=\begin{pmatrix}2 & 0 & 0\\ 0 & 1 & 0\\ 0 & 0 & b\end{pmatrix}$. 求 a,b 的值及矩阵 P，使得 $P^{-1}AP=B$.

思路点拨： ① 由相似矩阵有相同的迹和行列式，可以得到两个关于 a,b 的方程，从而求出 a,b 的值；② 因为 B 为对角矩阵，所以矩阵 P 由 A 的特征向量构成.

解析：因为矩阵 A 与 B 相似，所以 $\mathrm{tr}(A)=\mathrm{tr}(B)$，且 $|A|=|B|$，即 $\begin{cases}2+a+3=2+1+b,\\2(3a-4)=2b,\end{cases}$

解得 $\begin{cases}a=3,\\b=5.\end{cases}$ 于是，矩阵 $A=\begin{pmatrix}2&0&0\\0&3&2\\0&2&3\end{pmatrix}$，$B=\begin{pmatrix}2&0&0\\0&1&0\\0&0&5\end{pmatrix}$，其中 B 为对角矩阵，且矩阵 A 与 B 相似，所以矩阵 A 的特征值为 $\lambda_1=2$，$\lambda_2=1$，$\lambda_3=5$．依次求出矩阵 A 的特征值对应的特征向量，得 $p_1=\begin{pmatrix}1\\0\\0\end{pmatrix}$，$p_2=\begin{pmatrix}0\\-1\\1\end{pmatrix}$，$p_3=\begin{pmatrix}0\\1\\1\end{pmatrix}$．令矩阵 $P=(p_1,p_2,p_3)=\begin{pmatrix}1&0&0\\0&-1&1\\0&1&1\end{pmatrix}$，则必有 $P^{-1}AP=B$．

变式训练 4 已知矩阵 A 与 B 相似，其中 $A=\begin{pmatrix}-2&0&0\\2&a&2\\3&1&1\end{pmatrix}$，$B=\begin{pmatrix}-1&0&0\\0&2&0\\0&0&b\end{pmatrix}$．求 a，b 的值及矩阵 P，使得 $P^{-1}AP=B$．

典例 5 设 α，β 为三维列向量，若矩阵 $\alpha\beta^{\mathrm{T}}$ 相似于 $\begin{pmatrix}2&0&0\\0&0&0\\0&0&0\end{pmatrix}$，则 $\beta^{\mathrm{T}}\alpha=$________.

解析：设向量 $\alpha=\begin{pmatrix}a_1\\a_2\\a_3\end{pmatrix}$，$\beta=\begin{pmatrix}b_1\\b_2\\b_3\end{pmatrix}$，则 $\alpha\beta^{\mathrm{T}}=\begin{pmatrix}a_1\\a_2\\a_3\end{pmatrix}(b_1,b_2,b_3)=\begin{pmatrix}a_1b_1&a_1b_2&a_1b_3\\a_2b_1&a_2b_2&a_2b_3\\a_3b_1&a_3b_2&a_3b_3\end{pmatrix}$，而

$\beta^{\mathrm{T}}\alpha=(b_1,b_2,b_3)\begin{pmatrix}a_1\\a_2\\a_3\end{pmatrix}=a_1b_1+a_2b_2+a_3b_3$，可见 $\beta^{\mathrm{T}}\alpha$ 是矩阵 $\alpha\beta^{\mathrm{T}}$ 的主对角线元素之和，即矩阵 $\alpha\beta^{\mathrm{T}}$ 的迹．因为两个相似矩阵的迹相同，所以 $\beta^{\mathrm{T}}\alpha=2+0+0=2$．故填 2.

变式训练 5 设矩阵 $A\sim\Lambda=\begin{pmatrix}2&&&\\&3&&\\&&1&\\&&&1\end{pmatrix}$，则 $E-A^2\sim$______，$R(E-A^2)=$______.

基本题型 3 判断方阵是否相似

题型分析： 本题型需要掌握方阵相似的条件，通过方阵特征值与特征向量的情况判断方阵是否可对角化，进而判断两方阵是否相似.

典例 6 “方阵 A 与 B 相似”的充分条件（　　）.

A. A 与 B 有相同的特征值　　B. A，B 与同一个矩阵 C 相似

C. A 与 B 有相同的特征向量　　D. A^k 与 B^k 相似

解析： 由相似矩阵的传递性可知，B 选项正确．设矩阵 $A=\begin{pmatrix}0&0\\0&0\end{pmatrix}$，$B=\begin{pmatrix}1&-1\\1&-1\end{pmatrix}$，显然，$A$ 与 B 的特征值都是 0，但对任一可逆矩阵 P，有 $P^{-1}AP\neq\begin{pmatrix}1&-1\\1&-1\end{pmatrix}$，A 选项错误．设矩阵 $A=\begin{pmatrix}1&1\\-1&-1\end{pmatrix}$，$B=\begin{pmatrix}0&1\\0&0\end{pmatrix}$，则 $A^2=O$，$B^2=O$，得 $A^2\sim B^2$，但矩阵 A 与 B 不相似，D 选项错误．设 A 为 n 阶零矩阵，B 为 n 阶单位矩阵，则 A 的特征值为 0（n 重），B 的特征值为 1（n 重）；由 $Ax=0x$ 和 $Bx=1x$ 可知，任意非零 n 维列向量都是 A 和 B 的特征向量，但矩阵 A 与 B 不相似，C 选项错误．故选 B．

变式训练 6 已知方阵 $A=\begin{pmatrix}2&0&0\\0&2&1\\0&0&1\end{pmatrix}$，$B=\begin{pmatrix}2&1&0\\0&2&0\\0&0&1\end{pmatrix}$，$C=\begin{pmatrix}1&0&0\\0&2&0\\0&0&2\end{pmatrix}$，则有（　　）．

A．A 与 C 相似，B 与 C 相似　　B．A 与 C 相似，B 与 C 不相似

C．A 与 C 不相似，B 与 C 相似　　D．A 与 C 不相似，B 与 C 不相似

典例 7 设方阵 $A=\begin{pmatrix}1&2&-3\\-1&4&-3\\1&a&5\end{pmatrix}$ 的特征方程有一个二重根，求 a 的值，并讨论方阵 A 是否可相似对角化．

解析： 方阵 A 的特征多项式 $|A-\lambda E|=\begin{vmatrix}1-\lambda&2&-3\\-1&4-\lambda&-3\\1&a&5-\lambda\end{vmatrix}\xlongequal{r_1-r_2}\begin{vmatrix}2-\lambda&\lambda-2&0\\-1&4-\lambda&-3\\1&a&5-\lambda\end{vmatrix}\xlongequal{c_2+c_1}$

$\begin{vmatrix}2-\lambda&0&0\\-1&3-\lambda&-3\\1&a+1&5-\lambda\end{vmatrix}=(2-\lambda)(\lambda^2-8\lambda+18+3a)$．

若 $\lambda=2$ 是特征方程的二重根，则有 $2^2-16+18+3a=0$，解得 $a=-2$．当 $a=-2$ 时，A 的特征值为 2，2，6，$A-2E=\begin{pmatrix}-1&2&-3\\-1&2&-3\\1&-2&3\end{pmatrix}\xrightarrow[r_3+r_1]{r_2-r_1}\begin{pmatrix}-1&2&-3\\0&0&0\\0&0&0\end{pmatrix}$ 的秩为 1，所以特征值 $\lambda=2$ 对应的线性无关的特征向量有 2 个，从而方阵 A 可相似对角化．

若 $\lambda=2$ 不是特征方程的二重根，则 $\lambda^2-8\lambda+18+3a$ 为完全平方式，从而 $18+3a=16$，解得 $a=-\dfrac{2}{3}$．当 $a=-\dfrac{2}{3}$ 时，A 的特征值为 2，4，4，$A-4E=\begin{pmatrix}-3&2&-3\\-1&0&-3\\1&-\frac{2}{3}&1\end{pmatrix}$ 的秩为 2，则特征值 $\lambda=4$ 对应的线性无关的特征向量只有 1 个，所以方阵 A 不可相似对角化．

变式训练 7 已知方阵 $A=\begin{pmatrix}2&a&2\\5&b&3\\-1&1&-1\end{pmatrix}$ 有特征值 ±1，问 A 能否对角化？并说明理由.

第四节 对称矩阵的对角化

扫一扫

第五章精讲课（下）

一、对称矩阵的定义、运算和性质

对称矩阵的定义、运算和性质如表 5-8 所示.

表 5-8

定 义	若矩阵 $\boldsymbol{A}$ 满足 $\boldsymbol{A}^{\mathrm{T}}=\boldsymbol{A}$，则矩阵 $\boldsymbol{A}$ 为对称矩阵
运 算	对称矩阵 $\boldsymbol{A}$ 可对角化，且存在正交矩阵 $\boldsymbol{P}$，使 $\boldsymbol{A}=\boldsymbol{P\Lambda P}^{\mathrm{T}}$，则 ① 对称矩阵 $\boldsymbol{A}$ 的 k 次幂为 $\boldsymbol{A}^k=\boldsymbol{P\Lambda}^k\boldsymbol{P}^{\mathrm{T}}=\boldsymbol{P}\,\mathrm{diag}(\lambda_1^{\,k},\lambda_2^{\,k},\cdots,\lambda_n^{\,k})\,\boldsymbol{P}^{\mathrm{T}}$； ② 对称矩阵 $\boldsymbol{A}$ 的多项式为 $\varphi(\boldsymbol{A})=\boldsymbol{P}\varphi(\boldsymbol{\Lambda})\boldsymbol{P}^{\mathrm{T}}$
性 质	① 对称矩阵的特征值为实数； ② 设 λ_1,λ_2 是对称矩阵 $\boldsymbol{A}$ 的两个特征值，$\boldsymbol{p}_1,\boldsymbol{p}_2$ 是对应的特征向量，若 $\lambda_1\neq\lambda_2$，则 $\boldsymbol{p}_1$ 与 $\boldsymbol{p}_2$ 正交（即对称矩阵对应不同特征值的特征向量正交）； ③ 若 $\boldsymbol{A}$ 为 n 阶对称矩阵，则 $\boldsymbol{A}$ 一定可对角化，且 $\boldsymbol{A}$ 必有 n 个线性无关的特征向量； ④ 设 $\boldsymbol{A}$ 为 n 阶对称矩阵，则必有正交矩阵 $\boldsymbol{P}$，使 $\boldsymbol{P}^{-1}\boldsymbol{AP}=\boldsymbol{P}^{\mathrm{T}}\boldsymbol{AP}=\boldsymbol{\Lambda}$，其中 $\boldsymbol{\Lambda}$ 是以 $\boldsymbol{A}$ 的 n 个特征值为对角元的对角矩阵； ⑤ 设 $\boldsymbol{A}$ 为 n 阶对称矩阵，λ 是 $\boldsymbol{A}$ 的特征方程的 k 重根，则矩阵 $\boldsymbol{A}-\lambda\boldsymbol{E}$ 的秩 $R(\boldsymbol{A}-\lambda\boldsymbol{E})=n-k$，从而对应特征值 λ 恰有 k 个线性无关的特征向量

疑难辨析

以下条件均可推出 n 阶方阵 $\boldsymbol{A}$ 可对角化.

① $\boldsymbol{A}$ 为对称矩阵；

② $\boldsymbol{A}$ 的 n 个特征值互不相等；

③ $\boldsymbol{A}$ 有 n 个线性无关的特征向量；

④ 每一个特征值 λ_i 的重数等于方程组 $\boldsymbol{A}-\lambda_i\boldsymbol{E}=\boldsymbol{0}$ 的基础解系中解向量的个数.

二、对称矩阵正交对角化的一般步骤

将对称矩阵 $\boldsymbol{A}$ 正交对角化的步骤如下.

（1）**求特征值**：求出 $\boldsymbol{A}$ 的全部互不相等的特征值 $\lambda_1,\lambda_2,\cdots,\lambda_s$，它们的重数依次为 $k_1,k_2,\cdots,k_s\ (k_1+k_2+\cdots+k_s=n)$.

（2）**求特征向量**：对每个 k_i 重特征值 λ_i，求方程组 $(\boldsymbol{A}-\lambda_i\boldsymbol{E})\boldsymbol{x}=\boldsymbol{0}$ 的基础解系，将 k_i 个线性无关的特征向量正交化、单位化，得 k_i 个两两正交的单位特征向量.

说明：$k_1+k_2+\cdots+k_s=n$，矩阵 $\boldsymbol{A}$ 有 n 个特征向量.

（3）写出正交矩阵和对角矩阵：将 n 个两两正交的单位特征向量写成正交矩阵 $\boldsymbol{P}$，以相应的特征值作为主对角线元素得到对角矩阵 $\boldsymbol{\Lambda}$，便有 $\boldsymbol{P}^{-1}\boldsymbol{AP}=\boldsymbol{P}^{\mathrm{T}}\boldsymbol{AP}=\boldsymbol{\Lambda}$.

注意：$\boldsymbol{\Lambda}$ 中主对角线元素的排列次序应与 $\boldsymbol{P}$ 中列向量的排列次序对应.

典例精解

基本题型 1 将对称矩阵对角化

题型分析： 对称矩阵对角化的一般步骤是求特征值→求特征向量（并正交化、单位化）→写出正交矩阵. 其中，将特征向量正交化的过程，通常运用施密特正交化的方法.

典例 1 已知方阵 $\boldsymbol{A}=\begin{pmatrix}1&0&1\\0&1&1\\1&1&2\end{pmatrix}$，求正交矩阵 $\boldsymbol{P}$，使得 $\boldsymbol{P}^{\mathrm{T}}\boldsymbol{AP}=\boldsymbol{P}^{-1}\boldsymbol{AP}$ 为对角矩阵.

解析：（第一步 求特征值）方阵 $\boldsymbol{A}$ 的特征多项式 $|\boldsymbol{A}-\lambda\boldsymbol{E}|=\begin{vmatrix}1-\lambda&0&1\\0&1-\lambda&1\\1&1&2-\lambda\end{vmatrix}\overset{c_1-c_2}{=\!=}$ $\begin{vmatrix}1-\lambda&0&1\\\lambda-1&1-\lambda&1\\0&1&2-\lambda\end{vmatrix}\overset{r_2+r_1}{=\!=}\begin{vmatrix}1-\lambda&0&1\\0&1-\lambda&2\\0&1&2-\lambda\end{vmatrix}=\lambda(1-\lambda)(\lambda-3)$，所以 $\boldsymbol{A}$ 的特征值为 $\lambda_1=0$，$\lambda_2=1$，$\lambda_3=3$.

（第二步 求对应的特征向量）当 $\lambda_1=0$ 时，由 $\boldsymbol{A}=\begin{pmatrix}1&0&1\\0&1&1\\1&1&2\end{pmatrix}\xrightarrow{r}\begin{pmatrix}1&0&1\\0&1&1\\0&0&0\end{pmatrix}$，得特征向量 $\boldsymbol{p}_1=(-1,-1,1)^{\mathrm{T}}$，单位化得 $\boldsymbol{\xi}_1=\dfrac{1}{\sqrt{3}}(-1,-1,1)^{\mathrm{T}}$；当 $\lambda_2=1$ 时，由 $\boldsymbol{A}-\boldsymbol{E}=\begin{pmatrix}0&0&1\\0&0&1\\1&1&1\end{pmatrix}\xrightarrow{r}$ $\begin{pmatrix}1&1&0\\0&0&1\\0&0&0\end{pmatrix}$，得特征向量 $\boldsymbol{p}_2=(-1,1,0)^{\mathrm{T}}$，单位化得 $\boldsymbol{\xi}_2=\dfrac{1}{\sqrt{2}}(-1,1,0)^{\mathrm{T}}$；当 $\lambda_3=3$ 时，由 $\boldsymbol{A}-3\boldsymbol{E}=$ $\begin{pmatrix}-2&0&1\\0&-2&1\\1&1&-1\end{pmatrix}\xrightarrow{r_3+\frac{1}{2}r_1+\frac{1}{2}r_2}\begin{pmatrix}-2&0&1\\0&-2&1\\0&0&0\end{pmatrix}$，得特征向量 $\boldsymbol{p}_3=(1,1,2)^{\mathrm{T}}$，单位化得 $\boldsymbol{\xi}_3=\dfrac{1}{\sqrt{6}}(1,1,2)^{\mathrm{T}}$.

（第三步 写出正交矩阵）以正交向量组 $\boldsymbol{\xi}_1$，$\boldsymbol{\xi}_2$，$\boldsymbol{\xi}_3$ 为列向量的矩阵即为所求的正交矩

阵 $\boldsymbol{P}$，即 $\boldsymbol{P}=(\boldsymbol{\xi}_1,\boldsymbol{\xi}_2,\boldsymbol{\xi}_3)=\frac{1}{\sqrt{6}}\begin{pmatrix}-\sqrt{2} & -\sqrt{3} & 1\\ -\sqrt{2} & \sqrt{3} & 1\\ \sqrt{2} & 0 & 2\end{pmatrix}$，使得 $\boldsymbol{P}^{\mathrm{T}}\boldsymbol{A}\boldsymbol{P}=\boldsymbol{P}^{-1}\boldsymbol{A}\boldsymbol{P}=\begin{pmatrix}0&0&0\\0&1&0\\0&0&3\end{pmatrix}$.

变式训练 1 求正交矩阵 $\boldsymbol{P}$，将方阵 $\boldsymbol{A}=\begin{pmatrix}2&0&0\\0&3&2\\0&2&3\end{pmatrix}$ 化为对角矩阵.

典例 2 已知方阵 $\boldsymbol{A}=\begin{pmatrix}1&-2&-2&-2\\-2&1&-2&-2\\-2&-2&1&-2\\-2&-2&-2&1\end{pmatrix}$，求正交矩阵 $\boldsymbol{P}$，使得 $\boldsymbol{P}^{-1}\boldsymbol{A}\boldsymbol{P}$ 为对角矩阵.

解析:（第一步 求特征值）方阵 $\boldsymbol{A}$ 的特征多项式 $|\boldsymbol{A}-\lambda\boldsymbol{E}|=\begin{vmatrix}1-\lambda&-2&-2&-2\\-2&1-\lambda&-2&-2\\-2&-2&1-\lambda&-2\\-2&-2&-2&1-\lambda\end{vmatrix}=$ $-(3-\lambda)^3(\lambda+5)$，所以 $\boldsymbol{A}$ 的特征值为 $\lambda_1=\lambda_2=\lambda_3=3$，$\lambda_4=-5$.

（第二步 求对应的特征向量）当 $\lambda_1=\lambda_2=\lambda_3=3$ 时，由 $\boldsymbol{A}-3\boldsymbol{E}=\begin{pmatrix}-2&-2&-2&-2\\-2&-2&-2&-2\\-2&-2&-2&-2\\-2&-2&-2&-2\end{pmatrix}$ $\xrightarrow{r}\begin{pmatrix}1&1&1&1\\0&0&0&0\\0&0&0&0\\0&0&0&0\end{pmatrix}$，得特征向量 $\boldsymbol{p}_1=\begin{pmatrix}-1\\1\\0\\0\end{pmatrix}$，$\boldsymbol{p}_2=\begin{pmatrix}-1\\0\\1\\0\end{pmatrix}$，$\boldsymbol{p}_3=\begin{pmatrix}-1\\0\\0\\1\end{pmatrix}$，将其正交化，取 $\boldsymbol{\beta}_1=\boldsymbol{p}_1=\begin{pmatrix}-1\\1\\0\\0\end{pmatrix}$，则 $\boldsymbol{\beta}_2=\boldsymbol{p}_2-\frac{(\boldsymbol{p}_2,\boldsymbol{\beta}_1)}{(\boldsymbol{\beta}_1,\boldsymbol{\beta}_1)}\boldsymbol{\beta}_1=\begin{pmatrix}-1\\0\\1\\0\end{pmatrix}-\frac{1}{2}\begin{pmatrix}-1\\1\\0\\0\end{pmatrix}=\frac{1}{2}\begin{pmatrix}-1\\-1\\2\\0\end{pmatrix}$，$\boldsymbol{\beta}_3=\boldsymbol{p}_3-\frac{(\boldsymbol{p}_3,\boldsymbol{\beta}_2)}{(\boldsymbol{\beta}_2,\boldsymbol{\beta}_2)}\boldsymbol{\beta}_2-\frac{(\boldsymbol{p}_3,\boldsymbol{\beta}_1)}{(\boldsymbol{\beta}_1,\boldsymbol{\beta}_1)}\boldsymbol{\beta}_1=\begin{pmatrix}-1\\0\\0\\1\end{pmatrix}-\frac{1}{3}\times\frac{1}{2}\begin{pmatrix}-1\\-1\\2\\0\end{pmatrix}-\frac{1}{2}\begin{pmatrix}-1\\1\\0\\0\end{pmatrix}=\frac{1}{3}\begin{pmatrix}-1\\-1\\-1\\3\end{pmatrix}$，将 $\boldsymbol{\beta}_1$，$\boldsymbol{\beta}_2$，$\boldsymbol{\beta}_3$ 单位化得 $\boldsymbol{\xi}_1=\frac{1}{\sqrt{2}}\begin{pmatrix}-1\\1\\0\\0\end{pmatrix}$，$\boldsymbol{\xi}_2=\frac{1}{\sqrt{6}}\begin{pmatrix}-1\\-1\\2\\0\end{pmatrix}$，$\boldsymbol{\xi}_3=\frac{1}{2\sqrt{3}}\begin{pmatrix}-1\\-1\\-1\\3\end{pmatrix}$.

当 $\lambda_4=-5$ 时，由 $A+5E=\begin{pmatrix}6&-2&-2&-2\\-2&6&-2&-2\\-2&-2&6&-2\\-2&-2&-2&6\end{pmatrix}\xrightarrow[r_3-r_4]{\substack{r_1-r_4\\r_2-r_4}}\begin{pmatrix}8&0&0&-8\\0&8&0&-8\\0&0&8&-8\\-2&-2&-2&6\end{pmatrix}\xrightarrow{r}$

$\begin{pmatrix}1&0&0&-1\\0&1&0&-1\\0&0&1&-1\\0&0&0&0\end{pmatrix}$，得特征向量 $p_4=\begin{pmatrix}1\\1\\1\\1\end{pmatrix}$，单位化得 $\xi_4=\frac{1}{2}\begin{pmatrix}1\\1\\1\\1\end{pmatrix}$.

（第三步 写出正交矩阵）以正交向量组 ξ_1，ξ_2，ξ_3，ξ_4 为列向量的矩阵即为所求的正交矩阵 P，即 $P=(\xi_1,\xi_2,\xi_3,\xi_4)=\begin{pmatrix}-\frac{1}{\sqrt{2}}&-\frac{1}{\sqrt{6}}&-\frac{1}{2\sqrt{3}}&\frac{1}{2}\\\frac{1}{\sqrt{2}}&-\frac{1}{\sqrt{6}}&-\frac{1}{2\sqrt{3}}&\frac{1}{2}\\0&\frac{2}{\sqrt{6}}&-\frac{1}{2\sqrt{3}}&\frac{1}{2}\\0&0&\frac{3}{2\sqrt{3}}&\frac{1}{2}\end{pmatrix}$，使得 $P^{-1}AP=\begin{pmatrix}3&0&0&0\\0&3&0&0\\0&0&3&0\\0&0&0&-5\end{pmatrix}$.

变式训练 2 求正交矩阵 P，将方阵 $A=\begin{pmatrix}0&1&1&-1\\1&0&-1&1\\1&-1&0&1\\-1&1&1&0\end{pmatrix}$ 化为对角矩阵.

基本题型 2 掌握对称矩阵的性质

题型分析：本题型需要熟知对称矩阵的特征值与特征向量的性质，例如，不同特征值对应的特征向量正交，k 重特征值对应 k 个线性无关的特征向量等，进而解答相关问题.

典例 3 已知三阶对称矩阵 A 的特征值分别为 1（二重）和 2，且对应特征值为 1 的特征向量分别为 $p_1=\begin{pmatrix}1\\1\\-1\end{pmatrix}$，$p_2=\begin{pmatrix}2\\3\\-3\end{pmatrix}$. 求：

（1）矩阵 A 对应特征值为 2 的特征向量；

（2）矩阵 A.

解析：（1）设矩阵 A 对应特征值为 2 的特征向量为 $p_3=\begin{pmatrix}x_1\\x_2\\x_3\end{pmatrix}$，因为对称矩阵的不同特征值对应的特征向量正交，所以 $\begin{cases}p_3^{\mathrm T}p_1=x_1+x_2-x_3=0,\\p_3^{\mathrm T}p_2=2x_1+3x_2-3x_3=0,\end{cases}$ 求得该线性方程组的基础解系为 $(0,1,1)^{\mathrm T}$，因此，矩阵 A 对应特征值为 2 的特征向量为 $p_3=(0,1,1)^{\mathrm T}$.

（2）因为 $p_3=(0,1,1)^T$ 是矩阵 A 对应特征值为 2 的特征向量，令矩阵 $P=(p_1,p_2,p_3)=\begin{pmatrix}1&2&0\\1&3&1\\-1&-3&1\end{pmatrix}$，则 $P^{-1}=\begin{pmatrix}3&-1&1\\-1&\frac{1}{2}&-\frac{1}{2}\\0&\frac{1}{2}&\frac{1}{2}\end{pmatrix}$，从而 $P^{-1}AP=\begin{pmatrix}1&0&0\\0&1&0\\0&0&2\end{pmatrix}$，所以 $A=P\begin{pmatrix}1&0&0\\0&1&0\\0&0&2\end{pmatrix}P^{-1}=$

$$\begin{pmatrix}1&2&0\\1&3&1\\-1&-3&1\end{pmatrix}\begin{pmatrix}1&0&0\\0&1&0\\0&0&2\end{pmatrix}\begin{pmatrix}3&-1&1\\-1&\frac{1}{2}&-\frac{1}{2}\\0&\frac{1}{2}&\frac{1}{2}\end{pmatrix}=\begin{pmatrix}1&0&0\\0&\frac{3}{2}&\frac{1}{2}\\0&\frac{1}{2}&\frac{3}{2}\end{pmatrix}.$$

变式训练 3 已知三阶对称矩阵 A 的 3 个特征值分别为 1，0 和 –1，且对应的特征向量分别为 $p_1=\begin{pmatrix}1\\2\\2\end{pmatrix}$，$p_2=\begin{pmatrix}2\\-2\\1\end{pmatrix}$，$p_3=\begin{pmatrix}-2\\-1\\2\end{pmatrix}$.

（1）p_1，p_2，p_3 是否为正交向量组？

（2）矩阵 A 是否可对角化？

（3）求矩阵 A.

基本题型 3 判断两对称矩阵是否相似

题型分析： 本题型需要掌握两个对称矩阵相似的充分必要条件，并能够利用相似矩阵的性质判断两对称矩阵是否相似.

典例 4 “方阵 $\begin{pmatrix}1&a&1\\a&b&a\\1&a&1\end{pmatrix}$ 与 $\begin{pmatrix}2&0&0\\0&b&0\\0&0&0\end{pmatrix}$ 相似”的充分必要条件为（　　）.

A. $a=0$，$b=2$　　　　B. $a=0$，b 为任意常数

C. $a=2$，$b=0$　　　　D. $a=2$，b 为任意常数

解析：“两个对称矩阵相似”的充分必要条件是“两个对称矩阵有相同的特征值”. 记方阵 $A=\begin{pmatrix}1&a&1\\a&b&a\\1&a&1\end{pmatrix}$，$B=\begin{pmatrix}2&0&0\\0&b&0\\0&0&0\end{pmatrix}$，则特征多项式 $|A-\lambda E|=\begin{vmatrix}1-\lambda&a&1\\a&b-\lambda&a\\1&a&1-\lambda\end{vmatrix}=$

$-\lambda[\lambda^2-(b+2)\lambda+2b-2a^2]$，$|B-\lambda E|=\begin{vmatrix}2-\lambda&0&0\\0&b-\lambda&0\\0&0&-\lambda\end{vmatrix}=-\lambda(2-\lambda)(b-\lambda)$. 因为 $\lambda=2$ 是方阵 B 的特征值，且方阵 A 与 B 相似，则 $\lambda=2$ 也是方阵 A 的特征值，故有 $-2\times[2^2-2(b+2)+2b-2a^2]=0$，解得 $a=0$. 同理，$\lambda=b$ 也是方阵 A 的特征值，即 $-b[b^2-b(b+2)+2b]=0$，因此 b 可为任意常数. 故选 B.

变式训练 4 设方阵 $A=\begin{pmatrix}1&2&2\\2&1&2\\2&2&1\end{pmatrix}$，求 A 的特征值及对应的特征向量. 方阵 A 是否与对角矩阵相似？若相似，写出对角矩阵 Λ，并计算 $A^{10}\begin{pmatrix}2\\3\\1\end{pmatrix}$.

第五节 二次型及其标准形

一、二次型的相关概念

二次型、二次型的矩阵表示及相关概念如表 5-9 所示.

表 5-9

名　称	相关概念	说　明
二次型	含有 n 个变量 $x_1,x_2,\cdots,x_n$ 的二次齐次函数 $f(x_1,x_2,\cdots,x_n)=a_{11}x_1^2+a_{22}x_2^2+\cdots+a_{nn}x_n^2+2a_{12}x_1x_2+2a_{13}x_1x_3+\cdots+2a_{n-1,n}x_{n-1}x_n$ 称为二次型	$f=\sum_{i,j=1}^{n}a_{ij}x_ix_j$，其中 $a_{ij}=a_{ji}$
二次型的矩阵表示	二次型 $f(x_1,x_2,\cdots,x_n)=(x_1,x_2,\cdots,x_n)\begin{pmatrix}a_{11}&a_{12}&\cdots&a_{1n}\\a_{21}&a_{22}&\cdots&a_{2n}\\\cdots&\cdots&\cdots&\cdots\\a_{n1}&a_{n2}&\cdots&a_{nn}\end{pmatrix}\begin{pmatrix}x_1\\x_2\\\vdots\\x_n\end{pmatrix}$，若记 $A=\begin{pmatrix}a_{11}&a_{12}&\cdots&a_{1n}\\a_{21}&a_{22}&\cdots&a_{2n}\\\cdots&\cdots&\cdots&\cdots\\a_{n1}&a_{n2}&\cdots&a_{nn}\end{pmatrix}$，$x=\begin{pmatrix}x_1\\x_2\\\vdots\\x_n\end{pmatrix}$，则称 x^TAx 为二次型的矩阵表示，对称矩阵 A 称为二次型 $f=x^TAx$ 的矩阵，f 称为对称矩阵 A 的二次型，对称矩阵 A 的秩称为二次型 $f=x^TAx$ 的秩	二次型与对称矩阵一一对应
标准形	若二次型只含平方项，即 $f=a_{11}x_1^2+a_{22}x_2^2+\cdots+a_{nn}x_n^2$，则称为标准二次型（简称标准形）	标准二次型的矩阵为对角矩阵 Λ
规范形	若二次型形如 $f=y_1^2+y_2^2+\cdots+y_p^2-y_{p+1}^2-y_{p+2}^2-\cdots-y_r^2$，则称为规范二次型（简称规范形）	将标准形的系数取 1，0，−1，即可化为规范形

二、矩阵的合同

矩阵合同的定义和性质等如表 5-10 所示.

表 5-10

定　义	设 $\boldsymbol{A}$，$\boldsymbol{B}$ 是 n 阶方阵，若有可逆矩阵 $\boldsymbol{C}$，使 $\boldsymbol{B}=\boldsymbol{C}^{\mathrm{T}}\boldsymbol{A}\boldsymbol{C}$，则称矩阵 $\boldsymbol{A}$ 与 $\boldsymbol{B}$ 合同
性　质	① 矩阵 $\boldsymbol{A}$ 与 $\boldsymbol{B}$ 合同，若 $\boldsymbol{A}$ 为对称矩阵，则 $\boldsymbol{B}$ 也为对称矩阵；若 $\boldsymbol{A}$ 为非对称矩阵，则 $\boldsymbol{B}$ 也为非对称矩阵； ② 若矩阵 $\boldsymbol{A}$ 与 $\boldsymbol{B}$ 合同，则对矩阵 $\boldsymbol{A}$ 的行、列施以相同的初等变换可得到矩阵 $\boldsymbol{B}$； ③ 对于实对称矩阵 $\boldsymbol{A}$ 和 $\boldsymbol{B}$，若 $\boldsymbol{A}$ 与 $\boldsymbol{B}$ 的特征值相同，则 $\boldsymbol{A}$ 与 $\boldsymbol{B}$ 相似且合同

对于对称矩阵 $\boldsymbol{A}$，求可逆矩阵 $\boldsymbol{C}$，使 $\boldsymbol{C}^{\mathrm{T}}\boldsymbol{A}\boldsymbol{C}$ 为对角矩阵，称为对称矩阵 $\boldsymbol{A}$ 合同对角化. 对于任意对称矩阵 $\boldsymbol{A}$，总有正交矩阵 $\boldsymbol{P}$，使 $\boldsymbol{P}^{-1}\boldsymbol{A}\boldsymbol{P}=\boldsymbol{P}^{\mathrm{T}}\boldsymbol{A}\boldsymbol{P}=\boldsymbol{\Lambda}$，将此结论应用于二次型有如下定理.

定理　任给二次型 $f=\sum\limits_{i,j=1}^{n}a_{ij}x_ix_j\ (a_{ij}=a_{ji})$，总有正交变换 $\boldsymbol{x}=\boldsymbol{P}\boldsymbol{y}$，使 f 化为标准形 $f=\lambda_1y_1^2+\lambda_2y_2^2+\cdots+\lambda_ny_n^2$，其中 $\lambda_1,\lambda_2,\cdots,\lambda_n$ 是 f 的矩阵 $\boldsymbol{A}=(a_{ij})$ 的特征值.

因此，对于任意 n 元二次型 $f(\boldsymbol{x})=\boldsymbol{x}^{\mathrm{T}}\boldsymbol{A}\boldsymbol{x}\ (\boldsymbol{A}^{\mathrm{T}}=\boldsymbol{A})$，总有可逆变换 $\boldsymbol{x}=\boldsymbol{C}\boldsymbol{z}$，使 $f(\boldsymbol{C}\boldsymbol{z})$ 为规范形.

典例精解

基本题型 1　二次型及其矩阵表示

题型分析：本题型需要掌握二次型、二次型的矩阵、二次型的秩等相关概念，进而可根据二次型写出对应的矩阵，也可根据二次型的矩阵写出二次型，并能应用矩阵的初等变换求二次型的秩.

典例 1　写出二次型 $f(x_1,x_2,x_3)=2x_1x_2+2x_1x_3+2x_2^2-4x_2x_3$ 的矩阵，将该二次型用矩阵表示，并求该二次型的秩.

解析：该二次型对应的矩阵为 $\boldsymbol{A}=\begin{pmatrix}0&1&1\\1&2&-2\\1&-2&0\end{pmatrix}$，二次型用矩阵表示为 $f(x_1,x_2,x_3)=(x_1,x_2,x_3)\begin{pmatrix}0&1&1\\1&2&-2\\1&-2&0\end{pmatrix}\begin{pmatrix}x_1\\x_2\\x_3\end{pmatrix}$. 因为 $\boldsymbol{A}=\begin{pmatrix}0&1&1\\1&2&-2\\1&-2&0\end{pmatrix}\xrightarrow[r_2-r_1]{r_1\leftrightarrow r_3}\begin{pmatrix}1&-2&0\\0&4&-2\\0&1&1\end{pmatrix}\xrightarrow[r_3-4r_2]{r_2\leftrightarrow r_3}\begin{pmatrix}1&-2&0\\0&1&1\\0&0&-6\end{pmatrix}$

则矩阵 $\boldsymbol{A}$ 的秩为 3，所以该二次型的秩为 3.

方法总结

二次型对应的对称矩阵 $\boldsymbol{A}$ 与二次型的关系：① $\boldsymbol{A}$ 的对角元素 a_{ii} 为二次型中 x_i^2 的系数；② 非对角元素 $a_{ij}(i\neq j)$ 为二次型中 x_ix_j 的系数的一半.

变式训练 1 判断 $f=x_1^2+2x_2^2+4x_1x_2+x_1$ 是否为二次型，若是，请写出该二次型对应的矩阵；若不是，请说明理由.

典例 2 写出对称矩阵 $\boldsymbol{A}=\begin{pmatrix}1&1&1\\1&1&1\\1&1&1\end{pmatrix}$ 的二次型，并求该二次型的秩.

解析：矩阵 $\boldsymbol{A}$ 的二次型为 $f(x_1,x_2,x_3)=x_1^2+x_2^2+x_3^2+2x_1x_2+2x_1x_3+2x_2x_3$．因为 $\boldsymbol{A}=\begin{pmatrix}1&1&1\\1&1&1\\1&1&1\end{pmatrix}\xrightarrow[r_3-r_1]{r_2-r_1}\begin{pmatrix}1&1&1\\0&0&0\\0&0&0\end{pmatrix}$，则矩阵 $\boldsymbol{A}$ 的秩为 1，所以该二次型的秩为 1.

变式训练 2 写出矩阵 $\boldsymbol{A}=\begin{pmatrix}2&2&5\\2&1&0\\5&0&2\end{pmatrix}$ 的二次型，并求该二次型的秩.

基本题型 2 利用正交变换化二次型成标准形

题型分析：本题型一般通过求二次型的矩阵的特征值和特征向量，进而确定二次型的标准形，求将二次型化为标准形的变换矩阵，或根据二次型及其标准形确定参数.

典例 3 求一个正交变换 $\boldsymbol{x}=\boldsymbol{P}\boldsymbol{y}$，化二次型 $f=2x_1^2-4x_1x_2+x_2^2-4x_2x_3$ 成标准形.

解析：二次型 f 的矩阵为 $\boldsymbol{A}=\begin{pmatrix}2&-2&0\\-2&1&-2\\0&-2&0\end{pmatrix}$，$\boldsymbol{A}$ 的特征多项式 $|\boldsymbol{A}-\lambda\boldsymbol{E}|=\begin{vmatrix}2-\lambda&-2&0\\-2&1-\lambda&-2\\0&-2&-\lambda\end{vmatrix}=(\lambda-1)(\lambda+2)(4-\lambda)$，所以 $\boldsymbol{A}$ 的特征值为 $\lambda_1=1$，$\lambda_2=-2$，$\lambda_3=4$.

当 $\lambda_1=1$ 时，由 $\boldsymbol{A}-\boldsymbol{E}=\begin{pmatrix}1&-2&0\\-2&0&-2\\0&-2&-1\end{pmatrix}\xrightarrow{r_2+2r_1}\begin{pmatrix}1&-2&0\\0&-4&-2\\0&-2&-1\end{pmatrix}\xrightarrow[\substack{r_1+r_2\\r_3+r_2}]{-\frac{1}{2}r_2}\begin{pmatrix}1&0&1\\0&2&1\\0&0&0\end{pmatrix}$，得单位特征向量 $\boldsymbol{p}_1=\frac{1}{3}(2,1,-2)^{\mathrm{T}}$.

当 $\lambda_2=-2$ 时，由 $\boldsymbol{A}+2\boldsymbol{E}=\begin{pmatrix}4&-2&0\\-2&3&-2\\0&-2&2\end{pmatrix}\xrightarrow[r_2+2r_1]{r_2\leftrightarrow r_1}\begin{pmatrix}-2&3&-2\\0&4&-4\\0&-2&2\end{pmatrix}\xrightarrow[\substack{r_1-3r_2\\r_3+2r_2}]{\frac{r_2}{4}}\begin{pmatrix}-2&0&1\\0&1&-1\\0&0&0\end{pmatrix}$，得单位特征向量 $\boldsymbol{p}_2=\frac{1}{3}(1,2,2)^{\mathrm{T}}$.

当 $\lambda_3=4$ 时，由 $\boldsymbol{A}-4\boldsymbol{E}=\begin{pmatrix}-2&-2&0\\-2&-3&-2\\0&-2&-4\end{pmatrix}\xrightarrow{r_2-r_1}\begin{pmatrix}-2&-2&0\\0&-1&-2\\0&-2&-4\end{pmatrix}\xrightarrow[r_3-2r_2]{\frac{r_1-2r_2}{2}}\begin{pmatrix}-1&0&2\\0&-1&-2\\0&0&0\end{pmatrix}$，

得单位特征向量 $\boldsymbol{p}_3=\frac{1}{3}(2,-2,1)^{\mathrm{T}}$.

令 $\boldsymbol{P}=(\boldsymbol{p}_1,\boldsymbol{p}_2,\boldsymbol{p}_3)=\frac{1}{3}\begin{pmatrix}2&1&2\\1&2&-2\\-2&2&1\end{pmatrix}$，则 $\boldsymbol{P}$ 为正交矩阵，有正交变换 $\boldsymbol{x}=\boldsymbol{P}\boldsymbol{y}$，即 $\begin{pmatrix}x_1\\x_2\\x_3\end{pmatrix}=\frac{1}{3}\begin{pmatrix}2&1&2\\1&2&-2\\-2&2&1\end{pmatrix}\begin{pmatrix}y_1\\y_2\\y_3\end{pmatrix}$，可将 f 化成标准形 $f=y_1^2-2y_2^2+4y_3^2$.

变式训练 3 求一个正交变换 $\boldsymbol{x}=\boldsymbol{P}\boldsymbol{y}$，化二次型 $f=2x_1x_2+x_3^2$ 成标准形.

方法总结

利用正交变换化二次型成标准形的一般步骤：① 写出二次型的矩阵 $\boldsymbol{A}$；② 求矩阵 $\boldsymbol{A}$ 的特征值；③ 分别求不同特征值对应的特征向量，并将其正交化、单位化；④ 以正交向量组为列向量构造正交矩阵 $\boldsymbol{P}$；⑤ 作正交变换 $\boldsymbol{x}=\boldsymbol{P}\boldsymbol{y}$，可化二次型成标准形.

典例 4 设二次型 $f(x_1,x_2,x_3)=x_1^2+4x_1x_2+4x_1x_3+x_2^2+x_3^2+4x_2x_3$，则 $f(x_1,x_2,x_3)=2$ 在空间直角坐标系中表示的二次曲面为（　　）.

A. 单叶双曲面　　B. 双叶双曲面　　C. 椭球面　　D. 柱面

解析： 因为二次型 f 的矩阵为 $\boldsymbol{A}=\begin{pmatrix}1&2&2\\2&1&2\\2&2&1\end{pmatrix}$，且矩阵 $\boldsymbol{A}$ 的特征多项式 $|\boldsymbol{A}-\lambda\boldsymbol{E}|=\begin{vmatrix}1-\lambda&2&2\\2&1-\lambda&2\\2&2&1-\lambda\end{vmatrix}=(5-\lambda)(\lambda+1)^2$，可见 $\boldsymbol{A}$ 的特征值为 5，-1，-1，所以经正交变换后，该二次型的标准形为 $f=5y_1^2-y_2^2-y_3^2$，于是 $f(x_1,x_2,x_3)=2$ 表示的二次曲面为双叶双曲面. 故选 B.

变式训练 4 若二次曲面的方程 $x^2+3y^2+z^2+2axy+2xz+2yz=4$ 经正交变换可化为 $y_1^2+4z_1^2=4$，则 $a=$（　　）.

A. 0　　B. 2　　C. 3　　D. 1

典例 5 已知二次型 $f=x_1^2+3x_2^2+2ax_2x_3+3x_3^2\ (a>0)$ 可以通过正交变换化成标准形 $f=y_1^2+y_2^2+5y_3^2$. 求参数 a 的值及所用的变换矩阵 $\boldsymbol{P}$.

解析：由题可知，二次型 f 的矩阵为 $A=\begin{pmatrix}1&0&0\\0&3&a\\0&a&3\end{pmatrix}$，与矩阵 A 合同的对角矩阵为 $\Lambda=\begin{pmatrix}1&0&0\\0&1&0\\0&0&5\end{pmatrix}$．设所求正交矩阵为 P，则有 $P^{\mathrm{T}}AP=\Lambda$，将该式两边取行列式，且 $|P|=1$ 或 -1，得 $|P^{\mathrm{T}}||A||P|=|P|^2|A|=|A|=|\Lambda|$，即 $9-a^2=5$，解得 $a=2$，所以矩阵 $A=\begin{pmatrix}1&0&0\\0&3&2\\0&2&3\end{pmatrix}$．矩阵 A 的特征多项式 $|A-\lambda E|=\begin{vmatrix}1-\lambda&0&0\\0&3-\lambda&2\\0&2&3-\lambda\end{vmatrix}=-(\lambda-1)^2(\lambda-5)$，所以 A 的特征值为 $\lambda_1=\lambda_2=1$，$\lambda_3=5$．

当 $\lambda_1=\lambda_2=1$ 时，由 $A-E=\begin{pmatrix}0&0&0\\0&2&2\\0&2&2\end{pmatrix}\xrightarrow{r}\begin{pmatrix}0&1&1\\0&0&0\\0&0&0\end{pmatrix}$，得特征向量 $p_1=\begin{pmatrix}1\\0\\0\end{pmatrix}$，$p_2=\begin{pmatrix}0\\-1\\1\end{pmatrix}$．

当 $\lambda_3=5$ 时，由 $A-5E=\begin{pmatrix}-4&0&0\\0&-2&2\\0&2&-2\end{pmatrix}\xrightarrow{r}\begin{pmatrix}1&0&0\\0&-1&1\\0&0&0\end{pmatrix}$，得特征向量 $p_3=\begin{pmatrix}0\\1\\1\end{pmatrix}$．

向量组 p_1，p_2，p_3 两两正交，再将其单位化，得 $\eta_1=\begin{pmatrix}1\\0\\0\end{pmatrix}$，$\eta_2=\frac{1}{\sqrt{2}}\begin{pmatrix}0\\-1\\1\end{pmatrix}$，$\eta_3=\frac{1}{\sqrt{2}}\begin{pmatrix}0\\1\\1\end{pmatrix}$，以正交向量组 η_1，η_2，η_3 为列向量构造正交矩阵 $P=(\eta_1,\eta_2,\eta_3)=\frac{1}{\sqrt{2}}\begin{pmatrix}\sqrt{2}&0&0\\0&-1&1\\0&1&1\end{pmatrix}$，则 P 即为所求的变换矩阵．

变式训练 5 已知矩阵 $A=\begin{pmatrix}1&-2&2\\-2&4&-4\\2&-4&4\end{pmatrix}$．

（1）求正交矩阵 P，使得 $P^{\mathrm{T}}AP=P^{-1}AP$ 为对角矩阵；

（2）求正交变换 $x=Py$，将二次型 $f=x_1^2-4x_1x_2+4x_1x_3+4x_2^2-8x_2x_3+4x_3^2$ 化成标准形．

典例 6 设二次型 $f=(nx_1)^2+(nx_2)^2+\cdots+(nx_n)^2-(x_1+x_2+\cdots+x_n)^2\ (n>1)$，则 f 的秩为________．

解析：由题可知，二次型 f 的矩阵 $A=\begin{pmatrix}n^2-1&-1&-1&\cdots&-1\\-1&n^2-1&-1&\cdots&-1\\\vdots&\vdots&\vdots&&\vdots\\-1&-1&-1&\cdots&n^2-1\end{pmatrix}\xrightarrow{r_1+r_2+\cdots+r_n}$

$$(n^2-n)\begin{pmatrix}1 & 1 & 1 & \cdots & 1\\ -1 & n^2-1 & -1 & \cdots & -1\\ \vdots & \vdots & \vdots & & \vdots\\ -1 & -1 & -1 & \cdots & n^2-1\end{pmatrix}\xrightarrow{r_i+r_1\,(i=2,3,\cdots,n)}\begin{pmatrix}1 & 1 & 1 & \cdots & 1\\ 0 & n^2 & 0 & \cdots & 0\\ \vdots & \vdots & \vdots & & \vdots\\ 0 & 0 & 0 & \cdots & n^2\end{pmatrix}$$，所以二次型 f 的秩为 n．故填 n．

变式训练 6 已知二次型 $f=x_1{}^2+6x_1x_2+4x_1x_3+x_2^2+2x_2x_3+tx_3{}^2$，若其秩为 2，则 t 的值为（　　）.

A．0　　B．2　　C．$\dfrac{7}{8}$　　D．1

变式训练 7 问下列矩阵哪些是等价的，哪些是相似的，哪些是合同的？

① $\begin{pmatrix}1&0\\1&1\end{pmatrix}$；② $\begin{pmatrix}-1&0\\0&1\end{pmatrix}$；③ $\begin{pmatrix}1&1\\0&1\end{pmatrix}$；④ $\begin{pmatrix}3&0\\0&0\end{pmatrix}$；⑤ $\begin{pmatrix}0&0\\0&1\end{pmatrix}$.

第六节　用配方法化二次型成标准形

一、用配方法化二次型成标准形的一般步骤

用配方法化二次型成标准形的关键是消去交叉项，可以运用完全平方公式构造平方项，具体分为以下两种情况，如表 5-11 所示.

表 5-11

二次型含平方项和交叉项	① 若二次型中含有 x_1 的平方项，则先将二次型中所有含 x_1 的项归并起来进行配方； ② 若已经将二次型中含有 x_1 的平方项配方，或二次型中不含 x_1 的平方项，则将二次型中所有含 x_2 的项归并起来进行配方； ③ 依次类推，每次只对一个变量配方，使余下的项不再含有这个变量，直到所有的项都化为完全平方项； ④ 根据配方后的式子写出二次型的标准形和变换矩阵
二次型不含平方项，只含交叉项	① 运用平方差公式构造可逆线性变换 $\begin{cases}x_i=y_i-y_j,\\ x_j=y_i+y_j,\\ x_k=y_k,\end{cases}$ 其中 $k\neq i,j$，将原二次型化为含有平方项的二次型； ② 按二次型含平方项的方法进行配方； ③ 根据配方后的式子写出二次型的标准形和变换矩阵

二、化二次型成规范形的一般步骤

（1）化成标准形：二次型 $f(x_1,x_2,\cdots,x_n)$ 经正交变换 $\boldsymbol{x}=\boldsymbol{P}\boldsymbol{y}$ 化为标准二次型 $f=d_1y_1^2+d_2y_2^2+\cdots+d_py_p^2-d_{p+1}y_{p+1}^2-\cdots-d_ry_r^2$，其中 $d_i>0\,(i=1,2,\cdots,r)$.

（2）化成规范形：作线性变换 $\begin{cases} z_i=\dfrac{y_i}{\sqrt{d_i}} & (i=1,2,\cdots,r), \\ z_j=y_j & (j=r+1,r+2,\cdots,n), \end{cases}$ 将标准形化成规范形 ${z_1}^2+{z_2}^2+\cdots+{z_p}^2-{z_{p+1}}^2-{z_{p+2}}^2-\cdots-{z_r}^2$，该变换记作 $\boldsymbol{y}=\boldsymbol{Q}\boldsymbol{z}$.

（3）求变换矩阵：矩阵 $\boldsymbol{P}$ 与 $\boldsymbol{Q}$ 的乘积 $\boldsymbol{PQ}$ 即为化二次型成规范形的变换矩阵.

典例精解

基本题型 1 用配方法化二次型成标准形

题型分析：（1）对于含平方项的二次型，先将含 x_1 的项归并起来，对 x_1 配方，再对 x_2 配方，依次类推.

（2）对于不含平方项的二次型，不能直接配方，需要通过线性变换使其出现平方项，再按（1）的步骤进行配方.

典例 1 用配方法化二次型 $f=2x_1^2+4x_1x_2+x_2^2+4x_2x_3$ 成标准形，并写出所用的变换矩阵.

解析：因为 f 中含变量 x_1 的平方项，所以先将含 x_1 的项归并起来，对 x_1 配方，再对其他变量依次配方，得 $f=(2x_1^2+4x_1x_2)+x_2^2+4x_2x_3=2(x_1+x_2)^2-x_2^2+4x_2x_3=2(x_1+x_2)^2-(x_2-2x_3)^2+4x_3^2$，于是二次型 f 可化成标准形 $f=2y_1^2-y_2^2+4y_3^2$，其中 $\begin{cases} y_1=x_1+x_2, \\ y_2=x_2-2x_3, \\ y_3=x_3, \end{cases}$ 即 $\begin{cases} x_1=y_1-y_2-2y_3, \\ x_2=y_2+2y_3, \\ x_3=y_3, \end{cases}$ 则所求矩阵为 $\begin{pmatrix} 1 & -1 & -2 \\ 0 & 1 & 2 \\ 0 & 0 & 1 \end{pmatrix}$.

变式训练 1 用配方法化二次型 $f=2x_1^2-4x_1x_2+x_2^2-4x_2x_3$ 成标准形，并求所用的变换矩阵.

典例 2 用配方法化二次型 $f=x_1x_2+2x_1x_3-x_2x_3$ 成标准形，并求所用的变换矩阵.

解析：因为所给二次型不含平方项，不能直接配方，所以先作可逆线性变换使其出现平方项. 令 $\begin{cases} x_1=y_1+y_2, \\ x_2=y_1-y_2, \\ x_3=y_3, \end{cases}$ 则 $f=x_1x_2+2x_1x_3-x_2x_3=y_1^2+y_1y_3-y_2^2+3y_2y_3$，对 y_1，y_2，y_3 依次配方，得 $f=\left(y_1+\dfrac{1}{2}y_3\right)^2-\left(y_2-\dfrac{3}{2}y_3\right)^2+2y_3^2$，于是 f 可化成标准形 $f=z_1^2-z_2^2+2z_3^2$，其中

令 $\begin{cases} z_1 = y_1 + \frac{1}{2}y_3, \\ z_2 = y_2 - \frac{3}{2}y_3, \\ z_3 = y_3, \end{cases}$ 即 $\begin{cases} y_1 = z_1 - \frac{1}{2}z_3, \\ y_2 = z_2 + \frac{3}{2}z_3, \\ y_3 = z_3, \end{cases}$ 所以 $\begin{cases} x_1 = z_1 + z_2 + z_3, \\ x_2 = z_1 - z_2 - 2z_3, \\ x_3 = z_3, \end{cases}$ 于是所求矩阵为 $\begin{pmatrix} 1 & 1 & 1 \\ 1 & -1 & -2 \\ 0 & 0 & 1 \end{pmatrix}$.

变式训练 2 用配方法化二次型 $f = -2x_1x_2 + 2x_1x_3 + 2x_2x_3$ 成标准形，并求所用的变换矩阵.

基本题型 2 化二次型成规范形

题型分析： 本题型需要先运用配方法化二次型成标准形，或通过确定二次型矩阵的特征值的正负，进而确定二次型的规范形.

典例 3 已知二次型 $f(x_1, x_2, \cdots, x_n) = \sum_{i=1}^{n}\left(x_i - \frac{x_1 + x_2 + \cdots + x_n}{n}\right)^2$，求 f 的规范形.

解析： 令 $\boldsymbol{x} = \begin{pmatrix} x_1 \\ x_2 \\ \vdots \\ x_n \end{pmatrix}$，$x = \frac{x_1 + x_2 + \cdots + x_n}{n}$，则 $f(x_1, x_2, \cdots, x_n) = (x_1 - x)^2 + (x_2 - x)^2 + \cdots +$ $(x_n - x)^2 = x_1^2 + x_2^2 + \cdots + x_n^2 + nx^2 - 2nx^2 = x_1^2 + x_2^2 + \cdots + x_n^2 - \frac{(x_1 + x_2 + \cdots + x_n)^2}{n}$. 设矩阵 $\boldsymbol{A} =$ $\begin{pmatrix} 1-\frac{1}{n} & -\frac{1}{n} & \cdots & -\frac{1}{n} \\ -\frac{1}{n} & 1-\frac{1}{n} & \cdots & -\frac{1}{n} \\ \vdots & \vdots & & \vdots \\ -\frac{1}{n} & -\frac{1}{n} & \cdots & 1-\frac{1}{n} \end{pmatrix}$，由 $|\boldsymbol{A} - \lambda\boldsymbol{E}| = \begin{vmatrix} 1-\frac{1}{n}-\lambda & -\frac{1}{n} & \cdots & -\frac{1}{n} \\ -\frac{1}{n} & 1-\frac{1}{n}-\lambda & \cdots & -\frac{1}{n} \\ \vdots & \vdots & & \vdots \\ -\frac{1}{n} & -\frac{1}{n} & \cdots & 1-\frac{1}{n}-\lambda \end{vmatrix} = -\lambda(1-\lambda)^{n-1} =$ 0，解得 $\lambda_1 = \lambda_2 = \cdots = \lambda_{n-1} = 1$，$\lambda_n = 0$，所以 f 的规范型为 $f(x_1, x_2, \cdots, x_n) = y_1^2 + y_2^2 + \cdots + y_{n-1}^2$.

变式训练 3 设 $\boldsymbol{A}$ 是三阶对称矩阵，$\boldsymbol{E}$ 是三阶单位矩阵. 若 $\boldsymbol{A}^2 + \boldsymbol{A} = 2\boldsymbol{E}$，且 $|\boldsymbol{A}| = 4$，则二次型 $\boldsymbol{x}^{\mathrm{T}}\boldsymbol{A}\boldsymbol{x}$ 的规范形为（　　）.

A. $y_1^2 + y_2^2 + y_3^2$　　B. $y_1^2 + y_2^2 - y_3^2$　　C. $y_1^2 - y_2^2 - y_3^2$　　D. $-y_1^2 - y_2^2 - y_3^2$

第七节 正定二次型

一、惯性定理、正定二次型和负定二次型的概念

惯性定理、正定二次型和负定二次型的相关概念及说明如表 5-12 所示.

表 5-12

名　称	相关概念	说　明
惯性定理	设二次型 $f=\boldsymbol{x}^{\mathrm{T}}\boldsymbol{A}\boldsymbol{x}$ 的秩为 r，且有两个可逆变换 $\boldsymbol{x}=\boldsymbol{C}\boldsymbol{y}$ 及 $\boldsymbol{x}=\boldsymbol{P}\boldsymbol{z}$ 使 $f=k_1y_1^2+k_2y_2^2+\cdots+k_ry_r^2\ (k_i\neq0)$ 及 $f=\lambda_1z_1^2+\lambda_2z_2^2+\cdots+\lambda_rz_r^2\ (\lambda_i\neq0)$，则 $k_1,k_2,\cdots,k_r$ 中正数的个数与 $\lambda_1,\lambda_2,\cdots,\lambda_r$ 中正数的个数相等，该定理称为**惯性定理**. 二次型的标准形中，正系数的个数 p 称为 f 的**正惯性指数**，负系数的个数 $r-p$ 称为 f 的**负惯性指数**	① 二次型的标准形中，系数非零的平方项的个数为 f 的秩； ② 合同矩阵的正、负惯性指数相同； ③ 正定矩阵 $\boldsymbol{A}$ 与单位矩阵 $\boldsymbol{E}$ 合同，即 $\boldsymbol{A}=\boldsymbol{P}^{\mathrm{T}}\boldsymbol{E}\boldsymbol{P}=\boldsymbol{P}^{\mathrm{T}}\boldsymbol{P}$
正定二次型	设 n 元二次型 $f=\boldsymbol{x}^{\mathrm{T}}\boldsymbol{A}\boldsymbol{x}$，若对任何 $\boldsymbol{x}\neq\boldsymbol{0}$，都有 $f(\boldsymbol{x})>0$，则称 f 为**正定二次型**，并称**对称矩阵 $\boldsymbol{A}$ 是正定的（正定矩阵）**	
负定二次型	设 n 元二次型 $f=\boldsymbol{x}^{\mathrm{T}}\boldsymbol{A}\boldsymbol{x}$，若对任何 $\boldsymbol{x}\neq\boldsymbol{0}$，都有 $f(\boldsymbol{x})<0$，则称 f 为**负定二次型**，并称**对称矩阵 $\boldsymbol{A}$ 是负定的（负定矩阵）**	

二、正定二次型、负定二次型的判定

n 元二次型 $f=\boldsymbol{x}^{\mathrm{T}}\boldsymbol{A}\boldsymbol{x}$ 正定或负定的充分必要条件如表 5-13 所示.

表 5-13

二次型	正定二次型	负定二次型
充分必要条件	① 正惯性指数为 n； ② 矩阵 $\boldsymbol{A}$ 的特征值都为正； ③ 矩阵 $\boldsymbol{A}$ 的各阶顺序主子式都为正； ④ 矩阵 $\boldsymbol{A}$ 与 $\boldsymbol{E}$ 合同	① 负惯性指数为 n； ② 矩阵 $\boldsymbol{A}$ 的特征值都为负； ③ 矩阵 $\boldsymbol{A}$ 的奇数阶顺序主子式都为负，$\boldsymbol{A}$ 的偶数阶顺序主子式都为正； ④ 矩阵 $\boldsymbol{A}$ 与 $-\boldsymbol{E}$ 合同

典例精解

基本题型 1　掌握二次型的惯性指数

题型分析：本类题型的关键还是求二次型的标准形，即求二次型 $f=\boldsymbol{x}^{\mathrm{T}}\boldsymbol{A}\boldsymbol{x}$ 的矩阵 $\boldsymbol{A}$ 的特征值.

典例 1　写出二次型 $f=2x_1^2-4x_1x_2+x_2^2-4x_2x_3$ 的惯性指数.

解析：由本章第 5 节的典例 3 可知，二次型 $f=2x_1^2-4x_1x_2+x_2^2-4x_2x_3$ 的特征值为 1，−2，4，所以该二次型的正惯性指数为 2，负惯性指数为 1.

思路点拨：计算二次型的矩阵的所有特征值，或通过配方法化二次型成标准形，即可得到二次型的惯性指数.

变式训练 1　写出二次型 $f=2x_1x_2+x_3^2$ 的惯性指数.

基本题型 2　判断二次型的正定性

题型分析： 可通过二次型的矩阵 $\boldsymbol{A}$ 的所有特征值或各阶顺序主子式来判断二次型的正定性.

典例 2　判断二次型 $f=(x_1,x_2,x_3)\begin{pmatrix}3&2&0\\2&3&0\\0&0&1\end{pmatrix}\begin{pmatrix}x_1\\x_2\\x_3\end{pmatrix}$ 的正定性.

解析：特征多项式 $|\boldsymbol{A}-\lambda\boldsymbol{E}|=\begin{vmatrix}3-\lambda&2&0\\2&3-\lambda&0\\0&0&1-\lambda\end{vmatrix}=-(\lambda-1)^2(\lambda-5)$，则矩阵 $\boldsymbol{A}$ 的特征值为 $\lambda_1=\lambda_2=1$，$\lambda_3=5$．因为矩阵 $\boldsymbol{A}$ 的特征值都为正，所以该二次型为正定二次型.

思路点拨： 本题中，矩阵 $\boldsymbol{A}$ 的特征值相对容易计算，所以根据"特征值是否都为正"来判断．若矩阵 $\boldsymbol{A}$ 的特征值不容易求，则可根据"各阶顺序主子式是否都为正"来判断.

变式训练 2　判断二次型 $f=(x_1,x_2,x_3)\begin{pmatrix}3&-2&0\\-2&2&-2\\0&-2&7\end{pmatrix}\begin{pmatrix}x_1\\x_2\\x_3\end{pmatrix}$ 的正定性.

典例 3　判断二次型 $f=x_1^2-2x_1x_2-2x_1x_3+4x_2^2+4x_2x_3+6x_3^2$ 的正定性.

解析：二次型 f 的矩阵为 $\boldsymbol{A}=\begin{pmatrix}1&-1&-1\\-1&4&2\\-1&2&6\end{pmatrix}$，其顺序主子式 $1>0$，$\begin{vmatrix}1&-1\\-1&4\end{vmatrix}=3>0$，$\begin{vmatrix}1&-1&-1\\-1&4&2\\-1&2&6\end{vmatrix}=14>0$，即矩阵 $\boldsymbol{A}$ 的各阶顺序主子式都为正，所以 f 为正定二次型.

变式训练 3　判断二次型 $f=-5x_1^2+4x_1x_2+4x_1x_3-6x_2^2-4x_3^2$ 的正定性.

典例 4　判断二次型 $f=-2x_1^2-x_2^2-x_3^2-4x_1x_2-6x_1x_3$ 的正定性.

解析：二次型 f 的矩阵为 $\boldsymbol{A}=\begin{pmatrix}-2&-2&-3\\-2&-1&0\\-3&0&-1\end{pmatrix}$，其顺序主子式 $-2<0$，$\begin{vmatrix}-2&-2\\-2&-1\end{vmatrix}=-2<0$，$\begin{vmatrix}-2&-2&-3\\-2&-1&0\\-3&0&-1\end{vmatrix}=11>0$，所以该二次型既不是正定的，也不是负定的.

变式训练 4　若矩阵 $\boldsymbol{A}$ 是正定的，则（　　）.

A. $\boldsymbol{A}^{\mathrm{T}}$ 和 $\boldsymbol{A}^{-1}$ 是正定矩阵，但 $\boldsymbol{A}^*$ 不一定　　B. $\boldsymbol{A}^{-1}$ 和 $\boldsymbol{A}^*$ 是正定矩阵，但 $\boldsymbol{A}^{\mathrm{T}}$ 不一定

C. $\boldsymbol{A}^{\mathrm{T}}$，$\boldsymbol{A}^{-1}$ 和 $\boldsymbol{A}^*$ 都是正定矩阵　　D. 无法确定 $\boldsymbol{A}^{\mathrm{T}}$，$\boldsymbol{A}^{-1}$ 和 $\boldsymbol{A}^*$ 的正定性

典例 5 设矩阵 $A=\begin{pmatrix}1&0&1\\0&2&0\\1&0&1\end{pmatrix}$，矩阵 $B=(kE+A)^2$，其中 k 为常数，求对角矩阵 Λ，使 B 与 Λ 相似；并求 k 为何值时，B 为正定矩阵.

解析：因为 A 是对称矩阵，则 $B^{\mathrm{T}}=[(kE+A)^2]^{\mathrm{T}}=[(kE+A)^{\mathrm{T}}]^2=(kE+A^{\mathrm{T}})^2=(kE+A)^2=B$，$B$ 也是对称矩阵. 矩阵 A 的特征多项式 $|A-\lambda E|=\begin{vmatrix}1-\lambda&0&1\\0&2-\lambda&0\\1&0&1-\lambda\end{vmatrix}=-\lambda(\lambda-2)^2$，则 A 的特征值为 2，2，0，从而 B 的特征值为 $(k+2)^2$，$(k+2)^2$，k^2. 因为 B 为对称矩阵，则 B 一定可对角化，且与 B 相似的对角矩阵 $\Lambda=\begin{pmatrix}(k+2)^2&&\\&(k+2)^2&\\&&k^2\end{pmatrix}$. 当 $k\neq-2$ 且 $k\neq0$ 时，矩阵 B 的特征值均为正数，此时 B 为正定矩阵.

变式训练 5 “n 阶对称矩阵 A 为正定矩阵”的充分必要条件是（　　）.

A. $R(A)=n$　　B. A 的所有特征值非负

C. A^{-1} 为正定矩阵　　D. A 的主对角线上的元素都大于零

章末总结

一、矩阵的特征值与特征向量

1. 特征值的常用结论

（1）若 n 阶方阵 A 的特征值为 $\lambda_1,\lambda_2,\cdots,\lambda_n$，则 $\lambda_1+\lambda_2+\cdots+\lambda_n=\mathrm{tr}(A)$，$\lambda_1\lambda_2\cdots\lambda_n=|A|$.

（2）若矩阵 A 的特征值为 λ，则

① kA 的特征值为 $k\lambda$（k 为任意常数）；

② A^m 的特征值为 λ^m（m 为正整数）；

③ $\varphi(A)$ 的特征值为 $\varphi(\lambda)$（$\varphi(x)=a_0+a_1x+\cdots+a_nx^n$ 为多项式）；

④ A^{T} 的特征值为 λ，A^{-1} 的特征值为 $\frac{1}{\lambda}$，A^* 的特征值为 $\frac{|A|}{\lambda}$.

2. 特征向量的常用性质

（1）若 λ 是 A 的 r 重特征值，则对应于 λ 的线性无关的特征向量最多有 r 个.

（2）若 $x_1,x_2,\cdots,x_m$ 都是 A 对应于同一特征值 λ 的特征向量，且 $k_1x_1+k_2x_2+\cdots+k_mx_m\neq0$，则 $k_1x_1+k_2x_2+\cdots+k_mx_m$ 也是 A 对应于特征值 λ 的特征向量.

（3）设 $\lambda_1,\lambda_2,\cdots,\lambda_m$ 是方阵 A 的 m 个特征值，$p_1,p_2,\cdots,p_m$ 依次是与之对应的特征向量，若 $\lambda_1,\lambda_2,\cdots,\lambda_m$ 各不相等，则 $p_1,p_2,\cdots,p_m$ 线性无关.

二、特殊矩阵的比较

一些特殊矩阵的概念和性质如表 5-14 所示.

表 5-14

矩 阵	定 义	性 质
正交矩阵	若 n 阶方阵 $\boldsymbol{A}$ 满足 $\boldsymbol{A}^{\mathrm{T}}\boldsymbol{A}=\boldsymbol{E}$，则称 $\boldsymbol{A}$ 为**正交矩阵**	① 方阵 $\boldsymbol{A}$ 为正交矩阵 $\Leftrightarrow$ $\boldsymbol{A}$ 的列（行）向量都是单位向量，且两两正交 $\Leftrightarrow$ $\boldsymbol{A}$ 的列（行）向量组是 $\mathbb{R}^n$ 的标准正交基； ② 若 $\boldsymbol{A}$ 为正交矩阵，则 $\boldsymbol{A}^{-1}=\boldsymbol{A}^{\mathrm{T}}$ 也是正交矩阵，且 $\|\boldsymbol{A}\|=1$ 或 -1； ③ 若 $\boldsymbol{A}$ 和 $\boldsymbol{B}$ 都是正交矩阵，则 $\boldsymbol{AB}$ 也是正交矩阵
对称矩阵	若矩阵 $\boldsymbol{A}$ 满足 $\boldsymbol{A}^{\mathrm{T}}=\boldsymbol{A}$，则矩阵 $\boldsymbol{A}$ 为**对称矩阵**	① 对称矩阵对应不同特征值的特征向量正交； ② n 阶对称矩阵 $\boldsymbol{A}$ 一定可以对角化，且 $\boldsymbol{A}$ 必有 n 个线性无关的特征向量； ③ 设 $\boldsymbol{A}$ 为 n 阶对称矩阵，则必有正交矩阵 $\boldsymbol{P}$，使 $\boldsymbol{P}^{-1}\boldsymbol{AP}=\boldsymbol{P}^{\mathrm{T}}\boldsymbol{AP}=\boldsymbol{\Lambda}$，其中 $\boldsymbol{\Lambda}$ 是以 $\boldsymbol{A}$ 的 n 个特征值为对角元的对角矩阵； ④ 设 $\boldsymbol{A}$ 为 n 阶对称矩阵，λ 是 $\boldsymbol{A}$ 的特征方程的 k 重根，则矩阵 $\boldsymbol{A}-\lambda\boldsymbol{E}$ 的秩 $R(\boldsymbol{A}-\lambda\boldsymbol{E})=n-k$，从而对应特征值 λ 恰有 k 个线性无关的特征向量
等价矩阵	如果矩阵 $\boldsymbol{A}$ 经有限次初等变换变成矩阵 $\boldsymbol{B}$，就称**矩阵 $\boldsymbol{A}$ 与 $\boldsymbol{B}$ 等价**	① 若 $\boldsymbol{A}\sim\boldsymbol{B}$，$\boldsymbol{B}\sim\boldsymbol{C}$，则 $\boldsymbol{A}\sim\boldsymbol{A}$（反身性），$\boldsymbol{B}\sim\boldsymbol{A}$（对称性），$\boldsymbol{A}\sim\boldsymbol{C}$（传递性）； ② $R(\boldsymbol{A})=R(\boldsymbol{B})$
相似矩阵	设 $\boldsymbol{A}$，$\boldsymbol{B}$ 都是 n 阶方阵，若有可逆矩阵 $\boldsymbol{P}$，使 $\boldsymbol{P}^{-1}\boldsymbol{AP}=\boldsymbol{B}$，则称**矩阵 $\boldsymbol{A}$ 与 $\boldsymbol{B}$ 相似**	① 若 $\boldsymbol{A}\sim\boldsymbol{B}$，$\boldsymbol{B}\sim\boldsymbol{C}$，则 $\boldsymbol{A}\sim\boldsymbol{A}$（反身性），$\boldsymbol{B}\sim\boldsymbol{A}$（对称性），$\boldsymbol{A}\sim\boldsymbol{C}$（传递性）； ② 若矩阵 $\boldsymbol{A}$ 与 $\boldsymbol{B}$ 相似，则 $\boldsymbol{A}$ 与 $\boldsymbol{B}$ 的特征值也相同，$\mathrm{tr}(\boldsymbol{A})=\mathrm{tr}(\boldsymbol{B})$，则 $\|\boldsymbol{A}\|=\|\boldsymbol{B}\|$，$R(\boldsymbol{A})=R(\boldsymbol{B})$，$\boldsymbol{A}^{\mathrm{T}}\sim\boldsymbol{B}^{\mathrm{T}}$，$\boldsymbol{A}^k\sim\boldsymbol{B}^k$；若 $\boldsymbol{A}$ 可逆，则 $\boldsymbol{B}$ 也可逆，且 $\boldsymbol{A}^{-1}$ 与 $\boldsymbol{B}^{-1}$ 相似； ③ 若 n 阶方阵 $\boldsymbol{A}$ 与对角矩阵 $\boldsymbol{\Lambda}=\mathrm{diag}(\lambda_1,\lambda_2,\cdots,\lambda_n)$ 相似，则 $\lambda_1,\lambda_2,\cdots,\lambda_n$ 即为 $\boldsymbol{A}$ 的 n 个特征值
合同矩阵	设 $\boldsymbol{A}$，$\boldsymbol{B}$ 都是 n 阶方阵，若有可逆矩阵 $\boldsymbol{C}$，使 $\boldsymbol{B}=\boldsymbol{C}^{\mathrm{T}}\boldsymbol{AC}$，则称**矩阵 $\boldsymbol{A}$ 与 $\boldsymbol{B}$ 合同**	① 矩阵 $\boldsymbol{A}$ 与 $\boldsymbol{B}$ 合同，若 $\boldsymbol{A}$ 为对称矩阵，则 $\boldsymbol{B}$ 也为对称矩阵；若 $\boldsymbol{A}$ 为非对称矩阵，则 $\boldsymbol{B}$ 也为非对称矩阵； ② 若矩阵 $\boldsymbol{A}$ 与 $\boldsymbol{B}$ 合同，则对矩阵 $\boldsymbol{A}$ 的行、列施以相同的初等变换可得到矩阵 $\boldsymbol{B}$； ③ 对于实对称矩阵 $\boldsymbol{A}$ 和 $\boldsymbol{B}$，若 $\boldsymbol{A}$ 与 $\boldsymbol{B}$ 的特征值相同，则 $\boldsymbol{A}$ 与 $\boldsymbol{B}$ 相似且合同
正定矩阵	设 n 元二次型 $f=\boldsymbol{x}^{\mathrm{T}}\boldsymbol{Ax}$，若对任何 $\boldsymbol{x}\neq\boldsymbol{0}$，都有 $f(\boldsymbol{x})>0$，则称 $\boldsymbol{A}$ 是**正定矩阵**	① 正定矩阵的正惯性指数为 n； ② 正定矩阵的特征值都为正； ③ 正定矩阵 $\boldsymbol{A}$ 的各阶顺序主子式都为正； ④ 正定矩阵与单位矩阵合同

三、矩阵的对角化

矩阵对角化的一般步骤如表 5-15 所示.

表 5-15

矩阵	n 阶方阵对角化的一般步骤	不同点
一般方阵	① 求特征值； ② 求特征向量； ③ 写出可逆矩阵和对角矩阵	需要通过特征向量的个数是否等于 n 来判断方阵是否可对角化
对称矩阵		① 对称矩阵一定可对角化； ② 若将对称矩阵正交对角化，则需将特征向量正交化（施密特正交法）、单位化，然后再写出正交矩阵和对角矩阵

四、化二次型成标准形

化二次型成标准形的两种方法及其步骤如表 5-16 所示.

表 5-16

方法	步骤
正交变换法	① 写出二次型的矩阵 $\boldsymbol{A}$ ； ② 求矩阵 $\boldsymbol{A}$ 的特征值； ③ 求特征值对应的特征向量，并将其正交化、单位化； ④ 以正交向量组为列向量构造正交矩阵 $\boldsymbol{P}$ ； ⑤ 作正交变换 $\boldsymbol{x}=\boldsymbol{P}\boldsymbol{y}$ ，可化二次型成标准形
配方法	① 若二次型中含有 x_1 的平方项，则先将二次型中所有含 x_1 的项归并起来进行配方； ② 若已经将二次型中含有 x_1 的平方项配方，或二次型中不含 x_1 的平方项，则将二次型中所有含 x_2 的项归并起来进行配方； ③ 依次类推，每次只对一个变量配方，使余下的项不再含有这个变量，直到所有的项都化为完全平方项； ④ 根据配方后的式子写出二次型的标准形和变换矩阵 注意：若二次型不含平方项，则可运用平方差公式构造可逆线性变换将二次型化为含有平方项的二次型

五、二次型正定性的判定

对于 n 元二次型 $f=\boldsymbol{x}^{\mathrm{T}}\boldsymbol{A}\boldsymbol{x}$ ，常用的判定其正定性的方法有：

（1）二次型的正惯性指数为 n ，即 $\boldsymbol{A}$ 的特征值都为正；

（2）矩阵 $\boldsymbol{A}$ 的各阶顺序主子式都为正.

教材习题五全解（教材 P138～P141）

扫一扫

习题五题干

1．解：由 $\boldsymbol{b}=\lambda\boldsymbol{a}+\boldsymbol{c}$，得 $\boldsymbol{c}=\boldsymbol{b}-\lambda\boldsymbol{a}=\begin{pmatrix}-4\\2\\3\end{pmatrix}-\lambda\begin{pmatrix}1\\0\\-2\end{pmatrix}=\begin{pmatrix}-4-\lambda\\2\\3+2\lambda\end{pmatrix}$．因为 $\boldsymbol{c}$ 与 $\boldsymbol{a}$ 正交，所以 $(-4-\lambda)\times1+0-2(3+2\lambda)=0$，解得 $\lambda=-2$，则 $\boldsymbol{c}=\begin{pmatrix}-2\\2\\-1\end{pmatrix}$．

2．解：（1）利用施密特正交化的方法，取 $\boldsymbol{b}_1=\boldsymbol{a}_1=\begin{pmatrix}1\\1\\1\end{pmatrix}$，则 $\boldsymbol{b}_2=\boldsymbol{a}_2-\dfrac{(\boldsymbol{a}_2,\boldsymbol{b}_1)}{(\boldsymbol{b}_1,\boldsymbol{b}_1)}\boldsymbol{b}_1=\begin{pmatrix}1\\2\\3\end{pmatrix}-\dfrac{6}{3}\begin{pmatrix}1\\1\\1\end{pmatrix}=\begin{pmatrix}-1\\0\\1\end{pmatrix}$，$\boldsymbol{b}_3=\boldsymbol{a}_3-\dfrac{(\boldsymbol{a}_3,\boldsymbol{b}_1)}{(\boldsymbol{b}_1,\boldsymbol{b}_1)}\boldsymbol{b}_1-\dfrac{(\boldsymbol{a}_3,\boldsymbol{b}_2)}{(\boldsymbol{b}_2,\boldsymbol{b}_2)}\boldsymbol{b}_2=\begin{pmatrix}1\\4\\9\end{pmatrix}-\dfrac{14}{3}\begin{pmatrix}1\\1\\1\end{pmatrix}-\dfrac{8}{2}\begin{pmatrix}-1\\0\\1\end{pmatrix}=\dfrac{1}{3}\begin{pmatrix}1\\-2\\1\end{pmatrix}$；单位化得

$$\boldsymbol{\xi}_1=\frac{\boldsymbol{b}_1}{\|\boldsymbol{b}_1\|}=\frac{1}{\sqrt{3}}\begin{pmatrix}1\\1\\1\end{pmatrix},\quad \boldsymbol{\xi}_2=\frac{\boldsymbol{b}_2}{\|\boldsymbol{b}_2\|}=\frac{1}{\sqrt{2}}\begin{pmatrix}-1\\0\\1\end{pmatrix},\quad \boldsymbol{\xi}_3=\frac{\boldsymbol{b}_3}{\|\boldsymbol{b}_3\|}=\frac{1}{\sqrt{6}}\begin{pmatrix}1\\-2\\1\end{pmatrix}.$$

（2）取 $\boldsymbol{b}_1=\boldsymbol{a}_1=\begin{pmatrix}1\\0\\-1\\1\end{pmatrix}$，则 $\boldsymbol{b}_2=\boldsymbol{a}_2-\dfrac{(\boldsymbol{a}_2,\boldsymbol{b}_1)}{(\boldsymbol{b}_1,\boldsymbol{b}_1)}\boldsymbol{b}_1=\begin{pmatrix}1\\-1\\0\\1\end{pmatrix}-\dfrac{2}{3}\begin{pmatrix}1\\0\\-1\\1\end{pmatrix}=\dfrac{1}{3}\begin{pmatrix}1\\-3\\2\\1\end{pmatrix}$，$\boldsymbol{b}_3=\boldsymbol{a}_3-\dfrac{(\boldsymbol{a}_3,\boldsymbol{b}_1)}{(\boldsymbol{b}_1,\boldsymbol{b}_1)}\boldsymbol{b}_1-\dfrac{(\boldsymbol{a}_3,\boldsymbol{b}_2)}{(\boldsymbol{b}_2,\boldsymbol{b}_2)}\boldsymbol{b}_2=\begin{pmatrix}-1\\1\\1\\0\end{pmatrix}+\dfrac{2}{3}\begin{pmatrix}1\\0\\-1\\1\end{pmatrix}+\dfrac{2}{15}\begin{pmatrix}1\\-3\\2\\1\end{pmatrix}=\dfrac{1}{5}\begin{pmatrix}-1\\3\\3\\4\end{pmatrix}$；单位化得

$$\boldsymbol{\xi}_1=\frac{\boldsymbol{b}_1}{\|\boldsymbol{b}_1\|}=\frac{1}{\sqrt{3}}\begin{pmatrix}1\\0\\-1\\1\end{pmatrix},\quad \boldsymbol{\xi}_2=\frac{\boldsymbol{b}_2}{\|\boldsymbol{b}_2\|}=\frac{1}{\sqrt{15}}\begin{pmatrix}1\\-3\\2\\1\end{pmatrix},\quad \boldsymbol{\xi}_3=\frac{\boldsymbol{b}_3}{\|\boldsymbol{b}_3\|}=\frac{1}{\sqrt{35}}\begin{pmatrix}-1\\3\\3\\4\end{pmatrix}.$$

3．解：（1）不是，因为矩阵的第 1 个列向量不是单位向量．

（2）是，$\begin{pmatrix}\frac{1}{9}&-\frac{8}{9}&-\frac{4}{9}\\-\frac{8}{9}&\frac{1}{9}&-\frac{4}{9}\\-\frac{4}{9}&-\frac{4}{9}&\frac{7}{9}\end{pmatrix}\begin{pmatrix}\frac{1}{9}&-\frac{8}{9}&-\frac{4}{9}\\-\frac{8}{9}&\frac{1}{9}&-\frac{4}{9}\\-\frac{4}{9}&-\frac{4}{9}&\frac{7}{9}\end{pmatrix}^{\mathrm{T}}=\begin{pmatrix}\frac{1}{9}&-\frac{8}{9}&-\frac{4}{9}\\-\frac{8}{9}&\frac{1}{9}&-\frac{4}{9}\\-\frac{4}{9}&-\frac{4}{9}&\frac{7}{9}\end{pmatrix}\begin{pmatrix}\frac{1}{9}&-\frac{8}{9}&-\frac{4}{9}\\-\frac{8}{9}&\frac{1}{9}&-\frac{4}{9}\\-\frac{4}{9}&-\frac{4}{9}&\frac{7}{9}\end{pmatrix}=\begin{pmatrix}1&0&0\\0&1&0\\0&0&1\end{pmatrix}$．

4．**证明：**（1）$H^{\mathrm T}=(E-2xx^{\mathrm T})^{\mathrm T}=E-2(xx^{\mathrm T})^{\mathrm T}=E-2xx^{\mathrm T}=H$，则 H 是对称矩阵；$H^{\mathrm T}H=H^2=(E-2xx^{\mathrm T})^2=E-4xx^{\mathrm T}+4(xx^{\mathrm T})(xx^{\mathrm T})=E-4xx^{\mathrm T}+4x(x^{\mathrm T}x)x^{\mathrm T}$，因为 $x^{\mathrm T}x=1$，所以 $H^{\mathrm T}H=E$．因此，H 是对称的正交矩阵，得证.

（2）因为 A，B 都是正交矩阵，则 $A^{\mathrm T}A=E$，$B^{\mathrm T}B=E$，所以 $(AB)^{\mathrm T}(AB)=B^{\mathrm T}(A^{\mathrm T}A)B=B^{\mathrm T}B=E$，因此 AB 是正交矩阵，得证.

5．**证明：**将向量组的关系写成矩阵 $B=AP$，即 $(b_1,b_2,b_3)=(a_1,a_2,a_3)\begin{pmatrix}-\frac{1}{3}&\frac{2}{3}&-\frac{2}{3}\\ \frac{2}{3}&\frac{2}{3}&\frac{1}{3}\\ \frac{2}{3}&-\frac{1}{3}&-\frac{2}{3}\end{pmatrix}$.

因为 A 的列向量组为两两正交的单位向量组，所以 $A^{\mathrm T}A=E_3$；因为 P 是正交矩阵，所以 $P^{\mathrm T}P=E_3$．$B^{\mathrm T}B=(AP)^{\mathrm T}(AP)=P^{\mathrm T}(A^{\mathrm T}A)P=P^{\mathrm T}P=E_3$，因此 B 的列向量组 b_1，b_2，b_3 是两两正交的单位向量组，得证.

6．**解：**（1）矩阵 $A=\begin{pmatrix}2&-1&2\\5&-3&3\\-1&0&-2\end{pmatrix}$ 的特征多项式 $|A-\lambda E|=\begin{vmatrix}2-\lambda&-1&2\\5&-3-\lambda&3\\-1&0&-2-\lambda\end{vmatrix}$

$$\xlongequal{c_3-(\lambda+2)c_1}\begin{vmatrix}2-\lambda&-1&\lambda^2-2\\5&-3-\lambda&-7-5\lambda\\-1&0&0\end{vmatrix}=\begin{vmatrix}-1&\lambda^2-2\\3+\lambda&7+5\lambda\end{vmatrix}\xlongequal{c_2-c_1}\begin{vmatrix}-1&\lambda^2-1\\3+\lambda&4+4\lambda\end{vmatrix}=(\lambda+1)\begin{vmatrix}-1&\lambda-1\\3+\lambda&4\end{vmatrix}=$$

$-(\lambda+1)^3$，所以 A 的特征值为 $\lambda_1=\lambda_2=\lambda_3=-1$．对于特征值 -1，有方程组 $(A+E)x=\mathbf{0}$，

由 $A+E=\begin{pmatrix}3&-1&2\\5&-2&3\\-1&0&-1\end{pmatrix}\xrightarrow{r_1\leftrightarrow r_3,\ -r_1}\begin{pmatrix}1&0&1\\5&-2&3\\3&-1&2\end{pmatrix}\xrightarrow[r_3-3r_1]{r_2-5r_1}\begin{pmatrix}1&0&1\\0&-2&-2\\0&-1&-1\end{pmatrix}\xrightarrow[r_3+r_2]{-\frac{1}{2}r_2}\begin{pmatrix}1&0&1\\0&1&1\\0&0&0\end{pmatrix}$，得

同解方程组 $\begin{cases}x_1+x_3=0,\\x_2+x_3=0,\end{cases}$ 取 $x_3=1$，得特征向量 $p=(-1,-1,1)^{\mathrm T}$.

（2）矩阵 $A=\begin{pmatrix}1&2&3\\2&1&3\\3&3&6\end{pmatrix}$ 的特征多项式 $|A-\lambda E|=\begin{vmatrix}1-\lambda&2&3\\2&1-\lambda&3\\3&3&6-\lambda\end{vmatrix}\xlongequal{r_2-r_1}$

$$\begin{vmatrix}1-\lambda&2&3\\1+\lambda&-1-\lambda&0\\3&3&6-\lambda\end{vmatrix}=(1+\lambda)\begin{vmatrix}1-\lambda&2&3\\1&-1&0\\3&3&6-\lambda\end{vmatrix}\xlongequal{c_2+c_1}(1+\lambda)\begin{vmatrix}1-\lambda&3-\lambda&3\\1&0&0\\3&6&6-\lambda\end{vmatrix}=-(1+\lambda)\cdot$$

$\begin{vmatrix}3-\lambda&3\\6&6-\lambda\end{vmatrix}=-\lambda(\lambda+1)(\lambda-9)$，所以 A 的特征值为 $\lambda_1=-1$，$\lambda_2=0$，$\lambda_3=9$.

当 $\lambda_1=-1$ 时，有方程组 $(\boldsymbol{A}+\boldsymbol{E})\boldsymbol{x}=\boldsymbol{0}$，由 $\boldsymbol{A}+\boldsymbol{E}=\begin{pmatrix}2&2&3\\2&2&3\\3&3&7\end{pmatrix}\xrightarrow[r_3-r_2]{r_1\leftrightarrow r_3,\ r_1-r_2}\begin{pmatrix}1&1&4\\2&2&3\\0&0&0\end{pmatrix}$

$\xrightarrow[r_1-4r_2]{-\frac{1}{5}(r_2-2r_1)}\begin{pmatrix}1&1&0\\0&0&1\\0&0&0\end{pmatrix}$，得同解方程组 $\begin{cases}x_3=0,\\x_1+x_2=0,\end{cases}$ 取 $x_2=-1$，得特征向量 $\boldsymbol{p}_1=(1,-1,0)^{\mathrm{T}}$.

当 $\lambda_2=0$ 时，有方程组 $\boldsymbol{A}\boldsymbol{x}=\boldsymbol{0}$，由 $\boldsymbol{A}=\begin{pmatrix}1&2&3\\2&1&3\\3&3&6\end{pmatrix}\xrightarrow[r_3-3r_1]{r_2-2r_1}\begin{pmatrix}1&2&3\\0&-3&-3\\0&-3&-3\end{pmatrix}\xrightarrow{r_3-r_2,\ -\frac{1}{3}r_2}$

$\begin{pmatrix}1&2&3\\0&1&1\\0&0&0\end{pmatrix}\xrightarrow{r_1-2r_2}\begin{pmatrix}1&0&1\\0&1&1\\0&0&0\end{pmatrix}$，得同解方程组 $\begin{cases}x_1+x_3=0,\\x_2+x_3=0,\end{cases}$ 取 $x_3=1$，得特征向量 $\boldsymbol{p}_2=(-1,-1,1)^{\mathrm{T}}$.

当 $\lambda_3=9$ 时，有方程组 $(\boldsymbol{A}-9\boldsymbol{E})\boldsymbol{x}=\boldsymbol{0}$，由 $\boldsymbol{A}-9\boldsymbol{E}=\begin{pmatrix}-8&2&3\\2&-8&3\\3&3&-3\end{pmatrix}\xrightarrow[r_2+r_3]{r_1+r_3}\begin{pmatrix}-5&5&0\\5&-5&0\\3&3&-3\end{pmatrix}$

$\xrightarrow{r_1+r_2,\ \frac{1}{5}r_2,\ \frac{1}{3}r_3-r_2}\begin{pmatrix}0&0&0\\1&-1&0\\0&2&-1\end{pmatrix}\xrightarrow[r_2\leftrightarrow r_3]{r_1\leftrightarrow r_2}\begin{pmatrix}1&-1&0\\0&2&-1\\0&0&0\end{pmatrix}$，得同解方程组 $\begin{cases}x_1-x_2=0,\\2x_2-x_3=0,\end{cases}$ 取 $x_3=2$，得特征向量 $\boldsymbol{p}_3=(1,1,2)^{\mathrm{T}}$.

（3）矩阵 $\boldsymbol{A}=\begin{pmatrix}0&0&0&1\\0&0&1&0\\0&1&0&0\\1&0&0&0\end{pmatrix}$ 的特征多项式 $|\boldsymbol{A}-\lambda\boldsymbol{E}|=\begin{vmatrix}-\lambda&0&0&1\\0&-\lambda&1&0\\0&1&-\lambda&0\\1&0&0&-\lambda\end{vmatrix}\overset{r_4\leftrightarrow r_2}{=\!=}$

$\begin{vmatrix}-\lambda&0&0&1\\1&0&0&-\lambda\\0&1&-\lambda&0\\0&-\lambda&1&0\end{vmatrix}\overset{c_4\leftrightarrow c_2}{=\!=}\begin{vmatrix}-\lambda&1&0&0\\1&-\lambda&0&0\\0&0&-\lambda&1\\0&0&1&-\lambda\end{vmatrix}=(\lambda^2-1)^2$，所以 $\boldsymbol{A}$ 的特征值为 $\lambda_1=\lambda_2=-1$，$\lambda_3=\lambda_4=1$.

当 $\lambda_1=\lambda_2=-1$ 时，有方程组 $(\boldsymbol{A}+\boldsymbol{E})\boldsymbol{x}=\boldsymbol{0}$，由 $\boldsymbol{A}+\boldsymbol{E}=\begin{pmatrix}1&0&0&1\\0&1&1&0\\0&1&1&0\\1&0&0&1\end{pmatrix}\xrightarrow[r_4-r_1]{r_3-r_2}$

$\begin{pmatrix}1&0&0&1\\0&1&1&0\\0&0&0&0\\0&0&0&0\end{pmatrix}$，得同解方程组 $\begin{cases}x_1+x_4=0,\\x_2+x_3=0,\end{cases}$ 取 $\begin{pmatrix}x_3\\x_4\end{pmatrix}=\begin{pmatrix}1\\0\end{pmatrix}$ 和 $\begin{pmatrix}0\\1\end{pmatrix}$，得特征向量 $\boldsymbol{p}_1=(0,-1,1,0)^{\mathrm{T}}$，$\boldsymbol{p}_2=(-1,0,0,1)^{\mathrm{T}}$.

当 $\lambda_3=\lambda_4=1$ 时，有方程组 $(\boldsymbol{A}-\boldsymbol{E})\boldsymbol{x}=\boldsymbol{0}$，由 $\boldsymbol{A}-\boldsymbol{E}=\begin{pmatrix}-1&0&0&1\\0&-1&1&0\\0&1&-1&0\\1&0&0&-1\end{pmatrix}\xrightarrow[r_4+r_1]{r_3+r_2}$ $\begin{pmatrix}-1&0&0&1\\0&-1&1&0\\0&0&0&0\\0&0&0&0\end{pmatrix}$，得同解方程组 $\begin{cases}-x_1+x_4=0,\\-x_2+x_3=0,\end{cases}$ 取 $\begin{pmatrix}x_3\\x_4\end{pmatrix}=\begin{pmatrix}1\\0\end{pmatrix}$ 和 $\begin{pmatrix}0\\1\end{pmatrix}$，得特征向量 $\boldsymbol{p}_3=(0,1,1,0)^{\mathrm{T}}$，$\boldsymbol{p}_4=(1,0,0,1)^{\mathrm{T}}$.

7. **证明：** 矩阵 $\boldsymbol{A}$ 的特征值 λ_1 是方程 $|\boldsymbol{A}-\lambda_1\boldsymbol{E}|=0$ 的根，矩阵 $\boldsymbol{A}^{\mathrm{T}}$ 的特征值 λ_2 是方程 $|\boldsymbol{A}^{\mathrm{T}}-\lambda_2\boldsymbol{E}|=0$ 的根．根据行列式的性质，有 $|\boldsymbol{A}-\lambda_1\boldsymbol{E}|=|(\boldsymbol{A}-\lambda_1\boldsymbol{E})^{\mathrm{T}}|=|\boldsymbol{A}^{\mathrm{T}}-\lambda_1\boldsymbol{E}|=0$，又因为 $|\boldsymbol{A}^{\mathrm{T}}-\lambda_2\boldsymbol{E}|=0$，所以 $\lambda_1=\lambda_2$，即 $\boldsymbol{A}$ 与 $\boldsymbol{A}^{\mathrm{T}}$ 的特征值相同，得证.

8. **证明：** 由 $R(\boldsymbol{A})+R(\boldsymbol{B})<n$，得 $R(\boldsymbol{A})<n$，$R(\boldsymbol{B})<n$，即行列式 $|\boldsymbol{A}|=|\boldsymbol{B}|=0$，所以方程 $|\boldsymbol{A}-\lambda_1\boldsymbol{E}|=0$ 与 $|\boldsymbol{B}-\lambda_2\boldsymbol{E}|=0$ 的解 $\lambda_1=\lambda_2=0$，即 $\boldsymbol{A}$ 与 $\boldsymbol{B}$ 有公共的特征值.

矩阵 $\boldsymbol{A}$ 和 $\boldsymbol{B}$ 对应 $\lambda_1=\lambda_2=0$ 的方程组为 $\boldsymbol{Ax}=\boldsymbol{0}$ 和 $\boldsymbol{Bx}=\boldsymbol{0}$，联立得 $\begin{cases}\boldsymbol{Ax}=\boldsymbol{0},\\\boldsymbol{Bx}=\boldsymbol{0},\end{cases}$ 因为 $R\begin{pmatrix}\boldsymbol{A}\\\boldsymbol{B}\end{pmatrix}=R(\boldsymbol{A}^{\mathrm{T}},\boldsymbol{B}^{\mathrm{T}})\leqslant R(\boldsymbol{A}^{\mathrm{T}})+R(\boldsymbol{B}^{\mathrm{T}})=R(\boldsymbol{A})+R(\boldsymbol{B})<n$，所以该方程组有非零解，即 $\boldsymbol{A}$ 与 $\boldsymbol{B}$ 有公共的特征向量，得证.

9. **证明：** 设 λ 是矩阵 $\boldsymbol{A}$ 的特征值，则有非零列向量 $\boldsymbol{x}$ 满足 $\boldsymbol{Ax}=\lambda\boldsymbol{x}$，$\boldsymbol{A}^2\boldsymbol{x}=\lambda^2\boldsymbol{x}$．由 $\boldsymbol{A}^2-3\boldsymbol{A}+2\boldsymbol{E}=\boldsymbol{O}$，得 $(\boldsymbol{A}^2-3\boldsymbol{A}+2\boldsymbol{E})\boldsymbol{x}=\boldsymbol{0}$，即 $\lambda^2\boldsymbol{x}-3\lambda\boldsymbol{x}+2\boldsymbol{x}=\boldsymbol{0}$，$(\lambda^2-3\lambda+2)\boldsymbol{x}=\boldsymbol{0}$．因为 $\boldsymbol{x}\neq\boldsymbol{0}$，所以 $\lambda^2-3\lambda+2=0$，解得 $\lambda=1$ 或 $\lambda=2$，得证.

10. **证明：** 由 $\boldsymbol{A}$ 是正交矩阵，得 $\boldsymbol{A}^{\mathrm{T}}\boldsymbol{A}=\boldsymbol{E}$，多项式 $|\boldsymbol{A}+\boldsymbol{E}|=|\boldsymbol{A}+\boldsymbol{A}^{\mathrm{T}}\boldsymbol{A}|=|(\boldsymbol{E}+\boldsymbol{A}^{\mathrm{T}})\boldsymbol{A}|=|\boldsymbol{A}+\boldsymbol{E}||\boldsymbol{A}|=-|\boldsymbol{A}+\boldsymbol{E}|$，即 $2|\boldsymbol{A}+\boldsymbol{E}|=0$，$|\boldsymbol{A}+\boldsymbol{E}|=0$，所以 $\lambda=-1$ 是 $\boldsymbol{A}$ 的特征值，得证.

11. **证明：** 设 λ 是矩阵 $\boldsymbol{AB}$ 的非零特征值，$\boldsymbol{x}$ 是对应 λ 的特征向量，则有 $\boldsymbol{ABx}=\lambda\boldsymbol{x}$，将矩阵 $\boldsymbol{B}$ 左乘该式，得 $\boldsymbol{BABx}=\boldsymbol{BA}(\boldsymbol{Bx})=\lambda(\boldsymbol{Bx})$．因为 $\lambda\neq0$，特征向量 $\boldsymbol{x}\neq\boldsymbol{0}$，则 $\lambda\boldsymbol{x}=\boldsymbol{ABx}\neq\boldsymbol{0}$，即 $\boldsymbol{B\xi}\neq\boldsymbol{0}$，所以 λ 也是 n 阶矩阵 $\boldsymbol{BA}$ 的特征值，得证.

12. **解：** 设 λ 是矩阵 $\boldsymbol{A}$ 的特征值，有非零列向量 $\boldsymbol{x}$ 满足 $\boldsymbol{Ax}=\lambda\boldsymbol{x}$，$\boldsymbol{A}^2\boldsymbol{x}=\lambda^2\boldsymbol{x}$，$\boldsymbol{A}^3\boldsymbol{x}=\lambda^3\boldsymbol{x}$，则 $(\boldsymbol{A}^3-5\boldsymbol{A}^2+7\boldsymbol{A})\boldsymbol{x}=(\lambda^3-5\lambda^2+7\lambda)\boldsymbol{x}$，记 $\varphi(\lambda)=\lambda^3-5\lambda^2+7\lambda$．因为1，2，3是矩阵 $\boldsymbol{A}$ 的特征值，所以 $\varphi(1)=3$，$\varphi(2)=2$，$\varphi(3)=3$ 是 $\varphi(\boldsymbol{A})=\boldsymbol{A}^3-5\boldsymbol{A}^2+7\boldsymbol{A}$ 的特征值．又 $\varphi(\boldsymbol{A})$ 为三阶方

阵，所以$\varphi(1)$，$\varphi(2)$，$\varphi(3)$是$\varphi(\boldsymbol{A})$的全部特征值，由特征值的性质得

$$|\boldsymbol{A}^3-5\boldsymbol{A}^2+7\boldsymbol{A}|=\varphi(1)\varphi(2)\varphi(3)=3\times2\times3=18.$$

13．解：由特征值性质得，$|\boldsymbol{A}|=1\times2\times(-3)=-6$，则$\boldsymbol{A}$是可逆矩阵，$\boldsymbol{A}^*=|\boldsymbol{A}|\boldsymbol{A}^{-1}=-6\boldsymbol{A}^{-1}$，所以$\boldsymbol{A}^*+3\boldsymbol{A}+2\boldsymbol{E}=-6\boldsymbol{A}^{-1}+3\boldsymbol{A}+2\boldsymbol{E}$．若矩阵$\boldsymbol{A}$的特征值$\lambda$取1，2，$-3$，则$\boldsymbol{A}^*+3\boldsymbol{A}+2\boldsymbol{E}$的特征值$-6\lambda^{-1}+3\lambda+2$分别为$-1,5,-5$，所以$|\boldsymbol{A}^*+3\boldsymbol{A}+2\boldsymbol{E}|=(-1)\times5\times(-5)=25$．

14．证明：因为矩阵$\boldsymbol{A}$可逆，则$\boldsymbol{BA}=(\boldsymbol{A}^{-1}\boldsymbol{A})\boldsymbol{BA}=\boldsymbol{A}^{-1}(\boldsymbol{AB})\boldsymbol{A}$，所以$\boldsymbol{AB}$与$\boldsymbol{BA}$相似，得证．

15．解：矩阵$\boldsymbol{A}$的特征多项式$|\boldsymbol{A}-\lambda\boldsymbol{E}|=\begin{vmatrix}2-\lambda&0&1\\3&1-\lambda&x\\4&0&5-\lambda\end{vmatrix}=(1-\lambda)\begin{vmatrix}2-\lambda&1\\4&5-\lambda\end{vmatrix}=$ $(1-\lambda)^2(6-\lambda)$，所以$\boldsymbol{A}$的特征值为$\lambda_1=\lambda_2=1$（二重根），$\lambda_3=6$．若矩阵$\boldsymbol{A}$可相似对角化，则矩阵$\boldsymbol{A}$有3个线性无关的特征向量，即对应二重特征值1有两个线性无关的特征向量，因此方程组$(\boldsymbol{A}-\boldsymbol{E})\boldsymbol{x}=\boldsymbol{0}$的系数矩阵的秩$R(\boldsymbol{A}-\boldsymbol{E})=1$．因为$\boldsymbol{A}-\boldsymbol{E}=\begin{pmatrix}1&0&1\\3&0&x\\4&0&4\end{pmatrix}\xrightarrow[r_3-4r_1]{r_2-3r_1}$ $\begin{pmatrix}1&0&1\\0&0&x-3\\0&0&0\end{pmatrix}$，且$R(\boldsymbol{A}-\boldsymbol{E})=1$，所以$x=3$．

16．解：（1）设特征向量$\boldsymbol{p}$对应矩阵的特征值是λ，对应方程组$(\boldsymbol{A}-\lambda\boldsymbol{E})\boldsymbol{p}=\boldsymbol{0}$，即$\begin{pmatrix}2-\lambda&-1&2\\5&a-\lambda&3\\-1&b&-2-\lambda\end{pmatrix}\begin{pmatrix}1\\1\\-1\end{pmatrix}=\boldsymbol{0}$，得线性方程组$\begin{cases}\lambda+1=0,\\a-\lambda+2=0,\\b+\lambda+1=0,\end{cases}$解得$\begin{cases}\lambda=-1,\\a=-3,\\b=0.\end{cases}$

（2）矩阵$\boldsymbol{A}$不能相似对角化．当$a=-3$，$b=0$时，$\boldsymbol{A}$的特征多项式$|\boldsymbol{A}-\lambda\boldsymbol{E}|=$ $\begin{vmatrix}2-\lambda&-1&2\\5&-3-\lambda&3\\-1&0&-2-\lambda\end{vmatrix}\xlongequal{c_3-c_1-c_2}-(1+\lambda)\begin{vmatrix}2-\lambda&-1&1\\5&-3-\lambda&1\\1&0&1\end{vmatrix}\xlongequal[r_2-r_3]{r_1-r_3}-(1+\lambda)\begin{vmatrix}1-\lambda&-1&0\\4&-3-\lambda&0\\1&0&1\end{vmatrix}=$ $-(1+\lambda)^3$，所以$\lambda=-1$是$\boldsymbol{A}$的三重特征值．由$\boldsymbol{A}+\boldsymbol{E}=\begin{pmatrix}3&-1&2\\5&-2&3\\-1&0&-1\end{pmatrix}\xrightarrow{r_1\leftrightarrow r_3,\,-r_1}\begin{pmatrix}1&0&1\\5&-2&3\\3&-1&2\end{pmatrix}$ $\xrightarrow[r_3-3r_1]{r_2-5r_1}\begin{pmatrix}1&0&1\\0&-2&-2\\0&-1&-1\end{pmatrix}\xrightarrow{r_3-\frac{1}{2}r_2}\begin{pmatrix}1&0&1\\0&-2&-2\\0&0&0\end{pmatrix}$，得$R(\boldsymbol{A}+\boldsymbol{E})=2$，故齐次方程$(\boldsymbol{A}+\boldsymbol{E})\boldsymbol{x}=\boldsymbol{0}$有1个解向量，没有3个线性无关的解向量，即矩阵$\boldsymbol{A}$没有3个线性无关的特征向量，矩阵$\boldsymbol{A}$不能相似对角化．

17．解：矩阵 A 的特征多项式 $|A-\lambda E|=\begin{vmatrix}1-\lambda & 4 & 2\\ 0 & -3-\lambda & 4\\ 0 & 4 & 3-\lambda\end{vmatrix}=(1-\lambda)\begin{vmatrix}-3-\lambda & 4\\ 4 & 3-\lambda\end{vmatrix}=$ $(1-\lambda)(\lambda-5)(\lambda+5)$，所以 A 的特征值为 $\lambda_1=-5$，$\lambda_2=1$，$\lambda_3=5$．

当 $\lambda_1=-5$ 时，有方程组 $(A+5E)x=0$，由 $A+5E=\begin{pmatrix}6 & 4 & 2\\ 0 & 2 & 4\\ 0 & 4 & 8\end{pmatrix}\xrightarrow{r_3-2r_2,\ \frac{1}{2}r_2}\begin{pmatrix}6 & 4 & 2\\ 0 & 1 & 2\\ 0 & 0 & 0\end{pmatrix}$ $\xrightarrow{\frac{1}{6}(r_1-4r_2)}\begin{pmatrix}1 & 0 & -1\\ 0 & 1 & 2\\ 0 & 0 & 0\end{pmatrix}$，得同解方程组 $\begin{cases}x_1-x_3=0,\\ x_2+2x_3=0,\end{cases}$ 取 $x_3=1$，得特征向量 $p_1=(1,-2,1)^{\mathrm{T}}$．

当 $\lambda_2=1$ 时，有方程组 $(A-E)x=0$，由 $A-E=\begin{pmatrix}0 & 4 & 2\\ 0 & -4 & 4\\ 0 & 4 & 2\end{pmatrix}\xrightarrow[r_3-r_1]{r_2+r_1}\begin{pmatrix}0 & 4 & 2\\ 0 & 0 & 6\\ 0 & 0 & 0\end{pmatrix}$ $\xrightarrow{\frac{1}{6}r_2,\ \frac{1}{4}(r_1-2r_2)}\begin{pmatrix}0 & 1 & 0\\ 0 & 0 & 1\\ 0 & 0 & 0\end{pmatrix}$，得同解方程组 $\begin{cases}x_2=0,\\ x_3=0,\end{cases}$ 取 $x_1=1$，得特征向量 $p_2=(1,0,0)^{\mathrm{T}}$．

当 $\lambda_3=5$ 时，有方程组 $(A-5E)x=0$，由 $A-5E=\begin{pmatrix}-4 & 4 & 2\\ 0 & -8 & 4\\ 0 & 4 & -2\end{pmatrix}\xrightarrow{-\frac{1}{2}r_1,\ -\frac{1}{4}r_2,\ r_3-2r_2}$ $\begin{pmatrix}2 & -2 & -1\\ 0 & 2 & -1\\ 0 & 0 & 0\end{pmatrix}\xrightarrow{\frac{1}{2}(r_1-r_2)}\begin{pmatrix}1 & -2 & 0\\ 0 & 2 & -1\\ 0 & 0 & 0\end{pmatrix}$，得同解方程组 $\begin{cases}x_1-2x_2=0,\\ 2x_2-x_3=0,\end{cases}$ 取 $x_2=1$，得特征向量 $p_3=(2,1,2)^{\mathrm{T}}$．

令 $P=(p_1,p_2,p_3)=\begin{pmatrix}1 & 1 & 2\\ -2 & 0 & 1\\ 1 & 0 & 2\end{pmatrix}$，则 $P^{-1}=\frac{1}{5}\begin{pmatrix}0 & -2 & 1\\ 5 & 0 & -5\\ 0 & 1 & 2\end{pmatrix}$，于是 $P^{-1}AP=\Lambda=$ $\begin{pmatrix}-5 & & \\ & 1 & \\ & & 5\end{pmatrix}$，所以 $A^{100}=P\Lambda^{100}P^{-1}=\frac{1}{5}\begin{pmatrix}1 & 1 & 2\\ -2 & 0 & 1\\ 1 & 0 & 2\end{pmatrix}\begin{pmatrix}(-5)^{100} & & \\ & 1 & \\ & & 5^{100}\end{pmatrix}\begin{pmatrix}0 & -2 & 1\\ 5 & 0 & -5\\ 0 & 1 & 2\end{pmatrix}=$ $\frac{1}{5}\begin{pmatrix}5^{100} & 1 & 2\times5^{100}\\ -2\times5^{100} & 0 & 5^{100}\\ 5^{100} & 0 & 2\times5^{100}\end{pmatrix}\begin{pmatrix}0 & -2 & 1\\ 5 & 0 & -5\\ 0 & 1 & 2\end{pmatrix}=\begin{pmatrix}1 & 0 & 5^{100}-1\\ 0 & 5^{100} & 0\\ 0 & 0 & 5^{100}\end{pmatrix}$．

18．解：（1）由题可知，$\begin{cases}x_{n+1}=(1-p)x_n+qy_n,\\ y_{n+1}=px_n+(1-q)y_n,\end{cases}$ 即 $\begin{pmatrix}x_{n+1}\\ y_{n+1}\end{pmatrix}=\begin{pmatrix}1-p & q\\ p & 1-q\end{pmatrix}\begin{pmatrix}x_n\\ y_n\end{pmatrix}$，所以 $A=\begin{pmatrix}1-p & q\\ p & 1-q\end{pmatrix}$．

(2)矩阵 $\boldsymbol{A}$ 的特征多项式 $|\boldsymbol{A}-\lambda\boldsymbol{E}|=\begin{vmatrix}1-p-\lambda & q\\ p & 1-q-\lambda\end{vmatrix}=(1-\lambda)(1-\lambda-p-q)$，所以 $\boldsymbol{A}$ 的特征值为 $\lambda_1=1$，$\lambda_2=1-p-q$.

当 $\lambda_1=1$ 时，有方程组 $(\boldsymbol{A}-\boldsymbol{E})\boldsymbol{x}=\boldsymbol{0}$，由 $\boldsymbol{A}-\boldsymbol{E}=\begin{pmatrix}-p & q\\ p & -q\end{pmatrix}\xrightarrow{r_2+r_1}\begin{pmatrix}-p & q\\ 0 & 0\end{pmatrix}$，得同解方程 $-px_1+qx_2=0$，取 $x_1=q$，得特征向量 $\boldsymbol{p}_1=(q,p)^{\mathrm{T}}$.

当 $\lambda_2=1-p-q$ 时，有方程组 $[\boldsymbol{A}-(1-p-q)\boldsymbol{E}]\boldsymbol{x}=\boldsymbol{0}$，由 $\boldsymbol{A}-(1-p-q)\boldsymbol{E}=\begin{pmatrix}q & q\\ p & p\end{pmatrix}$ $\xrightarrow{\frac{1}{q}r_1,\,r_2-pr_1}\begin{pmatrix}1 & 1\\ 0 & 0\end{pmatrix}$，得同解方程 $x_1+x_2=0$，取 $x_1=-1$，得特征向量 $\boldsymbol{p}_2=(-1,1)^{\mathrm{T}}$.

令 $\boldsymbol{P}=(\boldsymbol{p}_1,\boldsymbol{p}_2)=\begin{pmatrix}q & -1\\ p & 1\end{pmatrix}$，则 $\boldsymbol{P}^{-1}=\dfrac{1}{p+q}\begin{pmatrix}1 & 1\\ -p & q\end{pmatrix}$，于是 $\boldsymbol{P}^{-1}\boldsymbol{A}\boldsymbol{P}=\boldsymbol{\Lambda}=\mathrm{diag}(1,1-p-q)$，若记 $r=1-p-q$，则矩阵 $\boldsymbol{A}=\boldsymbol{P}\begin{pmatrix}1 & 0\\ 0 & r\end{pmatrix}\boldsymbol{P}^{-1}$，所以 $\begin{pmatrix}x_n\\ y_n\end{pmatrix}=\boldsymbol{A}^n\begin{pmatrix}x_0\\ y_0\end{pmatrix}=\boldsymbol{P}\begin{pmatrix}1 & 0\\ 0 & r^n\end{pmatrix}\boldsymbol{P}^{-1}\begin{pmatrix}x_0\\ y_0\end{pmatrix}=$ $\dfrac{1}{2(p+q)}\begin{pmatrix}q & -1\\ p & 1\end{pmatrix}\begin{pmatrix}1 & 0\\ 0 & r^n\end{pmatrix}\begin{pmatrix}1 & 1\\ -p & q\end{pmatrix}\begin{pmatrix}1\\ 1\end{pmatrix}=\dfrac{1}{2(p+q)}\begin{pmatrix}2q-(q-p)r^n\\ 2p+(q-p)r^n\end{pmatrix}$.

19. 解:(1)矩阵 $\boldsymbol{A}$ 的特征多项式 $|\boldsymbol{A}-\lambda\boldsymbol{E}|=\begin{vmatrix}2-\lambda & -2 & 0\\ -2 & 1-\lambda & -2\\ 0 & -2 & -\lambda\end{vmatrix}=(2-\lambda)[-\lambda(1-\lambda)-4]+4\lambda=$ $-\lambda(1-\lambda)(2-\lambda)+8(\lambda-1)=-(\lambda-1)(\lambda-4)(\lambda+2)$，所以 $\boldsymbol{A}$ 的特征值为 $\lambda_1=-2$，$\lambda_2=1$，$\lambda_3=4$.

当 $\lambda_1=-2$ 时，有方程组 $(\boldsymbol{A}+2\boldsymbol{E})\boldsymbol{x}=\boldsymbol{0}$，由 $\boldsymbol{A}+2\boldsymbol{E}=\begin{pmatrix}4 & -2 & 0\\ -2 & 3 & -2\\ 0 & -2 & 2\end{pmatrix}\xrightarrow{\frac{1}{2}r_1,\,r_2+r_1}$ $\begin{pmatrix}2 & -1 & 0\\ 0 & 2 & -2\\ 0 & -2 & 2\end{pmatrix}\xrightarrow{r_3+r_2,\,\frac{1}{2}r_2}\begin{pmatrix}2 & -1 & 0\\ 0 & 1 & -1\\ 0 & 0 & 0\end{pmatrix}$，得同解方程组 $\begin{cases}2x_1-x_2=0,\\ x_2-x_3=0,\end{cases}$ 取 $x_3=2$，得单位特征向量 $\boldsymbol{p}_1=\dfrac{1}{3}(1,2,2)^{\mathrm{T}}$；

当 $\lambda_2=1$ 时，有方程组 $(\boldsymbol{A}-\boldsymbol{E})\boldsymbol{x}=\boldsymbol{0}$，由 $\boldsymbol{A}-\boldsymbol{E}=\begin{pmatrix}1 & -2 & 0\\ -2 & 0 & -2\\ 0 & -2 & -1\end{pmatrix}\xrightarrow{r_2+2r_1}\begin{pmatrix}1 & -2 & 0\\ 0 & -4 & -2\\ 0 & -2 & -1\end{pmatrix}$ $\xrightarrow{-\frac{1}{2}r_2,\,r_3+r_2}\begin{pmatrix}1 & -2 & 0\\ 0 & 2 & 1\\ 0 & 0 & 0\end{pmatrix}$，得同解方程组 $\begin{cases}x_1-2x_2=0,\\ 2x_2+x_3=0,\end{cases}$ 取 $x_3=-2$，得单位特征向量 $\boldsymbol{p}_2=\dfrac{1}{3}(2,1,-2)^{\mathrm{T}}$；

当 $\lambda_3=4$ 时，有方程组 $(\boldsymbol{A}-4\boldsymbol{E})\boldsymbol{x}=\boldsymbol{0}$，由 $\boldsymbol{A}-4\boldsymbol{E}=\begin{pmatrix}-2&-2&0\\-2&-3&-2\\0&-2&-4\end{pmatrix}\xrightarrow{r_2-r_1,\,-\frac{1}{2}r_1}\begin{pmatrix}1&1&0\\0&-1&-2\\0&-2&-4\end{pmatrix}$

$\xrightarrow[r_3+2r_2]{-r_2}\begin{pmatrix}1&1&0\\0&1&2\\0&0&0\end{pmatrix}$，得同解方程组 $\begin{cases}x_1+x_2=0,\\x_2+2x_3=0,\end{cases}$ 取 $x_3=1$，得单位特征向量 $\boldsymbol{p}_3=\dfrac{1}{3}(2,-2,1)^{\mathrm{T}}$.

令 $\boldsymbol{P}=(\boldsymbol{p}_1,\boldsymbol{p}_2,\boldsymbol{p}_3)=\dfrac{1}{3}\begin{pmatrix}1&2&2\\2&1&-2\\2&-2&1\end{pmatrix}$，则 $\boldsymbol{P}$ 为所求矩阵，且 $\boldsymbol{P}^{-1}\boldsymbol{AP}=\boldsymbol{P}^{\mathrm{T}}\boldsymbol{AP}=\begin{pmatrix}-2&&\\&1&\\&&4\end{pmatrix}$.

（2）矩阵 $\boldsymbol{A}$ 的特征多项式 $|\boldsymbol{A}-\lambda\boldsymbol{E}|=\begin{vmatrix}2-\lambda&2&-2\\2&5-\lambda&-4\\-2&-4&5-\lambda\end{vmatrix}\overset{r_3+r_2}{=\!=}\begin{vmatrix}2-\lambda&2&-2\\2&5-\lambda&-4\\0&1-\lambda&1-\lambda\end{vmatrix}\overset{c_2-c_3}{=\!=}$

$\begin{vmatrix}2-\lambda&4&-2\\2&9-\lambda&-4\\0&0&1-\lambda\end{vmatrix}=(1-\lambda)\begin{vmatrix}2-\lambda&4\\2&9-\lambda\end{vmatrix}=-(1-\lambda)^2(\lambda-10)$，所以 $\boldsymbol{A}$ 的特征值为 $\lambda_1=\lambda_2=1$，$\lambda_3=10$.

当 $\lambda_1=\lambda_2=1$ 时，有方程组 $(\boldsymbol{A}-\boldsymbol{E})\boldsymbol{x}=\boldsymbol{0}$，由 $\boldsymbol{A}-\boldsymbol{E}=\begin{pmatrix}1&2&-2\\2&4&-4\\-2&-4&4\end{pmatrix}\xrightarrow[r_3+2r_1]{r_2-2r_1}\begin{pmatrix}1&2&-2\\0&0&0\\0&0&0\end{pmatrix}$，

得同解方程 $x_1+2x_2-2x_3=0$，得特征向量 $\boldsymbol{a}_1=\begin{pmatrix}0\\1\\1\end{pmatrix}$，$\boldsymbol{a}_2=\begin{pmatrix}2\\0\\1\end{pmatrix}$，将 $\boldsymbol{a}_1$ 和 $\boldsymbol{a}_2$ 正交化得 $\boldsymbol{b}_1=\boldsymbol{a}_1=$

$\begin{pmatrix}0\\1\\1\end{pmatrix}$，$\boldsymbol{b}_2=\boldsymbol{a}_2-\dfrac{(\boldsymbol{a}_2,\boldsymbol{b}_1)}{(\boldsymbol{b}_1,\boldsymbol{b}_1)}\boldsymbol{b}_1=\begin{pmatrix}2\\0\\1\end{pmatrix}-\dfrac{1}{2}\begin{pmatrix}0\\1\\1\end{pmatrix}=\dfrac{1}{2}\begin{pmatrix}4\\-1\\1\end{pmatrix}$，再分别单位化得 $\boldsymbol{p}_1=\dfrac{1}{\sqrt{2}}\begin{pmatrix}0\\1\\1\end{pmatrix}$，$\boldsymbol{p}_2=\dfrac{1}{3\sqrt{2}}\begin{pmatrix}4\\-1\\1\end{pmatrix}$.

当 $\lambda_3=10$ 时，有方程组 $(\boldsymbol{A}-10\boldsymbol{E})\boldsymbol{x}=\boldsymbol{0}$，由 $\boldsymbol{A}-10\boldsymbol{E}=\begin{pmatrix}-8&2&-2\\2&-5&-4\\-2&-4&-5\end{pmatrix}\xrightarrow[\substack{r_2+4r_1\\r_3+r_1}]{r_1\leftrightarrow r_2}$

$\begin{pmatrix}2&-5&-4\\0&-18&-18\\0&-9&-9\end{pmatrix}\xrightarrow{-\frac{1}{18}r_2,\,r_3+9r_2,\,r_1+5r_2}\begin{pmatrix}2&0&1\\0&1&1\\0&0&0\end{pmatrix}$，得单位特征向量 $\boldsymbol{p}_3=\dfrac{1}{3}(1,2,-2)^{\mathrm{T}}$.

令 $\boldsymbol{P}=(\boldsymbol{p}_1,\boldsymbol{p}_2,\boldsymbol{p}_3)=\dfrac{1}{3\sqrt{2}}\begin{pmatrix}0&4&\sqrt{2}\\3&-1&2\sqrt{2}\\3&1&-2\sqrt{2}\end{pmatrix}$，则 $\boldsymbol{P}$ 为所求矩阵，且 $\boldsymbol{P}^{-1}\boldsymbol{AP}=\boldsymbol{P}^{\mathrm{T}}\boldsymbol{AP}=\begin{pmatrix}1&&\\&1&\\&&10\end{pmatrix}$.

20．解：由题可知，矩阵 $\boldsymbol{A}$ 的特征值是 $5,-4,y$，根据特征值的性质，有 $5+(-4)+y=$

$1+x+1$，即 $y=x+1$．因为 $\lambda=-4$ 是矩阵 $\boldsymbol{A}$ 的特征值，则 $|\boldsymbol{A}+4\boldsymbol{E}|=0$，所以 $|\boldsymbol{A}+4\boldsymbol{E}|=\begin{vmatrix}5&-2&-4\\-2&x+4&-2\\-4&-2&5\end{vmatrix}\xlongequal{r_3-r_1}\begin{vmatrix}5&-2&-4\\-2&x+4&-2\\-9&0&9\end{vmatrix}\xlongequal{c_1+c_3}\begin{vmatrix}1&-2&-4\\-4&x+4&-2\\0&0&9\end{vmatrix}=9(x-4)=0$，解得 $x=4$，则 $y=x+1=5$．因此，$\boldsymbol{A}$ 的特征值为 $\lambda_1=\lambda_3=5$，$\lambda_2=-4$．

当 $\lambda_1=\lambda_3=5$ 时，有方程组 $(\boldsymbol{A}-5\boldsymbol{E})\boldsymbol{x}=\boldsymbol{0}$，由 $\boldsymbol{A}-5\boldsymbol{E}=\begin{pmatrix}-4&-2&-4\\-2&-1&-2\\-4&-2&-4\end{pmatrix}\xrightarrow[r_3+2r_2]{-\frac{1}{2}r_1,\ r_2+r_1}\begin{pmatrix}2&1&2\\0&0&0\\0&0&0\end{pmatrix}$，有同解方程 $2x_1+x_2+2x_3=0$，得特征向量 $\boldsymbol{a}_1=\begin{pmatrix}1\\0\\-1\end{pmatrix}$，$\boldsymbol{a}_3=\begin{pmatrix}1\\-2\\0\end{pmatrix}$，将 $\boldsymbol{a}_1$ 和 $\boldsymbol{a}_3$ 正交化得 $\boldsymbol{b}_1=\boldsymbol{a}_1=\begin{pmatrix}1\\0\\-1\end{pmatrix}$，$\boldsymbol{b}_3=\boldsymbol{a}_3-\dfrac{(\boldsymbol{a}_3,\boldsymbol{b}_1)}{(\boldsymbol{b}_1,\boldsymbol{b}_1)}\boldsymbol{b}_1=\begin{pmatrix}1\\-2\\0\end{pmatrix}-\dfrac{1}{2}\begin{pmatrix}1\\0\\-1\end{pmatrix}=\dfrac{1}{2}\begin{pmatrix}1\\-4\\1\end{pmatrix}$，再分别单位化得 $\boldsymbol{p}_1=\dfrac{1}{\sqrt{2}}\begin{pmatrix}1\\0\\-1\end{pmatrix}$，$\boldsymbol{p}_3=\dfrac{1}{3\sqrt{2}}\begin{pmatrix}1\\-4\\1\end{pmatrix}$．

当 $\lambda_2=-4$ 时，有方程组 $(\boldsymbol{A}+4\boldsymbol{E})\boldsymbol{x}=\boldsymbol{0}$，由 $\boldsymbol{A}+4\boldsymbol{E}=\begin{pmatrix}5&-2&-4\\-2&8&-2\\-4&-2&5\end{pmatrix}\xrightarrow[r_3-r_1]{r_2+4r_1}\begin{pmatrix}5&-2&-4\\18&0&-18\\-9&0&9\end{pmatrix}\xrightarrow{r_1\leftrightarrow r_2,\ \frac{1}{18}r_1,\ r_3+9r_1,\ r_2-5r_1}\begin{pmatrix}1&0&-1\\0&-2&1\\0&0&0\end{pmatrix}$，得同解方程组 $\begin{cases}x_1-x_3=0,\\-2x_2+x_3=0,\end{cases}$ 取 $x_3=2$，得单位特征向量 $\boldsymbol{p}_2=\dfrac{1}{3}(2,1,2)^{\mathrm{T}}$．

令 $\boldsymbol{P}=(\boldsymbol{p}_1,\boldsymbol{p}_2,\boldsymbol{p}_3)=\dfrac{1}{3\sqrt{2}}\begin{pmatrix}3&2\sqrt{2}&1\\0&\sqrt{2}&-4\\-3&2\sqrt{2}&1\end{pmatrix}$，则 $\boldsymbol{P}$ 为所求矩阵，且 $\boldsymbol{P}^{-1}\boldsymbol{A}\boldsymbol{P}=\boldsymbol{\Lambda}=\begin{pmatrix}5&&\\&-4&\\&&5\end{pmatrix}$．

21．解：因为矩阵 $\boldsymbol{A}$ 的特征值互异，所以向量组 $\boldsymbol{p}_1,\boldsymbol{p}_2,\boldsymbol{p}_3$ 线性无关，矩阵 $\boldsymbol{P}=(\boldsymbol{p}_1,\boldsymbol{p}_2,\boldsymbol{p}_3)=\begin{pmatrix}0&1&1\\1&1&1\\1&1&0\end{pmatrix}$ 可逆，$\boldsymbol{P}^{-1}=\begin{pmatrix}-1&1&0\\1&-1&1\\0&1&-1\end{pmatrix}$，且 $\boldsymbol{P}^{-1}\boldsymbol{A}\boldsymbol{P}=\mathrm{diag}(2,-2,1)$，故有

$$\boldsymbol{A}=\boldsymbol{P}\mathrm{diag}(2,-2,1)\boldsymbol{P}^{-1}=\begin{pmatrix}0&1&1\\1&1&1\\1&1&0\end{pmatrix}\begin{pmatrix}2&0&0\\0&-2&0\\0&0&1\end{pmatrix}\begin{pmatrix}-1&1&0\\1&-1&1\\0&1&-1\end{pmatrix}=\begin{pmatrix}-2&3&-3\\-4&5&-3\\-4&4&-2\end{pmatrix}.$$

22．**解**：因为 $\boldsymbol{A}$ 是对称矩阵，所以存在正交矩阵 $\boldsymbol{Q}=(\boldsymbol{q}_1,\boldsymbol{q}_2,\boldsymbol{q}_3)$，使 $\boldsymbol{Q}^{-1}\boldsymbol{A}\boldsymbol{Q}=\boldsymbol{Q}^{\mathrm{T}}\boldsymbol{A}\boldsymbol{Q}=\mathrm{diag}(1,-1,0)$．向量 $\boldsymbol{q}_1$，$\boldsymbol{q}_2$ 可分别取 $\boldsymbol{p}_1$，$\boldsymbol{p}_2$ 的单位化向量，即 $\boldsymbol{q}_1=\frac{1}{3}\begin{pmatrix}1\\2\\2\end{pmatrix}$，$\boldsymbol{q}_2=\frac{1}{3}\begin{pmatrix}2\\1\\-2\end{pmatrix}$．

因为 $\boldsymbol{q}_3$ 与 $\boldsymbol{p}_1$，$\boldsymbol{p}_2$ 正交，所以 $\boldsymbol{q}_3$ 可取方程 $\begin{pmatrix}\boldsymbol{p}_1^{\mathrm{T}}\\\boldsymbol{p}_2^{\mathrm{T}}\end{pmatrix}\boldsymbol{x}=\boldsymbol{0}$ 的单位解向量．由 $\begin{pmatrix}\boldsymbol{p}_1^{\mathrm{T}}\\\boldsymbol{p}_2^{\mathrm{T}}\end{pmatrix}=\begin{pmatrix}1&2&2\\2&1&-2\end{pmatrix}$ $\xrightarrow{-\frac{1}{3}(r_2-2r_1),\,r_1-2r_2}\begin{pmatrix}1&0&-2\\0&1&2\end{pmatrix}$，得单位解向量 $\boldsymbol{q}_3=\frac{1}{3}(2,-2,1)^{\mathrm{T}}$．因为 $\boldsymbol{A}$ 是对称矩阵，所以

$$\boldsymbol{A}=\boldsymbol{Q}\mathrm{diag}(1,-1,0)\boldsymbol{Q}^{\mathrm{T}}=\frac{1}{9}\begin{pmatrix}1&2&2\\2&1&-2\\2&-2&1\end{pmatrix}\begin{pmatrix}1&0&0\\0&-1&0\\0&0&0\end{pmatrix}\begin{pmatrix}1&2&2\\2&1&-2\\2&-2&1\end{pmatrix}=\frac{1}{3}\begin{pmatrix}-1&0&2\\0&1&2\\2&2&0\end{pmatrix}.$$

思路点拨：21 题，由特征值 $\lambda_1,\lambda_2,\lambda_3$ 互不相等，得 $\boldsymbol{A}$ 与对角矩阵 $\mathrm{diag}(\lambda_1,\lambda_2,\lambda_3)$ 相似，即 $\boldsymbol{P}^{-1}\boldsymbol{A}\boldsymbol{P}=\mathrm{diag}(\lambda_1,\lambda_2,\lambda_3)$．22 题，由 $\boldsymbol{A}$ 是对称矩阵，得 $\boldsymbol{Q}^{\mathrm{T}}\boldsymbol{A}\boldsymbol{Q}=\mathrm{diag}(\lambda_1,\lambda_2,\lambda_3)$．23 题也可应用 22 题的方法，但 23 题中矩阵 $\boldsymbol{A}$ 有一个二重特征值，所以下面给出一种更简便的解法．

23．**解**：因为 $\boldsymbol{A}$ 是对称矩阵，所以存在正交矩阵 $\boldsymbol{Q}$，使 $\boldsymbol{Q}^{\mathrm{T}}\boldsymbol{A}\boldsymbol{Q}=\boldsymbol{\Lambda}=\mathrm{diag}(6,3,3)$，即 $\boldsymbol{A}=\boldsymbol{Q}\boldsymbol{\Lambda}\boldsymbol{Q}^{\mathrm{T}}$，矩阵 $\boldsymbol{Q}$ 用其列向量表示为 $\boldsymbol{Q}=(\boldsymbol{q}_1,\boldsymbol{q}_2,\boldsymbol{q}_3)$，则向量 $\boldsymbol{q}_1$ 是对应于特征值 $\lambda_1=6$ 的单位特征向量，$\boldsymbol{q}_1=\frac{\boldsymbol{p}_1}{\|\boldsymbol{p}_1\|}=\frac{1}{\sqrt{3}}(1,1,1)^{\mathrm{T}}$．由 $\boldsymbol{A}=\boldsymbol{Q}\boldsymbol{\Lambda}\boldsymbol{Q}^{\mathrm{T}}$，得 $\boldsymbol{A}-3\boldsymbol{E}=\boldsymbol{Q}(\boldsymbol{\Lambda}-3\boldsymbol{E})\boldsymbol{Q}^{\mathrm{T}}=$
$(\boldsymbol{q}_1,\boldsymbol{q}_2,\boldsymbol{q}_3)\begin{pmatrix}3&0&0\\0&0&0\\0&0&0\end{pmatrix}\begin{pmatrix}\boldsymbol{q}_1^{\mathrm{T}}\\\boldsymbol{q}_2^{\mathrm{T}}\\\boldsymbol{q}_3^{\mathrm{T}}\end{pmatrix}=3(\boldsymbol{q}_1,\boldsymbol{0},\boldsymbol{0})\begin{pmatrix}\boldsymbol{q}_1^{\mathrm{T}}\\\boldsymbol{q}_2^{\mathrm{T}}\\\boldsymbol{q}_3^{\mathrm{T}}\end{pmatrix}=3\boldsymbol{q}_1\boldsymbol{q}_1^{\mathrm{T}}=\begin{pmatrix}1&1&1\\1&1&1\\1&1&1\end{pmatrix}$，所以

$$\boldsymbol{A}=\boldsymbol{Q}(\boldsymbol{\Lambda}-3\boldsymbol{E})\boldsymbol{Q}^{\mathrm{T}}+3\boldsymbol{E}=\begin{pmatrix}1&1&1\\1&1&1\\1&1&1\end{pmatrix}+3\boldsymbol{E}=\begin{pmatrix}4&1&1\\1&4&1\\1&1&4\end{pmatrix}.$$

24．**解**：（1）设 λ 是矩阵 $\boldsymbol{A}$ 的一个特征值，则有非零列向量 $\boldsymbol{x}$ 满足 $\boldsymbol{A}\boldsymbol{x}=\lambda\boldsymbol{x}$，$\boldsymbol{A}^2\boldsymbol{x}=\lambda^2\boldsymbol{x}$，且 $\boldsymbol{a}^{\mathrm{T}}\boldsymbol{a}=a_1^{\ 2}+a_2^{\ 2}+\cdots+a_n^{\ 2}$ 为一个常数，所以 $\lambda^2\boldsymbol{x}=\boldsymbol{A}^2\boldsymbol{x}=\boldsymbol{a}\boldsymbol{a}^{\mathrm{T}}\boldsymbol{a}\boldsymbol{a}^{\mathrm{T}}\boldsymbol{x}=(\boldsymbol{a}^{\mathrm{T}}\boldsymbol{a})\boldsymbol{a}\boldsymbol{a}^{\mathrm{T}}\boldsymbol{x}=(\boldsymbol{a}^{\mathrm{T}}\boldsymbol{a})\lambda\boldsymbol{x}$，即 $\lambda^2=(\boldsymbol{a}^{\mathrm{T}}\boldsymbol{a})\lambda$，解得 $\lambda=0$ 或 $\lambda=a_1^{\ 2}+a_2^{\ 2}+\cdots+a_n^{\ 2}\neq0$．又因为 n 阶矩阵 $\boldsymbol{A}$ 的所有特征值的和为矩阵 $\boldsymbol{A}$ 的迹，$\lambda_1+\lambda_2+\cdots+\lambda_n=a_1^{\ 2}+a_2^{\ 2}+\cdots+a_n^{\ 2}$，即在 $\lambda_1,\lambda_2,\cdots,\lambda_n$ 中有且只有一个为 $\boldsymbol{a}^{\mathrm{T}}\boldsymbol{a}$，其余 $n-1$ 个全为 0，所以 $\lambda=0$ 是 $\boldsymbol{A}$ 的 $n-1$ 重特征值，得证．

（2）根据（1）题，设 $\lambda_1=\boldsymbol{a}^{\mathrm{T}}\boldsymbol{a}$，$\lambda_2=\cdots=\lambda_n=0$．由 $\boldsymbol{A}\boldsymbol{a}=(\boldsymbol{a}\boldsymbol{a}^{\mathrm{T}})\boldsymbol{a}=\boldsymbol{a}(\boldsymbol{a}^{\mathrm{T}}\boldsymbol{a})=\lambda_1\boldsymbol{a}$，知 $\boldsymbol{A}$ 的特征值 $\lambda_1=\boldsymbol{a}^{\mathrm{T}}\boldsymbol{a}$ 对应的特征向量为 $\boldsymbol{p}_1=\boldsymbol{a}$．

当 $\lambda_2=\cdots=\lambda_n=0$ 时，有方程组 $\boldsymbol{A}\boldsymbol{x}=\boldsymbol{0}$，即 $\boldsymbol{a}\boldsymbol{a}^{\mathrm{T}}\boldsymbol{x}=\boldsymbol{0}$．因为 $\boldsymbol{a}\neq\boldsymbol{0}$，所以 $\boldsymbol{a}^{\mathrm{T}}\boldsymbol{x}=\boldsymbol{0}$，得方

程 $a_1x_1+a_2x_2+\cdots+a_nx_n=0$，所以特征值 $\lambda_2=\cdots=\lambda_n=0$ 对应的 $n-1$ 个特征向量可取

$$\boldsymbol{p}_2=\begin{pmatrix}a_2\\-a_1\\0\\\vdots\\0\end{pmatrix},\boldsymbol{p}_3=\begin{pmatrix}a_3\\0\\-a_1\\\vdots\\0\end{pmatrix},\cdots,\boldsymbol{p}_n=\begin{pmatrix}a_n\\0\\0\\\vdots\\-a_1\end{pmatrix}.$$

综上所述，$\boldsymbol{A}$ 的 n 个线性无关的特征向量 $(\boldsymbol{p}_1,\boldsymbol{p}_2,\cdots,\boldsymbol{p}_n)=\begin{pmatrix}a_1&a_2&a_3&\cdots&a_n\\a_2&-a_1&0&\cdots&0\\a_3&0&-a_1&\cdots&0\\\vdots&\vdots&\vdots&&\vdots\\a_n&0&0&\cdots&-a_1\end{pmatrix}$.

25．证明：设 $\boldsymbol{A}=(a_{ij})$，$\boldsymbol{B}=(b_{ij})$，$\boldsymbol{C}=\boldsymbol{AB}=(c_{ij})$，$\boldsymbol{D}=\boldsymbol{BA}=(d_{ij})$．根据矩阵乘法，有 $c_{ii}=\sum\limits_{k=1}^{n}a_{ik}b_{ki}$，$d_{ii}=\sum\limits_{i=1}^{n}b_{ik}a_{ki}$，所以 $\operatorname{tr}(\boldsymbol{AB})=\operatorname{tr}(\boldsymbol{C})=\sum\limits_{i=1}^{n}c_{ii}=\sum\limits_{i=1}^{n}\sum\limits_{k=1}^{n}a_{ik}b_{ki}=\sum\limits_{k=1}^{n}\sum\limits_{i=1}^{n}b_{ki}a_{ik}=\sum\limits_{i=1}^{n}\sum\limits_{k=1}^{n}b_{ik}a_{ki}=\sum\limits_{i=1}^{n}d_{ii}=\operatorname{tr}(\boldsymbol{D})=\operatorname{tr}(\boldsymbol{BA})$，得证．

26．解：(1) 矩阵 $\boldsymbol{A}$ 的特征多项式 $|\boldsymbol{A}-\lambda\boldsymbol{E}|=\begin{vmatrix}3-\lambda&-2\\-2&3-\lambda\end{vmatrix}=(3-\lambda)^2-4=(\lambda-1)(\lambda-5)$，所以 $\boldsymbol{A}$ 的特征值为 $\lambda_1=1$，$\lambda_2=5$．

当 $\lambda_1=1$ 时，有方程组 $(\boldsymbol{A}-\boldsymbol{E})\boldsymbol{x}=\boldsymbol{0}$，由 $\boldsymbol{A}-\boldsymbol{E}=\begin{pmatrix}2&-2\\-2&2\end{pmatrix}\xrightarrow{r_2+r_1,\frac{r_1}{2}}\begin{pmatrix}1&-1\\0&0\end{pmatrix}$，得单位特征向量 $\boldsymbol{p}_1=\frac{1}{\sqrt{2}}\begin{pmatrix}1\\1\end{pmatrix}$；当 $\lambda_2=5$ 时，有方程组 $(\boldsymbol{A}-5\boldsymbol{E})\boldsymbol{x}=\boldsymbol{0}$，由 $\boldsymbol{A}-5\boldsymbol{E}=\begin{pmatrix}-2&-2\\-2&-2\end{pmatrix}\xrightarrow{r_2-r_1,-\frac{r_1}{2}}\begin{pmatrix}1&1\\0&0\end{pmatrix}$，得单位特征向量 $\boldsymbol{p}_2=\frac{1}{\sqrt{2}}\begin{pmatrix}-1\\1\end{pmatrix}$.

令 $\boldsymbol{P}=(\boldsymbol{p}_1,\boldsymbol{p}_2)=\frac{1}{\sqrt{2}}\begin{pmatrix}1&-1\\1&1\end{pmatrix}$，则 $\boldsymbol{P}$ 是正交矩阵，且 $\boldsymbol{P}^{-1}\boldsymbol{AP}=\boldsymbol{P}^{\mathrm{T}}\boldsymbol{AP}=\boldsymbol{\Lambda}=\begin{pmatrix}1&\\&5\end{pmatrix}$，即 $\boldsymbol{A}=\boldsymbol{P\Lambda P}^{\mathrm{T}}$，所以

$$\varphi(\boldsymbol{A})=\boldsymbol{P}\varphi(\boldsymbol{\Lambda})\boldsymbol{P}^{\mathrm{T}}=\frac{1}{2}\begin{pmatrix}1&-1\\1&1\end{pmatrix}\begin{pmatrix}\varphi(1)&\\&\varphi(5)\end{pmatrix}\begin{pmatrix}1&1\\-1&1\end{pmatrix}=\frac{1}{2}\begin{pmatrix}1&-1\\1&1\end{pmatrix}\begin{pmatrix}-4&\\&0\end{pmatrix}\begin{pmatrix}1&1\\-1&1\end{pmatrix}=-2\begin{pmatrix}1&1\\1&1\end{pmatrix}.$$

(2) 矩阵 $\boldsymbol{A}$ 的特征多项式 $|\boldsymbol{A}-\lambda\boldsymbol{E}|=\begin{vmatrix}2-\lambda&1&2\\1&2-\lambda&2\\2&2&1-\lambda\end{vmatrix}\overset{r_2+r_1}{=\!=}\begin{vmatrix}2-\lambda&1&2\\3-\lambda&3-\lambda&4\\2&2&1-\lambda\end{vmatrix}\overset{c_1-c_2}{=\!=}$

$\begin{vmatrix} 1-\lambda & 1 & 2 \\ 0 & 3-\lambda & 4 \\ 0 & 2 & 1-\lambda \end{vmatrix} = (1-\lambda)(\lambda+1)(\lambda-5)$，所以 $\boldsymbol{A}$ 的特征值为 $\lambda_1=-1$，$\lambda_2=1$，$\lambda_3=5$．因为 $\boldsymbol{A}$ 是对称矩阵，所以存在正交矩阵 $\boldsymbol{P}=(\boldsymbol{p}_1,\boldsymbol{p}_2,\boldsymbol{p}_3)$，使 $\boldsymbol{P}^{-1}\boldsymbol{A}\boldsymbol{P}=\boldsymbol{P}^{\mathrm{T}}\boldsymbol{A}\boldsymbol{P}=\boldsymbol{\Lambda}=\mathrm{diag}(-1,1,5)$，即 $\boldsymbol{A}=\boldsymbol{P}\boldsymbol{\Lambda}\boldsymbol{P}^{\mathrm{T}}$，所以 $\varphi(\boldsymbol{A})=\boldsymbol{P}\boldsymbol{\Lambda}\boldsymbol{P}^{\mathrm{T}}=\boldsymbol{P}\begin{pmatrix} -1 & & \\ & 1 & \\ & & 5 \end{pmatrix}\boldsymbol{P}^{\mathrm{T}}=\boldsymbol{P}\begin{pmatrix} \varphi(-1) & & \\ & \varphi(1) & \\ & & \varphi(5) \end{pmatrix}\boldsymbol{P}^{\mathrm{T}}=(\boldsymbol{p}_1,\boldsymbol{p}_2,\boldsymbol{p}_3)\cdot$ $\begin{pmatrix} 12 & & \\ & 0 & \\ & & 0 \end{pmatrix}\begin{pmatrix} \boldsymbol{p}_1^{\mathrm{T}} \\ \boldsymbol{p}_2^{\mathrm{T}} \\ \boldsymbol{p}_3^{\mathrm{T}} \end{pmatrix}=12\boldsymbol{p}_1\boldsymbol{p}_1^{\mathrm{T}}$，因此，只需计算特征值 $\lambda_1=-1$ 对应的 $\boldsymbol{p}_1$．

当 $\lambda_1=-1$ 时，有方程组 $(\boldsymbol{A}+\boldsymbol{E})\boldsymbol{x}=\boldsymbol{0}$，由 $\boldsymbol{A}+\boldsymbol{E}=\begin{pmatrix} 3 & 1 & 2 \\ 1 & 3 & 2 \\ 2 & 2 & 2 \end{pmatrix}\xrightarrow[r_3-2r_1]{r_1\leftrightarrow r_2,\ r_2-3r_1}\begin{pmatrix} 1 & 3 & 2 \\ 0 & -8 & -4 \\ 0 & -4 & -2 \end{pmatrix}$ $\xrightarrow{-\frac{r_2}{4},\ r_1-2r_2,\ r_3+2r_2}\begin{pmatrix} 1 & -1 & 0 \\ 0 & 2 & 1 \\ 0 & 0 & 0 \end{pmatrix}$，得单位特征向量 $\boldsymbol{p}_1=\frac{1}{\sqrt{6}}\begin{pmatrix} 1 \\ 1 \\ -2 \end{pmatrix}$．

综上所述，$\varphi(\boldsymbol{A})=12\boldsymbol{p}_1\boldsymbol{p}_1^{\mathrm{T}}=2\begin{pmatrix} 1 \\ 1 \\ -2 \end{pmatrix}(1,1,-2)=2\begin{pmatrix} 1 & 1 & -2 \\ 1 & 1 & -2 \\ -2 & -2 & 4 \end{pmatrix}$．

27．**解：**（1）$f=(x,y,z)\begin{pmatrix} 1 & 2 & 1 \\ 2 & 4 & 2 \\ 1 & 2 & 1 \end{pmatrix}\begin{pmatrix} x \\ y \\ z \end{pmatrix}$．　（2）$f=(x,y,z)\begin{pmatrix} 1 & -1 & -2 \\ -1 & 1 & -2 \\ -2 & -2 & -7 \end{pmatrix}\begin{pmatrix} x \\ y \\ z \end{pmatrix}$．

（3）$f=(x_1,x_2,x_3)\begin{pmatrix} 1 & -1 & 0 \\ -1 & 1 & 3 \\ 0 & 3 & 1 \end{pmatrix}\begin{pmatrix} x_1 \\ x_2 \\ x_3 \end{pmatrix}$．

28．**解：**（1）记 $\boldsymbol{x}=\begin{pmatrix} x_1 \\ x_2 \end{pmatrix}$，则 $f(\boldsymbol{x})=(x_1,x_2)\begin{pmatrix} 2 & 1 \\ 3 & 1 \end{pmatrix}\begin{pmatrix} x_1 \\ x_2 \end{pmatrix}=(2x_1+3x_2,x_1+x_2)\begin{pmatrix} x_1 \\ x_2 \end{pmatrix}=$ $2x_1^2+4x_2x_1+x_2^2=(x_1,x_2)\begin{pmatrix} 2 & 2 \\ 2 & 1 \end{pmatrix}\begin{pmatrix} x_1 \\ x_2 \end{pmatrix}$，所以 f 的矩阵为 $\begin{pmatrix} 2 & 2 \\ 2 & 1 \end{pmatrix}$．

（2）记 $\boldsymbol{x}=\begin{pmatrix} x_1 \\ x_2 \\ x_3 \end{pmatrix}$，则 $f(\boldsymbol{x})=(x_1,x_2,x_3)\begin{pmatrix} 1 & 2 & 3 \\ 4 & 5 & 6 \\ 7 & 8 & 9 \end{pmatrix}\begin{pmatrix} x_1 \\ x_2 \\ x_3 \end{pmatrix}=x_1^2+5x_2^2+9x_3^2+6x_1x_2+$ $10x_1x_3+14x_2x_3=\boldsymbol{x}^{\mathrm{T}}\begin{pmatrix} 1 & 3 & 5 \\ 3 & 5 & 7 \\ 5 & 7 & 9 \end{pmatrix}\boldsymbol{x}$，所以 f 的矩阵为 $\begin{pmatrix} 1 & 3 & 5 \\ 3 & 5 & 7 \\ 5 & 7 & 9 \end{pmatrix}$．

方法总结

设二次型 $f=\boldsymbol{x}^{\mathrm T}\boldsymbol{A}\boldsymbol{x}$，其中 $\boldsymbol{A}$ 不一定是二次型的矩阵，但二次型 $f=\boldsymbol{x}^{\mathrm T}\boldsymbol{A}\boldsymbol{x}$ 的矩阵一定是对称矩阵 $\dfrac{\boldsymbol{A}+\boldsymbol{A}^{\mathrm T}}{2}$，证明如下.

因为 f 为多项式，可看作一阶矩阵，则 $f=f^{\mathrm T}=(\boldsymbol{x}^{\mathrm T}\boldsymbol{A}\boldsymbol{x})^{\mathrm T}=\boldsymbol{x}^{\mathrm T}\boldsymbol{A}^{\mathrm T}\boldsymbol{x}$，且 $f=\boldsymbol{x}^{\mathrm T}\boldsymbol{A}\boldsymbol{x}$，所以 $f=\dfrac{1}{2}(\boldsymbol{x}^{\mathrm T}\boldsymbol{A}\boldsymbol{x}+\boldsymbol{x}^{\mathrm T}\boldsymbol{A}^{\mathrm T}\boldsymbol{x})=\boldsymbol{x}^{\mathrm T}\dfrac{\boldsymbol{A}+\boldsymbol{A}^{\mathrm T}}{2}\boldsymbol{x}$.

29．解：（1）二次型 f 的矩阵为 $\boldsymbol{A}=\begin{pmatrix}2&0&0\\0&3&2\\0&2&3\end{pmatrix}$，矩阵 $\boldsymbol{A}$ 的特征多项式 $|\boldsymbol{A}-\lambda\boldsymbol{E}|=$ $\begin{vmatrix}2-\lambda&0&0\\0&3-\lambda&2\\0&2&3-\lambda\end{vmatrix}=(2-\lambda)\begin{vmatrix}3-\lambda&2\\2&3-\lambda\end{vmatrix}=(2-\lambda)(\lambda-1)(\lambda-5)$，所以 $\boldsymbol{A}$ 的特征值为 $\lambda_1=1$，$\lambda_2=2$，$\lambda_3=5$.

当 $\lambda_1=1$ 时，有方程组 $(\boldsymbol{A}-\boldsymbol{E})\boldsymbol{x}=\boldsymbol{0}$，由 $\boldsymbol{A}-\boldsymbol{E}=\begin{pmatrix}1&0&0\\0&2&2\\0&2&2\end{pmatrix}\xrightarrow{r_3-r_2,\frac{r_2}{2}}\begin{pmatrix}1&0&0\\0&1&1\\0&0&0\end{pmatrix}$，得单位特征向量 $\boldsymbol{p}_1=\dfrac{1}{\sqrt{2}}(0,-1,1)^{\mathrm T}$.

当 $\lambda_2=2$ 时，有方程组 $(\boldsymbol{A}-2\boldsymbol{E})\boldsymbol{x}=\boldsymbol{0}$，由 $\boldsymbol{A}-2\boldsymbol{E}=\begin{pmatrix}0&0&0\\0&1&2\\0&2&1\end{pmatrix}\xrightarrow[r_2-2r_1]{r_1\leftrightarrow r_2,\ r_2\leftrightarrow r_3}\begin{pmatrix}0&1&2\\0&0&-3\\0&0&0\end{pmatrix}$ $\xrightarrow{-\frac{1}{3}r_2,\,r_1-2r_2}\begin{pmatrix}0&1&0\\0&0&1\\0&0&0\end{pmatrix}$，得单位特征向量 $\boldsymbol{p}_2=(1,0,0)^{\mathrm T}$.

当 $\lambda_3=5$ 时，有方程组 $(\boldsymbol{A}-5\boldsymbol{E})\boldsymbol{x}=\boldsymbol{0}$，由 $\boldsymbol{A}-5\boldsymbol{E}=\begin{pmatrix}-3&0&0\\0&-2&2\\0&2&-2\end{pmatrix}\xrightarrow{-\frac{1}{3}r_1,\,r_3+r_2,\,-\frac{1}{2}r_2}\begin{pmatrix}1&0&0\\0&1&-1\\0&0&0\end{pmatrix}$，得单位特征向量 $\boldsymbol{p}_3=\dfrac{1}{\sqrt{2}}(0,1,1)^{\mathrm T}$.

令 $\boldsymbol{P}=(\boldsymbol{p}_1,\boldsymbol{p}_2,\boldsymbol{p}_3)=\dfrac{1}{\sqrt{2}}\begin{pmatrix}0&1&0\\-1&0&1\\1&0&1\end{pmatrix}$，则 $\boldsymbol{P}$ 为正交矩阵，所求正交变换 $\boldsymbol{x}=\boldsymbol{P}\boldsymbol{y}$，即 $\begin{pmatrix}x_1\\x_2\\x_3\end{pmatrix}=\dfrac{1}{\sqrt{2}}\begin{pmatrix}0&1&0\\-1&0&1\\1&0&1\end{pmatrix}\begin{pmatrix}y_1\\y_2\\y_3\end{pmatrix}$，可将 f 化成标准形 $f=y_1^2+2y_2^2+5y_3^2$.

（2）二次型 f 的矩阵为 $\boldsymbol{A}=\begin{pmatrix}1&1&0\\1&0&-1\\0&-1&1\end{pmatrix}$，矩阵 $\boldsymbol{A}$ 的特征多项式 $|\boldsymbol{A}-\lambda\boldsymbol{E}|=$

$$\begin{vmatrix}1-\lambda&1&0\\1&-\lambda&-1\\0&-1&1-\lambda\end{vmatrix}\overset{r_1+r_3}{=\!=}(1-\lambda)\begin{vmatrix}1&0&1\\1&-\lambda&-1\\0&-1&1-\lambda\end{vmatrix}\overset{r_2-r_1}{=\!=}(1-\lambda)\begin{vmatrix}1&0&1\\0&-\lambda&-2\\0&-1&1-\lambda\end{vmatrix}=(1-\lambda)\begin{vmatrix}-\lambda&-2\\-1&1-\lambda\end{vmatrix}=(1-\lambda)\cdot$$

$(\lambda+1)(\lambda-2)$，所以 $\boldsymbol{A}$ 的特征值为 $\lambda_1=-1$，$\lambda_2=1$，$\lambda_3=2$．

当 $\lambda_1=-1$ 时，有方程组 $(\boldsymbol{A}+\boldsymbol{E})\boldsymbol{x}=\boldsymbol{0}$，由 $\boldsymbol{A}+\boldsymbol{E}=\begin{pmatrix}2&1&0\\1&1&-1\\0&-1&2\end{pmatrix}\xrightarrow[r_2-2r_1]{r_1\leftrightarrow r_2}\begin{pmatrix}1&1&-1\\0&-1&2\\0&-1&2\end{pmatrix}$

$\xrightarrow[r_3+r_2]{-r_2}\begin{pmatrix}1&1&-1\\0&1&-2\\0&0&0\end{pmatrix}\xrightarrow{r_1-r_2}\begin{pmatrix}1&0&1\\0&1&-2\\0&0&0\end{pmatrix}$，得单位特征向量 $\boldsymbol{p}_1=\dfrac{1}{\sqrt6}(-1,2,1)^{\mathrm T}$．

当 $\lambda_2=1$ 时，有方程组 $(\boldsymbol{A}-\boldsymbol{E})\boldsymbol{x}=\boldsymbol{0}$，由 $\boldsymbol{A}-\boldsymbol{E}=\begin{pmatrix}0&1&0\\1&-1&-1\\0&-1&0\end{pmatrix}\xrightarrow[r_1+r_2]{r_3+r_1,\ r_1\leftrightarrow r_2}\begin{pmatrix}1&0&-1\\0&1&0\\0&0&0\end{pmatrix}$，得单位特征向量 $\boldsymbol{p}_2=\dfrac{1}{\sqrt2}(1,0,1)^{\mathrm T}$．

当 $\lambda_3=2$ 时，有方程组 $(\boldsymbol{A}-2\boldsymbol{E})\boldsymbol{x}=\boldsymbol{0}$，由 $\boldsymbol{A}-2\boldsymbol{E}=\begin{pmatrix}-1&1&0\\1&-2&-1\\0&-1&-1\end{pmatrix}\xrightarrow[-r_1]{r_2+r_1}\begin{pmatrix}1&-1&0\\0&-1&-1\\0&-1&-1\end{pmatrix}$

$\xrightarrow[r_3+r_2]{-r_2}\begin{pmatrix}1&-1&0\\0&1&1\\0&0&0\end{pmatrix}$，得单位特征向量 $\boldsymbol{p}_3=\dfrac{1}{\sqrt3}(1,1,-1)^{\mathrm T}$．

令 $\boldsymbol{P}=(\boldsymbol{p}_1,\boldsymbol{p}_2,\boldsymbol{p}_3)=\dfrac{1}{\sqrt6}\begin{pmatrix}-1&\sqrt3&\sqrt2\\2&0&\sqrt2\\1&\sqrt3&-\sqrt2\end{pmatrix}$，则 $\boldsymbol{P}$ 为正交矩阵，所求正交变换 $\boldsymbol{x}=\boldsymbol{P}\boldsymbol{y}$，即

$\begin{pmatrix}x_1\\x_2\\x_3\end{pmatrix}=\dfrac{1}{\sqrt6}\begin{pmatrix}-1&\sqrt3&\sqrt2\\2&0&\sqrt2\\1&\sqrt3&-\sqrt2\end{pmatrix}\begin{pmatrix}y_1\\y_2\\y_3\end{pmatrix}$，可将 f 化成标准形 $f=-y_1^2+y_2^2+2y_3^2$．

30．**解：** 记二次曲面方程左边为二次型 f，则 f 的矩阵为 $\boldsymbol{A}=\begin{pmatrix}3&2&-2\\2&5&-5\\-2&-5&5\end{pmatrix}$，矩阵

A 的特征多项式 $|A-\lambda E|=\begin{vmatrix}3-\lambda & 2 & -2\\ 2 & 5-\lambda & -5\\ -2 & -5 & 5-\lambda\end{vmatrix}\xlongequal{r_3+r_2}-\lambda\begin{vmatrix}3-\lambda & 2 & -2\\ 2 & 5-\lambda & -5\\ 0 & 1 & 1\end{vmatrix}\xlongequal{c_2-c_3}$

$-\lambda\begin{vmatrix}3-\lambda & 4 & -2\\ 2 & 10-\lambda & -5\\ 0 & 0 & 1\end{vmatrix}=-\lambda\begin{vmatrix}3-\lambda & 4\\ 2 & 10-\lambda\end{vmatrix}=-\lambda(\lambda-2)(\lambda-11)$，所以 A 的特征值为 $\lambda_1=0$，$\lambda_2=2$，$\lambda_3=11$.

当 $\lambda_1=0$ 时，有方程组 $Ax=\mathbf{0}$，由 $A=\begin{pmatrix}3 & 2 & -2\\ 2 & 5 & -5\\ -2 & -5 & 5\end{pmatrix}\xrightarrow[r_2-2r_1]{r_3+r_2,\ r_1-r_2}\begin{pmatrix}1 & -3 & 3\\ 0 & 11 & -11\\ 0 & 0 & 0\end{pmatrix}\xrightarrow{\frac{r_2}{11},\ r_1+3r_2}$

$\begin{pmatrix}1 & 0 & 0\\ 0 & 1 & -1\\ 0 & 0 & 0\end{pmatrix}$，得单位特征向量 $p_1=\frac{1}{\sqrt{2}}(0,1,1)^{\mathrm{T}}$.

当 $\lambda_2=2$ 时，有方程组 $(A-2E)x=\mathbf{0}$，由 $A-2E=\begin{pmatrix}1 & 2 & -2\\ 2 & 3 & -5\\ -2 & -5 & 3\end{pmatrix}\xrightarrow[r_3+2r_1]{r_2-2r_1}\begin{pmatrix}1 & 2 & -2\\ 0 & -1 & -1\\ 0 & -1 & -1\end{pmatrix}$

$\xrightarrow[-r_2]{r_1+2r_2,\ r_3-r_2}\begin{pmatrix}1 & 0 & -4\\ 0 & 1 & 1\\ 0 & 0 & 0\end{pmatrix}$，得单位特征向量 $p_2=\frac{1}{3\sqrt{2}}(4,-1,1)^{\mathrm{T}}$.

当 $\lambda_3=11$ 时，有方程组 $(A-11E)x=\mathbf{0}$，由 $A-11E=\begin{pmatrix}-8 & 2 & -2\\ 2 & -6 & -5\\ -2 & -5 & -6\end{pmatrix}\xrightarrow[r_3+r_1]{r_1\leftrightarrow r_2,\ r_2+4r_1}$

$\begin{pmatrix}2 & -6 & -5\\ 0 & -22 & -22\\ 0 & -11 & -11\end{pmatrix}\xrightarrow{r_3-\frac{r_2}{2},\ -\frac{r_2}{22},\ r_1+6r_2}\begin{pmatrix}2 & 0 & 1\\ 0 & 1 & 1\\ 0 & 0 & 0\end{pmatrix}$，得单位特征向量 $p_3=\frac{1}{3}(1,2,-2)^{\mathrm{T}}$.

令 $P=(p_1,p_2,p_3)=\frac{1}{3\sqrt{2}}\begin{pmatrix}0 & 4 & \sqrt{2}\\ 3 & -1 & 2\sqrt{2}\\ 3 & 1 & -2\sqrt{2}\end{pmatrix}$，则 P 为正交矩阵，作正交变换 $x=Py$，即

$\begin{pmatrix}x_1\\ x_2\\ x_3\end{pmatrix}=\frac{1}{3\sqrt{2}}\begin{pmatrix}0 & 4 & \sqrt{2}\\ 3 & -1 & 2\sqrt{2}\\ 3 & 1 & -2\sqrt{2}\end{pmatrix}\begin{pmatrix}y_1\\ y_2\\ y_3\end{pmatrix}$，得二次曲面的标准方程 $2{y_2}^2+11{y_3}^2=1$.

31. **证明：** 设 $\lambda_1\geqslant\lambda_2\geqslant\cdots\geqslant\lambda_n$ 为 A 的 n 个特征值，则有正交变换 $x=Py$ 化 f 成标准形，即 $f(x)=x^{\mathrm{T}}Ax=y^{\mathrm{T}}P^{\mathrm{T}}APy=y^{\mathrm{T}}\Lambda y=\lambda_1y_1^2+\lambda_2y_2^2+\cdots+\lambda_ny_n^2$. 因为 $\|x\|^2=x^{\mathrm{T}}x=y^{\mathrm{T}}P^{\mathrm{T}}Py=y^{\mathrm{T}}y=\|y\|^2$，则 $\|x\|=1$ 时二次型 f 的最大值 $\max\limits_{\|x\|=1}f(x)=\max\limits_{\|y\|=1}y^{\mathrm{T}}\Lambda y=$

$\max\limits_{\sum_{i=1}^{n} y_i^2=1}(\lambda_1 y_1^2+\lambda_2 y_2^2+\cdots+\lambda_n y_n^2)$，且 $\lambda_1\geqslant\lambda_2\geqslant\cdots\geqslant\lambda_n$，$\|\boldsymbol{y}\|=1$，所以 $\max\limits_{\|x\|=1} f(\boldsymbol{x})\leqslant\lambda_1\max\limits_{\sum_{i=1}^{n} y_i^2=1}\sum y_i^2=\lambda_1$.

取 $\boldsymbol{y}_0=\boldsymbol{e}_1=(1,0,\cdots,0)^{\mathrm{T}}$，作正交变换 $\boldsymbol{x}_0=\boldsymbol{Q}\boldsymbol{y}_0$，则 $\|\boldsymbol{x}_0\|=\|\boldsymbol{y}_0\|=1$，此时二次型 f 的值为 $f(\boldsymbol{x}_0)=\boldsymbol{y}_0^{\mathrm{T}}\boldsymbol{\Lambda}\boldsymbol{y}_0=\lambda_1$.

综上所述，$\max\limits_{\|x\|=1} f(\boldsymbol{x})=\max\limits_{\|x\|=1}\boldsymbol{x}^{\mathrm{T}}\boldsymbol{A}\boldsymbol{x}=\lambda_1$，即 $\|\boldsymbol{x}\|=1$ 时二次型 $f=\boldsymbol{x}^{\mathrm{T}}\boldsymbol{A}\boldsymbol{x}$ 的最大值为矩阵 $\boldsymbol{A}$ 的最大特征值，得证.

32．**解：**（1）因为 f 中含变量 x_1 的平方项，所以先将含 x_1 的项归并起来，对 x_1 配方，再对其他变量依次配方，得 $f(x_1,x_2,x_3)=(x_1^2+2x_1x_2-4x_1x_3)+3x_2^2+5x_3^2=(x_1+x_2-2x_3)^2-x_2^2-4x_3^2+4x_2x_3+3x_2^2+5x_3^2=(x_1+x_2-2x_3)^2+(2x_2^2+4x_2x_3)+x_3^2=(x_1+x_2-2x_3)^2+2(x_2+x_3)^2-x_3^2$，于是 f 可化成标准形 $f=y_1^2+y_2^2-y_3^2$，其中 $\begin{cases}y_1=x_1+x_2-2x_3,\\ y_2=\sqrt{2}(x_2+x_3),\\ y_3=x_3,\end{cases}$ 即 $\begin{cases}x_1=y_1-\dfrac{1}{\sqrt{2}}y_2+3y_3,\\ x_2=\dfrac{1}{\sqrt{2}}y_2-y_3,\\ x_3=y_3,\end{cases}$ 该变换写成矩阵形式 $\boldsymbol{x}=\boldsymbol{C}\boldsymbol{y}$，其中变换矩阵 $\boldsymbol{C}=\begin{pmatrix}1 & -\dfrac{1}{\sqrt{2}} & 3\\ 0 & \dfrac{1}{\sqrt{2}} & -1\\ 0 & 0 & 1\end{pmatrix}$.

（2）因为 f 中含变量 x_1 的平方项，所以先将含 x_1 的项归并起来，对 x_1 配方，再对其他变量依次配方，得 $f(x_1,x_2,x_3)=(x_1^2+2x_1x_3)+2x_3^2+2x_2x_3=(x_1+x_3)^2+x_3^2+2x_2x_3=(x_1+x_3)^2-x_2^2+(x_2+x_3)^2$，于是 f 可化成标准形 $f=y_1^2-y_2^2+y_3^2$，其中 $\begin{cases}y_1=x_1+x_3,\\ y_2=x_2,\\ y_3=x_2+x_3,\end{cases}$ 即 $\begin{cases}x_1=y_1+y_2-y_3,\\ x_2=y_2,\\ x_3=-y_2+y_3,\end{cases}$ 该变换写成矩阵形式 $\boldsymbol{x}=\boldsymbol{C}\boldsymbol{y}$，其中变换矩阵 $\boldsymbol{C}=\begin{pmatrix}1 & 1 & -1\\ 0 & 1 & 0\\ 0 & -1 & 1\end{pmatrix}$.

（3）因为 f 中含变量 x_1 的平方项，所以先将含 x_1 的项归并起来，对 x_1 配方，再对其他变量依次配方，得 $f(x_1,x_2,x_3)=(2x_1^2+2x_1x_2)+x_2^2+4x_3^2-2x_2x_3=\left(\sqrt{2}x_1+\dfrac{1}{\sqrt{2}}x_2\right)^2+\dfrac{1}{2}x_2^2-2x_2x_3+2x_3^2+2x_3^2=\left(\sqrt{2}x_1+\dfrac{1}{\sqrt{2}}x_2\right)^2+\left(\dfrac{1}{\sqrt{2}}x_2-\sqrt{2}x_3\right)^2+(\sqrt{2}x_3)^2$，于是 f 可化成标准形 $f=y_1^2+y_2^2+y_3^2$，

其中$\begin{cases} y_1=\sqrt{2}x_1+\dfrac{1}{\sqrt{2}}x_2, \\ y_2=\dfrac{1}{\sqrt{2}}x_2-\sqrt{2}x_3, \\ y_3=\sqrt{2}x_3, \end{cases}$ 该变换写成矩阵形式 $\boldsymbol{y}=\boldsymbol{P}\boldsymbol{x}$，其中 $\boldsymbol{P}=\begin{pmatrix} \sqrt{2} & \dfrac{1}{\sqrt{2}} & 0 \\ 0 & \dfrac{1}{\sqrt{2}} & -\sqrt{2} \\ 0 & 0 & \sqrt{2} \end{pmatrix}$为可逆矩阵，由 $\boldsymbol{y}=\boldsymbol{P}\boldsymbol{x}$，得 $\boldsymbol{x}=\boldsymbol{P}^{-1}\boldsymbol{y}$，则所求变换矩阵 $\boldsymbol{P}^{-1}=\dfrac{1}{\sqrt{2}}\begin{pmatrix} 1 & -1 & -1 \\ 0 & 2 & 2 \\ 0 & 0 & 1 \end{pmatrix}$.

33．解：f 的矩阵 $\boldsymbol{A}=\begin{pmatrix} 1 & a & -1 \\ a & 1 & 2 \\ -1 & 2 & 5 \end{pmatrix}$，且 f 为正定二次型，所以矩阵 $\boldsymbol{A}$ 的各阶顺序主子式都为正，即$1>0$，$\begin{vmatrix} 1 & a \\ a & 1 \end{vmatrix}>0$，$\begin{vmatrix} 1 & a & -1 \\ a & 1 & 2 \\ -1 & 2 & 5 \end{vmatrix}>0$，整理得$\begin{cases} 1-a^2>0, \\ -a(5a+4)>0, \end{cases}$ 解得$-\dfrac{4}{5}<a<0$.

34．解：（1）f 的矩阵$\boldsymbol{A}=\begin{pmatrix} -2 & 1 & 1 \\ 1 & -6 & 0 \\ 1 & 0 & -4 \end{pmatrix}$，其各阶顺序主子式$-2<0$，$\begin{vmatrix} -2 & 1 \\ 1 & -6 \end{vmatrix}=11>0$，$\begin{vmatrix} -2 & 1 & 1 \\ 1 & -6 & 0 \\ 1 & 0 & -4 \end{vmatrix}=-38<0$，即 $\boldsymbol{A}$ 的奇数阶顺序主子式为负，偶数阶顺序主子式为正，所以 f 是负定二次型.

（2）f 的矩阵 $\boldsymbol{A}=\begin{pmatrix} 1 & -1 & 2 \\ -1 & 3 & 0 \\ 2 & 0 & 9 \end{pmatrix}$，其各阶顺序主子式$1>0$，$\begin{vmatrix} 1 & -1 \\ -1 & 3 \end{vmatrix}=2>0$，$\begin{vmatrix} 1 & -1 & 2 \\ -1 & 3 & 0 \\ 2 & 0 & 9 \end{vmatrix}=6>0$，即 $\boldsymbol{A}$ 的各阶顺序主子式为正，所以 f 是正定二次型.

35．证明：证明必要性．设 $\boldsymbol{A}$ 为 n 阶对称矩阵，$\boldsymbol{A}$ 的特征值为 $\lambda_1,\lambda_2,\cdots,\lambda_n$，则存在正交矩阵 $\boldsymbol{Q}$，使 $\boldsymbol{Q}^{\mathrm{T}}\boldsymbol{A}\boldsymbol{Q}=\boldsymbol{\Lambda}=\mathrm{diag}(\lambda_1,\lambda_2,\cdots,\lambda_n)$．因为 $\boldsymbol{A}$ 是正定矩阵，所以 $\lambda_i>0, i=1, 2,\cdots,n$．令对角矩阵 $\boldsymbol{\Lambda}_1=\mathrm{diag}(\sqrt{\lambda_1},\sqrt{\lambda_2},\cdots,\sqrt{\lambda_n})$，则 $\boldsymbol{\Lambda}_1^2=\boldsymbol{\Lambda}=\mathrm{diag}(\lambda_1,\lambda_2,\cdots,\lambda_n)$．于是 $\boldsymbol{A}=\boldsymbol{Q}\boldsymbol{\Lambda}\boldsymbol{Q}^{\mathrm{T}}=\boldsymbol{Q}\boldsymbol{\Lambda}_1\boldsymbol{\Lambda}_1\boldsymbol{Q}^{\mathrm{T}}=(\boldsymbol{Q}\boldsymbol{\Lambda}_1)(\boldsymbol{Q}\boldsymbol{\Lambda}_1)^{\mathrm{T}}$，记矩阵 $\boldsymbol{U}=(\boldsymbol{Q}\boldsymbol{\Lambda}_1)^{\mathrm{T}}$，则矩阵 $\boldsymbol{U}$ 可逆，$\boldsymbol{A}=\boldsymbol{U}^{\mathrm{T}}\boldsymbol{U}$，必要性得证.

证明充分性．若存在可逆矩阵 $\boldsymbol{U}$，使 $\boldsymbol{A}=\boldsymbol{U}^{\mathrm{T}}\boldsymbol{U}$，任取 $\boldsymbol{x}\in\mathbb{R}^*$，$\boldsymbol{x}\neq\boldsymbol{0}$，则 $\boldsymbol{U}\boldsymbol{x}\neq\boldsymbol{0}$，且对称矩阵 $\boldsymbol{A}$ 的二次型 $f(\boldsymbol{x})=\boldsymbol{x}^{\mathrm{T}}\boldsymbol{A}\boldsymbol{x}=\boldsymbol{x}^{\mathrm{T}}\boldsymbol{U}^{\mathrm{T}}\boldsymbol{U}\boldsymbol{x}=(\boldsymbol{U}\boldsymbol{x},\boldsymbol{U}\boldsymbol{x})=\|\boldsymbol{U}\boldsymbol{x}\|^2>0$，所以矩阵 $\boldsymbol{A}$ 的二次型是正定的，$\boldsymbol{A}$ 是正定矩阵，充分性得证.

直通考研真题

考研大纲要求

1. 了解内积的概念，掌握线性无关向量组正交规范化（即标准正交化）的施密特(Schmidt)方法.

2. （数一）了解规范正交基（即标准正交基）的概念和性质.

3. 了解正交矩阵的概念和性质.

4. 理解矩阵的特征值和特征向量的概念及性质，掌握求矩阵特征值和特征向量的方法.

5. 理解相似矩阵的概念、性质及矩阵可相似对角化的充分必要条件，掌握将矩阵化为相似对角矩阵的方法.

6. 掌握实对称矩阵的特征值和特征向量的性质.

7. 掌握二次型及其矩阵表示，了解二次型秩的概念，了解合同变换与合同矩阵的概念，了解二次型的标准形、规范形的概念以及惯性定理.

8. 掌握用正交变换化二次型为标准形的方法，会用配方法化二次型为标准形.

9. 理解正定二次型、正定矩阵的概念，并掌握其判别法.

考研真题精析

真题 1 （数一、数二、数三）下列矩阵中，与矩阵$\begin{pmatrix}1&1&0\\0&1&1\\0&0&1\end{pmatrix}$相似的是（　　）.

A. $\begin{pmatrix}1&1&-1\\0&1&1\\0&0&1\end{pmatrix}$　B. $\begin{pmatrix}1&0&-1\\0&1&1\\0&0&1\end{pmatrix}$　C. $\begin{pmatrix}1&1&-1\\0&1&0\\0&0&1\end{pmatrix}$　D. $\begin{pmatrix}1&0&-1\\0&1&0\\0&0&1\end{pmatrix}$

解析：令矩阵$\boldsymbol{J}=\begin{pmatrix}1&1&0\\0&1&1\\0&0&1\end{pmatrix}$，则$\boldsymbol{J}$的特征值为 1（三重）. 当$\lambda=1$时，由$\boldsymbol{J}-\boldsymbol{E}=\begin{pmatrix}0&1&0\\0&0&1\\0&0&0\end{pmatrix}$，得$R(\boldsymbol{J}-\boldsymbol{E})=2$.

令矩阵$\boldsymbol{A}=\begin{pmatrix}1&1&-1\\0&1&1\\0&0&1\end{pmatrix}$，$\boldsymbol{B}=\begin{pmatrix}1&0&-1\\0&1&1\\0&0&1\end{pmatrix}$，$\boldsymbol{C}=\begin{pmatrix}1&1&-1\\0&1&0\\0&0&1\end{pmatrix}$，$\boldsymbol{D}=\begin{pmatrix}1&0&-1\\0&1&0\\0&0&1\end{pmatrix}$，则矩阵$\boldsymbol{A}$，$\boldsymbol{B}$，$\boldsymbol{C}$，$\boldsymbol{D}$的特征值都为 1（三重）.

A 选项中，当 $\lambda=1$ 时，由 $\boldsymbol{A}-\boldsymbol{E}=\begin{pmatrix}0&1&-1\\0&0&1\\0&0&0\end{pmatrix}\xrightarrow{r_1+r_2}\begin{pmatrix}0&1&0\\0&0&1\\0&0&0\end{pmatrix}$，得 $R(\boldsymbol{A}-\boldsymbol{E})=2$.

B 选项中，当 $\lambda=1$ 时，$R(\boldsymbol{B}-\boldsymbol{E})=1$.

C 选项中，当 $\lambda=1$ 时，$R(\boldsymbol{C}-\boldsymbol{E})=1$.

D 选项中，当 $\lambda=1$ 时，$R(\boldsymbol{D}-\boldsymbol{E})=1$.

综上，$R(\boldsymbol{J}-\boldsymbol{E})=R(\boldsymbol{A}-\boldsymbol{E})$，A 选项正确. 故选 A.

思路点拨：若矩阵 $\boldsymbol{A}$ 与 $\boldsymbol{B}$ 相似，则其特征值一定相同，且 $R(\boldsymbol{A}-\lambda\boldsymbol{E})=R(\boldsymbol{B}-\lambda\boldsymbol{E})$.

真题 2 （数一、数二、数三）已知向量组 $\boldsymbol{\alpha}_1=\begin{pmatrix}1\\0\\1\end{pmatrix}$，$\boldsymbol{\alpha}_2=\begin{pmatrix}1\\2\\1\end{pmatrix}$，$\boldsymbol{\alpha}_3=\begin{pmatrix}3\\1\\2\end{pmatrix}$，记 $\boldsymbol{\beta}_1=\boldsymbol{\alpha}_1$，$\boldsymbol{\beta}_2=\boldsymbol{\alpha}_2-k\boldsymbol{\beta}_1$，$\boldsymbol{\beta}_3=\boldsymbol{\alpha}_3-l_1\boldsymbol{\beta}_1-l_2\boldsymbol{\beta}_2$，若向量组 $\boldsymbol{\beta}_1$，$\boldsymbol{\beta}_2$，$\boldsymbol{\beta}_3$ 两两正交，则 l_1，l_2 依次为（　　）.

A. $\frac{5}{2}$, $\frac{1}{2}$　　B. $-\frac{5}{2}$, $\frac{1}{2}$　　C. $\frac{5}{2}$, $-\frac{1}{2}$　　D. $-\frac{5}{2}$, $-\frac{1}{2}$

解析：利用施密特正交化的方法，将向量组 $\boldsymbol{\alpha}_1$，$\boldsymbol{\alpha}_2$，$\boldsymbol{\alpha}_3$ 正交化. 取 $\boldsymbol{\beta}_1=\boldsymbol{\alpha}_1$，则 $\boldsymbol{\beta}_2=\boldsymbol{\alpha}_2-\frac{(\boldsymbol{\alpha}_2,\boldsymbol{\beta}_1)}{(\boldsymbol{\beta}_1,\boldsymbol{\beta}_1)}\boldsymbol{\beta}_1=\begin{pmatrix}1\\2\\1\end{pmatrix}-\begin{pmatrix}1\\0\\1\end{pmatrix}=\begin{pmatrix}0\\2\\0\end{pmatrix}$，$\boldsymbol{\beta}_3=\boldsymbol{\alpha}_3-\frac{(\boldsymbol{\alpha}_3,\boldsymbol{\beta}_2)}{(\boldsymbol{\beta}_2,\boldsymbol{\beta}_2)}\boldsymbol{\beta}_2-\frac{(\boldsymbol{\alpha}_3,\boldsymbol{\beta}_1)}{(\boldsymbol{\beta}_1,\boldsymbol{\beta}_1)}\boldsymbol{\beta}_1=\boldsymbol{\alpha}_3-\frac{1}{2}\boldsymbol{\beta}_2-\frac{5}{2}\boldsymbol{\beta}_1$，所以 $l_1=\frac{5}{2}$，$l_2=\frac{1}{2}$. 故选 A.

真题 3 （数一、数二、数三）二次型 $f(x_1,x_2,x_3)=(x_1+x_2)^2+(x_2+x_3)^2-(x_3-x_1)^2$ 的正惯性指数与负惯性指数依次为（　　）.

A. 2，0　　B. 1，1　　C. 2，1　　D. 1，2

解析：因为 $f(x_1,x_2,x_3)=(x_1+x_2)^2+(x_2+x_3)^2-(x_3-x_1)^2=2x_2^2+2x_1x_2+2x_2x_3+2x_1x_3$，所以该二次型的矩阵为 $\boldsymbol{A}=\begin{pmatrix}0&1&1\\1&2&1\\1&1&0\end{pmatrix}$，$\boldsymbol{A}$ 的特征多项式 $|\boldsymbol{A}-\lambda\boldsymbol{E}|=\begin{vmatrix}-\lambda&1&1\\1&2-\lambda&1\\1&1&-\lambda\end{vmatrix}=\lambda(\lambda-3)(\lambda+1)$，则 $\boldsymbol{A}$ 的特征值为 0，3，-1，故该二次型的正、负惯性指数均为 1. 故选 B.

思路点拨：要确定一个二次型的正、负惯性指数，可利用配方法将二次型化为标准形或规范形，也可通过求二次型的矩阵的特征值，进而确定其正、负惯性指数.

第六章 线性空间与线性变换

教材习题六全解（教材 P157～P159）

扫一扫

第六章精讲课

扫一扫

习题六题干

1．**解：**（1）设 $\boldsymbol{A}$，$\boldsymbol{B}$ 均为二阶矩阵，则 $\boldsymbol{A}$，$\boldsymbol{B}\in S_1$，根据矩阵的运算法则，有 $\boldsymbol{A}+\boldsymbol{B}\in S_1$，$k\boldsymbol{A}\in S_1$，且满足线性运算的八条规律，所以 S_1 对于矩阵的加法和数乘运算构成线性空间.

在线性空间 S_1 中取向量组 A：$\boldsymbol{E}_{11}=\begin{pmatrix}1&0\\0&0\end{pmatrix}$，$\boldsymbol{E}_{12}=\begin{pmatrix}0&1\\0&0\end{pmatrix}$，$\boldsymbol{E}_{21}=\begin{pmatrix}0&0\\1&0\end{pmatrix}$，$\boldsymbol{E}_{22}=\begin{pmatrix}0&0\\0&1\end{pmatrix}$，若 $\lambda_{11}\boldsymbol{E}_{11}+\lambda_{12}\boldsymbol{E}_{12}+\lambda_{21}\boldsymbol{E}_{21}+\lambda_{22}\boldsymbol{E}_{22}=\boldsymbol{0}$，则 $\begin{pmatrix}\lambda_{11}&\lambda_{12}\\\lambda_{21}&\lambda_{22}\end{pmatrix}=\boldsymbol{O}$，$\lambda_{11}=0$，$\lambda_{12}=0$，$\lambda_{21}=0$，$\lambda_{22}=0$，所以向量组 A 线性无关．对于任意 $\boldsymbol{E}=\begin{pmatrix}a_{11}&a_{12}\\a_{21}&a_{22}\end{pmatrix}\in S_1$，有 $\boldsymbol{E}=a_{11}\boldsymbol{E}_{11}+a_{12}\boldsymbol{E}_{12}+a_{21}\boldsymbol{E}_{21}+a_{22}\boldsymbol{E}_{22}$，即 $\boldsymbol{E}$ 可由向量组 A 线性表示．综上所述，向量组 A 是 S_1 的一个基，S_1 的维数是 4.

（2）设 $\boldsymbol{A}=\begin{pmatrix}a&b\\c&-a\end{pmatrix}$，$\boldsymbol{B}=\begin{pmatrix}d&e\\f&-d\end{pmatrix}$，则 $\boldsymbol{A}$，$\boldsymbol{B}\in S_2$，因为 $\boldsymbol{A}+\boldsymbol{B}=\begin{pmatrix}a+d&b+e\\c+f&-a-d\end{pmatrix}\in S_2$，$k\boldsymbol{A}=\begin{pmatrix}ka&kb\\kc&-ka\end{pmatrix}\in S_2$，且满足线性运算的八条规律，所以 S_2 对于矩阵的加法和数乘运算构成线性空间.

在线性空间 S_2 中取向量组 B：$\boldsymbol{F}_{11}=\begin{pmatrix}1&0\\0&-1\end{pmatrix}$，$\boldsymbol{F}_{12}=\begin{pmatrix}0&1\\0&0\end{pmatrix}$，$\boldsymbol{F}_{21}=\begin{pmatrix}0&0\\1&0\end{pmatrix}$，与（1）类似，可证向量组 B 是 S_2 的一个基，S_2 的维数是 3.

（3）设 $\boldsymbol{A},\boldsymbol{B}\in S_3$，则 $\boldsymbol{A}^{\mathrm{T}}=\boldsymbol{A}$，$\boldsymbol{B}^{\mathrm{T}}=\boldsymbol{B}$，因为 $(\boldsymbol{A}+\boldsymbol{B})^{\mathrm{T}}=\boldsymbol{A}^{\mathrm{T}}+\boldsymbol{B}^{\mathrm{T}}=\boldsymbol{A}+\boldsymbol{B}\in S_3$，$(k\boldsymbol{A})^{\mathrm{T}}=k\boldsymbol{A}^{\mathrm{T}}=k\boldsymbol{A}\in S_3$，且满足线性运算的八条规律，所以 S_3 对于矩阵的加法和数乘运算构成线性空间.

在线性空间 S_3 中取向量组 C：$\boldsymbol{G}_{11}=\begin{pmatrix}1&0\\0&0\end{pmatrix}$，$\boldsymbol{G}_{12}=\begin{pmatrix}0&1\\1&0\end{pmatrix}$，$\boldsymbol{G}_{22}=\begin{pmatrix}0&0\\0&1\end{pmatrix}$，与（1）类似，可证向量组 C 是 S_3 的一个基，S_3 的维数是 3.

2．**证明：**设与向量 $(0,0,1)^{\mathrm{T}}$ 不平行的全体三维数组向量构成的集合是 V，取向量 $\boldsymbol{\alpha}=(1,1,1)^{\mathrm{T}}$，$\boldsymbol{\beta}=(-1,-1,-1)^{\mathrm{T}}$，则 $\boldsymbol{\alpha}\in V$，$\boldsymbol{\beta}\in V$，$\boldsymbol{\alpha}+\boldsymbol{\beta}=(1,1,1)^{\mathrm{T}}+(-1,-1,0)^{\mathrm{T}}=$

$(0,0,1)^{\mathrm{T}} \notin V$，所以集合$V$对于数组向量的加法运算不封闭，即$V$不构成线性空间，得证.

3. 解:（1）设$k_1(1+x)+k_2(x+x^2)+k_3(1+x^3)+k_4(2+2x+x^2+x^3)=\mathbf{0}$，即$(k_1+k_3+2k_4)+(k_1+k_2+2k_4)x+(k_2+k_4)x^2+(k_3+k_4)x^3=\mathbf{0}$. 由1，$x$，$x^2$，$x^3$线性无关，得齐次线性方程组$\begin{cases}k_1+k_3+2k_4=0,\\k_1+k_2+2k_4=0,\\k_2+k_4=0,\\k_3+k_4=0,\end{cases}$其系数矩阵$\boldsymbol{A}=\begin{pmatrix}1&0&1&2\\1&1&0&2\\0&1&0&1\\0&0&1&1\end{pmatrix}\xrightarrow{r_2-r_1}\begin{pmatrix}1&0&1&2\\0&1&-1&0\\0&1&0&1\\0&0&1&1\end{pmatrix}\xrightarrow[r_4-r_3]{r_3-r_2}\begin{pmatrix}1&0&1&2\\0&1&-1&0\\0&0&1&1\\0&0&0&0\end{pmatrix}$，则$R(\boldsymbol{A})=3$，所以该齐次线性方程组有非零解，向量组Ⅰ线性相关，不是基.

（2）设$k_1(-1+x)+k_2(1-x^2)+k_3(-2+2x+x^2)+k_4x^3=\mathbf{0}$，即$-k_1+k_2-2k_3+(k_1+2k_3)x-(k_2-k_3)x^2+k_4x^3=\mathbf{0}$. 由1，$x$，$x^2$，$x^3$线性无关，得齐次线性方程组$\begin{cases}-k_1+k_2-2k_3=0,\\k_1+2k_3=0,\\-k_2+k_3=0,\\k_4=0,\end{cases}$其系数矩阵$\boldsymbol{A}=\begin{pmatrix}-1&1&-2&0\\1&0&2&0\\0&-1&1&0\\0&0&0&1\end{pmatrix}\xrightarrow{r_2+r_1}\begin{pmatrix}-1&1&-2&0\\0&1&0&0\\0&-1&1&0\\0&0&0&1\end{pmatrix}\xrightarrow{r_3+r_2}\begin{pmatrix}-1&1&-2&0\\0&1&0&0\\0&0&1&0\\0&0&0&1\end{pmatrix}$，则$R(\boldsymbol{A})=4$，所以该齐次线性方程组只有零解，向量组Ⅱ线性无关，是线性空间$P[x]_3$的一个基.

4. 解:设向量$\boldsymbol{\alpha}$在基$\boldsymbol{\alpha}_1$，$\boldsymbol{\alpha}_2$，$\boldsymbol{\alpha}_3$中的坐标$\boldsymbol{x}=(x_1,x_2,x_3)$，则有方程组$\begin{cases}x_1+6x_2+3x_3=7,\\3x_1+3x_2+x_3=3,\\5x_1+2x_2=1,\end{cases}$对其增广矩阵施以初等行变换得$(\boldsymbol{\alpha}_1,\boldsymbol{\alpha}_2,\boldsymbol{\alpha}_3,\boldsymbol{\alpha})=\begin{pmatrix}1&6&3&7\\3&3&1&3\\5&2&0&1\end{pmatrix}\xrightarrow[r_2\leftrightarrow r_3]{r_1-3r_2}\begin{pmatrix}-8&-3&0&-2\\5&2&0&1\\3&3&1&3\end{pmatrix}$

$\xrightarrow[r_3+r_1]{-(r_2+r_1)}\begin{pmatrix}-8&-3&0&-2\\3&1&0&1\\-5&0&1&1\end{pmatrix}\xrightarrow{r_1+3r_2}\begin{pmatrix}1&0&0&1\\3&1&0&1\\-5&0&1&1\end{pmatrix}\xrightarrow[r_3+5r_1]{r_2-3r_1}\begin{pmatrix}1&0&0&1\\0&1&0&-2\\0&0&1&6\end{pmatrix}$，所以$\boldsymbol{\alpha}$在所给基中的坐标为$(1,-2,6)^{\mathrm{T}}$.

5. 解:设矩阵$\boldsymbol{A}=(\boldsymbol{\alpha}_1,\boldsymbol{\alpha}_2,\boldsymbol{\alpha}_3)$，$\boldsymbol{B}=(\boldsymbol{\beta}_1,\boldsymbol{\beta}_2,\boldsymbol{\beta}_3)$，则有$(\boldsymbol{\beta}_1,\boldsymbol{\beta}_2,\boldsymbol{\beta}_3)=(\boldsymbol{\alpha}_1,\boldsymbol{\alpha}_2,\boldsymbol{\alpha}_3)\boldsymbol{A}^{-1}\boldsymbol{B}$，于是从基$\boldsymbol{\alpha}_1$，$\boldsymbol{\alpha}_2$，$\boldsymbol{\alpha}_3$到基$\boldsymbol{\beta}_1$，$\boldsymbol{\beta}_2$，$\boldsymbol{\beta}_3$的过渡矩阵为$\boldsymbol{A}^{-1}\boldsymbol{B}$，故有坐标变换公式$\begin{pmatrix}x_1'\\x_2'\\x_3'\end{pmatrix}=\boldsymbol{B}^{-1}\boldsymbol{A}\begin{pmatrix}x_1\\x_2\\x_3\end{pmatrix}$. 利用矩阵的初等行变换求$\boldsymbol{B}^{-1}\boldsymbol{A}$，得$(\boldsymbol{B},\boldsymbol{A})=\left(\begin{array}{ccc:ccc}3&5&1&1&2&3\\1&2&1&2&3&7\\4&1&-6&1&3&-2\end{array}\right)$

$$\xrightarrow[r_3-4r_1]{r_1\leftrightarrow r_2,\ r_2-3r_1}\left(\begin{array}{ccc|ccc}1&2&1&2&3&7\\0&-1&-2&-5&-7&-18\\0&-7&-10&-7&-9&-30\end{array}\right)\xrightarrow[r_3+7r_2]{-r_2,\ r_1-2r_2}\left(\begin{array}{ccc|ccc}1&0&-3&-8&-11&-29\\0&1&2&5&7&18\\0&0&4&28&40&96\end{array}\right)\xrightarrow[r_2-2r_3]{\frac{1}{4}r_3,\ r_1+3r_3}$$

$$\left(\begin{array}{ccc|ccc}1&0&0&13&19&43\\0&1&0&-9&-13&-30\\0&0&1&7&10&24\end{array}\right)$$，所以坐标变换公式为 $\begin{pmatrix}x_1'\\x_2'\\x_3'\end{pmatrix}=\begin{pmatrix}13&19&43\\-9&-13&-30\\7&10&24\end{pmatrix}\begin{pmatrix}x_1\\x_2\\x_3\end{pmatrix}$.

6．**解**：（1）因为 $(\boldsymbol{\alpha}_1,\boldsymbol{\alpha}_2,\boldsymbol{\alpha}_3,\boldsymbol{\alpha}_4)=(\boldsymbol{e}_1,\boldsymbol{e}_2,\boldsymbol{e}_3,\boldsymbol{e}_4)\begin{pmatrix}2&0&5&6\\1&3&3&6\\-1&1&2&1\\1&0&1&3\end{pmatrix}$，所以由前一个基到后一个基的过渡矩阵为 $\boldsymbol{P}=\begin{pmatrix}2&0&5&6\\1&3&3&6\\-1&1&2&1\\1&0&1&3\end{pmatrix}$.

（2）设向量在基 $\boldsymbol{\alpha}_1$，$\boldsymbol{\alpha}_2$，$\boldsymbol{\alpha}_3$，$\boldsymbol{\alpha}_4$ 下的坐标为 $(x_1',x_2',x_3',x_4')^{\mathrm{T}}$，则由坐标变换公式，有

$\begin{pmatrix}x_1'\\x_2'\\x_3'\\x_4'\end{pmatrix}=\boldsymbol{P}^{-1}\begin{pmatrix}x_1\\x_2\\x_3\\x_4\end{pmatrix}$，$(\boldsymbol{P},\boldsymbol{E})=\left(\begin{array}{cccc|cccc}2&0&5&6&1&0&0&0\\1&3&3&6&0&1&0&0\\-1&1&2&1&0&0&1&0\\1&0&1&3&0&0&0&1\end{array}\right)\xrightarrow[r_4-2r_1]{r_1\leftrightarrow r_4,\ r_2-r_1,\ r_3+r_1}\left(\begin{array}{cccc|cccc}1&0&1&3&0&0&0&1\\0&3&2&3&0&1&0&-1\\0&1&3&4&0&0&1&1\\0&0&3&0&1&0&0&-2\end{array}\right)$

$$\xrightarrow[r_3-r_2]{r_2-2r_3}\left(\begin{array}{cccc|cccc}1&0&1&3&0&0&0&1\\0&1&-4&-5&0&1&-2&-3\\0&0&7&9&0&-1&3&4\\0&0&3&0&1&0&0&-2\end{array}\right)\xrightarrow{r_3\leftrightarrow r_4,\ \frac{1}{3}r_3}\left(\begin{array}{cccc|cccc}1&0&1&3&0&0&0&1\\0&1&-4&-5&0&1&-2&-3\\0&0&1&0&\frac{1}{3}&0&0&-\frac{2}{3}\\0&0&7&9&0&-1&3&4\end{array}\right)$$

$$\xrightarrow[r_4-7r_3]{r_1-r_3,\ r_2+4r_3}\left(\begin{array}{cccc|cccc}1&0&0&3&-\frac{1}{3}&0&0&\frac{5}{3}\\0&1&0&-5&\frac{4}{3}&1&-2&-\frac{17}{3}\\0&0&1&0&\frac{1}{3}&0&0&-\frac{2}{3}\\0&0&0&9&-\frac{7}{3}&-1&3&\frac{26}{3}\end{array}\right)\xrightarrow{\frac{r_4}{9},\ r_1-3r_4,\ r_2+5r_4}\left(\begin{array}{cccc|cccc}1&0&0&0&\frac{4}{9}&\frac{1}{3}&-1&-\frac{11}{9}\\0&1&0&0&\frac{1}{27}&\frac{4}{9}&-\frac{1}{3}&-\frac{23}{27}\\0&0&1&0&\frac{1}{3}&0&0&-\frac{2}{3}\\0&0&0&1&-\frac{7}{27}&-\frac{1}{9}&\frac{1}{3}&\frac{26}{27}\end{array}\right)$$

$=(\boldsymbol{E},\boldsymbol{P}^{-1})$，所以 $\begin{pmatrix}x_1'\\x_2'\\x_3'\\x_4'\end{pmatrix}=\boldsymbol{P}^{-1}\begin{pmatrix}x_1\\x_2\\x_3\\x_4\end{pmatrix}=\dfrac{1}{27}\begin{pmatrix}12&9&-27&-33\\1&12&-9&-23\\9&0&0&-18\\-7&-3&9&26\end{pmatrix}\begin{pmatrix}x_1\\x_2\\x_3\\x_4\end{pmatrix}$.

（3）设向量 $\boldsymbol{y}$ 在两个基下有相同的坐标 $(y_1, y_2, y_3, y_4)^{\mathrm{T}}$，并记坐标向量 $(y_1, y_2, y_3, y_4)^{\mathrm{T}}$ 为 $\boldsymbol{y}$，则有 $\boldsymbol{y}=\boldsymbol{P}^{-1}\boldsymbol{y}$，即 $(\boldsymbol{P}-\boldsymbol{E})\boldsymbol{y}=\boldsymbol{0}$．矩阵 $\boldsymbol{P}-\boldsymbol{E}=\begin{pmatrix}1&0&5&6\\1&2&3&6\\-1&1&1&1\\1&0&1&2\end{pmatrix}\xrightarrow[r_4-r_1]{r_2-r_1,\ r_3+r_1}\begin{pmatrix}1&0&5&6\\0&2&-2&0\\0&1&6&7\\0&0&-4&-4\end{pmatrix}$

$\xrightarrow{\frac{r_2}{2},\ r_3-r_2}\begin{pmatrix}1&0&5&6\\0&1&-1&0\\0&0&7&7\\0&0&-4&-4\end{pmatrix}\xrightarrow{\frac{r_3}{7},\ r_4+4r_3,\ r_1-5r_3,\ r_2+r_3}\begin{pmatrix}1&0&0&1\\0&1&0&1\\0&0&1&1\\0&0&0&0\end{pmatrix}$，$R(\boldsymbol{P}-\boldsymbol{E})=3$，所以解空间的维数等于 1，取 $y_4=-1$，得基础解系 $\boldsymbol{\xi}=(1,1,1,-1)^{\mathrm{T}}$，于是所求向量为 $k(1,1,1,-1)^{\mathrm{T}}$，$k\in\mathbb{R}$．

7．**解**：向量 $\boldsymbol{a}_1, \boldsymbol{a}_2, \boldsymbol{b}_1, \boldsymbol{b}_2$ 在基 $\begin{pmatrix}1&0\\0&0\end{pmatrix}, \begin{pmatrix}0&1\\0&0\end{pmatrix}, \begin{pmatrix}0&0\\1&0\end{pmatrix}, \begin{pmatrix}0&0\\0&1\end{pmatrix}$ 中的坐标构成的矩阵

$$\begin{pmatrix}1&-1&1&2\\2&-1&3&-1\\1&1&3&4\\0&1&1&1\end{pmatrix}\xrightarrow[r_3-r_1]{r_2-2r_1}\begin{pmatrix}1&-1&1&2\\0&1&1&-5\\0&2&2&2\\0&1&1&1\end{pmatrix}\xrightarrow[r_4-r_2]{r_1+r_2,\ r_3-2r_2}\begin{pmatrix}1&0&2&-3\\0&1&1&-5\\0&0&0&12\\0&0&0&6\end{pmatrix}\xrightarrow{\frac{r_3}{12},\ r_4-6r_3}\begin{pmatrix}1&0&2&-3\\0&1&1&-5\\0&0&0&1\\0&0&0&0\end{pmatrix}.$$

（1）因为 $R(\boldsymbol{a}_1, \boldsymbol{a}_2, \boldsymbol{b}_1)=R(\boldsymbol{a}_1, \boldsymbol{a}_2)=2$，所以 $\boldsymbol{b}_1$ 可由 $\boldsymbol{a}_1$，$\boldsymbol{a}_2$ 线性表示，且 $\boldsymbol{b}_1=2\boldsymbol{a}_1+\boldsymbol{a}_2$．又因为 $R(\boldsymbol{a}_1, \boldsymbol{a}_2, \boldsymbol{b}_2)=3>R(\boldsymbol{a}_1, \boldsymbol{a}_2)=2$，所以 $\boldsymbol{b}_2$ 不能由 $\boldsymbol{a}_1$，$\boldsymbol{a}_2$ 线性表示.

（2）因为 $R(\boldsymbol{a}_1, \boldsymbol{a}_2, \boldsymbol{b}_1, \boldsymbol{b}_2)=R(\boldsymbol{a}_1, \boldsymbol{a}_2, \boldsymbol{b}_2)=3$，所以 $\boldsymbol{a}_1$，$\boldsymbol{a}_2$，$\boldsymbol{b}_2$ 线性无关，而 $\boldsymbol{a}_1$，$\boldsymbol{a}_2$，$\boldsymbol{b}_1$，$\boldsymbol{b}_2$ 线性相关，所以 $\boldsymbol{a}_1$，$\boldsymbol{a}_2$，$\boldsymbol{b}_2$ 是向量空间 L 一个基，向量空间 L 的维数为 3.

8．**解**：（1）$T\begin{pmatrix}x\\y\end{pmatrix}=\begin{pmatrix}-1&0\\0&1\end{pmatrix}\begin{pmatrix}x\\y\end{pmatrix}=\begin{pmatrix}-x\\y\end{pmatrix}$，所以 $T\begin{pmatrix}x\\y\end{pmatrix}$ 与向量 $\begin{pmatrix}x\\y\end{pmatrix}$ 关于 y 轴对称.

（2）$T\begin{pmatrix}x\\y\end{pmatrix}=\begin{pmatrix}0&0\\0&1\end{pmatrix}\begin{pmatrix}x\\y\end{pmatrix}=\begin{pmatrix}0\\y\end{pmatrix}$，所以 $T\begin{pmatrix}x\\y\end{pmatrix}$ 是向量 $\begin{pmatrix}x\\y\end{pmatrix}$ 在 y 轴上的投影.

（3）$T\begin{pmatrix}x\\y\end{pmatrix}=\begin{pmatrix}0&1\\1&0\end{pmatrix}\begin{pmatrix}x\\y\end{pmatrix}=\begin{pmatrix}y\\x\end{pmatrix}$，所以 $T\begin{pmatrix}x\\y\end{pmatrix}$ 与向量 $\begin{pmatrix}x\\y\end{pmatrix}$ 关于直线 $y=x$ 对称.

（4）$T\begin{pmatrix}x\\y\end{pmatrix}=\begin{pmatrix}0&1\\-1&0\end{pmatrix}\begin{pmatrix}x\\y\end{pmatrix}=\begin{pmatrix}y\\-x\end{pmatrix}$，所以 $T\begin{pmatrix}x\\y\end{pmatrix}$ 是将向量 $\begin{pmatrix}x\\y\end{pmatrix}$ 绕原点沿着顺时针方向旋转 $90°$．

9．**证明**：设矩阵 $\boldsymbol{A}, \boldsymbol{B}\in V$，$k\in\mathbb{R}$，则 $\boldsymbol{A}^{\mathrm{T}}=\boldsymbol{A}$，$\boldsymbol{B}^{\mathrm{T}}=\boldsymbol{B}$．因为合同变换 $T(\boldsymbol{A})=\boldsymbol{P}^{\mathrm{T}}\boldsymbol{A}\boldsymbol{P}$，则 $[T(\boldsymbol{A})]^{\mathrm{T}}=(\boldsymbol{P}^{\mathrm{T}}\boldsymbol{A}\boldsymbol{P})^{\mathrm{T}}=\boldsymbol{P}^{\mathrm{T}}\boldsymbol{A}^{\mathrm{T}}\boldsymbol{P}=\boldsymbol{P}^{\mathrm{T}}\boldsymbol{A}\boldsymbol{P}=T(\boldsymbol{A})$，所以 $T(\boldsymbol{A})\in V$．又 $T(\boldsymbol{A}+\boldsymbol{B})=\boldsymbol{P}^{\mathrm{T}}(\boldsymbol{A}+\boldsymbol{B})\boldsymbol{P}=\boldsymbol{P}^{\mathrm{T}}\boldsymbol{A}\boldsymbol{P}+\boldsymbol{P}^{\mathrm{T}}\boldsymbol{B}\boldsymbol{P}=T(\boldsymbol{A})+T(\boldsymbol{B})$，$T(k\boldsymbol{A})=\boldsymbol{P}^{\mathrm{T}}(k\boldsymbol{A})\boldsymbol{P}=k\boldsymbol{P}^{\mathrm{T}}\boldsymbol{A}\boldsymbol{P}=kT(\boldsymbol{A})$，且满足线性运算的八条规律，所以 V 对于 T 的加法和数乘运算封闭，合同变换 T 是 V 中的线性变换，得证.

10．**解：**计算基向量在 D 下的像，得 $D(\boldsymbol{\alpha}_1)=D(x^2e^x)=x^2e^x+2xe^x=(\boldsymbol{\alpha}_1,\boldsymbol{\alpha}_2,\boldsymbol{\alpha}_3)\begin{pmatrix}1\\2\\0\end{pmatrix}$，

$D(\boldsymbol{\alpha}_2)=D(xe^x)=xe^x+e^x=(\boldsymbol{\alpha}_1,\boldsymbol{\alpha}_2,\boldsymbol{\alpha}_3)\begin{pmatrix}0\\1\\1\end{pmatrix}$， $D(\boldsymbol{\alpha}_3)=D(e^x)=e^x=(\boldsymbol{\alpha}_1,\boldsymbol{\alpha}_2,\boldsymbol{\alpha}_3)\begin{pmatrix}0\\0\\1\end{pmatrix}$， 所 以

$D(\boldsymbol{\alpha}_1,\boldsymbol{\alpha}_2,\boldsymbol{\alpha}_3)=(\boldsymbol{\alpha}_1,\boldsymbol{\alpha}_2,\boldsymbol{\alpha}_3)\begin{pmatrix}1&0&0\\2&1&0\\0&1&1\end{pmatrix}$，即微分运算 D 在这个基下的矩阵为$\begin{pmatrix}1&0&0\\2&1&0\\0&1&1\end{pmatrix}$.

11．**解：**计算基向量在T下的像，得$T(\boldsymbol{A}_1)=\begin{pmatrix}1&0\\1&1\end{pmatrix}\begin{pmatrix}1&0\\0&0\end{pmatrix}\begin{pmatrix}1&1\\0&1\end{pmatrix}=\begin{pmatrix}1&1\\1&1\end{pmatrix}=\boldsymbol{A}_1+\boldsymbol{A}_2+\boldsymbol{A}_3=$
$(\boldsymbol{A}_1,\boldsymbol{A}_2,\boldsymbol{A}_3)\begin{pmatrix}1\\1\\1\end{pmatrix}$， $T(\boldsymbol{A}_2)=\begin{pmatrix}1&0\\1&1\end{pmatrix}\begin{pmatrix}0&1\\1&0\end{pmatrix}\begin{pmatrix}1&1\\0&1\end{pmatrix}=\begin{pmatrix}0&1\\1&2\end{pmatrix}=\boldsymbol{A}_2+2\boldsymbol{A}_3=(\boldsymbol{A}_1,\boldsymbol{A}_2,\boldsymbol{A}_3)\begin{pmatrix}0\\1\\2\end{pmatrix}$， $T(\boldsymbol{A}_3)=$
$\begin{pmatrix}1&0\\1&1\end{pmatrix}\begin{pmatrix}0&0\\0&1\end{pmatrix}\begin{pmatrix}1&1\\0&1\end{pmatrix}=\begin{pmatrix}0&0\\0&1\end{pmatrix}=\boldsymbol{A}_3=(\boldsymbol{A}_1,\boldsymbol{A}_2,\boldsymbol{A}_3)\begin{pmatrix}0\\0\\1\end{pmatrix}$，所以$T(\boldsymbol{A}_1,\boldsymbol{A}_2,\boldsymbol{A}_3)=(\boldsymbol{A}_1,\boldsymbol{A}_2,\boldsymbol{A}_3)\begin{pmatrix}1&0&0\\1&1&0\\1&2&1\end{pmatrix}$，
即T在基$\boldsymbol{A}_1,\boldsymbol{A}_2,\boldsymbol{A}_3$下的矩阵是$\begin{pmatrix}1&0&0\\1&1&0\\1&2&1\end{pmatrix}$.

12．**解：**（1）设 $p(x)=a_0+a_1x+a_2x^2$， $q(x)=b_0+b_1x+b_2x^2$， 则 $p(x),q(x)\in V$， 因为
$T(p(x)+q(x))=\left(a_0+b_0+\frac{1}{2}a_2+\frac{1}{2}b_2\right)+\left(a_1+b_1-\frac{1}{2}a_2-\frac{1}{2}b_2\right)x+\left(\frac{1}{2}a_2+\frac{1}{2}b_2\right)x^2=T(p(x))+$
$T(q(x))$， $T(kp(x))=k\left(a_0+\frac{1}{2}a_2\right)+k\left(a_1-\frac{1}{2}a_2\right)x+\frac{1}{2}ka_2x^2=kT(p(x))$， $k\in\mathbb{R}$，所以T是V中的线性变换.

（2）取$1,x,x^2$为线性空间V的一组基，则有$T(1)=1$，$T(x)=x$，$T(x^2)=\frac{1}{2}-\frac{1}{2}x+\frac{1}{2}x^2$，

所以T在基$1,x,x^2$下的矩阵是$\boldsymbol{A}=\begin{pmatrix}1&0&\frac{1}{2}\\0&1&-\frac{1}{2}\\0&0&\frac{1}{2}\end{pmatrix}$.

（3）设 $p(x)=c_0+c_1x+c_2x^2\in W\subseteq V$， 由 $T[p(x)]=p(x)$ 得 $\left(c_0+\frac{1}{2}c_2\right)+\left(c_1-\frac{1}{2}c_2\right)x+$

$\frac{1}{2}c_2x^2=c_0+c_1x+c_2x^2$，即$\begin{cases}c_0+\frac{1}{2}c_2=c_0,\\ c_1-\frac{1}{2}c_2=c_1,\\ \frac{1}{2}c_2=c_2,\end{cases}$ 解得$c_2=0$，则$p(x)=c_0+c_1x\in W$，所以子空间W的维数的最大值为 2.

13．证明：设λ是矩阵$\boldsymbol{A}$的特征值，由$\boldsymbol{A}^2=\boldsymbol{A}$，得$\lambda^2=\lambda$，解得$\lambda=0$或1，且有$\boldsymbol{A}(\boldsymbol{E}-\boldsymbol{A})=\boldsymbol{0}$，所以$R(\boldsymbol{A})+R(\boldsymbol{E}-\boldsymbol{A})\leqslant n$．因为$\boldsymbol{E}=\boldsymbol{A}+(\boldsymbol{E}-\boldsymbol{A})$，则$R(\boldsymbol{E})=n\leqslant R(\boldsymbol{A})+R(\boldsymbol{E}-\boldsymbol{A})$，所以$R(\boldsymbol{A})+R(\boldsymbol{E}-\boldsymbol{A})=n$.

当$\lambda=0$时，有特征方程$\boldsymbol{A}\boldsymbol{x}=\boldsymbol{0}$，对应特征向量的个数为$n-R(\boldsymbol{A})$；当$\lambda_2=1$时，有特征方程$(\boldsymbol{A}-\boldsymbol{E})\boldsymbol{x}=\boldsymbol{0}$，对应特征向量的个数为$n-R(\boldsymbol{E}-\boldsymbol{A})$，于是矩阵$\boldsymbol{A}$有$n-R(\boldsymbol{A})+n-R(\boldsymbol{E}-\boldsymbol{A})=2n-R(\boldsymbol{A})-R(\boldsymbol{E}-\boldsymbol{A})=n$个线性无关的特征向量.

综上，矩阵$\boldsymbol{A}$可相似对角化，即存在可逆矩阵$\boldsymbol{P}$，使得$\boldsymbol{P}^{-1}\boldsymbol{A}\boldsymbol{P}=\boldsymbol{\Lambda}$，令$(\boldsymbol{\beta}_1,\boldsymbol{\beta}_2,\cdots,\boldsymbol{\beta}_n)=(\boldsymbol{\alpha}_1,\boldsymbol{\alpha}_2,\cdots,\boldsymbol{\alpha}_n)\boldsymbol{P}$，则线性变换$T$在基$\boldsymbol{\beta}_1,\boldsymbol{\beta}_2,\cdots,\boldsymbol{\beta}_n$下的矩阵$\boldsymbol{B}=\boldsymbol{P}^{-1}\boldsymbol{A}\boldsymbol{P}$是对角矩阵，得证.